全国普通高等中医药院校药学类专业 轮规划教材

物理化学（第2版）

（供药学、中药学、生物制药、药物制剂、
中药制药、制药工程及相关专业用）

主　编　邵江娟

副主编　苑　娟　韩晓燕　冯　玉　邬瑞光　杨　晶

编　委　（以姓氏笔画为序）

丁世磊（广西中医药大学）
支兴蕾（南京中医药大学）
吕　鑫（黑龙江中医药大学）
邬瑞光（北京中医药大学）
刘靖丽（陕西中医药大学）
李春江（山西中医药大学）
李晓飞（河南中医药大学）
杨　晶（长春中医药大学）
张秀云（山东中医药大学）
张彩云（安徽中医药大学）
林　舒（福建中医药大学）
赵晓娟（甘肃中医药大学）
唐　莹（上海中医药大学）
韩晓燕（天津中医药大学）
马鸿雁（成都中医药大学）
冯　玉（山东中医药大学）
任　蕾（山西中医药大学）
刘　强（浙江中医药大学）
李亚楠（贵州中医药大学）
李树全（云南中医药大学）
杨　涛（广西中医药大学）
何玉珍（湖北中医药大学）
张明波（辽宁中医药大学）
邵江娟（南京中医药大学）
苑　娟（河南中医药大学）
姜　涛（江西中医药大学）
曹　婧（南京中医药大学）
惠华英（湖南中医药大学）

中国健康传媒集团
中国医药科技出版社

内容提要

本教材是“全国普通高等中医药院校药学类专业第三轮规划教材”之一，依照教育部相关文件和精神，根据药学等相关专业物理化学教学大纲的基本要求和课程特点，结合《中国药典》和相关执业考试要求编写而成。全书共分为十章，包括绪论、气体、热力学第一定律与热化学、热力学第二定律、化学平衡、相平衡、电化学、化学动力学、表面现象、溶胶、大分子溶液等。本教材为书网融合教材，即纸质教材有机融合电子教材、教学配套资源（PPT、微课、视频等）、题库系统、数字化教学服务（在线教学、在线作业、在线考试），使教学资源更加多元化、立体化，促进学生自主学习。

本教材主要供全国普通高等中医药院校药学、中药学、生物制药、药物制剂、中药制药、制药工程及相关专业使用，也可作为医药行业考试与培训的参考用书。

图书在版编目（CIP）数据

物理化学/邵江娟主编. —2 版. —北京：中国医药科技出版社，2023. 12

全国普通高等中医药院校药学类专业第三轮规划教材

ISBN 978 - 7 - 5214 - 3999 - 1

Ⅰ. ①物… Ⅱ. ①邵… Ⅲ. ①物理化学 - 中医学院 - 教材 Ⅳ. ①O64

中国国家版本馆 CIP 数据核字（2023）第 139965 号

美术编辑 陈君杞

版式设计 友全图文

出版 **中国健康传媒集团** | 中国医药科技出版社

地址 北京市海淀区文慧园北路甲 22 号

邮编 100082

电话 发行：010 - 62227427 邮购：010 - 62236938

网址 www. cmstp. com

规格 889mm × 1194mm $^{1}/_{16}$

印张 17 $^{1}/_{4}$

字数 412 千字

初版 2014 年 8 月第 1 版

版次 2024 年 1 月第 2 版

印次 2024 年 1 月第 1 次印刷

印刷 河北环京美印刷有限公司

经销 全国各地新华书店

书号 ISBN 978 - 7 - 5214 - 3999 - 1

定价 58. 00 元

出版说明

“全国普通高等中医药院校药学类专业第二轮规划教材”于2018年8月由中国医药科技出版社出版并面向全国发行，自出版以来得到了各院校的广泛好评。为了更好地贯彻落实《中共中央　国务院关于促进中医药传承创新发展的意见》和全国中医药大会、新时代全国高等学校本科教育工作会议精神，落实国务院办公厅印发的《关于加快中医药特色发展的若干政策措施》《国务院办公厅关于加快医学教育创新发展的指导意见》《教育部　国家卫生健康委　国家中医药管理局关于深化医教协同进一步推动中医药教育改革与高质量发展的实施意见》等文件精神，培养传承中医药文化，具备行业优势的复合型、创新型高等中医药院校药学类专业人才，在教育部、国家药品监督管理局的领导下，中国医药科技出版社组织修订编写“全国普通高等中医药院校药学类专业第三轮规划教材”。

本轮教材吸取了目前高等中医药教育发展成果，体现了药学类学科的新进展、新方法、新标准；结合党的二十大会议精神、融入课程思政元素，旨在适应学科发展和药品监管等新要求，进一步提升教材质量，更好地满足教学需求。通过走访主要院校，对2018年出版的第二轮教材广泛征求意见，针对性地制订了第三轮规划教材的修订方案。

第三轮规划教材具有以下主要特点。

1.立德树人，融入课程思政

把立德树人的根本任务贯穿、落实到教材建设全过程的各方面、各环节。教材内容编写突出医药专业学生内涵培养，从救死扶伤的道术、心中有爱的仁术、知识扎实的学术、本领过硬的技术、方法科学的艺术等角度出发与中医药知识、技能传授有机融合。在体现中医药理论、技能的过程中，时刻牢记医德高尚、医术精湛的人民健康守护者的新时代培养目标。

2.精准定位，对接社会需求

立足于高层次药学人才的培养目标定位教材。教材的深度和广度紧扣教学大纲的要求和岗位对人才的需求，结合医学教育发展“大国计、大民生、大学科、大专业”的新定位，在保留中医药特色的基础上，进一步优化学科知识结构体系，注意各学科有机衔接、避免不必要的交叉重复问题。力求教材内容在保证学生满足岗位胜任力的基础上，能够续接研究生教育，使之更加适应中医药人才培养目标和社会需求。

3. 内容优化，适应行业发展

教材内容适应行业发展要求，体现医药行业对药学人才在实践能力、沟通交流能力、服务意识和敬业精神等方面的要求；与相关部门制定的职业技能鉴定规范和国家执业药师资格考试有效衔接；体现研究生入学考试的有关新精神、新动向和新要求；注重吸纳行业发展的新知识、新技术、新方法，体现学科发展前沿，并适当拓展知识面，为学生后续发展奠定必要的基础。

4. 创新模式，提升学生能力

在不影响教材主体内容的基础上保留第二轮教材中的“学习目标”“知识链接”“目标检测”模块，去掉“知识拓展”模块。进一步优化各模块内容，培养学生理论联系实践的实际操作能力、创新思维能力和综合分析能力；增强教材的可读性和实用性，培养学生学习的自觉性和主动性。

5. 丰富资源，优化增值服务内容

搭建与教材配套的中国医药科技出版社在线学习平台“医药大学堂”（数字教材、教学课件、图片、视频、动画及练习题等），实现教学信息发布、师生答疑交流、学生在线测试、教学资源拓展等功能，促进学生自主学习。

本套教材的修订编写得到了教育部、国家药品监督管理局相关领导、专家的大力支持和指导，得到了全国各中医药院校、部分医院科研机构和部分医药企业领导、专家和教师的积极支持和参与，谨此表示衷心的感谢！希望以教材建设为核心，为高等医药院校搭建长期的教学交流平台，对医药人才培养和教育教学改革产生积极的推动作用。同时，精品教材的建设工作漫长而艰巨，希望各院校师生在使用过程中，及时提出宝贵意见和建议，以便不断修订完善，更好地为药学教育事业发展和保障人民用药安全有效服务！

数字化教材编委会

主　编　邵江娟

副主编　苑　娟　韩晓燕　冯　玉　邬瑞光　杨　晶

编　委　（以姓氏笔画为序）

丁世磊（广西中医药大学）　马鸿雁（成都中医药大学）

支兴蕾（南京中医药大学）　冯　玉（山东中医药大学）

吕　鑫（黑龙江中医药大学）　任　蕾（山西中医药大学）

邬瑞光（北京中医药大学）　刘　强（浙江中医药大学）

刘靖丽（陕西中医药大学）　李亚楠（贵州中医药大学）

李春江（山西中医药大学）　李树全（云南中医药大学）

李晓飞（河南中医药大学）　杨　涛（广西中医药大学）

杨　晶（长春中医药大学）　何玉珍（湖北中医药大学）

张秀云（山东中医药大学）　张明波（辽宁中医药大学）

张彩云（安徽中医药大学）　邵江娟（南京中医药大学）

林　舒（福建中医药大学）　苑　娟（河南中医药大学）

赵晓娟（甘肃中医药大学）　姜　涛（江西中医药大学）

唐　莹（上海中医药大学）　曹　婧（南京中医药大学）

韩晓燕（天津中医药大学）　惠华英（湖南中医药大学）

物理化学是高等院校药学类相关专业的基础课。本课程是继无机化学、有机化学、分析化学课程后开设的又一门化学课，并与上述三门课程并称四大化学，它是培养药学类相关专业人才整体知识结构和能力结构的重要组成部分，同时也是后继各专业课程的基础。本课程教学对于学生专业知识体系的建构、自主学习意识的培养、综合素质的训练都有至关重要的作用。

为了更好地适应全国高等中医药教育教学的改革和发展，参照全国高等中医药院校药学类各专业的培养目标，根据新时期新形势下的教学特点，本教材在编写、修订过程中，始终贯彻执行教育部的“三基、五性、三特定”的基本原则，在充分调研各院校教学现状和借鉴国内外先进教学经验的基础上，全体编委结合多年来的教学实践认真编写、反复审阅。本教材共 10 章，除绪论外还包括气体、热力学第一定律与热化学、热力学第二定律、化学平衡、相平衡、电化学、化学动力学、表面现象、溶胶、大分子溶液等，修订内容包括对各章节内容的勘误、增加思政导航模块等，可供理论课教学时数在 36 ~ 72 学时的药学及相关专业本科学生学习使用。

本教材力求简单明了，并相对全面地阐述物理化学的重要定律、基本概念、基本原理和方法及其应用。同时对引导学生建立科学的世界观和方法论等方面也有着重要的帮助作用。因此本教材可作为应用化学以及材料化学、生命科学、生物技术、环境科学与工程、轻工、食品等近化学类专业的本科物理化学教材使用，也可供从事物理化学、基础化学教学的教师参考。

本教材具体编写分工是：绪论，张彩云、李春江；第一章，李晓飞、丁世磊、曹婧；第二章，邵江娟、李树全、刘婧丽；第三章，邬瑞光、惠华英、杨涛；第四章，张秀云、支兴蕾、唐莹；第五章，冯玉、马鸿雁、吕鑫；第六章，张明波、李亚楠、丁世磊；第七章，韩晓燕、刘强、李春江；第八章，赵晓娟、任蕾、支兴蕾；第九章，苑娟、林舒、姜涛；第十章，杨晶、何玉珍、曹婧；附录，邵江娟。本教材在编写过程中得到参编院校领导和各位同行的大力支持，在此表示衷心的感谢！本教材在编写中参考了一些优秀教材，在此也向有关作者表示衷心的感谢！

由于编写时间仓促，加之编者学识水平所限，书中不足之处在所难免，恳请各位同行和读者批评指正，以便再版时修订提高！

编　者
2023 年 8 月

CONTENTS 目录

绪　论

PPT

学习目标

知识目标

1. 掌握　物理化学的学科定义和研究任务；化学热力学和化学动力学的主要研究内容。
2. 熟悉　物理化学在药学领域的应用；物理化学的学习特点和方法。
3. 了解　物理化学的发展历史和发展趋势；物理化学与其他学科的联系。

能力目标　通过绪论的学习，能够掌握物理化学学科的基本定义和学科特点，为学好物理化学准备和调整自己的学习态度和学习方法，不断提高学习效率。

一、物理化学学科简介

科学可以分为五个层次，从基础到高级，依次为数学、物理学、化学、生物学和社会科学。在每一个层次上，各种现象被分门别类地研究，形成各个领域不同的概念、定律。在化学层次，有化合、分解、氧化、还原等不同的现象，各个研究领域被分别归纳、总结出理论和规律。比如酸碱反应，可以普遍地看作是质子传递反应，而氧化还原反应可以概括为氧化剂与还原剂之间的电子得失。但来源于某一领域的结论却不能普遍适用于该层次所有领域，即不可能找到普遍适用于任何领域的共同、一般的规律。逻辑上，这种普遍、一般的规律应该存在并能为人类认识，只是不能在本层次找到，而要在比它低一个层次的科学里才能找到，如化学的一般规律，只能在物理学里找到，因物理学研究的，恰好有各种化学反应都离不了的能量，这也就是为什么物理化学发源于19世纪中期的热力学。所谓物理化学(physical chemistry)，就是应用物理学原理和方法，从化学现象与物理现象的联系入手，探求化学变化基本规律的一门学科。所谓基本规律，就是全部化学系统的普遍规律性，因此物理化学就成为涵盖无机物与有机物、探讨所有化学变化内在本质的学科。类似于物理化学，可以有数学物理学、化学生物学、生物社会学，都是在低一层次的科学里寻找本层次的基本规律的学科，如化学生物学，诞生不超过20年，其所经历的定义的快速变化、知识系统的迅猛扩张、理论的迅速整合，都很像100年前物理化学的诞生时期所经历的。只不过，物理化学已基本成熟，确定了大致的框架，而化学生物学还没有从化学中找到很方便数学化的切入点。

知识拓展

物理化学小史

“物理化学”一词最早由俄国伟大的科学家罗蒙诺索夫在19世纪中叶提出，1887年法国的化学家奥斯特瓦尔德（Ostwald）首先在德国的莱比锡大学开设物理化学讲座，并且与荷兰的化学家范特霍夫(Van′t Hoff）创办《物理化学》杂志，这样，就诞生了物理化学这门学科，并得到普遍传播。

19世纪中期，由于工业的发展，迫切需要提高蒸汽机的效率，促使人们对热、功转换问题进行深入研究，总结出了热力学第一定律、第二定律，这两个定律是人们对失败教训的总结，即第一类、第二类永动机是制造不出来的。20世纪初，低温工作的发展导致了热力学第三定律的发现。热力学这三大定律基本构筑了物理学的热力学。把热力学定律应用到化学中，就形成了化学热力学。1876 年，美国化学家吉布斯（Gibbs），通过对热力学状态函数的研究，得出了吉布斯自由能，并定义了化学势，形成一套完整的热力学处理方法，进而对相平衡、化学平衡等进行了严密地数学处理，使化学热力学得到了长足的发展。1884 年范特霍夫创立了稀溶液理论，推导出化学平衡的等温方程式。范特霍夫也因此于 1901 年成为第一个获得诺贝尔化学奖的人。1886 年，阿仑尼乌斯（S. Arrnhenius）在化学动力学上作出很大贡献，提出了阿仑尼乌斯方程式。

20 世纪初，物理学的三大发现，X 射线、电子、元素放射性的发现，打开了微观世界的大门；1926 年创立的量子力学，迅速应用于化学；1927 年建立的量子化学，使物理化学由宏观进入微观领域，推动了物理化学的发展。

随着原子能、激光的发现，微微秒技术、电子计算机等的应用，使得物理化学的研究也不断深入发展。至今物理化学已在化学热力学、化学动力学、化学结构等领域初步完成了化学反应的基本规律探讨，其结论广泛应用于化学的各个领域，甚至跨出了化学，成为很多学科真伪判定的依据。

化学变化的基本规律可以概括为三大本源性问题：第一，任意一个化学反应能不能发生？第二，反应的快慢？第三，为什么会反应？应该说没有什么比以上三个方面更基本的了。能不能反应，包括原料会不会变成产品，能变成多少产品；药吃下去会不会治病，会不会有副作用，吃多少药才能治好，可以归纳为化学反应的方向和限度的问题，研究这类问题的理论依据是化学热力学。反应的快慢，就是反应速度的问题，其理论是化学动力学。为什么会反应属于结构和功能的问题，也就是物质的构效关系，解决这个问题的理论依据是结构化学。

物理化学与其他化学学科相比较有什么特点？物理化学要研究的是所有化学现象与化学反应的一般规律，因而其研究内容与研究范围就不得不广泛；要概括出一般规律，就不得不具有高度的逻辑性与思想性。因而物理化学内容丰富，思想性和逻辑性很强。

二、物理化学的研究内容

根据物理化学学科形成与发展的特点，其内容往往被分为以下几个主要部分。

（1）物质结构（structure of matter） 主要研究物质的物态、内部结构及物质的结构与性能之间的关系。

（2）化学热力学（chemical thermodynamics） 运用热力学方法研究化学反应的方向与限度，包括化学平衡、相平衡关系。

（3）电化学（electrochemistry） 主要研究化学能与电能间相互转化的规律。

（4）化学动力学（chemical kinetics） 研究化学反应的速率，探讨化学反应的机制，并研究浓度、温度、光、介质、催化剂等因素对反应速度的影响。

（5）表面现象（surface phenomenon） 研究多相系统中各相界面间物质的特性。

（6）胶体化学（colloid chemistry） 主要研究胶体物质的特殊性能。

三、物理化学的研究方法

物理化学的主要理论支柱是热力学、统计力学和量子力学。热力学适用于宏观系统，量子力学适用于微观系统，统计力学则为二者的桥梁。

热力学是以很多质点所构成的系统为研究对象，从经验概括出的两个定律为依据，经过严密的逻辑推理，建立了一些热力学函数，用以判断变化的方向和找出平衡条件。热力学在处理问题时采取宏观的方法，不需知道系统内部粒子的结构，不需知道其变化的细节，而只需知道其起始和终了状态，然后通过宏观性质的变化（例如温度、压力、体积、吸热、放热等）来推知系统内部性质的变化。经典热力学只考虑平衡系统，采用热力学的方法来研究化学平衡、相平衡、反应的热效应及电化学等既成功、又十分有效。它的结论十分可靠，至今仍然是许多科学技术的基础。

量子力学是以微观物体（如分子、原子、电子等）为研究对象，以微粒能量转换的量子性及微粒运动的统计性为基础，研究微粒运动的规律。它已成功地应用于物质结构的研究，也已被用来解释化学反应的机制。

统计力学是以概率的定律为基础来研究大量质点的运动规律的，它也是微观的方法。它利用统计的方法探讨系统对外所表现出来的宏观物理性质，在物理化学中沟通了宏观和微观的领域，对物质的宏观性质给予更深刻的说明。

这三种方法，虽然各有区别，适用范围也不相同，但是在解决问题时是相互补充的。

四、物理化学与医药学的关系

物理化学的理论很多都是从生产实践中概括出来，因此，反过来它将为生产和科研服务。随着医疗技术的发展和医药研究的深入，学科之间的相互渗透与相互联系越来越多，医药学与物理化学的结合也越来越紧密。

从天然药物中分离提取有效成分是继承和发扬中医药学遗产的一个重要方面，在这项工作中，需要应用蒸馏、萃取、乳化、吸附等方法，需要掌握溶液、表面现象、胶体化学等方面的知识。

在药物生产中，一个主要的问题是选择工艺路线。为此，需要掌握影响化学反应速度的各种因素，如温度、反应物浓度、催化剂等，以选择最佳的反应条件，这就需要掌握化学动力学和化学热力学的知识。在选定工艺路线时，要探索反应的机制，也需要化学动力学的知识。对产品的精制、产品的稳定性的研究，需要掌握溶液、表面现象及化学动力学等方面和知识。

在药物合成的研究中，应了解药物的结构与性质的关系，以便寻找最有效的药物，这就需要掌握物质结构的知识。而合成的过程中，需要化学动力学的知识。

在药物制剂研究中，剂型改革时，应了解表面现象方面的内容，了解分散程度对药物性能的影响，同样的药物，主药颗粒越细小，药效越好。如纳米技术的发展必将对药物剂型的改革起着十分重要的作用。

从发展的趋势来看，医药学的各个领域正深入广泛地结合着物理化学，掌握好物理化学的原理和方法，对药学工作者来说是非常必要的。

五、物理化学的学习目的与学习方法

（一）学习目的

1. 进一步扩大知识面，打好专业基础。学习物理化学，可以了解化学变化过程中的一些基本规律，加深对先行课如无机化学、有机化学、分析化学的理解。在基础的物理化学中，重点在于掌握热力学处理问题的方法。

2. 学习前人提出问题、考虑问题和解决问题的方法。逐步培养独立思考和独立解题的能力，以便在以后的生产实践和科学研究中碰到问题时，能得到一些启发和帮助。

3. 通过实验，了解物理化学的一些实验方法，掌握一些基本技能，以便将来在工作中使用。

（二）学习方法

为了学好物理化学课程，每位初学者都应该根据自己以往的经验摸索出一套适合本身特点的学习方法。下面所建议的方法可供学生参考。

1. 注意特点 学习任何学科都要注意该学科的特点、该学科与其他相关学科的区别与联系，学习物理化学也必须注意物理化学的学科特点，与无机化学、有机化学、分析化学中的“化学方程式是它们的基本语言”不同，物理化学的语言是状态函数以及能量、热、功等物理概念，这点在热力学学习中尤其明显。而学习和运用状态函数这样的语言，高等数学就成为必不可少的工具。应该说哪一门科学，数学运用越多，表明就越成熟、越完善。当然这给学习带来了一定的困难，要准备并复习一下高等数学的微分，积分、全微分等知识。不过物理化学课不是数学课，不需要太高深的数学推导，能懂就行。

2. 抓住重点 抓住重点是掌握知识的关键，学习任何知识都要抓住重点，把握脉络，眉毛胡子一把抓是绝对不可取的。不过很多人并不能很快意识到哪里是重点，因此要借助教师授课的 PPT 和本教材的各章小结。在学习每一章时首先要了解这一章的主要内容是什么？学习目的要求是什么？了解哪些？掌握哪些？理论与客观现象有什么联系？在学完每一章以后要作个摘要，逐渐就可以把握住重点了。物理化学有许多基本概念、基础理论，非常抽象，不好理解，要了解其产生的根源，正确的含义，掌握了这些概念就是抓住了重点。

3. 领会公式 物理化学课程中的公式较多，初学者往往感到公式繁多，条件复杂，但若经过排列、对比、总结，这众多的公式所依据的基本公式并不多，只不过是少数基本公式在不同条件下的运用而已。因此理清理论系统的主次关系，就会有豁然开朗的感觉。另外，教材中应用了大量的数学推导，得出在不同条件下使用的一些公式。数学的推导过程是讲明公式的由来，它只是获得结果的必要手段，而不是目的，故不必将精力放在繁杂的推导过程，而要注意结论的使用条件以及物理意义。

4. 注意联系 每个学科都会和其他学科发生联系，每个学科内部各部分也有各种各样的联系，掌握这些联系，就能尽快地掌握知识，掌握解决问题的能力。每学一章，都要考虑这些内容与前面章节有什么联系，这样就可以把新学的概念、公式与已经掌握的知识与实际联系起来。

5. 重视习题 习题是培养独立思考问题和解决问题的重要环节之一，演算习题不仅可以检查对课程内容的理解和掌握程度，还是训练物理化学思维的重要途径，是掌握规律不可缺少的环节。预习课本时，也可以先看习题，使你了解从这章中能学到些什么。

6. 重视实验 物理化学是理论与实验并重的学科，理论的发展离不开实验的启示和检验。物理化学实验方法往往是物理的方法，要在实验前思考实验用的是什么物理原理、什么物理方法、预期收到什么化学的研究效果。这样就能做到实验前心中有数，实验后得到理论升华。

书网融合……

思政导航

微课

第一章　气　体

PPT

学习目标

知识目标

1. 掌握　理想气体状态方程及其应用。

2. 了解　理想气体的数学模型与物理模型的方法论意义。

3. 了解　实际气体的范德华方程处理方法。

能力目标　通过本章的学习，能够熟练使用理想气体状态方程计算理想气体的 T、V、p 值。

物质主要有三种聚集状态：气态、液态和固态。气态是以气体形式存在的物质的总称。气态的特征是没有一定的形状和体积，气态物质能够充满整个容器，其体积和形状依容器而定，对温度和压力的变化十分敏感。气体分子间距离较大，相互作用力弱，故易被压缩，易流动，气体分子做无规则热运动，其温度取决于分子的平均动能，分子与器壁的不断碰撞则产生压力（强）。有时把临界温度以上的气态物质称为气体，把临界温度以下的气态物质称为蒸气。气体概念也可延伸到其他领域，如金属中自由电子的集合称为电子气。在自然界物质主要的三种聚集状态中，气态是最简单的物质状态，有着最简单的定量描述。通过对气体的讨论学习，可以了解科学研究的一般方法，即从获得的实验结果出发，通过建立理论的微观分子模型，得出一般的规律或定律，从而对观察到的宏观现象做出微观本质的解释。另外，由简单（理想）气体导出的方程，经过修正，可以用于研究更复杂的物质系统，这种逻辑关系的学习也为学习物理化学以及今后学习其他科学理论提供了样本。

第一节　理想气体的数学模型与物理模型 微课

理想气体是从大量实际气体的研究中抽象出来的概念。

一、气体状态方程

通常纯气体所处的状态可以用压力、体积、温度、物质的量四个宏观物理量来描述。大量实验表明，当其中任意三个物理量确定时，第四个物理量就确定了。也就是说，我们可以用一个方程式将这四个表示气体状态的物理量相互关联。这个联系压力、体积、温度和物质的量四者之间关系的方程称为状态方程。状态方程通常的表示形式为

$$p=f(T,V,n) \tag{1-1}$$

由式（1-1）知，对于确定的某种气体，如果知道它在某个状态下的 n、T、V 的值，那么在此状态下气体的压力也就确定了。

二、气体定律

早在 17～18 世纪，不少学者就研究了低压下气体的行为，根据实验归纳总结出一系列经验定律。

例如，波义耳（Boyle）定律、盖·吕萨克（Gay - Lussac）定律和阿伏伽德罗（Avogadro）定律以及道尔顿（Dalton）分压定律等。这里我们介绍如何从三个经验定律（波义耳定律、盖·吕萨克定律和阿伏伽德罗定律）导出理想气体的状态方程。

1. 波义耳定律 1621 年，波义耳提出，定温下一定量的气体，其体积与其压力成反比，即

$$p = \frac{C}{V} \tag{1-2}$$

式中，p 为气体的压力；V 为气体体积；C 为常数。

实验数据表明，波义耳定律只在低压下正确。严格意义上讲，实际气体只有在压力趋于零时才符合波义耳定律，这是因为只有在低压下，气体分子之间间距较大而其相互作用影响很小。

2. 盖·吕萨克定律 查尔斯（Charles）和盖·吕萨克研究了压力恒定的条件下，温度与气体体积之间的关系。他们发现，在一定压力下，一定量气体的体积与其热力学温度成正比，即

$$V = C'T \tag{1-3}$$

式中，T 为热力学温度，单位为 K（开［尔文］）；C' 为常数。

T 与摄氏温度（t）之间的关系是

$$T(\mathrm{K}) = t(℃) + 273.15$$

在体积恒定的条件下，盖·吕萨克定律描述气体压力与温度之间的关系也可表示为

$$p = C''T \tag{1-4}$$

式中，C'' 为常数。

由盖·吕萨克定律可推出：任何气体的体积在 $t = -273.15℃$ 都是 0，所以热力学温度的零点设定在 $-273.15℃$。波义耳定律和盖·吕萨克定律表示的都是在气体的体积 V、压力 p、温度 T 三者之一为定值时，其他两个变量间的关系。

3. 阿伏伽德罗定律 从实验事实中归纳出的另一个重要的经验定律就是阿伏伽德罗定律。1811 年，阿伏伽德罗提出，在同温同压下，相同体积的不同气体含有相同数目的分子，用数学语言表述为

$$V_\mathrm{m} = \frac{V}{n} = 常数(同温同压下) \tag{1-5}$$

式中，n 为物质的量，单位是 mol（摩［尔］）；V_m 为 1mol 气体的体积，称为摩尔体积。根据阿伏伽德罗定律，在一定温度、压力下，气体的摩尔体积是一个与气体种类无关的常数。

三、理想气体状态方程的推导

波义耳定律和盖·吕萨克定律考查的都是在气体的体积 V、压力 p、温度 T 三者之一为定值时，其他两个变量之间的关系，那么当 T、V、p 均发生改变，这三者之间的关系又遵循什么规律呢？

气体的体积随压力、温度以及气体分子的数量（N）而变，写成函数的形式是

$$p = f(T, V, N)$$

或写成微分的形式

$$\mathrm{d}p = \left(\frac{\partial p}{\partial T}\right)_{V,N}\mathrm{d}T + \left(\frac{\partial p}{\partial V}\right)_{T,N}\mathrm{d}V + \left(\frac{\partial p}{\partial N}\right)_{T,V}\mathrm{d}N$$

对于一定量的气体，N 为常数，$\mathrm{d}N = 0$，故有

$$\mathrm{d}p = \left(\frac{\partial p}{\partial T}\right)_{V,N}\mathrm{d}T + \left(\frac{\partial p}{\partial V}\right)_{T,N}\mathrm{d}V$$

根据波义耳定律

$$p = \frac{C}{V}$$

有

$$\left(\frac{\partial p}{\partial V}\right)_{T,N} = -\frac{C}{V^2}$$

根据盖·吕萨克定律

$$p = C''T$$

有

$$\left(\frac{\partial p}{\partial T}\right)_{V,N} = C''$$

由以上各式，可得

$$\frac{\mathrm{d}p}{p} = \frac{1}{p}C''\mathrm{d}T + \frac{1}{p}\left(-\frac{C}{V^2}\right)\mathrm{d}V = \frac{1}{p}\left(\frac{p}{T}\right)\mathrm{d}T + \frac{1}{p}\left(-\frac{pV}{V^2}\right)\mathrm{d}V = \frac{\mathrm{d}T}{T} - \frac{\mathrm{d}V}{V}$$

整理得

$$\frac{\mathrm{d}p}{p} + \frac{\mathrm{d}V}{V} = \frac{\mathrm{d}T}{T}$$

将上式积分，得

$$\ln p + \ln V = \ln T + 常数$$

若取气体的量是1mol，则体积写作 V_m（V_m称为摩尔体积），常数写作 $\ln R$，得

$$pV_m = RT$$

上式两边同乘以物质的量 n，得

$$pV = nRT \tag{1-6}$$

式（1-6）就是著名的理想气体状态方程。

式（1-6）中，n 为气体物质的量，单位为 mol；p 为一定量气体在某一确定状态下所具有的压力，单位为 Pa；V 为气体体积，单位为 m^3；T 为热力学温度，单位为 K；R 为摩尔气体常数，在 SI 制中，R 为 8.314J/(mol·K)。

四、理想气体的数学模型与物理模型

式（1-6）给出了理想气体的数学定义，即任何压力、任何温度下都能严格遵从 $pV = nRT$ 的气体称为理想气体。因此式（1-6）也称为理想气体的数学模型。它是由几个实际气体的规律（波义耳定律、盖·吕萨克定律、阿伏伽德罗定律）总结、归纳而来，这些定律普遍适用于高温（大于0℃）、低压（低于100kPa）下的任何气体，有高度的概括性和规律性，并经由严格的数学处理提炼出来，满足了作为状态方程所要求的，能够联系压力、体积、温度和物质的量这四个物理量的数学关系。

根据实验事实，在低温、高压下，气体运动是不遵从式（1-6）的，因此式（1-6）的模型要求在任何压力、任何温度下都能严格遵从 $pV = nRT$ 的气体，显然不是实际气体，只能是具有气体特征的一种假想的物理模型。理想气体的物理模型包含如下物理条件：①气体分子间无作用力；②分子被看作刚性质点；③分子本身不占有体积；④气体分子碰撞时发生完全弹性碰撞。实际气体是不具备这种物理条件的。

选择这样物理模型的理由在于，分子间无作用力（包括引力与斥力），则气体的压力才仅仅是气体分子在碰撞时的冲力，分子间无作用力，因而分子间也无势能。分子本身不占有体积，则所谓气体的体积，只是气体运动所占据的空间，分子本身被看作为数学上的质点，则气体分子可以按照式（1-6）无限制地压缩，直至体积为0，而且也不会产生能量效应；当气体膨胀时，则其体积能与温度成正比。气体分子碰撞时发生完全弹性碰撞，则不会因碰撞损失分子的动能而产热，不会因碰撞改变速度，改变温度、压力。即只有这样的物理模型才能满足在任何压力、任何温度下都能严格遵从式（1-6）。

显然理想气体的概念是一个科学的抽象概念。客观上并不存在理想气体，它只能看作是实际气体在压力很低时的一种极限情况。实际气体在很低的压力下，由于分子相距足够远，分子之间的相互作用力可忽略不计，而分子本身的体积比之气体所占有的体积也可忽略不计，因此压力很低的实际气体可近似看作为理想气体，符合理想气体的状态方程。理想气体的概念在科学上具有很高的价值，一方面，建立这种人为模型可以简化实际研究中的复杂问题，另一方面通过适当地修正理想气体的模型，可以得到实际气体的运动方程。

五、摩尔气体常数

原则上，理想气体状态方程中摩尔气体常数 R 的测定可以通过对一定量的气体直接测定 T、V、p 的数值，然后用 $R=pV/nT$ 来计算。但这个公式是理想气体的状态方程，实际气体只有在压力很低时才接近理想气体的行为。而当压力很低时，一定量气体的体积很大，实验上不易操作，得不到精确的实验数据。实际操作中常采用外推法，在温度不变的条件下，测定一定量气体的 V、p，绘出 $pV/(nT)-p$ 图，如图 1-1 所示，然后外推到 $p=0$ 处，求出 $\lim\limits_{p\to0}[pV/(nT)]$，此时的极限值就是摩尔气体常量 R。

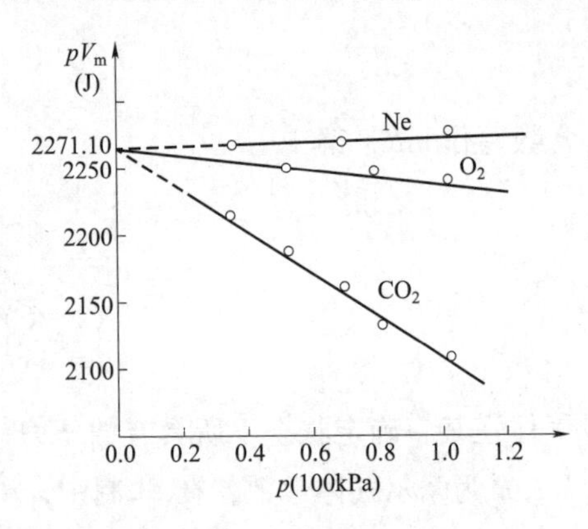

图 1-1 273.15K 下 Ne、O_2、CO_2 的 pV_m-p 等温线

（同一温度下，不同气体压力趋于零时，$pV/(nT)$ 趋于共同极限值 R）

图 1-1 表示了几种气体在 273.15K 时不同压力下 pV_m 值的外推情况。求得

$$(pV_m)_{p\to0}=2271.10\text{J}$$

利用上述外推值，可求得气体常数的准确值

$$R=\frac{(pV_m)_{p\to0}}{nT}=\frac{2271.10}{1\times273.15}=8.314\text{J/(mol}\cdot\text{K)}$$

R 是一个很重要的常数，不但在计算气体的 n、p、V、T 值时要用到，在物理化学许多问题的计算中都要用到，应熟记 R 的数值。

六、混合气体定律

以上讨论的都是纯理想气体的行为，而在实际中，常见的气体大都是混合气体。例如，空气就是一个典型的混合气体，它含有 21%（体积分数，余同）的氧和 78% 的氮，其余 1% 为稀有气体、二氧化碳、水蒸气等。通过对混合气体行为的研究，得到描述低压下混合气体的两个定律，即道尔顿（Dalton）分压定律及阿马格（Amagat）分体积定律。

1. 道尔顿分压定律 混合气体的压力是构成该混合物的各组分对压力所作贡献之和，称作总压力。19 世纪初，道尔顿曾系统地测定了在温度 T、体积 V 的容器中，混合气体的总压力 p 与它所含各组分单独存在于同样 T、V 的容器中所产生的压力之间的关系。总结出一条仅适用于低压混合气体的经验定律，即混合气体的总压力等于在混合气体的温度、体积条件下各组分单独存在产生时产生的压力的总和，称道尔顿分压定律。

显然，该定律表明低压混合气体中任一组分 B 对压力的贡献与所含气体 B 单独存在于同一容器与同样温度下产生的压力完全相同。

道尔顿分压定律可描述为：低压下混合气体的总压等于各气体分压之和。分压是各组分单独在混合气体所处的温度、体积条件下产生的压力，即

$$p = p_A + p_B + p_C + \cdots$$

或

$$p = \sum_B p_B \tag{1-7}$$

理想气体混合物同样遵守理想气体状态方程，在 T、V 一定时，气体压力仅与气体的物质的量有关。

$$n = \frac{pV}{RT} = n_A + n_B + n_C + \cdots = \frac{p_A V}{RT} + \frac{p_B V}{RT} + \frac{p_C V}{RT} + \cdots = (p_A + p_B + p_C + \cdots) V/RT$$

所以

$$p = p_A + p_B + p_C + \cdots$$

这正是道尔顿定律所揭示的规律，低压气体近似服从理想气体行为，所以该定律能够适用于理想气体混合物或接近理想气体的混合物。

由理想气体状态方程可以得出混合气体中任一组分气体 B 的分压 p_B 等于它的摩尔分数与总压 p 的乘积，即

$$\frac{p_B}{p} = \frac{n_B \cdot RT/V}{n \cdot RT/V} = \frac{n_B}{n} = x_B$$

$$p_B = p x_B \tag{1-8}$$

就混合气体而言，$\sum_B x_B = 1$，也就是说，$\sum_B p_B = p$，表明任意混合气体，各组分的分压之和等于总压力。

【例 1-1】 设空气的组成近似可表示为氧的摩尔分数 $x_{O_2} = 0.21$，氮的摩尔分数为 $x_{N_2} = 0.79$。求在一定温度下，当大气压力为 100kPa 时，氧气和氮气的分压。

解： 根据 Dalton 分压定律，有

$$x_B = \frac{p_B}{p}$$

则有

$$p_{O_2} = x_{O_2} p = 0.21 \times 100\text{kPa} = 21\text{kPa}$$

$$p_{N_2} = x_{N_2} p = 0.79 \times 100\text{kPa} = 79\text{kPa}$$

【例 1-2】 现有一含有水蒸气的天然气混合物，温度为 300K，压力为 104kPa。已知在此条件下，水蒸气的分压为 3.2kPa。试求水蒸气和天然气的摩尔分数。

解：

$$\text{水蒸气的摩尔分数}\ x(H_2O,g) = \frac{p(H_2O,g)}{p} = \frac{3.2\text{kPa}}{104\text{kPa}} = 0.031$$

$$\text{天然气的摩尔分数}\ x\ (\text{天然气}) = 1 - x(H_2O,g) = 1 - 0.031 = 0.969$$

2. 阿马格分体积定律 19 世纪阿马格在对低压混合气体的实验研究中，总结出阿马格定律及混合气体中各组分的分体积概念。他定义：混合气体中任一组分 B 的分体积 V_B 是所含 n_B 的 B 单独存在于混合气体的温度、总压力条件下占有的体积。

阿马格对低压气体的实验测定表明，混合气体的总体积等于各组分的分体积之和。该定律可表示为

$$V = \sum_B V_B \tag{1-9}$$

显然，阿马格分体积定律也是气体具有理想行为时的必然结果。对于理想混合气体，在 T、p 一定时，气体体积同样仅与气体的物质的量有关，即

$$n = \frac{pV}{RT} = n_A + n_B + n_C + \cdots = \frac{pV_A}{RT} + \frac{pV_B}{RT} + \frac{pV_C}{RT} + \cdots = (V_A + V_B + V_C + \cdots) p/RT$$

故有

$$V = (V_A + V_B + V_C + \cdots)$$

混合气体中某组分 B 的分体积 V_B与混合气体总体积 V之比 V_B/V 称为 B 组分的体积分数，也为其摩尔分数，有

$$\frac{V_B}{V} = \frac{n_B RT/p}{nRT/p} = \frac{n_B}{n} = x_B$$

虽然道尔顿、阿马格定律只是对低压下混合气体比较准确，但是人们常用这两个定律对混合气体做近似的估算，也是有意义的。

【例 1-3】某待分析的混合气体中仅含 CO_2一种酸性组分。在常温常压下取样 100.00cm³，经 NaOH 溶液充分洗涤除去其中所含 CO_2后，于同样温度、压力下测得剩余气体的体积为 90.50cm³。试求混合气体中 CO_2的摩尔分数 x_{CO_2}。

解：设 100.00cm³混合气体试样中 CO_2的分体积为 V_{CO_2}，其他各组分的分体积之和为 V'。因常温常压下的混合气体一般可视为理想气体，按式（1-9）所示阿马格定律可得

$$V_{CO_2} + V' = 100.00\text{cm}^3$$

已知混合气体除去 CO_2后，在混合气体原有的常温常压条件下体积为 90.50cm³，故

$$V' = 90.50\text{cm}^3$$

$$V_{CO_2} = (100.00 - 90.50)\text{cm}^3 = 9.50\text{cm}^3$$

按阿马格定律

$$x_{CO_2} = V_{CO_2}/[V_{CO_2} + V'] = 9.50/100.00 = 0.095$$

故混合气体中 CO_2的摩尔分数 x_{CO_2}为 0.095。

第二节　实际气体的状态方程

一、实际气体的行为

实际气体的 p、V、T 行为并不服从理想气体状态方程。特别在高压和低温条件下，实际气体的行为偏离理想气体很多。这是由于在低温高压下，气体的相对密度增大，分子之间的距离缩小，分子间的相互作用明显，而且分子自身的体积相比分子运动占有的空间也不算太小而不能忽略，也不能再把气体分子看成自由运动的弹性质点，因而理想气体的物理模型需要修正。实际气体分子间的作用力通常表现为斥力和引力。斥力是一种短程相互作用，通常在一个分子直径的距离上起作用；引力是一种长程相互作用，能够在几个分子直径的距离上起作用。在低压下，由于分子占据大量体积空间，气体分子彼此远离，分子间相互作用并不重要，气体的行为遵循理想气体定律。在中等压力时，分子之间的平均距离大约在几个分子直径内，引力起主导作用，分子间引力使得分子彼此靠近，真实气体表现为比理想气体更容易压缩。而在高压下，大量气体分子占有一个小的体积，这时气体分子间的斥力占据主导，表现为更难压缩。

二、实际气体与理想气体的偏差

实际气体只有在低压下近似地符合理想气体定律。而在高压低温下，一切实际气体均出现了明显偏差。为了衡量实际气体与理想气体之间的偏差大小，定义压缩因子 Z 以衡量偏差的大小。压缩因子为处

于相同温度和压力下的真实气体的摩尔体积 V_m 与理想气体的摩尔体积 $V_m^\ominus$ 之比。

$$Z=\frac{V_m}{V_m^\ominus} \tag{1-10}$$

对于理想气体，其摩尔体积 $V_m^\ominus$ 满足 $V_m^\ominus=\frac{RT}{p}$，因此压缩因子可表示为

$$Z=\frac{V_m}{V_m^\ominus}=\frac{pV_m}{RT} \tag{1-11}$$

即

$$pV_m=ZRT \tag{1-12}$$

温度恒定时，对于任意压力下的理想气体，乘积 pV_m 是一个常数（RT），那么 $Z=1$。对于实际气体却不是这样的。可以用 Z 值偏离数值 1 的程度来衡量实际气体与理想气体之间行为偏差的大小。对于实际气体，若 $Z>1$，则 $pV_m>RT$，表示同温同压下，实际气体的摩尔体积大于理想气体的摩尔体积，表明实际气体更难被压缩，此时气体分子间斥力起主要作用；若 $Z<1$，则 $pV_m<RT$，表示同温同压下，实际气体的摩尔体积小于理想气体的摩尔体积，表明实际气体更易被压缩，此时气体分子间引力起主要作用。图 1-2 表示的是不同种类的实际气体在 0℃时的 $Z-p$ 等温线示意图。平直的虚线是理想气体的 Z 值随压力变化的情况。在任何压力下，理想气体的 Z 都是定值 1，实际气体（NH_3、CH_4、C_2H_4、H_2）却偏离直线。从图 1-2 中还可看出，Z 的变化有两种类型：如 H_2 分子的 Z 随压力增加而增大，且总是大于 1；而对于其他实际气体，当压力开始增加时，Z 值先是减小，压力再增加，经过一个最低点，Z 值又开始变大。事实上，如果在更低的温度下，H_2 的 $Z-p$ 曲线也会像 NH_3、CH_4 一样出现一个最低点。但是，不管是何种实际气体，当压力 $p\to0$ 时，Z 值总是近似等于 1，真实气体行为符合理想气体状态方程。

同一种实际气体在不同温度下的 $Z-p$ 曲线如图 1-3 所示。从图 1-3 中可发现，实际气体存在着这样一个特定温度（图 1-3 中 T_2 所示），在此温度下，当压力较低时，在相当一段压力范围内，Z 值曲线的斜率变为平缓趋近于 0，Z 值大小趋近于 1。这个温度称为波义耳温度（Boyle temperature）T_B，此时，pV_m 值接近或等于理想气体的数值，用波义耳定律描述为

$$\left(\frac{\partial pV_m}{\partial p}\right)_{T,p\to0}=0 \tag{1-13}$$

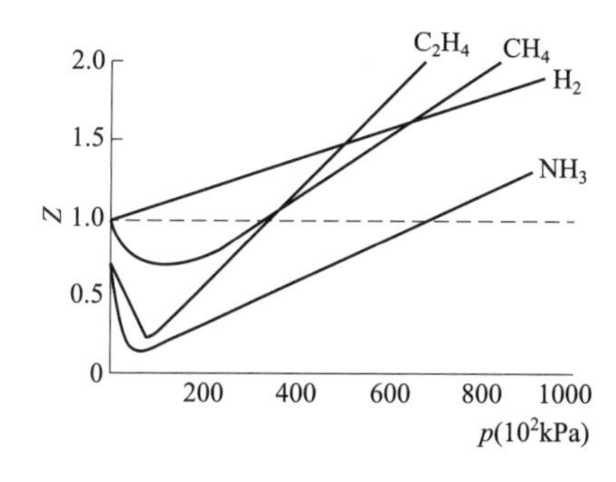

图 1-2 0℃几种气体的 $Z-p$ 曲线

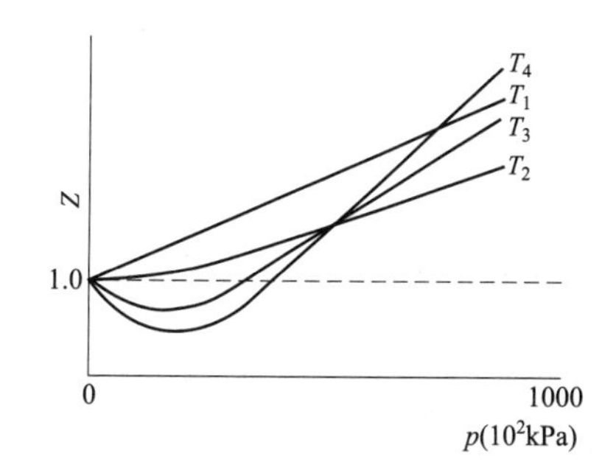

图 1-3 N_2 在不同温度下的 $Z-p$ 曲线

(1) $T_1>T_2>T_3>T_4$ (2) $T_2=T_B=327.22K$

当温度高于 T_B（图 1-3 中 T_1 所示）时，Z 值随 p 增大总是增大，其值大于 1，气体的可压缩性小，难以液化。

当温度低于 T_B（图 1-3 中 T_3 所示）时，当压力 $p\to0$ 时，Z 值近似等于 1，随着压力增大，等温线上出现极小值，在压力增大到某个压力时，再次出现 $Z=1$，然后随着压力增大，Z 值变为大于 1。

三、范德华方程

实际气体的行为与理想气体行为有很大的偏差，因此，理想气体状态方程不能很好地描述实际气体的行为。到目前为止，人们提出了200多种描述实际气体的状态方程，其中最著名的是范德华（Van der Waals）方程。

1873年，荷兰科学家范德华针对引起实际气体与理想气体产生偏差的两个主要原因，即实际气体分子自身具有体积和分子间存在相互作用，在体积和压力项上分别提出了两个具有物理意义的修正项，对理想气体状态方程进行了重要修正。

根据理想气体模型，可把理想气体状态方程 $pV_m = RT$ 改用文字表示为

（分子间无作用力时的气体的压力）×（1摩尔气体分子的自由活动空间）$= RT$

范德华根据此式所示关系，并把实际气体当作分子间相互吸引、分子本身是有确定体积的球体来处理，或者说范德华采用了硬球模型来处理实际气体，提出了用压力修正项及体积修正项来修正理想气体状态方程，使之适用于实际气体。他认为某实际气体处在 p、V_m、T 条件下，如果分子间相互吸引力不复存在，则将表现出较高的压力，他还认为1mol气体分子的自由活动空间应小于它的摩尔体积 V_m。把这两项修正后的表达式代入理想气体状态方程中的对应项，即可得到实际气体的状态方程。

在理想气体分子模型中，气体分子被视为没有体积的质点，理想气体状态方程中的体积项 V_m 应是气体分子可以自由活动的空间，也即容器的体积。而对于实际气体，由于气体分子自身体积不能忽略，自由活动的空间不再是 V_m，必须从 V_m 中减去一个与分子自身体积有关的修正项 b。这样，1mol实际气体分子可以自由活动的空间为 $V_m - b$，于是理想气体状态方程在体积项可校正为

$$p(V_m - b) = RT \tag{1-14}$$

对于分子间存在相互作用而引起的压力项的校正，可以设想处于气体内部的某个气体分子，其周围各个方向上都受到其他分子的相同作用力，其所受合力作用的结果是该分子处于平衡状态。然而，若该分子运动至靠近器壁，由于受到内部分子的引力作用，而该分子与器壁间却没有作用，此时将产生一个将该分子向后拉回气体内部的作用力，称此力为内压力 p_i。p_i 的存在使气体碰撞器壁时产生的压力要比忽略分子间引力时的小，因此实际气体施予器壁的压力 p 为

$$p = RT/(V_m - b) - p_i$$

实际气体与理想气体之间的压力在相同条件下就相差这个内压力 p_i，它就是压力项校正值。内压力因分子间的相互吸引而产生，所以，内压力一方面与内部气体分子数成正比，另一方面又与碰撞器壁的气体分子数成正比。由于分子数与密度成正比，在恒定温度下，对于定量气体（设为1mol），其相对密度与体积成反比，故有

$$p_i = \frac{a}{V_m^2} \tag{1-15}$$

式中，a 为比例系数。

考虑分子本身体积和分子间作用力引起的上述修正，理想气体状态方程变为

$$\left(p + \frac{a}{V_m^2}\right)(V_m - b) = RT \tag{1-16}$$

将式（1-16）两边同乘以物质的量 n，则得

$$\left(p + a\frac{n^2}{V^2}\right)(V - nb) = nRT \tag{1-17}$$

式（1-16）、式（1-17）均称为范德华方程。式中，a 为与分子间引力有关的常数；b 为与分子自身体积有关的常数。a、b 统称为范德华常数，其值可由实验测定。表1-1列出了一些气体的范德华

常数。

表 1-1 一些气体的范德华常数

气体	a (Pa·m^6/mol^2)	b (10^{-4}m^3/mol)	气体	a (Pa·m^6/mol^2)	b (10^{-4}m^3/mol)
Ar	0.1353	0.322	H_2S	0.4519	0.437
Cl_2	0.6576	0.562	NO	0.1418	0.283
H_2	0.02432	0.266	NH_3	0.4246	0.373
He	0.003445	0.236	CCl_4	1.9788	1.268
Kr	0.2350	0.399	CO	0.1479	0.393
N_2	0.1368	0.386	CO_2	0.3658	0.428
Ne	0.02127	0.174	$CHCl_3$	0.7579	0.649
O_2	0.1378	0.318	CH_4	0.2280	0.427
Xe	0.4154	0.511	C_2H_2	0.4438	0.511
H_2O	0.5532	0.305	C_2H_4	0.4519	0.570
HCl	0.3718	0.408	C_2H_6	0.5492	0.642
HBr	0.4519	0.443	乙醇	1.2159	0.839
HI	0.6313	0.531	二乙醚	1.7671	1.349
SO_2	0.686	0.568	C_6H_6	1.9029	1.208

与理想气体状态方程相比，范德华方程在较为广泛的温度和压力范围内可以更精确地描述实际气体的行为。

从表 1-1 可看出，不同气体有不同的 a、b 值，它们是与气体性质有关的常数。

从现代观点来看，范德华对于内压力反比于 V_m^2 以及 b 的导出等观点都不尽完善，所以范德华方程还只是一种被简化了的实际气体的数学模型。人们常常把任何温度、压力条件下均服从范德华方程的气体称作范德华气体。各种实际气体的范德华常数 a 与 b，可由实验测定的 p、V_m、T 数据拟合得出。终因该方程仍然只是个近似模型，所以精确的测定表明 a、b 除了与气体种类有关以外，还与气体的温度有关，甚至不同的拟合方法也会得出不同的数值。这时，范德华常数 a、b 可以通过气体的临界参数求取，有关内容可查阅相关文献，在此不再介绍。

由范德华方程可知，若实际气体压力趋于零，V_m应趋于无穷大，相应使$(p+a/V_m^2)$及(V_m-b)两项分别化简为 p 及 V_m，表明压力趋于零时，范德华方程将还原成理想气体状态方程，即

$$\lim_{p\to 0}(p+a/V_m^2)(V_m-b)=pV_m=RT$$

使用范德华方程求解实际气体 p、V、T 的性质时，首先要有该气体的范德华常数 a 与 b。在此情况下，p、V_m、T 三个变量中已知任意两个，就可求解第三个变量。

【例 1-4】 设有 1mol CO_2气体，其体积为 500cm^3，温度为 50℃，试计算其压力为多少？

（1）用理想气体状态方程计算。

（2）用范德华方程计算。

（3）将结果与实测压力 4.17×10^6Pa 进行比较。

解：（1）用理想气体状态方程计算，有

$$p=\frac{RT}{V_m}=\frac{8.314\times323}{500\times10^{-6}}=5.37\times10^6\text{Pa}$$

（2）用范德华方程计算

由表1－1查得CO_2的$a=0.3658Pa\cdot m^6/mol^2$，$b=0.428\times10^{-4}m^3/mol$，代入范德华方程，有

$$p=\frac{RT}{V_m-b}-\frac{a}{V_m^2}=\frac{8.314\times323}{(0.500-0.0428)\times10^{-3}}-\frac{0.3658}{(0.500\times10^{-3})^2}=4.410\times10^6Pa$$

（3）与实测值4.17×10^6Pa进行比较，显然用范德华方程得到的结果比用理想气体状态方程要准确得多。

范德华方程提供了一种实际气体的简化模型，常数a、b又是从各种气体实测的p、V、T数据拟合得出，所以该方程在相当于几个兆帕斯卡（几十个大气压）的中压范围内，精度要比理想气体状态方程高。但是，该方程对实际气体提出的模型过于简化，故其计算结果还难以满足工程上对高压气体数值计算的需要。值得指出的是，范德华提出了从分子间相互作用力与分子本身体积两方面来修正其p、V、T行为的概念与方法，为建立某些更准确的实际气体状态方程奠定了一定的基础。

关于其他实际气体状态方程在此就不一一介绍了。

知识链接

阿伏伽德罗假说

阿伏伽德罗毕生致力于化学和物理学中关于原子论的研究。当时由于道尔顿和盖·吕萨克的工作，近代原子论处于开创时期，阿伏伽德罗从盖－吕萨克定律得到启发，于1811年提出了一个对近代科学有深远影响的假说：在相同的温度和相同压强条件下，相同体积中的任何气体总具有相同的分子个数，此即阿伏伽德罗定律。但他这个假说却长期不为科学界所接受，主要原因是当时科学界还不能区分分子和原子，同时由于有些分子发生了离解，出现了一些阿伏伽德罗假说难以解释的情况。

同时，当时的化学权威们拒绝接受分子假说的观点，致使他的假说默默无闻地被搁置了半个世纪之久，这无疑是科学史上的一大遗憾。直到1860年，意大利化学家坎尼扎罗在一次国际化学会议上慷慨陈词，说明阿伏伽德罗在半个世纪以前已经解决了确定原子量的问题。坎尼扎罗以充分的论据、清晰的条理、易懂的方法，很快使大多数化学家相信阿化加德罗的学说是普遍正确的。但这时阿伏伽德罗已在几年前默默去世，终没能亲眼看到自己学说的胜利。

答案解析

目标测试

1. 当温度为15℃，压力为2.53×10^5Pa时，在$200dm^3$容器中能容纳多少摩尔的CO_2气体？

（21.1mol）

2. 当温度为360K，压力为9.6×10^4Pa时0.4L丙酮蒸气的质量为0.744g，求丙酮的相对分子质量。

（58g/mol）

3. 将$1m^3$氮气和$3m^3$氢气的混合气体放入密闭容器中，混合气体的总压力为1.42×10^6Pa时，氮气和氢气（若未发生化学反应时）的分压各是多少帕？

（3.55×10^5Pa，1.065×10^6Pa）

4. 常温常压下充满气体的石英安瓿被整体加热到800K时急速用火封闭，问封闭瓶内的气体在常压下的压力为多大？

（3.73×10^4Pa）

5. 混合气体中有4.4g CO_2、14g N_2 和12.8g O_2，总压为2.0×10^5Pa，求各组分气体的分压。

(2×10^4Pa，1×10^5Pa，8×10^4Pa)

6. 一个人每天呼出的CO_2相当于标准状态下的5.8×10^2L。在空间站的密闭舱中，宇航员呼出的CO_2用LiOH吸收。写出该反应的反应方程式，并计算每位宇航员每天需要LiOH的质量。

(1124g)

书网融合……

思政导航

本章小结

微课

题库

第二章　热力学第一定律与热化学

学习目标

知识目标

1. 掌握　热力学第一定律及相关应用；常见过程的热、功、热力学能变、焓变的计算；反应热的相关计算。

2. 熟悉　热力学的基本概念、盖斯定律的应用。

3. 了解　反应热与温度的关系。

能力目标　通过本章的学习，能够掌握一些热力学研究方法，提高分析、解决简单热力学问题的能力。

热力学（thermodynamics）是研究宏观系统热运动的规律及热运动对物质宏观性质影响的学科，它主要研究伴随着各种物理及化学过程而发生的能量效应与能量转换所遵循的规律。用热力学基本原理研究化学过程及与化学有关的物理过程就构成了“化学热力学”这门学科。化学热力学主要研究和解决两个方面的问题：一是利用热力学第一定律研究过程进行的能量效应问题；二是利用热力学第二定律解决过程进行的方向及限度问题。

第一节　热力学概论

一、热力学研究的基本内容

热力学是人们长期实践和科学实验的总结。它的形成经历了一个漫长的历史时期，最早可追溯到古希腊时代对热本质的争论。但这门科学理论的建立，主要从19世纪中期设计和制造高效的蒸汽机开始。当时由于工业发展的需要，人们试图最大限度地提高热机的效率。因此，对“热功转换的条件和限度”的研究就成了当时热机设计中的一个最关键的问题。1850年，英国物理学家焦耳（J. P. Joule）创立了能量守恒定律（即热力学第一定律）。几乎同时，英国科学家开尔文（L. Kelvin）和德国科学家克劳修斯（R. Clausius）分别创立了热力学第二定律。这两个基本定律为热力学的应用和发展奠定了牢固的基础。随着时间的推移，热力学不断地向其他学科渗透，使热力学的发展进入了一个新的阶段。

热力学是研究热和其他形式能量之间相互转换规律的科学。从广义上来说，热力学是研究系统宏观性质变化之间的关系；研究在各种物理变化和化学变化过程中所发生的能量效应；研究在一定条件下某种过程能否自发进行及其进行的程度，即研究变化的方向和限度问题。

将热力学的基本原理用于研究化学现象及与化学有关的物理现象，就称为化学热力学。它主要研究的内容是应用热力学第一定律来研究和解决化学变化和相变化中的热效应问题，即热化学；应用热力学第二定律来解决化学和物理变化的方向和限度问题以及化学平衡和相平衡中的有关问题。

二、热力学的研究方法和局限性

热力学的研究采用演绎的方法，即采用严格的数理逻辑的推理方法。热力学研究大量微观粒子所组成的系统的宏观性质，所得结论反映大量微观粒子的平均行为，具有统计意义。而对物质的微观性质即个别或少数微观粒子的行为，无法作出解答。热力学无需知道微观粒子的结构和反应进行的机制，只需知道系统的始态和终态及过程进行的外界条件，就可以进行相应的计算和判断。虽然只知道其宏观结果而不知其微观结构，但却非常的可靠且简单易行，这正是热力学能得到广泛应用的重要原因。此外，热力学只研究系统变化的可能性及限度问题。不研究变化的现实性问题，也不涉及时间的概念，因为无法预测变化的速率和过程进行的机制。以上既是热力学方法的优点，也是它的局限性。

第二节　热力学基本概念 微课

任何一门科学理论，无外乎是由一些概念和几个定律构成的。热力学也如此，因此首先学习几个重要的热力学概念，作为讨论问题的共同语言。

一、系统与环境

在热力学中为了明确研究的对象，常常将所研究的这部分物质或空间，从周围其他的物质或空间中划分出来，称之为系统（system），也称体系、物系。系统以外与系统密切相关的其他物质与空间称为环境（surrounding）。

系统与环境之间可以有真实的界面，也可以是虚拟的界面。例如一个敞口的瓶子，内盛有一定量的水，如果把水作为系统，那么瓶子、瓶子中的空气就是环境。瓶壁、水面是系统与环境之间的真实界面。如果把瓶中空气里的氮气作为系统，那么空气中氧气、水气、水、瓶子都是环境，氮气与氧气之间没有真实的界面，仅有虚拟的界面。

按照系统与环境之间的物质和能量的交换关系，通常将系统分为三类。

（1）敞开系统（open system）　系统与环境之间既有物质的交换，也有能量的交换。

（2）封闭系统（closed system）　系统与环境之间只有能量的交换，没有物质的交换。

（3）孤立系统（isolated system）　系统与环境之间既无物质的交换，也无能量的交换。

还是这个敞口的瓶子，内盛有一定量的水，对水而言，可以看作是敞开系统，因为瓶内外除了有热量交换外，还有物质的交换，即不断地有水蒸气向瓶外蒸发并有空气溶解于水。如在瓶上加一个密闭的塞子，则瓶内外只有热量交换，没有物质交换，该系统就成为一个封闭系统。若将盛水的瓶换成一个理想的杜瓦瓶，瓶的绝热性能很好，又很密闭，由于瓶内外既无物质交换，又无热量交换，该系统则成为孤立系统。

根据系统相态的不同，可将系统分为均相系统和多相系统。系统中物理状态和化学组成均匀一致的部分称为一个相。仅含有一个相的系统称为均相系统，否则称为多相系统。如水和水气构成的系统中，水和水气因物理状态不同，而各为一个相，即分别为液相和气相，是多相系统。

系统与环境的划分，是人为的，目的是方便、实用地研究问题。从不同角度认识问题时，可选择不同的系统。在热力学中，对一种系统适用的热力学表述对其他类型的系统并不成立，因此必须确定所研究的系统类型。本章讨论的主要是封闭系统。

二、热力学平衡态

当系统的性质不随时间而变，则该系统就处于热力学平衡态（thermodynamic equilibrium state）。热力学平衡态应同时存在下列平衡。

（1）热平衡　系统各部分的温度相等。

（2）力学平衡　系统各部分之间没有不平衡的力存在。

（3）相平衡　系统中各相的组成和数量不随时间而变化。

（4）化学平衡　系统中化学反应达到平衡时，系统的组成不随时间而变。

倘若上述四个平衡中任何一个得不到满足，系统就不处于热力学平衡态。没有达到力学平衡的系统，各部分压力不同，因而不能用统一的压力 p 来描述系统的状态。没有达到热平衡，不能用统一的温度 T 来描述系统的状态。只有对热力学平衡系统才可能用不含时间的系统宏观性质（例如 p、T 等）来描述系统的状态。一般若不特别说明，当系统处于某种一定状态（定态），即是指系统处于这种热力学平衡状态。本书只研究平衡态。一般将系统变化前的状态称为始态，变化后的状态称为终态。

三、状态函数

描述系统热力学状态的参数叫作状态函数（state function），如物质的量、压力、温度、体积和浓度、密度、黏度、折光率等描述系统状态的宏观物理量都是状态函数。状态函数既能描述系统所处的状态，又随着系统状态的变化而变化，这正是状态"函数"的意义。状态函数是理解和掌握热力学最重要的钥匙，必须重点掌握。

1. 状态函数的分类

（1）广度性质（extensive properties）　与系统的物质量成正比的状态函数叫作广度性质，也称为广度量、容量性质。广度性质具有加和性，即整个系统的某种广度性质是系统中各部分该种性质的总和。例如，质量是广度性质，因为系统的质量与系统所含物质的量（如摩尔数）成正比，系统各部分的质量之和就是系统的总质量。又如体积是广度性质，因为体积大小与所含物质的量成正比，系统各部分的体积之和就是系统的总体积。

（2）强度性质（intensive properties）　与系统的物质量无关的状态函数叫作强度性质，又称为强度量。强度性质不具有加和性。例如，温度是强度性质，因为温度的高低与系统所含物质的量没有关系。两杯 25℃的水倒在一起，还是 25℃。同理，压力、密度、黏度等也是强度性质。

2. 状态函数之间的函数关系　同一个热力学系统的许多状态函数之间，并不是相互独立、彼此无关的，如果系统的某一个状态函数发生了变化，至少会影响另外的一个，甚至好几个状态函数也会发生变化。举例说，一定量的某气体，温度一定时，若压力增加，体积就随着减小、密度加大、黏度加大，折光率也发生变化……正因为状态函数之间有相关性，因此要确定一个系统的状态，并不需要确定所有状态函数，只要确定其中少数几个，其他的也就随之而定了。

由经验得知，对于物质量确定组成不变的均相系统，系统的任意一个状态函数是另外两个独立状态函数的函数，可以表示为

$$z=f(x,y)$$

作为变量的两个独立的状态函数 x、y，在函数上常被称为独立变量，实践证明，选择独立变量应优先选用强度性质作独立变量，因强度性质与系统中物质的数量多少无关，是系统本性的体现。如一定量的纯理想气体 $V=f(T,p)$，其具体的关系为

$$V=\frac{nRT}{p}$$

当物质量 n 一定时，V 是 T、p 的函数，当 T、p 值确定了，V 就有确定值，则该理想气体的状态也就确定了。

对压力 p，也可以选择 T、V 作变量描述 $p=f(T,V)$，即 $p=\frac{nRT}{V}$。

后续课程学习的其他热力学函数都有类似地选择 T、p 或者 T、V 作变量的特点。

3. 状态函数的特征

（1）状态函数是单值、连续、可微的　当系统的状态确定之后，它的每一个状态函数都具有单一的确定值，而不会具有多个不等的值。例如温度是状态函数，系统的状态确定之后，温度一定具有单一的确定值，是30℃就是30℃，绝不可能既是30℃又是50℃。

（2）状态函数的改变量只与系统的始、终态有关　系统发生变化后，系统任意状态函数的改变量（简称状态函数变）只与系统的始、终态有关，而与变化的途径无关。

$$\Delta z=z_2-z_1 \tag{2-1}$$

如理想气体发生状态变化时，$\Delta T=T_2-T_1$，$\Delta V=V_2-V_1$。

若系统变化经历一循环后又重新恢复到始态，状态函数 z 的数值应无变化，即 z 的环径积分为零

$$\oint \mathrm{d}z=\int_1^1 \mathrm{d}z=z_1-z_1=0 \tag{2-2}$$

如 dV 的环径积分代表系统经历一个变化又回复到始态时体积的变化。显然

$$\oint \mathrm{d}V=0$$

这一特征对判断是否为状态函数具有特别重要的意义。

（3）状态函数具有全微分性质　状态函数的微小改变量是全微分，所谓全微分就是对两个独立变量分别微分（称为偏微分）之和。

若 $z=f(x,y)$，则其全微分可表示为

$$\mathrm{d}z=\left(\frac{\partial z}{\partial x}\right)_y \mathrm{d}x+\left(\frac{\partial z}{\partial y}\right)_x \mathrm{d}y \tag{2-3}$$

以一定量纯理想气体，$V=f(T,p)$ 为例，则

$$\mathrm{d}V=\left(\frac{\partial V}{\partial T}\right)_p \mathrm{d}T+\left(\frac{\partial V}{\partial p}\right)_T \mathrm{d}p$$

其中 $\left(\frac{\partial V}{\partial p}\right)_T$ 是当 T 不变而仅对 p 微分，或说在 T 不变时改变 p，此时 V 对 p 的变化率；$\left(\frac{\partial V}{\partial T}\right)_p$ 是当 p 不变而仅对 T 微分，或说在固定 p 不变，只有变量 T 变化时 V 对 T 的微分。全微分 dV 就是当 p 改变 dp，T 改变 dT 时所引起系统 V 的微小变化。代入理想气体状态方程 $V=\frac{nRT}{p}$，对体积进行微分，得

$$\mathrm{d}V=\left(\frac{\partial V}{\partial T}\right)_p \mathrm{d}T+\left(\frac{\partial V}{\partial p}\right)_T \mathrm{d}p=\frac{nR}{p}\mathrm{d}T-\frac{nRT}{p^2}\mathrm{d}p$$

计算体积变化 ΔV 时即可对上式右端两项分别积分。全微分的分别微分意味着积分也可以分别积分。

由全微分关系还可以演化出如下两个重要关系。

在式（2-3）中，令 $M=\left(\frac{\partial z}{\partial x}\right)_y$，$N=\left(\frac{\partial z}{\partial y}\right)_x$，它们均是 x、y 的函数，则有

$$\left(\frac{\partial M}{\partial y}\right)_x=\left(\frac{\partial N}{\partial x}\right)_y$$

或
$$\left[\frac{\partial}{\partial y}\left(\frac{\partial z}{\partial x}\right)_y\right]_x=\left[\frac{\partial}{\partial x}\left(\frac{\partial z}{\partial y}\right)_x\right]_y \tag{2-4}$$
说明微分次序并不影响微分结果，式（2-4）常称为“欧拉（Euler）规则”。

同时存在
$$\left(\frac{\partial z}{\partial x}\right)_y\left(\frac{\partial x}{\partial y}\right)_z\left(\frac{\partial y}{\partial z}\right)_x=-1 \tag{2-5}$$
式（2-5）常称为“循环规则”。

式（2-1）、式（2-2）、式（2-3）、式（2-4）、式（2-5）均为状态函数重要性质。

（4）不同状态函数构成的初等函数（和、差、积、商）也是状态函数。

凡是状态函数，必然具有上述四项特征。其逆定理也成立，即系统的某一个物理量如果具有上述任一特征，那么它一定是一个状态函数。

四、过程及途径

（一）过程

系统发生的任何状态变化称为过程（process）。例如，气体的膨胀、水的结冰、化学反应等都是不同的过程。完成状态变化所遵循的具体步骤称为途径。完整地描述一个过程，应当指明始态、终态（或称初态、末态）及变化的具体步骤。对比系统终态与始态的差异，在热力学中将过程分为以下几类。

（1）简单物理过程　即系统的化学组成及聚集态（相态）不变，只发生了 p、V、T 等状态变量的改变。

（2）复杂物理过程　发生相变化和混合等，如化学组成不变而聚集态发生变化的过程就是相变化，如水结冰。液体蒸发成气体、固体升华成气体、气体冷凝成液体等都是聚集态发生变化的例子，而扩散、混合、渗透等现象也是物理化学研究的重要变化过程。

（3）化学过程　化学过程是系统的化学组成发生变化的过程。

为研究方便，热力学常根据过程特点划分为以下几种适宜做模型研究的典型过程。

（1）恒温过程（isothermal process）　在环境温度恒定下，系统始、终态温度相同且等于环境温度的过程。如人体内部体温恒定（37℃）下的一些生理过程，洗衣机洗衣服的过程（常温），中药煎锅内煎煮汤药（约 100℃）时植物成分从植物细胞内向水溶液转出的过程。

（2）恒压过程（isobaric process）　在环境压力恒定下，系统始、终态压力相同且等于环境压力的过程。敞口容器（通大气）内进行的过程，都可看作恒压过程，包括蓝墨水和清水的混合过程，水分蒸发的相变化过程以及大多数非密闭容器的化学反应过程，如滴定操作就是恒压过程。

（3）恒容过程（isochoric process）　系统的体积保持不变的过程。在密闭容器（容器内部体积不变）内进行的过程属于恒容过程，如高压锅内进行手术器械消毒、煮饭都是恒容过程。

（4）绝热过程（adiabatic process）　系统与环境之间没有热交换的过程。理想的绝热过程在实际中是不存在的。某些过程系统与环境之间交换的热量很少，或者过程发生太快，系统和环境来不及交换热量也可当作绝热过程处理，如汽车发动机气缸内的燃烧，气缸壁并非绝热，但由于每一次燃烧时间都极为短暂，因此可以认为每一次燃烧产生的热量全部转化为作功和尾气排放，忽略了气缸壁的传热。

（5）循环过程（cyclic process）　系统从某一状态出发，经一系列变化，又恢复到原来状态的过程。由于循环过程中，系统的终态与始态是同一状态，因此状态函数的改变量（简称状态函数变）为零。

（二）途径

完成某一过程的具体步骤称为途径（path）。由同一始态到同一终态的不同方式称为不同的途径。

例如某一系统由始态（298K，1×10^5Pa）到终态（373K，5×10^5Pa）可有两条途径（图2-1），途径1是先经恒压过程升高温度到373K，再经恒温过程升压到达终态5×10^5Pa；途径2是先经恒温过程升高压力到5×10^5Pa，再经恒压过程升温到373K。其实系统发生这个过程的真实途径可能根本没人知道，途径1和途经2只不过是为了研究方便，在始态和终态之间找了两条途经。对于系统，只要它的始态、终态确定，状态函数变就一定，而与实际经历的途径无关。因此对一个给定的实际过程，若某状态函数变难于计算，则可以通过在始态、终态之间设计其他途径进行计算。这是在热力学中常用的基本方法之一。

气体状态变化过程的不同途径可在状态图上分别表示。所谓状态图，就是以横坐标 V、纵坐标为 p 的平面坐标来描述系统变化的平面坐标图，如图2-2所示，图上每一点，表示系统所处的状态。两条途径都是自同一始点到达同一终点。

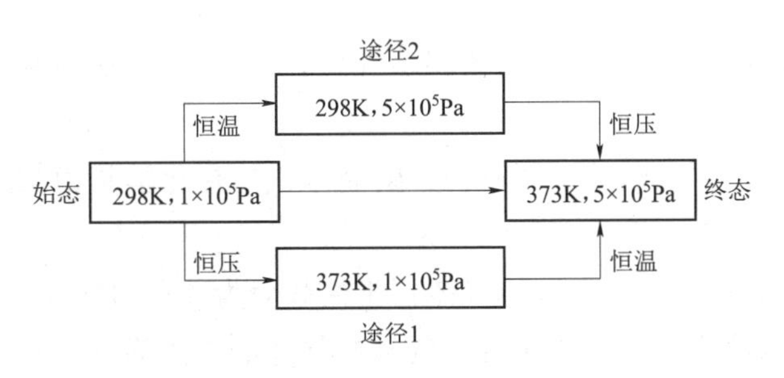

图2-1　两条途径示意图

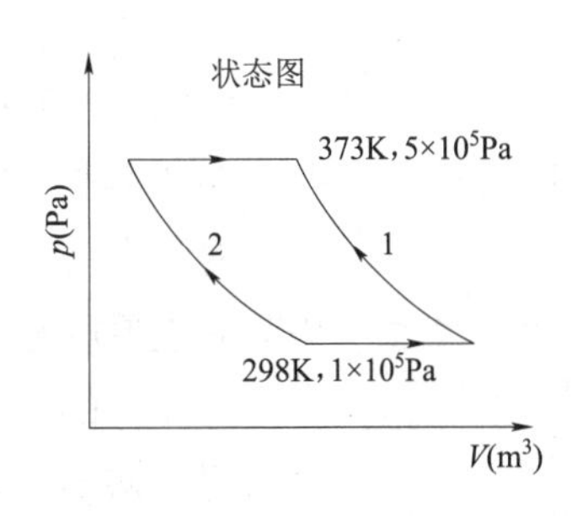

图2-2　状态图

完成一个化学过程，也可以经过不同的具体路线、具体步骤。这些所经历的具体路线、具体步骤也叫作不同的途径。例如，碳燃烧成二氧化碳，可以是一步完成的

$$C + O_2 \longrightarrow CO_2$$

也可以是分两步完成的

$$C + \frac{1}{2}O_2 \longrightarrow CO$$

$$CO + \frac{1}{2}O_2 \longrightarrow CO_2$$

这是同一化学过程的两种不同的途径。

五、热和功

封闭系统的状态变化时，在系统与环境之间会有能量的传递或交换。热和功是系统与环境之间能量传递或交换的两种形式。

1. 热　由于系统与环境之间的温度差而引起系统与环境之间的能量传递称为热（heat），用符号 Q 表示。规定系统吸热，Q 取正值，即 $Q>0$；系统放热，Q 取负值，$Q<0$。热的单位为焦耳（J）。

热力学中的热分为两种。

（1）显热　系统与环境间交换热时，有温度变化，如将水自20℃加热到50℃。

（2）潜热　系统与环境间交换热时，温度保持不变。如冰在0℃熔融为水，虽吸收热，但温度不变，直至全部变为水之后温度才会升高。熔融热、气化热、液化热等相变热，都属潜热。

2. 功　在热力学中，除热以外，在系统与环境之间其他一切形式所传递和交换的能量称为功

(work)，用符号 W 表示。规定系统对环境作功，W 取负值，即 $W<0$；环境对系统作功，即系统从环境得到功，W 取正值，即 $W>0$。功的单位为焦耳（J）。

应当指出，热和功是系统与环境之间能量传递或交换的两种形式，不是系统具有的性质。热和功与系统发生变化的具体过程相联系，没有过程就没有热和功；热和功的数值与变化所经历的途径有关，因而热和功都不是系统的状态函数，不存在全微分性质，所以它们的微小变化通常采用 δQ 和 δW 来表示。

功有多种形式，广义地看，各种形式的功都可表示为强度性质与广度性质变化量的乘积。

机械功　$\delta W=F$(力) × $\mathrm{d}l$(位移)

体积功　$\delta W=-p_e$(外压) × $\mathrm{d}V$(体积的改变)

电功　$\delta W=E$(电动势) × $\mathrm{d}Q$(电量的改变)

表面功　$\delta W=\sigma$(表面张力) × $\mathrm{d}A$(表面积的改变)

式中，p_e、E、σ 为广义力；$\mathrm{d}V$、$\mathrm{d}Q$、$\mathrm{d}A$ 为广义位移，因此功为广义力与广义位移的乘积。

从微观上看，热是大量质点以无序运动方式而传递的能量；而功则是大量质点以有序运动方式而传递的能量。

在热力学上，通常将各种形式的功分为两种，即体积功（W）和非体积功（W'）。体积功又称膨胀功，非体积功是除体积功以外的其他一切形式功的总称。

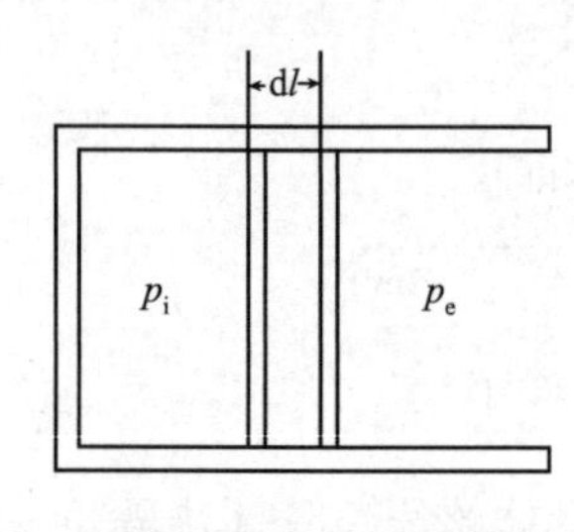

图 2-3　气体体积功

对于发生化学反应的系统，常遇到的是体积功，因而体积功在化学热力学中具有重要的意义。

体积功的计算如图 2-3 所示。将一定量的气体置于横截面为 A 的气缸中，并假定活塞与气缸壁之间的摩擦力均可忽略不计。气缸内气体的压力为 p_i，外压为 p_e，若 $p_i>p_e$，缸内气体膨胀，设活塞移动了 $\mathrm{d}l$（图中无法表示无限小量，只能画有限量）的距离，则系统对环境所作的体积功为

$$\delta W=-F\mathrm{d}l=-p_eA\mathrm{d}l=-p_e\mathrm{d}V$$

式中，$\mathrm{d}V=A\mathrm{d}l$ 是系统体积的微小变化。

若体积从系统的始态 V_1 变化到终态 V_2，且外压保持不变时，系统的总体积功为

$$W=\int_1^2\delta W=-\int_{V_1}^{V_2}p_e\mathrm{d}V=-p_e(V_2-V_1)=-p_e\Delta V \tag{2-6}$$

关于体积功应特别注意，不论系统是膨胀还是压缩，体积功都用 $-p_e\mathrm{d}V$ 来计算，所采用的压力均为外压。

体积功大小，由 p_e 与 $\mathrm{d}V$ 两项来决定，如 $p_e=0$ 或 $\mathrm{d}V=0$，则无体积功，$\delta W=0$。体积功为零的几种过程如下。

（1）自由膨胀　即反抗外压为 0 的膨胀，自由膨胀也称为向真空膨胀。因 $p_e=0$，$W=0$，系统对外不作功。

（2）恒容过程　刚性容器内的化学反应，没有体积功。

（3）凝聚系统相变　如液态苯凝固为固态苯，体积变化忽略不计。

3. 体积功的图形表示　当气体状态发生变化，如始态 $1(p_1,V_1,T_1)\rightarrow$ 终态 $2(p_2,V_2,T_2)$，其体积功可用图形表示。

如在恒定外压下膨胀，$W=-p_e\Delta V=-p_e(V_2-V_1)$，如图 2-4 所示，阴影面积为体积功的数值，并取负值，因图中终态体积变大，是膨胀过程，系统对环境作功，为负值。

当外压是变化的，系统从体积 V_1 变化到 V_2 时，$p_e\mathrm{d}V$ 为某点处的外压与体积的微小变化的乘积，$W=-\int_{V_1}^{V_2}p_e\mathrm{d}V$，其积分值为曲线下的面积，取负值即体积功，因此曲线下面积的绝对值代表体积功的绝对

值大小。（图 2－5）

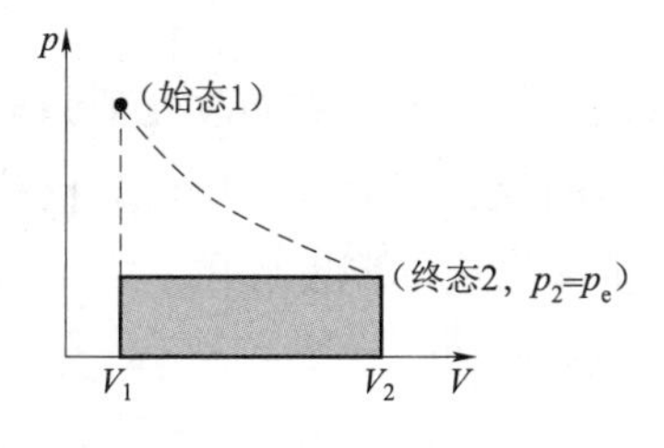

图 2－4　体积功的图形表示

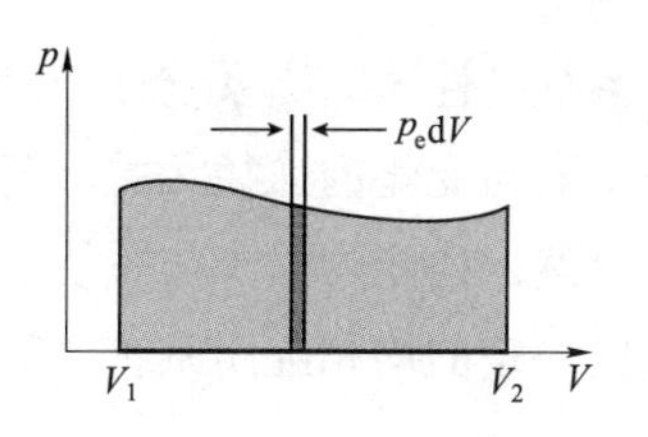

图 2－5　非定外压下膨胀

【例 2－1】在标准压力 $p^{\ominus}$（$p^{\ominus}$ = 100kPa）和 373.15K 下，1mol H_2O（l）变化为 H_2O(g) 的过程所作的体积功为多少？设水蒸气为理想气体，由于水的摩尔体积比起气态水小很多，可以忽略不计。

解：　　1mol H_2O(l)，373.15K，100kPa ⟶ 1mol H_2O(g)，373.15K，100kPa

这是一个恒压、恒温的相变过程。

$W = -p_e(V_2 - V_1) = -p[V_m(g) - V_m(l)] \approx -pV_m(g) = -RT = -8.314 \times 373.15 = -3102J$

第三节　热力学第一定律

一、热力学第一定律的表述

自然界的所有物质都具有能量，能量有多种形式。能量可以从一种形式转化为另一种形式，但在转化过程中，能量既不能凭空创造，也不能自行消灭，即总能量保持不变，这就是能量守恒原理。它是人们经过无数次的实验和实践总结出来的。特别是在 1840 年左右焦耳（Joule）做了大量的热功转换实验，建立了热功当量的转化关系，即 1cal（卡）= 4.184J（焦耳），从而为能量守恒原理提供了科学依据。将能量守恒与转化定律应用于宏观的热力学系统即为热力学第一定律。

热力学第一定律有多种表达式，但都说明一个问题即能量守恒。常见表述如下。

（1）不供给能量而可连续不断对外作功的第一类永动机是不可能造成的。

（2）自然界的一切物质都具有能量，能量有多种不同形式，可以从一种形式转化为另一种形式，在转化中能量的总值保持不变。

热力学第一定律是人类经验的总结，无数事实都证明了热力学第一定律的正确性。它无需再用任何原理去证明，因为第一类永动机永远不能造成的事实就是最有力的证明。

二、内能

通常系统的总能量 E 由下述三部分组成。

（1）系统整体运动的动能 E_T。

（2）系统在外力场中的势能 E_V。

（3）内能 U（thermodynamic energy），也称为热力学能（internal energy）。

在化学热力学中，通常研究的是宏观相对静止的系统，无整体运动且无特殊的外力场存在（如离心力场、电磁场等），此时 $E_T = E_V = 0$，则 $E = U$，所以只考虑内能。

内能，是系统中物质的所有能量的总和。它包括分子的平动能、转动能、振动能、分子间势能、电子运动能、化学键能、分子间作用能、原子核能等。随着人们对于物质结构层次认识的不断深入，还将包括其他形式的能量，因此系统内能的绝对值是无法确定的。但对热力学来说，重要的是内能的改变值可以由实验测定。

内能是系统的性质，当系统处于确定的状态，其内能就具有确定的数值，它的改变值只取决于系统的始、终态，而与变化的途径无关。若系统经一循环过程，则内能的变化值为零。所以，内能是系统的状态函数。显然，内能的大小与系统所含物质的量成正比，即内能是系统的广度性质。

对于组成一定的均相封闭系统，其内能可以表示为温度和体积的函数。

$$U=f(T,V)$$

全微分为

$$\mathrm{d}U=\left(\frac{\partial U}{\partial T}\right)_V\mathrm{d}T+\left(\frac{\partial U}{\partial V}\right)_T\mathrm{d}V$$

同理，若把 U 看作是温度和压力的函数 $U=f(T,p)$，则

$$\mathrm{d}U=\left(\frac{\partial U}{\partial T}\right)_p\mathrm{d}T+\left(\frac{\partial U}{\partial p}\right)_T\mathrm{d}p$$

三、热力学第一定律的数学表达式

宏观上相对静止且无外力场存在的封闭系统，若经历某个过程从状态 1 变为状态 2 时，系统从环境吸收了 Q 的热量，并对环境作了 W 的功，根据热力学第一定律，系统内能的改变为

$$\Delta U=U_2-U_1=Q+W \tag{2-7}$$

U_1、U_2分别为系统始态和终态的内能。若系统发生微小变化，则

$$\mathrm{d}U=\delta Q+\delta W \tag{2-8}$$

式（2-7）和式（2-8）是封闭系统的热力学第一定律的数学表达式。它表明了内能、热、功相互转化时的数量关系。

显然，对于封闭系统的循环过程，状态函数内能的改变值 $\Delta U=0$，则 $Q=-W$，即封闭系统循环过程中所吸收的热与系统对环境所作的功绝对值相等。对于孤立系统，$Q=0$，$W=0$，则 $\Delta U=0$，即孤立系统的内能始终不变为常数。

【例 2-2】系统经历如图 2-6 所示循环，从 A 点出发又回到 A 点，此过程 Q、W、ΔU 何者大于零，何者小于零，何者等于零？

解：如图 2-6、图 2-7、图 2-8 膨胀时曲线下的面积与压缩时曲线下的面积差即为系统经此循环后的净功，系统膨胀时系统对环境作功绝对值较大，压缩时，环境对系统作功的绝对值较小，净功是系统对环境作功，但系统对环境作功为负，$W<0$。又由于系统回到原来状态，$\Delta U=0$，所以 $Q>0$。

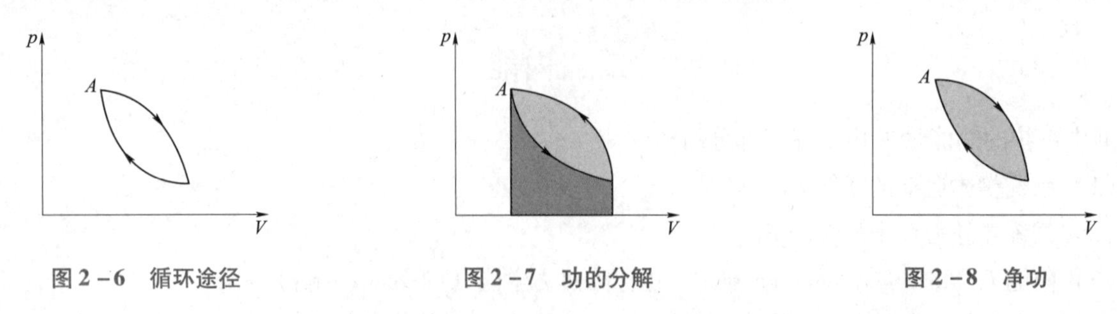

图 2-6 循环途径　　图 2-7 功的分解　　图 2-8 净功

【例 2-3】 设某一系统状态发生变化，经途径 A 从始态变至终态，系统吸热 400J，当环境对系统作 200J 的功时，系统循另一途径 B 从终态又回到始态，并放出 500J 的热量。求在途径 A 中系统所作的功。

解：在途径 A 中　　$\Delta U_A = Q + W = 400\text{J} + W$

在途径 B 中　　$\Delta U_B = Q + W = (-500\text{J}) + 200\text{J} = -300\text{J}$

系统经一循环过程回到始态，内能应不变

$$\Delta U = \Delta U_A + \Delta U_B = (400\text{J} + W) + (-300\text{J}) = 0$$

$$W = 300\text{J} - 400\text{J} = -100\text{J}$$

所以在途径 A 中系统对环境所作的功为 -100J。

>>> 知识链接

非平衡统计力学在等离子体中的应用

2023 年 2 月，西弗吉尼亚大学动力学等离子体物理中心教授 Paul Cassak 和物理与天文学系的研究生 Hasan Barbhuiya 在热力学第一定律的一个古老限制上取得了突破，即能量如何在太空中转化为过热等离子体。他们的研究结果发表在《Physical Review Letters》上，将改变科学家对太空和实验室中等离子体如何升温的理解，并可能在物理学和其他科学领域有各种各样的进一步应用。

热力学第一定律发展于 1850 年代，仅适用于可以正确定义温度的系统，这种状态称为平衡。100 多年来，研究人员一直试图将第一定律扩展到不处于平衡状态的普通材料，但这些理论只有在系统接近平衡时才有效，这些理论在远离平衡的空间等离子体中不起作用。Cassak 和 Barbhuiya 的工作填补了这一限制的空白，他们的研究将帮助科学家了解太空中的等离子体，这对于为太空天气做准备非常重要；并且它可能用于研究低温等离子体，这对于半导体和电路工业中的蚀刻很重要；它还可能有助于天文学家研究星系如何随时间演变等。

第四节　准静态过程与可逆过程

一、功与过程

下面论述功不是状态函数，其数值与具体过程有关。以理想气体的恒温膨胀与恒温压缩过程为例，说明功与途径有关，并得出热力学中一个重要的概念——可逆过程。

（一）膨胀过程

恒温下一定量的理想气体从始态体积 V_1 膨胀到终态体积 V_2，若所经历的过程不同，则所作的功就不同。

1. 恒定外压膨胀（一次膨胀）　若外压 p_e 保持恒定不变，系统直接从 V_1 膨胀到 V_2，称为一次膨胀。如图 2－9 所示，设活塞重量不计，取下砝码后，作用于活塞上的压力仅为大气压力 p_e，由于系统内部压力大于外压，系统膨胀，直到内压等于外压时，系统达到平衡，此时外压、内压均等于外压 p_e。此过程气体体积从 V_1 膨胀到 V_2，系统所作的功为

$$W_1 = -p_e\Delta V = -p_e(V_2 - V_1)$$

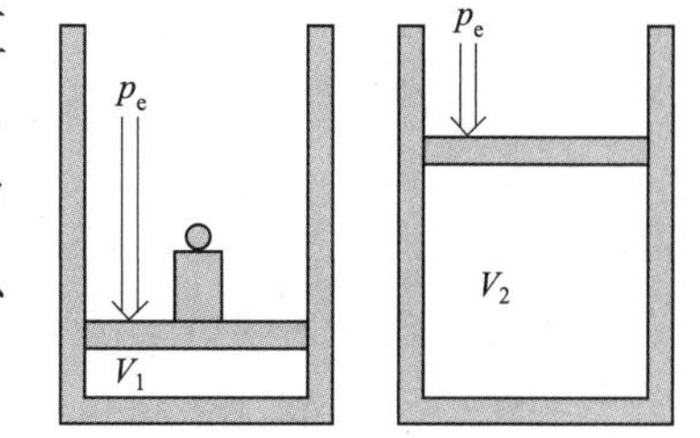

图 2－9　一次膨胀

W_1 绝对值的大小相当于图 2－10 中阴影的面积。

2. 多次恒定外压膨胀　将图 2－9 中大砝码分为 4 个小砝码（图 2－11），先取下两个砝码，使系统先在外压 p_e' 下膨胀 V'，体积变化为（$V' - V_1$）后，再取下全部砝码，使系统在外压 p_e 下膨胀到 V_2，整个膨胀过程分为两次，称为二次膨胀。

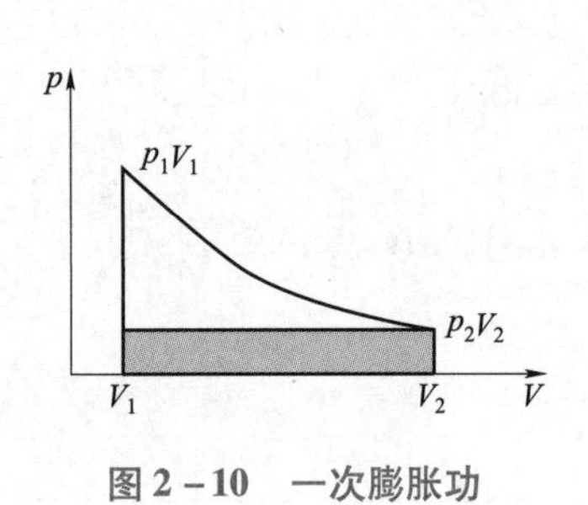

图 2-10 一次膨胀功

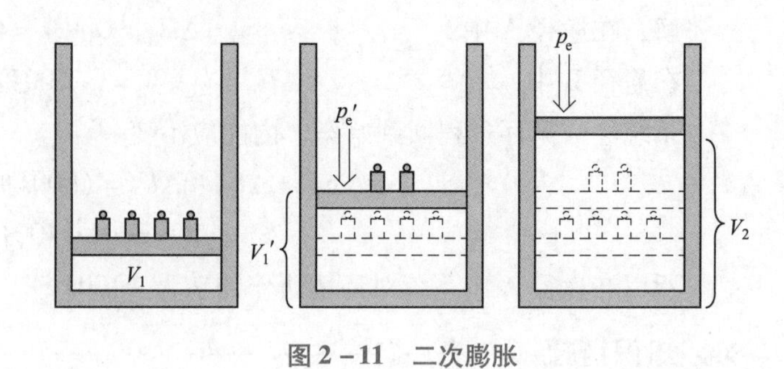

图 2-11 二次膨胀

二次膨胀过程系统所作的功为

$$W_2 = -p_e'(V' - V_1) - p_e(V_2 - V')$$

W_2的绝对值相当于图 2-12 中阴影的面积。由于膨胀时系统作功为负值，功的数值采用绝对值比较方便。显然，$|W_2| > |W_1|$。

依此类推，在相同始、终态间，分步越多，系统对外所作的体积功就越大。如分四次，即每次取下一个砝码，系统将会进行四次膨胀，如图 2-13、图 2-14 所示。四次膨胀，其功的绝对值数值更大。显然，分步越多，台阶图的面积越大，如果分步接近无穷多，则台阶图的面积将无限接近曲线下的面积。

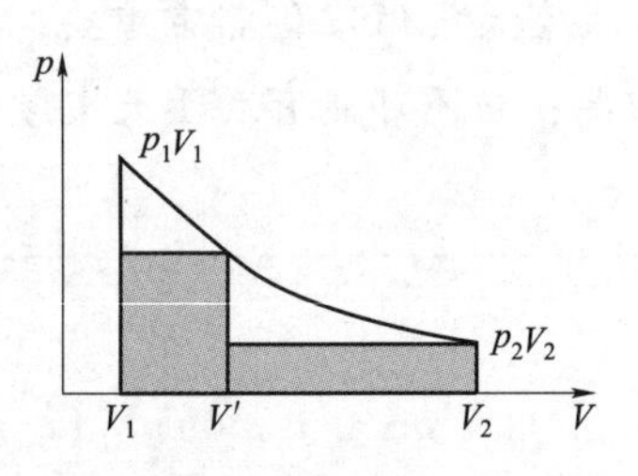

图 2-12 二次膨胀所作的功

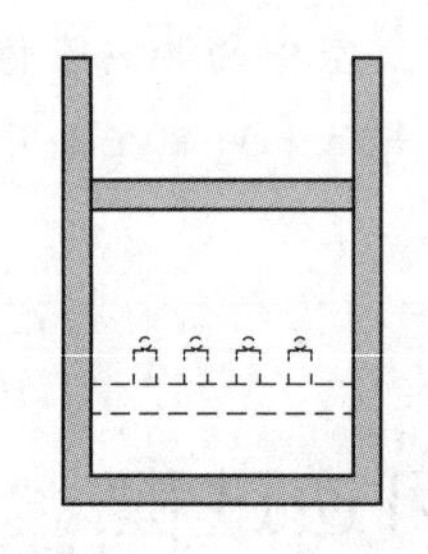
图 2-13 多次膨胀

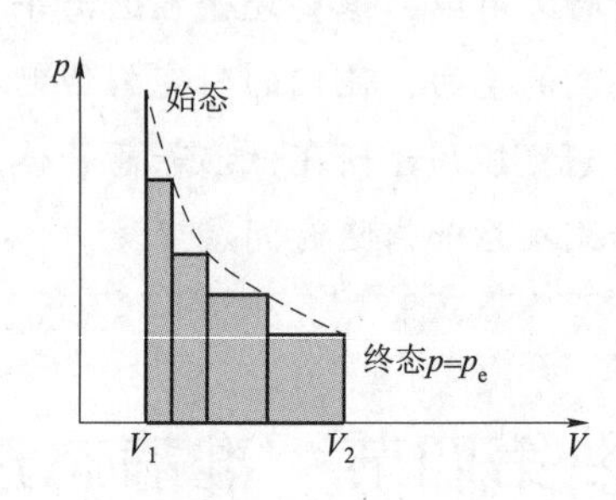

图 2-14 多次膨胀功

3. 准静态膨胀过程 准静态膨胀过程就是无限多次膨胀过程，即在整个膨胀过程中，始终保持外压 p_e比气体的内压 p_i小一个无限小的差值，即 $p_e = p_i - dp$ 的情况下，经历无限多步完成膨胀过程的。可以想象它是这样膨胀的，如图 2-15 所示，将图 2-9 中的砝码换为等重量的一堆很细的细砂、面粉，如果理解数学上的极限概念，那么就可以想象砝码换成等重量的一堆质量无限小的微粒，若取下一微粒，外压就减少一无限小的 dp，则系统的体积就膨胀了无限小的 dV，p_edV 的乘积即图 2-16 台阶图上的小台阶将变得无限窄，此时 p_i降至 p_e。同样又取下一微粒，又使系统的体积膨胀了 dV，台阶图又增加了一个无限窄的台阶。如此重复，依次取下微粒，直至系统的体积膨胀到 V_2为止。显然，这些无限窄的台阶面积之和就是曲线下的面积。

从积分结果看，在整个膨胀过程中 $p_e = p_i - dp$，因此系统所作的功为

$$W_3 = -\int_{V_1}^{V_2} p_e dV = -\int_{V_1}^{V_2} (p_i - dp) dV = -\int_{V_1}^{V_2} p_i dV + \int_{V_1}^{V_2} dp dV = -\int_{V_1}^{V_2} p_i dV \quad (2-9)$$

显然，$|W_3| > |W_2| > |W_1|$。

式（2-9）中二阶无限小量 dpdV 可略去，则积分式中的 p_e可用 p_i代替（外压 p_e近似为内压 p_i）。而从 p_i的意义可知 p_i就是 p，即系统的压力。

上述这种膨胀过程虽然是虚拟的，但非常有意义。因其功为图 2-17 曲线下的面积，显然比所有实际分步膨胀的台阶图的面积都大，或者说，准静态膨胀作了最大的体积功。图 2-17 中的曲线，也称为理想气体的恒温线，因为此线上任意点温度都相同。这里需要说明，准静态过程中的每一次无限小的膨

胀过程，其作功 δW 都将会引起系统内能的改变，为了保持恒温，系统必须从环境吸收一无限小的热量 δQ，使得每一步无限小膨胀时系统的内能都保持不变，要做到这一点，过程必须进行得无限缓慢，看起来系统在任一瞬间的状态都极接近于平衡状态，整个过程可以看成是由一系列无限接近平衡的状态所连接而成的，因此这种过程称为准静态过程。在总的膨胀过程结束时，系统的内能保持不变，即 $\Delta U = Q_3 + W_3 = 0$，必然有 $Q_3 = -W_3$。

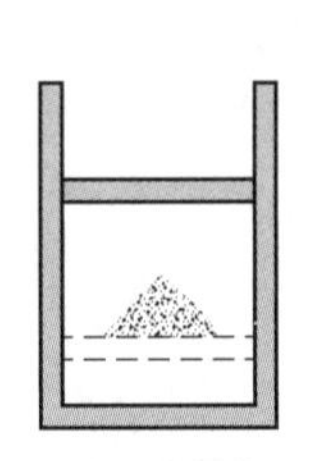

图 2-15　气体准静态膨胀过程

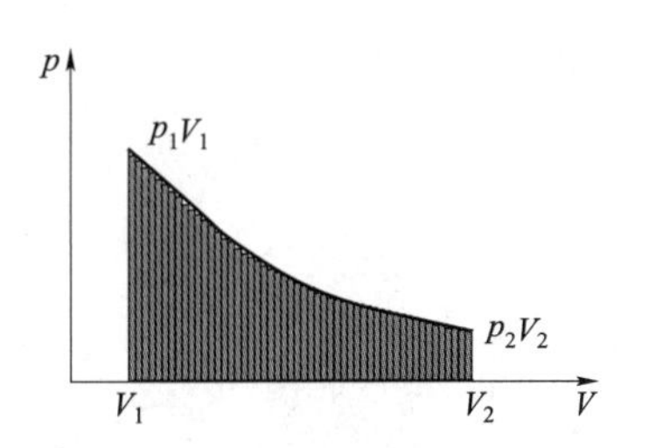

图 2-16　准静态膨胀过程的功

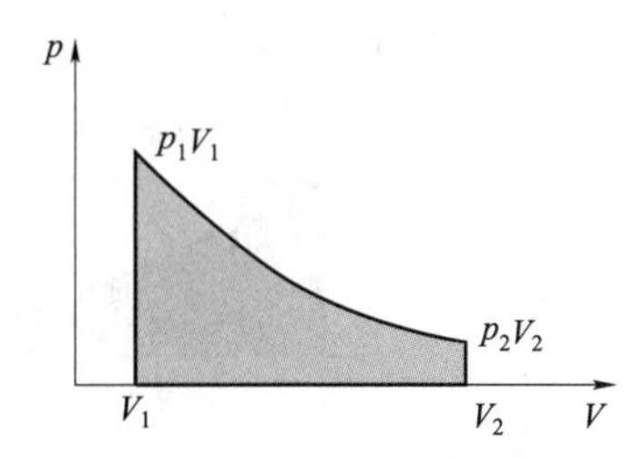

图 2-17　可逆膨胀过程的功

（二）压缩过程

再考虑压缩过程，将气体从 V_2 压缩到 V_1。压缩过程不同，环境对系统所作功也不相同。

1. 恒定外压压缩过程　可以设想，将图 2-9 中的大砝码放回来，系统将会被压缩，即系统在恒定外压 p_1 下从 V_2 一次直接压缩到 V_1，环境对系统所作功为

$$W_1' = -p_1(V_1 - V_2)$$

因为 $V_1 < V_2$，故 W_1' 为正值，表示环境对系统作功，功的绝对值相当于图 2-18 中的阴影面积。

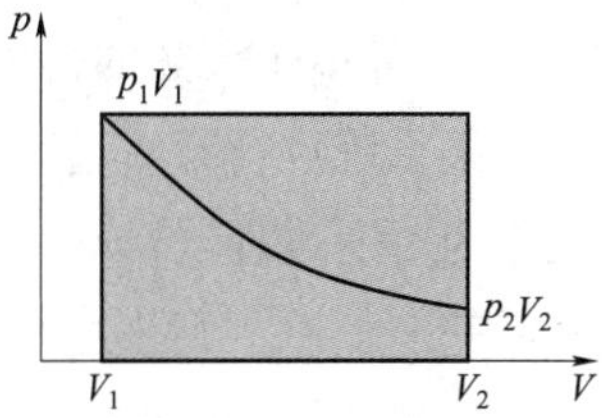

图 2-18　一次压缩功的大小

2. 多次恒定外压压缩过程　可以再次设想二次压缩，将图 2-11 中的四个小砝码，分两次放回，即先在恒外压 p_e' 下使体积从 V_2 压缩到 V_1'，再在恒外压 p_1 下使体积从 V' 压缩到 V_1，二次压缩，则环境对系统所作功为

$$W_2' = -p_e'(V' - V_2) - p_1(V_1 - V')$$

相当于图 2-19 的阴影面积。

如果压缩也是分为四次的话，如图 2-20 所示，显然分步越多，压缩过程中环境对系统作功的绝对值就越少，越接近曲线下的面积。

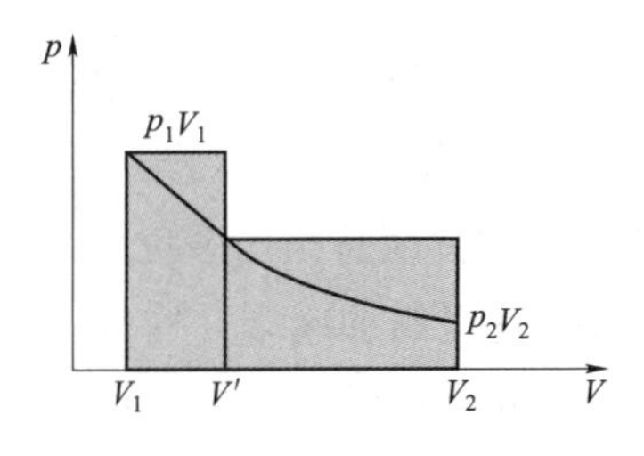

图 2-19　二次压缩功的大小

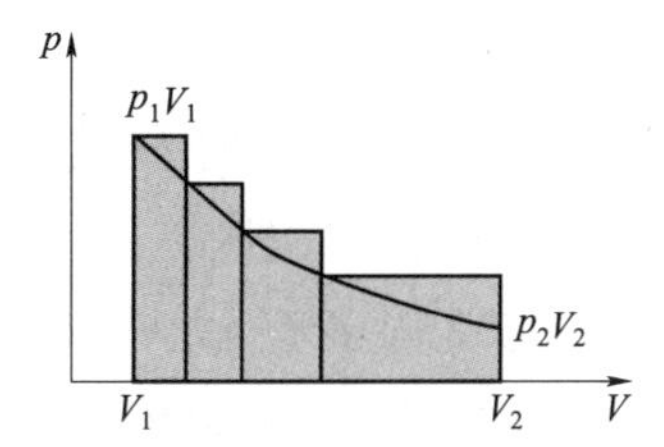

图 2-20　四次压缩功的大小

3. 准静态压缩过程　如果将图 2-15 中取下的细砂再一粒粒重新加到活塞上，或者说，在外压 p_e 始终比气体压力 p_i 大 $\mathrm{d}p$，即在 $p_e = p_i + \mathrm{d}p$ 情况下，经历无限多次压缩，使系统从 V_2 压缩到 V_1，则环境所作功为（图 2-21）

$$W_3' = -\int_{V_2}^{V_1} p_e \mathrm{d}V = -\int_{V_2}^{V_1} (p_i + \mathrm{d}p)\mathrm{d}V = -\int_{V_2}^{V_1} p_i \mathrm{d}V - \int_{V_2}^{V_1} \mathrm{d}p\mathrm{d}V = -\int_{V_2}^{V_1} p_i \mathrm{d}V \qquad (2-10)$$

显然，$|W_1'| > |W_2'| > |W_3'|$。

由此可见，压缩时分步越多，环境对系统所作的功反而越少，准静态压缩过程中环境所作的功最

小，亦即环境对系统作了最小功，其功的数值就是曲线下的面积。

同样，准静态过程中的每一次无限小的压缩过程，环境对系统作功 δW 都将会引起系统内能的改变，为了保持恒温，系统必须放出一无限小的热量 δQ，使得系统内能保持不变，即每一步也都是无限接近平衡状态下进行的。在总的膨胀过程结束时，系统的内能保持不变，即 $\Delta U = Q_3' + W_3' = 0$，必然有 $Q_3' = -W_3'$。

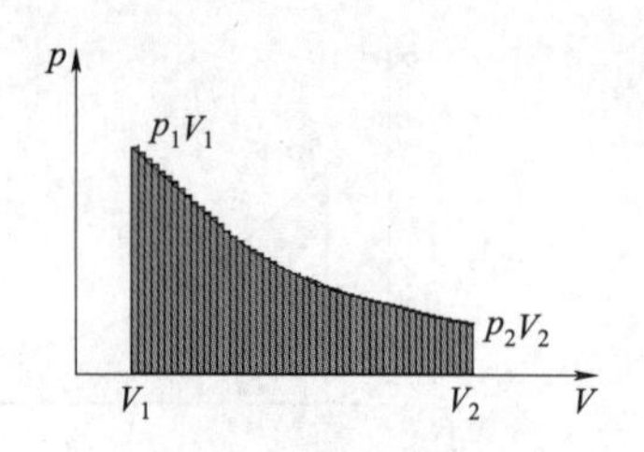

图 2－21 准静态压缩过程功的大小

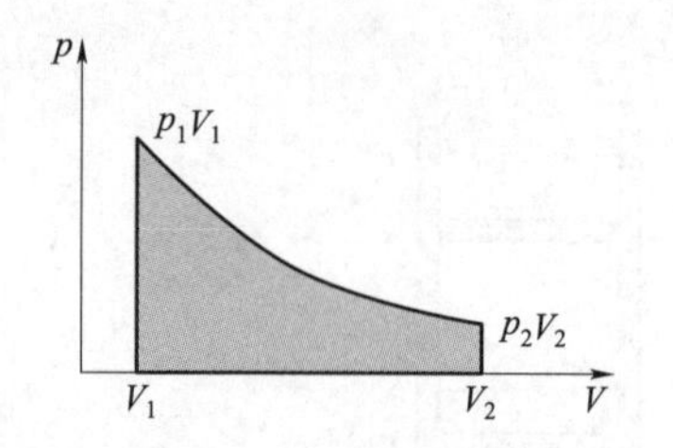

图 2－22 可逆压缩过程功的大小

二、可逆过程

上述三种膨胀方式中，第三种准静态膨胀方式是热力学中一种极为重要的过程。显然，准静态膨胀过程所作之功 W_3 和准静态压缩过程所作之功 W_3' 大小相等，绝对值都是曲线下的面积（图 2－22），但符号相反。这就是说，准静态膨胀过程后，当系统沿准静态压缩过程回复到原来状态时，在环境中没有功的得失。由于系统回到原态，$\Delta U = 0$，根据热力学第一定律 $\Delta U = Q + W$，循环一周后的 $W = 0$，故 $Q = 0$，所以环境也无热的得失，即当系统回复到原状时，环境也回复到原状，没有留下热功转换的痕迹。

某系统进行某一过程后，如果能使系统沿过程反方向恢复到原来状态，环境也完全复原，则该过程就称为可逆过程（reversible process）。反之，系统经一过程之后，如果用任何方法都不能使系统和环境两者完全复原，则该过程称为不可逆过程（irreversible process）。

显然这样无限缓慢，每一步都无限接近平衡状态的可逆过程只能存在于想象中，是一种理想过程。抽象出可逆过程的目的，是为了进一步研究热功转换，为判定过程的方向和限度提供一个研究模型，前文说过，功是有序运动，热是无序运动。现实过程中没有热与功完全转换的可逆过程，如前面讨论的恒定外压膨胀后经恒定外压压缩的过程，系统可以恢复原态，但环境却失去功而得到热，即环境无法复原。

可逆过程是从诸多现实过程中合理抽象出来的，除了准静态膨胀与压缩，其他过程也都可以有这样的抽象。可以这样设想：可逆过程是无限接近平衡的过程。平衡条件包括热平衡、力学平衡、相平衡和化学平衡。如果要升温，则控制环境以极慢的速率提高温度，使环境的温度总是比系统的温度高无限小的量值 $\mathrm{d}T$。这样以无限多步，每一步又是无限小、无限接近平衡的过程累加起来，构成了一个宏观升温过程。类似的，如果要蒸发，可使蒸气的压力比饱和蒸气压仅小 $\mathrm{d}p$，在缓慢蒸发过程中，蒸气的压力始终保持等于饱和蒸气压。如果要进行化学反应，可设想一个很大的已达化学平衡的系统，不断加入极少量的反应物或移去极少量的生成物，系统始终保持化学平衡。由此可见，可逆过程是从各种实际过程趋近极限而抽象出的理想过程，其意义在于说明任何实际过程都不会满足系统回到原来状态时，环境也能回到原来状态，而不花费失功得热代价。因为无序运动的热无法全部转换为有序运动的功，因而很多过程一旦发生就不可自动逆转，这些将在下一章继续深入论述。

自然界的一切宏观过程都是不可逆过程，可逆过程只能是一种理想的过程，有些过程，在一定条件下可以无限地趋近于可逆过程。如液体在其沸点时的蒸发及冷凝、可逆电池在电动势相差无限小时的充、放电等，都可按照可逆过程进行计算，其理由简述如下，假定环境温度恒定于液体沸点的温度，液体在其沸点时蒸发为气体，可以设想为蒸发出的气体推开周围的空气而作功，在沸点冷凝时这些气体又可看作被环境压缩为液体，由于在沸点，膨胀与压缩时内外压力差视作无限小，则膨胀时系统对环境作的功与压缩时环境对系统作的功在数值上无限接近，环境在系统回到原状态时没有功的损失，故为可逆过程，则蒸发热就等于冷凝热。这个结论可以推广到正常相变点下的所有相变过程，如100kPa、0℃下水的凝固点也是可逆相变点。可逆相变的热就是相变潜热。可逆电池充电时环境对系统作功，放电时系统对环境作功，在电动势相差无限小时的充、放电可认为环境对系统作的功与系统对环境作的功无限接近，故充、放电时的热也相等，不过，这样的电池是无法使用的，因为充电过程会无限缓慢，而且无论充电放电，流经导线的电流都是要放热的，这个热是绝对单向的。

综上所述，热力学可逆过程具有以下特点。

（1）可逆过程的推动力与阻力相差无限小，耗时长，整个过程是由一系列无限接近于平衡的状态所构成。

（2）系统在可逆过程中对外作最大功（绝对值），环境对系统在可逆过程中作最小功，即可逆过程效率最高。

（3）将过程倒转，系统和环境同时复原，而没有任何能量耗散效应。

式（2-9）、式（2-10）中的p_i就是系统的压力，以后直接写作p，对理想气体恒温可逆膨胀过程的功可写作

$$W=-\int_{V_1}^{V_2}p\mathrm{d}V=-\int_{V_1}^{V_2}\frac{nRT}{V}\mathrm{d}V=-nRT\ln\frac{V_2}{V_1} \tag{2-11}$$

恒温即T不变，nRT都为常量，可以提到积分号外面。

【例2-4】 在298K时，2mol H_2的体积为15L，若此气体：（1）在恒温条件下，反抗外压为100kPa，膨胀到体积为50L；（2）在恒温下可逆膨胀到体积为50L。试计算此两种膨胀过程的功。

解：（1）此过程的p_e恒定为100kPa而且始终不变，故为恒定外压不可逆过程

$$W=-p_e(V_2-V_1)=-100\times10^3\times(50\times10^{-3}-15\times10^{-3})=-3500\text{J}=-3.50\text{kJ}$$

（2）此过程为理想气体恒温可逆过程，由式（2-11）可得

$$W=-nRT\ln\frac{V_2}{V_1}=-2\times8.314\times298\ln\frac{50}{15}=-5965\text{J}=-5.97\text{kJ}$$

比较此两过程可见，可逆过程比不可逆过程所作的功绝对值大。

第五节 焓与热容

系统与环境之间传递的热不是状态性质，但在某些特定条件下，某一特定过程的热仅取决于始、终态而成为一个定值。

一、恒容热

对于某封闭系统，在非体积功为零的条件下，若系统的变化是恒容过程，则$\Delta V=0$，因此体积功为零，所以热力学第一定律式（2-7）可写成

$$\Delta U=Q_V \tag{2-12}$$

对于微小变化，则 $\mathrm{d}U=\delta Q_V$

式（2-12）中Q_V为恒容过程的热效应，因为ΔU只取决于系统的始、终态，所以Q_V也只取决于系统的始、终态。式（2-12）表示，在非体积功为零的条件下，封闭系统经一恒容过程，所吸收的热全

部用于增加系统的内能。

二、恒压热

对于封闭系统，在非体积功为零且恒压($p_1=p_2=p_e$)的条件下，热力学第一定律式（2-7）可写成

$$\Delta U=U_2-U_1=Q_p-p_e(V_2-V_1)$$

$$U_2-U_1=Q_p-p_2V_2+p_1V_1$$

移项整理，得

$$Q_p=(U_2+p_2V_2)-(U_1+p_1V_1)$$

由于 U、p、V 均是状态函数，由状态函数的第 4 个特征，$U+pV$ 也是状态函数，在热力学上定义为焓（enthalpy），用 H 表示，即

$$H=U+pV \tag{2-13}$$

所以

$$Q_p=H_2-H_1$$

即

$$\Delta H=Q_p \tag{2-14}$$

对于微小变化，则

$$\mathrm{d}H=\delta Q_p$$

式（2-14）中，Q_p为恒压过程的热效应，因为焓是状态函数，ΔH 值取决于系统的始、终态，所以 Q_p也只取决于系统的始、终态。式（2-14）表示，在非体积功为零的条件下，封闭系统经一恒压过程，系统所吸收的热全部用于增加系统的焓。

焓的物理意义不明确，只能用定义式说明，$H=U+pV$，等于内能加上体积、压强乘积，其单位与内能 U 相同，由此可知，系统的焓 H 大于其内能 U 的值。因为 U 和 pV 都是广度性质，所以焓也是广度性质。由于系统内能的绝对值无法确定，因而也不能确定焓的绝对值，热力学中只用其变化值 ΔH。

上面焓的导出是在恒压过程中引出来的，但不能认为只有恒压过程才有焓变，焓是系统的固有性质，只要状态发生变化，均有焓变 ΔH 存在。

之所以引入焓，主要是由于恒压热 Q_p无法用实验直接测定，但可以利用 H 的状态函数的特点，设计任一途径来计算焓变 ΔH，从而得到 Q_p。H 是状态函数，由系统的始、终态决定，其焓变 ΔH 与变化的途径无关，这样，可以通过 ΔH 来计算出系统与环境之间交换的热，给计算带来极大的方便。由于化学反应和相变化大多是在定压下进行的，所以焓比起内能具有更重要的实用价值。

焓是状态函数，同样满足全微分的性质

$$\mathrm{d}H=\left(\frac{\partial H}{\partial T}\right)_p\mathrm{d}T+\left(\frac{\partial H}{\partial p}\right)_T\mathrm{d}p$$

$$\mathrm{d}H=\left(\frac{\partial H}{\partial T}\right)_V\mathrm{d}T+\left(\frac{\partial H}{\partial V}\right)_T\mathrm{d}V$$

【例 2-5】2mol、100kPa、373K 的液态水放入一小球中，小球放入 373K 恒温真空箱中。打破小球，刚好使 H_2O（l）蒸发为 100kPa、373K 的 H_2O（g）［视 H_2O（g）为理想气体］。求此过程的 Q、W、ΔU、ΔH。已知水的蒸发热在 373K、100kPa 时为 40.66kJ/mol。

解：实际过程为不可逆过程，需先考虑在沸点下的可逆相变

$$H_2O(1,2\text{mol},100\text{kPa},373\text{K})\longrightarrow H_2O(g,2\text{mol},100\text{kPa},373\text{K})$$

正常相变温度、压力下的相变过程的 $\Delta H=2\times40.66=81.3\text{kJ}$

$$W=-p_e(V_g-V_l)\approx-p_eV_g=-n_gRT=-2\times8.314\times373=-6.20\text{kJ}(\text{因为 }V_g\gg V_l)$$

$$\Delta U=Q_p+W=81.3+(-6.20)=75.1\text{kJ}$$

实际过程始、终态与正常相变的始、终态一致，故状态函数变化值相同，即

$$\Delta U=75.1\text{kJ},\Delta H=81.3\text{kJ}$$

而实际过程外压为0，故 $W=0$，由 $\Delta U=Q+W$，得到 $Q=\Delta U=75.1\text{kJ}$。

实际过程的 Q 为75.1kJ，W 为0，ΔU 为75.1kJ，ΔH 为81.3kJ。

【例2-6】已知在100kPa下，18℃时1mol Zn溶于稀盐酸时放出151.5kJ的热，反应析出1mol H_2。求反应过程的 W、ΔU、ΔH。

解：恒压下的化学反应热就是 Q_p，满足 $\Delta H=Q_p$ 的条件。

$$Zn(s)+2H^+(aq)\longrightarrow H_2(g)+Zn^{2+}(aq)$$

$$\Delta H=Q_p=-151.5\text{kJ}$$

$$W=-p_e(V_g-V_l)=-p_eV_g=-n_gRT=-1\times 8.314\times 291.15\text{J}=-2.421\text{kJ}$$

$$\Delta U=Q+W=-151.5-2.421=-153.9\text{kJ}$$

三、热容

在非体积功为零的条件下，一个不发生化学反应和相变化的均相封闭系统被加热时，设从环境吸收热量 Q，系统的温度从 T_1 升高到 T_2，则定义平均热容为

$$\bar{C}=\frac{Q}{T_2-T_1} \tag{2-15}$$

由于不同温度的热容也不同，温度 T 时的真实热容为

$$C=\lim_{\Delta T\to 0}\frac{\delta Q}{\mathrm{d}T}=\frac{\delta Q}{\mathrm{d}T} \tag{2-16}$$

热容 C 表示系统升高单位热力学温度时所吸收的热，单位是J/K。热容的数值与系统所含物质的量、进行的过程、温度及物质本性有关。

若物质的量是1kg，则称为比热容（specific heat），单位是J/(K·kg)。若物质的量为1mol，则称为摩尔热容，用 C_m 表示，单位是J/(K·mol)。

无化学变化和相变化的均相封闭系统，且非体积功为零的恒容过程的热容称为恒容热容，用 C_V 表示。

$$C_V=\frac{\delta Q_V}{\mathrm{d}T} \tag{2-17}$$

因为 $\delta Q_V=\mathrm{d}U$，代入 $\mathrm{d}U$ 的全微分式 $\mathrm{d}U=\left(\frac{\partial U}{\partial T}\right)_V\mathrm{d}T+\left(\frac{\partial U}{\partial V}\right)_T\mathrm{d}V$，恒容过程 $\mathrm{d}V=0$，所以 $C_V=\frac{\mathrm{d}U}{\mathrm{d}T}=\left(\frac{\partial U}{\partial T}\right)_V$，物质量为1mol时，$C_{V,m}=\frac{\mathrm{d}U_m}{\mathrm{d}T}=\left(\frac{\partial U_m}{\partial T}\right)_V$，$C_{V,m}$ 表示摩尔恒容热容。

可见，在 $W'=0$ 的恒容过程中恒容热容就是内能随温度的变化率。从上式可得

$$\mathrm{d}U=C_V\mathrm{d}T=nC_{V,m}\mathrm{d}T \tag{2-18}$$

$$\Delta U=Q_V=\int_{T_1}^{T_2}C_V\mathrm{d}T=n\int_{T_1}^{T_2}C_{V,m}\mathrm{d}T \tag{2-19}$$

利用式（2-19）可以计算无化学变化和相变化且非体积功为零的封闭系统的内能的变化值。

如果在积分范围内 $C_{V,m}$ 为常数，则

$$\Delta U=Q_V=nC_{V,m}(T_2-T_1) \tag{2-20}$$

同理，对无化学变化和相变化的均相封闭系统，且非体积功为零的恒压过程的热容称为恒压热容，用 C_p 表示

$$C_p=\frac{\delta Q_p}{\mathrm{d}T} \tag{2-21}$$

因为 $\delta Q_p = \mathrm{d}H$，代入 dH 的全微分式 $\mathrm{d}H = \left(\frac{\partial H}{\partial T}\right)_p \mathrm{d}T + \left(\frac{\partial H}{\partial p}\right)_T \mathrm{d}p$，恒压过程 $\mathrm{d}p = 0$，所以 $C_p = \frac{\mathrm{d}H}{\mathrm{d}T} = \left(\frac{\partial H}{\partial T}\right)_p$，物质量为 1mol 时，为 $C_{p,\mathrm{m}} = \frac{\mathrm{d}H_\mathrm{m}}{\mathrm{d}T} = \left(\frac{\partial H_\mathrm{m}}{\partial T}\right)_p$，$C_{p,\mathrm{m}}$表示摩尔恒压热容。

可见，在 $W'=0$ 的恒压过程中恒压热容就是焓随温度的变化率，从上式可得

$$\mathrm{d}H = C_p \mathrm{d}T = nC_{p,\mathrm{m}}\mathrm{d}T \tag{2-22}$$

$$\Delta H = Q_p = \int_{T_1}^{T_2} C_p \mathrm{d}T = n\int_{T_1}^{T_2} C_{p,\mathrm{m}}\mathrm{d}T \tag{2-23}$$

利用上式可以计算无化学变化和相变化且非体积功为零的封闭系统焓的变化值。

如果在积分范围内 $C_{p,\mathrm{m}}$为常数，则

$$\Delta H = Q_p = nC_{p,\mathrm{m}}(T_2 - T_1) \tag{2-24}$$

由于热容随温度而变，但热容与温度的函数关系并不知道，通常采用模拟方程来描述，对物质的摩尔恒压热容 $C_{p,\mathrm{m}}$与温度关系，通常用下述经验方程式表示。

$$C_{p,\mathrm{m}} = a + bT + cT^2 \tag{2-25}$$

若误差较大，可换用式（2-26）描述。

$$C_{p,\mathrm{m}} = a + bT + c'T^2 \tag{2-26}$$

式（2-25）和式（2-26）中，a、b、c、c'为随物质及温度范围而变的常数，可由实验测定，具体方法为：在 3 个不同温度下测定某物质的摩尔恒压热容，列出方程组，求解 a、b、c。

$$C_{p,\mathrm{m},T_1} = a + bT_1 + cT_1^2$$
$$C_{p,\mathrm{m},T_2} = a + bT_2 + cT_1^2$$
$$C_{p,\mathrm{m},T_3} = a + bT_3 + cT_3^2$$

一些物质的摩尔恒压热容参见附录二。

【例 2-7】 2mol H_2由 300K、100kPa 恒压加热到 1200K，求 ΔU，ΔH，Q，W。已知 $C_{p,\mathrm{m}}(H_2) = 29.08 - 0.84\times10^{-3}T + 2.00\times10^{-6}T^2$ [J/(K·mol)]

解： $(2\mathrm{mol}\ H_2,\ 300\mathrm{K},\ 100\mathrm{kPa},\ V_1) \longrightarrow (2\mathrm{mol}\ H_2,\ 1200\mathrm{K},\ 100\mathrm{kPa},\ V_2)$

$$\Delta H = Q_p = \int_{T_1}^{T_2} C_p \mathrm{d}T = n\int_{T_1}^{T_2} C_{p,\mathrm{m}}\mathrm{d}T = n\int_{T_1}^{T_2}(a + bT + cT^2)\ \mathrm{d}T$$

$$= n\left[a(T_2 - T_1) + \frac{b}{2}(T_1^2 - T_1^2) + \frac{c}{3}(T_2^3 - T_1^3)\right]$$

$$= 2\times\left[29.08\times(1200-300) + \frac{-0.84\times10^{-3}}{2}(1200^2 - 300^2) + \frac{2.00\times10^{-6}}{3}(1200^3 - 300^3)\right]$$

$$= 53.5\mathrm{J}$$

第六节 热力学第一定律在理想气体的应用

一、理想气体的内能与焓

焦耳于 1843 年做了如下实验：将两个容量相等且中间以旋塞相连的容器，置于有绝热壁的水浴中。如图 2-23 所示，其中一个容器充有气体，另一个容器抽成真空。待达热平衡后，打开旋塞，气体向真空膨胀，最后达到平衡。

实验测得此过程水浴的温度没有变化，$\Delta T = 0$。以气体为系统，水浴为环境，由于 $\Delta T = 0$，说明在

此过程中系统与环境之间无热交换，即 $Q=0$。又因为气体向真空膨胀，故 $W=0$。根据热力学第一定律 $\Delta U=Q+W=0$，可见气体向真空膨胀时，温度不变，内能保持不变，是一个恒内能的过程。

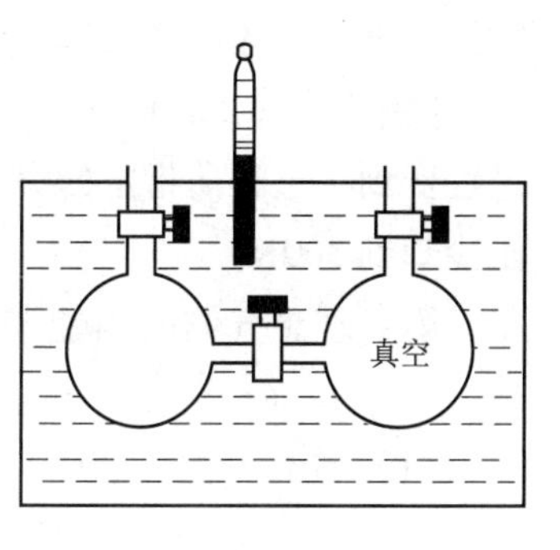

图 2-23　焦耳实验示意

对于纯物质均相封闭系统，内能 $U=f$（T、V），由

$$\mathrm{d}U=\left(\frac{\partial U}{\partial T}\right)_V\mathrm{d}T+\left(\frac{\partial U}{\partial V}\right)_T\mathrm{d}V$$

实验测得 $\mathrm{d}T=0$，又因为 $\mathrm{d}U=0$，所以只能是右端第二项

$$\left(\frac{\partial U}{\partial V}\right)_T\mathrm{d}V=0$$

而气体体积发生了变化，$\mathrm{d}V\neq0$，故

$$\left(\frac{\partial U}{\partial V}\right)_T=0 \tag{2-27}$$

式（2-27）表明，在恒温情况下，上述实验气体的内能不随体积而变。

同法可证明

$$\left(\frac{\partial U}{\partial p}\right)_T=0 \tag{2-28}$$

在恒温时，上述实验气体的内能不随压力而变。

由式（2-27）和式（2-28）可以说明，气体的内能仅是温度的函数，而与体积、压力无关，即

$$U=f(T)$$

由 $H=U+pV$ 及理想气体 $pV=nRT$，知理想气体的焓也只是温度的函数，$H=f(T)$，即理想气体的焓与体积和压力无关。

因 $C_{V,\mathrm{m}}=\left(\frac{\partial U_\mathrm{m}}{\partial T}\right)_V$ 和 $C_{p,\mathrm{m}}=\left(\frac{\partial H_\mathrm{m}}{\partial T}\right)_p$，根据 $U=f(T)$ 和 $H=f(T)$，可知理想气体的 $C_{V,\mathrm{m}}$ 和 $C_{p,\mathrm{m}}$ 也只是温度的函数，与体积和压力无关。

实际上，焦耳上述实验是不够精确的，由于水浴中水的热容很大，因而没有测得水温的微小变化。进一步的实验表明，实际气体向真空膨胀时，温度会发生微小变化，而且这种温度的变化是随着气体起始压力的降低而变小。因此可以推论，只有当气体的起始压力趋近于零，即气体趋于理想气体时，上述实验才是完全正确的。

二、理想气体的 $C_{p,\mathrm{m}}$ 与 $C_{V,\mathrm{m}}$ 的关系

在恒容过程中系统不作体积功，当恒容加热时，系统从环境所吸收的热全部用于增加内能。而在恒压加热时，系统除增加内能外，还要多吸收一部分热用来作体积功。所以，气体的 C_p 总是大于 C_V。

对理想气体，由 $H=U+pV$，等号两边同时微分，得 $\mathrm{d}H=\mathrm{d}U+\mathrm{d}(pV)$，因理想气体的内能和焓仅仅是温度的函数，由式（2-18）及式（2-22），并代入 $\mathrm{d}(pV)=nR\mathrm{d}T$，有

$$nC_{p,\mathrm{m}}\mathrm{d}T=nC_{V,\mathrm{m}}\mathrm{d}T+nR\mathrm{d}T$$

$$C_{p,\mathrm{m}}=C_{V,\mathrm{m}}+R \tag{2-29}$$

R 的物理意义：1mol 理想气体温度升高 1K 时，在恒压条件下所作的功。

对于固体或液体系统，因为其体积随温度变化很小，$\left(\frac{\partial V}{\partial T}\right)_p$ 近似为零，故 $C_p\approx C_V$。

根据统计热力学可以证明在常温下，对于理想气体，单原子分子的 $C_{V,\mathrm{m}}=(3/2)R$，$C_{p,\mathrm{m}}=(5/2)R$；双原子分子的 $C_{V,\mathrm{m}}=(5/2)\mathrm{R}$，$C_{p,\mathrm{m}}=(7/2)R$；多原子分子（非线型）的 $C_{V,\mathrm{m}}=3R$，$C_{p,\mathrm{m}}=4R$。可见在

常温下理想气体的 $C_{V,m}$ 和 $C_{p,m}$ 均为常数。

【例 2-8】5mol 某理想气体[$C_{p,m}=29.10J/(K \cdot mol)$]，由始态（400K，200kPa）分别经下列不同过程变到该过程所指定的终态。试分别计算各过程的 Q、W、ΔU、ΔH。（1）等容加热到 600K；（2）恒压冷却到 300K。

解：理想气体的内能与焓只是温度的函数，且摩尔恒容热容与摩尔恒压热容都是固定不变的，$C_{V,m}=C_{p,m}-R$。

（1）等容升温 $(g,5mol,400K,200kPa,V_1) \longrightarrow (g,5mol,600K,p_2,V_1)$

$$W=0,\ Q=\Delta U=nC_{V,m}\Delta T=5\times(29.1-8.314)\times(600-400)=20.79kJ$$

$$\Delta H=nC_{p,m}\Delta T=5\times 29.1\times(600-400)=29.1kJ$$

（2）恒压降温 $(g,5mol,400K,200kPa,V_1) \longrightarrow (g,5mol,300K,200kPa,V_2)$

$$\Delta H=nC_{p,m}\Delta T=5\times 29.1\times(300-400)=-14.55kJ$$

$$W=-p\Delta V=-nR(T_2-T_1)=4.16kJ$$

$$\Delta U=nC_{V,m}\Delta T=5\times 29.1\times(300-400)=-14.6kJ$$

$$Q=\Delta U-W=-14.6-4.16=-10.4kJ$$

三、理想气体的绝热过程

系统与环境之间如果施以绝热壁隔开，则二者之间不能进行热量传递（可以有功的传递），此时的系统称为绝热系统，它所发生的变化过程称为绝热过程。绝热过程发生时若以可逆的方式进行，此时叫作绝热可逆过程；若以不可逆方式进行，则称为绝热不可逆过程。绝热过程发生时，因过程的 $\delta Q=0$，所以系统的温度一定会发生变化，或升高温度或降低温度。例如，某气体系统发生绝热膨胀过程，由于其对外作功损耗的能量不能从环境中得到补偿，因此只能减少自身的内能，导致系统温度降低（这是气体获得低温的原理之一）；反之，气体发生绝热压缩过程，将会导致系统温度升高。

将热力学第一定律应用于绝热过程且无相变、无化学变化、$W'=0$，因为此过程中 $\delta Q=0$，所以热力学第一定律为

$$dU=\delta W=-p_e dV \tag{2-30}$$

此式表明，在绝热过程中，系统若对环境作功，其内能必然减少，而且系统对外所作的功，在数值上等于系统内能的减少值，由于内能的变化值只决定于过程的始、终态，而与过程无关。

设理想气体发生一微小的绝热可逆过程，则式（2-30）变为

$$nC_{V,m}dT=-pdV$$

又 $p=\frac{nRT}{V}$，所以

$$nC_{V,m}\frac{dV}{T}=-nR\frac{dV}{V}$$

或

$$C_{V,m}\frac{dT}{T}=-R\frac{dV}{V}$$

式中理想气体的 $C_{V,m}$ 不随温度变化，R 是常数，故上式积分得

$$C_{V,m}\ln\frac{T_2}{T_1}=R\ln\frac{V_1}{V_2} \tag{2-31}$$

对理想气体 $R=C_{p,m}-C_{V,m}$，$\frac{T_2}{T_1}=\frac{p_2V_2}{p_1V_1}$，代入式（2-31），有

$$C_{V,m}\ln\frac{p_2}{p_1}=C_{p,m}\ln\frac{V_1}{V_2}$$

或
$$\frac{p_2}{p_1}=\left(\frac{V_1}{V_2}\right)^{\frac{C_{p,m}}{C_{V,m}}}$$

设$\frac{C_{p,m}}{C_{V,m}}=\gamma$，$\gamma$称为绝热指数或热容商，则有

$$p_1V_1^{\gamma}=p_2V_2^{\gamma} \tag{2-32}$$

或
$$pV^{\gamma}=常数 \tag{2-33}$$

若将$V=\frac{nRT}{p}$代入式（2－33），可得

$$p^{1-\gamma}T^{\gamma}=常数 \tag{2-34}$$

若将$p=\frac{nRT}{V}$代入式（2－33）中，则得

$$TV^{\gamma-1}=常数 \tag{2-35}$$

式（2－33）、式（2－34）和式（2－35）均只适应于理想气体发生的绝热可逆过程，特称“过程方程”，借以区别理想气体状态方程$pV=nRT$。

绝热过程所作的功由式（2－30）得：$W=\Delta U=\int_{T_1}^{T_2}C_V\mathrm{d}T$

若温度范围不太大，C_V可视为常数。积分得

$$W=C_V(T_2-T_1) \tag{2-36}$$

对理想气体，$C_p-C_V=nR$，则：$\frac{nR}{C_V}=\frac{C_p-C_V}{C_V}=\gamma-1$

所以式（2－36）又可写成

$$W=\frac{nR(T_2-T_1)}{\gamma-1}=\frac{p_2V_2-p_1V_1}{\gamma-1} \tag{2-37}$$

式（2－36）、式（2－37）对任意理想气体的绝热过程均适用。

在理想气体绝热恒压膨胀过程中，式（2－36）变为$C_V(T_2-T_1)=-p_e(V_2-V_1)$，利用此式解方程，可求绝热不可逆过程$T_2$。

在绝热可逆过程中，理想气体的体积、压力遵从$pV^{\gamma}=常数$，其状态图如图2－24所示，如果发生绝热可逆膨胀，体积自V_1膨胀到V_2，其所作的功如图中阴影面积，对比恒温可逆膨胀过程：图中的绝热可逆曲线在恒温可逆曲线之下，这是因为绝热膨胀时，必须消耗内能，使温度下降。或者说，绝热过程因为不能从外界吸收能量，只能作较少的功。

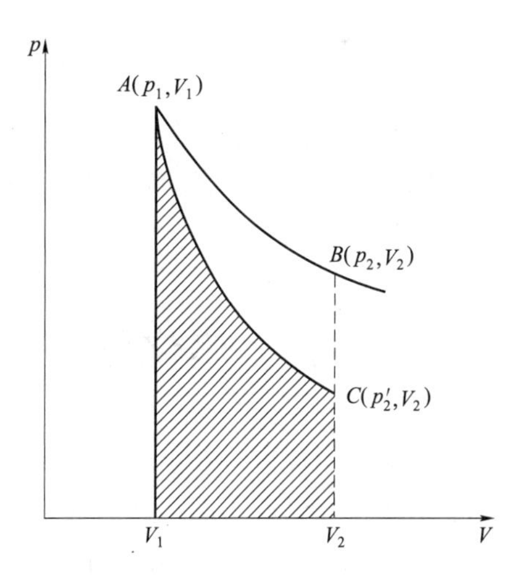

图2－24　绝热可逆过程（AC）与恒温可逆过程（AB）功的比较

【例2－9】3mol单原子理想气体从300K、400kPa膨胀到最终压力为200kPa。若分别经（1）绝热可逆膨胀；（2）绝热等外压200kPa膨胀至终态。试计算两过程的Q、W、ΔU和ΔH。

解：（1）此过程的始、终态如下。

$n=3\mathrm{mol}, T_1=300\mathrm{K}, p_1=400\mathrm{kPa}, V_1=?$	⟶	$n=3\mathrm{mol}, T_2=?\ p_2=200\mathrm{kPa}, V_2=?$

对于单原子理想气体，则

$$\gamma=\frac{C_{p,\mathrm{m}}}{C_{V,\mathrm{m}}}=\frac{(5/2)R}{(3/2)R}=\frac{5}{3}=1.67$$

据理想气体的绝热可逆过程方程求 T_2，有

$$T_1^{\gamma}p_1^{1-\gamma}=T_2{}^{\gamma}p_2^{1-\gamma}$$

代入 T_1、p_1、p_2，求得

$$300^{1.67}\times400^{1-1.67}=T_2^{1.67}\times200^{1-1.67}$$

$$T_2=227\mathrm{K}$$

因为绝热过程，$Q=0$，则

$$W=\Delta U=nC_{V,\mathrm{m}}(T_2-T_1)=3\times\frac{3}{2}\times8.314\times(227-300)=-2731\mathrm{J}$$

$$\Delta H=nC_{p,\mathrm{m}}(T_2-T_1)=3\times\frac{5}{2}\times8.314\times(227-300)=-4.552\mathrm{J}$$

（2）此过程为绝热不可逆过程，始、终态如下。

$n=3\mathrm{mol},T_1=300\mathrm{K},p_1=400\mathrm{kPa},V_1=?$	$\longrightarrow$	$n=3\mathrm{mol},T_2=?\ p_2=200\mathrm{kPa},V_2=?$

因为该过程不是绝热可逆过程，求 T_2用公式：$C_V(T_2-T_1)=-p_e(V_2-V_1)$

即
$$nC_{V,\mathrm{m}}(T_2-T_1)=-p_2\left(\frac{nRT_2}{p_2}-\frac{nRT_1}{p_1}\right)$$

$$3\times\frac{3}{2}\times8.314\times(T_2-300)=-3\times8.314\times T_2+\frac{200}{400}\times3\times8.314\times300$$

求得
$$T_2=240\mathrm{K}$$

$$W=\Delta U=n\ C_{V,\mathrm{m}}(T_2-T_1)=3\times\frac{3}{2}\times8.314\times(240-300)=-2245\mathrm{J}$$

$$\Delta H=Q_p=n\ C_{p,\mathrm{m}}(T_2-T_1)=3\times\frac{5}{2}\times8.314\times(240-300)=-3741\mathrm{J}$$

比较过程（1）与（2）的结果可见，系统从同一始态出发，经绝热可逆和绝热不可逆过程，达不到相同的终态。当终态的压力相同时，由于可逆过程所作的功大，内能降低得更多些，导致终态的温度也就更低些。

第七节　热化学

研究化学反应热效应的学科称为热化学。它是热力学第一定律在化学过程中的具体应用。热化学的实验数据，对实际工作和理论研究都具有重要的作用。如在确定化工设备的设计和生产程序中，都需要有关热化学的数据。药物制剂的生产和稳定性的研究，生物体内的生化反应及食物热值的测定等也都需要应用热化学的知识。

一、化学反应的热效应

在不作非体积功的条件下封闭系统内发生化学反应，当生成物温度与反应物温度相同时，化学反应吸收或放出的热称为化学反应的热效应，简称反应热。

在化学反应过程中，系统的内能改变量 $\Delta_r U$ 与反应物的内能 U_1和生成物的内能 U_2之间有如下关系。

$$\Delta_r U=U_2-U_1=Q+W$$

这就是热力学第一定律在化学反应中的具体体现。式中的反应热 Q，因化学反应进行的具体条件不同，有着不同的意义和内容，下面分别加以讨论。

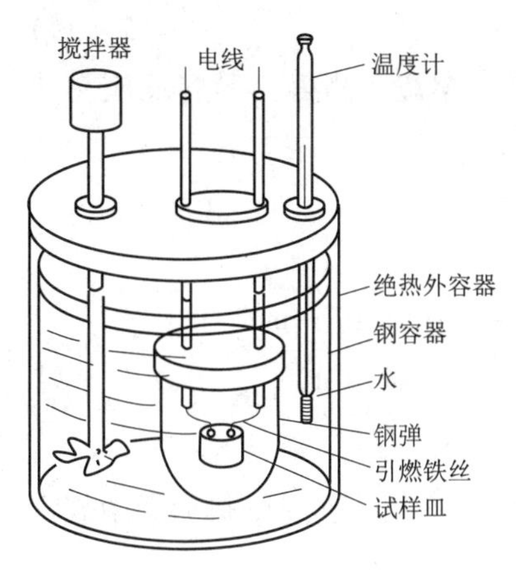

图 2－25　弹式量热计

1. 恒容反应热　在恒容过程中完成的化学反应称作恒容反应，其反应热称恒容反应热，用 Q_V表示。

由 $\Delta_r U = Q_V - p_e \Delta V$，因 $\Delta V = 0$，故 $\Delta_r U = Q_V$，表明在恒容反应过程中，系统吸收或放出的热全部用来改变系统的内能。

Q_V可以通过实验测定。

反应热的实验测定大多在绝热的量热计中进行的，有一种称作弹式量热计的装置，也称氧弹卡计，用来测定一些有机物燃烧反应的恒容反应热，如图 2－25 所示。把有机物置于充满高压氧气的钢弹瓶中，用电火花引燃，反应是在恒容的钢制弹瓶中进行的，产生的热使水和整个装置温度升高，温度的升高值可由精密的温度计测出，搅拌器可使测得的温度值更加可靠。

水的温度升高 1K 所吸收的热称作水的热容；除水外整个装置的温度升高 1K 时所吸收的热称作卡计热容。其数值可用实验方法确定。于是，恒容反应热 Q_V可由下式计算得到。

$$Q_V = \Delta T(C_{水} + C_{卡}) \tag{2-38}$$

式（2－38）中，ΔT 为温度升高值，$C_{水}$和 $C_{卡}$分别为水的热容和卡计的热容。可先用已知燃烧热的物质标定 $C_{卡}$，然后就可以测定待测物的燃烧热。

2. 恒压反应热　在恒压过程中完成的化学反应，其反应热称作恒压反应热，仍用 Q_p表示。显然 $Q_p = \Delta H$，表明在恒压反应过程中，系统吸收或放出的热量等于系统的焓变。通常化学反应是在恒压下进行的，但一般不适合在敞口的情况下测定 Q_p，只有中和热、溶解热等可以用图 2－26 所示的杯式量热计测定。一般化学反应要用弹式量热计测定 Q_V后，再通过计算转化为 Q_p。因此需要知道恒容反应热（Q_V）与恒压反应热（Q_p）之间的关系，这个关系可以利用状态函数之间的关系导出。

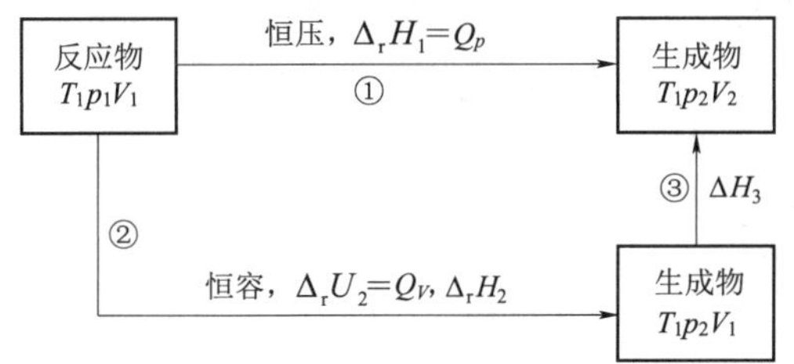

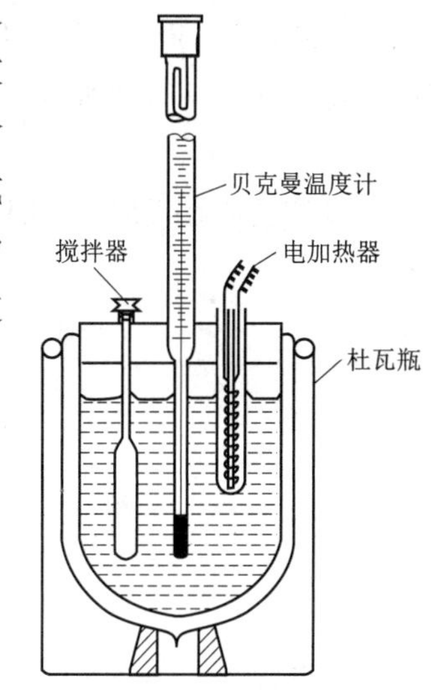

图 2－26　杯式量热计

恒容反应②与恒压反应①的生成物虽然相同，但生成物的状态不同（即 p、V 不同），恒容反应②的生成物的状态可经过程③至恒压反应①的生成物的状态。

$$\Delta_r H_1 = \Delta_r H_2 + \Delta H_3 = \Delta_r U_2 + \Delta(pV)_2 + \Delta H_3$$

式中，$\Delta(pV)_2$ 表示反应过程②始、终态的（pV）之差，对于反应系统中的固态与液态物质，反应前后的 pV 相差不大，可以忽略不计。只需考虑气体组分的 pV 之差。若假设气体可视为理想气体，则

$$\Delta(pV)_2 = p_2V_1 - p_1V_1 = n_p RT_1 - n_r RT_1 = \Delta n_g RT_1$$

式中，n_p、n_r分别为该反应总气体生成物及气体反应物的物质的量；Δn_g即为气体生成物与气体反应物的物质的量之差值。

对于理想气体，焓仅是温度的函数，故恒温过程③的 $\Delta H_3 = 0$。对于生成物中的固态与液态物质，ΔH_3不为零，但其数值与化学反应的 $\Delta_r H_2$ 相比要小得多，一般可忽略不计，因此

$$\Delta_r H_1 = \Delta_r U_2 + \Delta n_g RT$$

即
$$Q_p = Q_V + \Delta n_g RT$$

或
$$\Delta_r H = \Delta_r U + \Delta n_g RT \quad (2-39)$$

【例 2-10】当反应温度为 298.15K 时，将正庚烷置于密闭的容器中燃烧，测得其等容反应热为 -4.807×10^6 J/mol，求恒压反应热 Q_p。

解：
$$C_7H_{16}(l) + 11O_2(g) \xlongequal{\quad} 7CO_2(g) + 8H_2O(l)$$

反应前后气体物质的 $\Delta n = 7 - 11 = -4$

$$Q_p = Q_V + \Delta n_g RT = -4.807\times10^6 + (-4)\times8.314\times298.15 = -4.817\times10^6 \text{J/mol}$$

二、反应进度

化学反应的热效应与化学反应进行的程度有关，为了方便地计算化学反应热，在化学热力学中规定了一个物理量——反应进度（advancement of reaction），用符号 ξ 表示。

设任意一化学反应 $\sum_B v_B B = 0$，若反应系统中的任意物质用 B 表示，其计量方程式中的系数用 v_B 表示，则对反应物 v_B 取负值，对生成物 v_B 取正值，则反应进行到 t 时刻的反应进度 ξ 定义为

$$\xi = \frac{\Delta n_B}{v_B} = \frac{n_B - n_{B,0}}{v_B}$$

或
$$d\xi = \frac{dn_B}{v_B} \quad (2-40)$$

由式（2-40）可知，反应进度 ξ 的 SI 单位为 mol。用参加反应的任意一种反应物或生成物表示反应进度，在同一时刻所得的 ξ 值完全一致。如反应

$$aA + dD \longrightarrow gG + hH$$

设该反应在反应起始时和反应进行到 t 时刻时各物质的量分别为

	aA +	dD ⟶	gG +	hH
$t=0$	$n_{A,0}$	$n_{D,0}$	$n_{G,0}$	$n_{H,0}$
$t=t$	n_A	n_D	n_G	n_H

$$\xi = \frac{n_A - n_{A,0}}{-a} = \frac{n_D - n_{D,0}}{-d} = \frac{n_G - n_{G,0}}{g} = \frac{n_H - n_{H,0}}{h}$$

$$d\xi = \frac{dn_A}{-a} = \frac{dn_D}{-d} = \frac{dn_G}{g} = \frac{dn_H}{h}$$

由此可见，引入反应进度的最大优点是，不论反应进行到任何时刻，用任一反应物或生成物所表示的反应进度都是相等的。当 $\xi = 1$mol，表示 a 摩尔的 A 与 d 摩尔的 D 完全反应生成 g 摩尔的 G 和 h 摩尔的 H，即表示化学反应按反应方程式的系数比例进行了一个单位的反应。ξ 可以是正整数，正分数，也可以是零，$\xi = 0$mol 表示反应开始时刻的反应进度。

【例 2-11】合成氨反应的化学计量方程式可写成下列两种形式。

（1）$N_2(g) + 3H_2(g) \xlongequal{\quad} 2NH_3(g)$

（2）$\frac{1}{2}N_2(g) + \frac{3}{2}H_2(g) \xlongequal{\quad} NH_3(g)$

若反应起始时，N_2、H_2、NH_3 物质的量分别为 10mol、30mol 和 0mol，反应进行到 t 时，N_2、H_2、NH_3 物质的量分别为 8mol、24mol 和 4mol，以上述两个反应方程式为基础，计算反应进度。

解：反应进行到 t 时，各物质的物质的量变化为

$$\Delta n_{N_2}=8-10=-2\text{mol},\ \Delta n_{H_2}=24-30=-6\text{mol},\ \Delta n_{NH_3}=4-0=4\text{mol}$$

对反应方程式（1），反应进度为

$$\xi=\frac{-2}{-1}=\frac{-6}{-3}=\frac{4}{2}=2\text{mol}$$

对反应方程式（2），反应进度为

$$\xi=\frac{-2}{-\frac{1}{2}}=\frac{-6}{-\frac{3}{2}}=\frac{4}{1}=4\text{mol}$$

由此可见，在计算某一时刻的反应进度时，无论选用反应物还是生成物，所得 ξ 值都相同，但对不同写法的反应方程式是不同的，因此反应进度的数值与化学反应方程式的写法有关。

当反应方程式写法不同时，$\xi=1\text{mol}$ 所代表的意义也不同。例如，对于方程式（1），$\xi=1\text{mol}$ 是指 1mol N_2 和 3mol H_2 完全反应，生成 2mol NH_3，这算作一个“单位化学反应”。而按照方程式（2），$\xi=1\text{mol}$ 所指的一个“单位化学反应”的含义是：0.5mol 的 N_2 和 1.5mol 的 H_2 完全反应，生成 1mol NH_3。

化学反应系统中，各物质的量由反应进度决定，从这个意义讲，反应进度 ξ 也是描述反应系统物质所处状态的变量。

三、摩尔内能变与摩尔焓变

由于 U 和 H 都是系统的广度性质，所以化学反应热效应的量值必定与化学反应进度成正比，或者说，反应热的大小应当由反应进度所决定。在化学热力学中，反应进度为 1mol 时反应的内能变和反应的焓变分别称为摩尔内能变 $\Delta_r U_m$ 和摩尔焓变 $\Delta_r H_m$。

$$\Delta_r U_m=\frac{\Delta_r U}{\xi} \quad (2-41)$$

$$\Delta_r H_m=\frac{\Delta_r H}{\xi} \quad (2-42)$$

由式（2-39）　$\Delta_r H=\Delta_r U+\Delta n_g RT$

将式子两边分别除以反应进度 ξ，则有

$$\Delta_r H_m=\Delta_r U_m+\Delta v_g RT \quad (2-43)$$

式中，Δv_g 是反应前后气体物质的化学计量数的改变量，其数值与 Δn_g 的数值相等。

【例 2-12】正庚烷的燃烧反应为

$$C_7H_{16}(l)+11O_2(g)=\!=\!=7CO_2(g)+8H_2O(l)$$

用弹式量热计测得 298.15K 时，1.250g 正庚烷完全燃烧放热 60.09kJ，计算正庚烷燃烧反应的摩尔焓变 $\Delta_r H_m$。

解：正庚烷的摩尔质量为 100.2g/mol，反应前正庚烷的物质的量为

$$n_0=\frac{1.250}{100.2}=1.25\times10^{-2}\text{mol}$$

因为完全燃烧，所以反应后正庚烷的物质的量 $n=0$，反应进度为

$$\xi=\frac{0-1.25\times10^{-2}}{-1}=1.25\times10^{-2}\text{mol}$$

用弹式量热计测得的反应热为恒容反应热 Q_V，即

$$\Delta_r U=Q_V=-60.09\text{kJ}$$

则反应的摩尔内能变 $\Delta_r U_m$ 为

$$\Delta_r U_m = \frac{\Delta_r U}{\xi} = \frac{-60.09}{1.25 \times 10^{-2}} = -4807\text{kJ/mol}$$

根据式（2－39），可知反应的摩尔焓变 $\Delta_r H_m$ 为

$$\begin{aligned}\Delta_r H_m &= \Delta_r U_m + \Delta v_g RT \\ &= -4807 + (-4) \times 8.314 \times 298.15 \times 10^{-3} = -4817\text{kJ/mol}\end{aligned}$$

四、热化学方程式

标明化学反应热效应 $\Delta_r H_m$（或 $\Delta_r U_m^{\ominus}$）值及物质状态的化学反应方程式称为热化学方程式。这里“m”表示反应进度为1mol的反应。因为 U 和 H 的数值都与系统的状态有关，所以在热化学方程式中应标明物质的状态，如温度、压力以及具体的物态等。通常气态用（g）表示，液态用（l）表示，固态用（s）表示。若固态的晶型不同，则应注明晶型，如C（石墨）、C（金刚石）。而且热力学函数 U、H 等的绝对值是不知道的，只能借助于热力学公式确定它们在变化过程中的改变量。为了方便，常选择一些状态作为比较的基准来确定或计算热力学函数的变化值，这些选定作为比较基准的状态就称为标准状态（有时简称为标准态），用符号“$\ominus$”表示。化学热力学对于物质的标准状态有严格的规定。

纯固体或液体，其标准状态是在标准压力 $p^{\ominus}$（$p^{\ominus}=100\text{kPa}$）下的纯物质，即摩尔分数等于1；溶液中的溶质，其标准状态是浓度为1mol/L（或1mol/kg）的状态，用符号 $c^{\ominus}$（或 $b^{\ominus}$）表示；气态物质，其标准状态是指不论是纯气体还是在气体混合物中，均为标准压力 $p^{\ominus}$ 下具有理想气体性质的状态。标准状态之所以这样选取，将在第三章化学势中给出更进一步的解释。

应当注意的是，标准状态只规定了压力为 $p^{\ominus}$，而没有指定温度。IUPAC建议298.15K作为参考温度。本书后续内容中提供的许多物质的热力学数据如 $\Delta_f H_m^{\ominus}$、$\Delta_c H_m^{\ominus}$、$S_m^{\ominus}$ 和 $\Delta_f G_m^{\ominus}$ 均选择298.15K作为参考温度。

当反应物和生成物均处于标准状态时，反应的摩尔内能变称为标准摩尔内能变，用符号 $\Delta_r U_m^{\ominus}$ 表示；反应的摩尔焓变称为标准摩尔焓变，用符号 $\Delta_r H_m^{\ominus}$ 表示。

前面已定义表示出反应热的化学方程式称为热化学反应方程式。热化学方程式由两部分组成，通常将化学反应方程式写在左边，相应的化学反应的标准摩尔焓变 $\Delta_r H_m^{\ominus}$ 写在右边，两者共同组成热化学方程式。任何一个热化学反应方程式都表示了一个已经完成了的反应，而不管反应是否真正完成，也就是表示反应进度为1mol的反应。$\Delta_r H_m^{\ominus}$ 代表了反应中生成物的总焓与反应物的总焓之差。书写热化学反应方程式要注意以下几点。

（1）注明反应的温度和压力。若没有注明温度和压力，则一般都是指温度为298.15K，压力为100kPa。

（2）注明物质的状态。分别用s、l、g表示物质的固态、液态和气态，用aq表示水溶液。如果固体物质存在不同的晶形，也要注明晶形。例如：

$$\text{C(石墨)} + O_2(g) = CO_2(g) \qquad \Delta_r H_m^{\ominus} = -393.5\text{kJ/mol}$$

$$\text{C(金刚石)} + O_2(g) = CO_2(g) \qquad \Delta_r H_m^{\ominus} = -395.4\text{kJ/mol}$$

对于溶液中进行的反应，例如：

$$HCl(aq,\infty) + NaOH(aq,\infty) = NaCl(aq,\infty) + H_2O(l) \quad \Delta_r H_m^{\ominus} = -57.32\text{kJ/mol}$$

式中，aq表示水溶液，∞表示为无限稀释的溶液。

（3）对于同一化学反应，当反应方程式的化学计量数不同时，该反应的标准摩尔焓变也不同。例如：

$$H_2(g) + \frac{1}{2}O_2(g) = H_2O(l) \qquad \Delta_r H_m^{\ominus} = -285.8\text{kJ/mol}$$

$$2H_2(g) + O_2(g) \xlongequal{} 2H_2O(l) \qquad \Delta_r H_m^{\ominus} = -571.6\text{kJ/mol}$$

（4）在相同条件下，正反应和逆反应的标准摩尔焓变的数值相等，符号相反。例如：

$$AgCl(s) \xlongequal{} Ag^+(aq) + Cl^-(aq) \qquad \Delta_r H_m^{\ominus} = 65.5\text{kJ/mol}$$

$$Ag^+(aq) + Cl^-(aq) \xlongequal{} AgCl(s) \qquad \Delta_r H_m^{\ominus} = -65.5\text{kJ/mol}$$

五、盖斯定律

1840 年盖斯（Hess）在总结大量实验结果的基础上提出了盖斯定律（Hess' law）：一个化学反应不论是一步完成还是分几步完成，其反应热总是相同的。意即反应的热效应只与反应的始态和终态有关，而与变化的途径无关。实验表明，盖斯定律只是对非体积功为零条件下的恒容反应或恒压反应才严格成立。

盖斯定律实际上是热力学第一定律的必然结果。因为在非体积功为零的条件下，对于恒容反应 $\Delta U = Q_V$，对恒压反应 $\Delta H = Q_p$，而内能 U 和焓 H 都是状态函数，因此，任一化学反应，不论其反应途径如何，只要始、终态相同，则 ΔU 和 ΔH 必定相同，亦即 Q_V 和 Q_p 与反应的途径无关，如下所示。

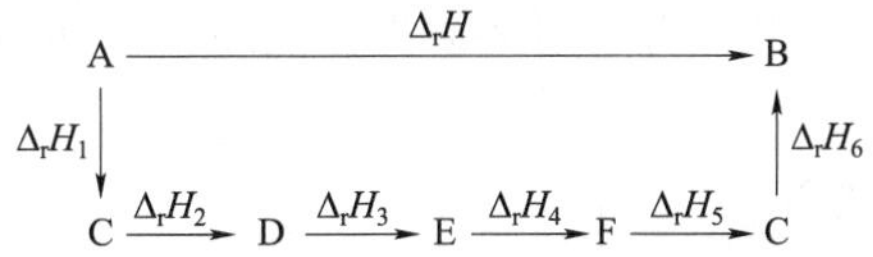

$$A \xrightarrow{\Delta_r H} B$$

$$A \xrightarrow{\Delta_r H_1} C \xrightarrow{\Delta_r H_2} D \xrightarrow{\Delta_r H_3} E \xrightarrow{\Delta_r H_4} F \xrightarrow{\Delta_r H_5} C \xrightarrow{\Delta_r H_6} B$$

表明化学反应 A→B 有两条途径，因反应的始、终态相同，所以两条途径的反应热相等，即

$$\Delta_r H = \Delta_r H_1 + \Delta_r H_2 + \Delta_r H_3 + \Delta_r H_4 + \Delta_r H_5 + \Delta_r H_6$$

盖斯定律是热化学的基本定律。根据盖斯定律，可以使热化学方程式像普通代数方程式那样进行运算，从已知的一些化学反应的热效应来间接求得那些难于测准或无法测量的化学反应的热效应。

【例 2-13】 求算反应 $C(s) + \frac{1}{2}O_2(g) \xlongequal{} CO(g)$ 的反应热 $\Delta_r H_m^{\ominus}$。

解： 该反应的反应热是很难直接测得的，因为很难控制 CO 不继续氧化生成 CO_2，即生成物中有 CO_2，但可根据盖斯定律间接求算。已知：

（1）$C(s) + O_2(g) \xlongequal{} CO_2(g) \qquad \Delta_r H_m^{\ominus} = -393.5\text{kJ/mol}$

（2）$CO(g) + \frac{1}{2}O_2(g) \xlongequal{} CO_2(g) \qquad \Delta_r H_m^{\ominus} = -283.0\text{kJ/mol}$

方法一：代数法

由（1）式 -（2）式

$$C(s) + O_2(g) \xlongequal{} CO_2(g)$$

$$CO(g) + \frac{1}{2}O_2(g) \xlongequal{} CO_2(g)$$

$$C(s) + \frac{1}{2}O_2(g) \xlongequal{} CO(g)$$

$$\Delta_r H_m^{\ominus} = \Delta_r H_m^{\ominus}(1) - \Delta_r H_m^{\ominus}(2) = -393.3 - (-282.8) = -110.5\text{kJ/mol}$$

方法二：图解法

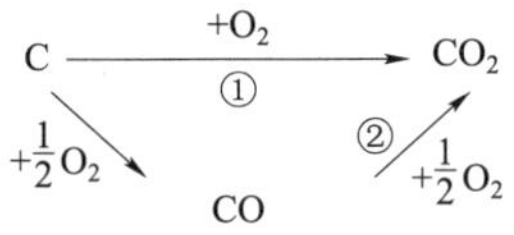

$$C \xrightarrow[\text{①}]{+O_2} CO_2$$

$$C \xrightarrow{+\frac{1}{2}O_2} CO \xrightarrow[\text{②}]{+\frac{1}{2}O_2} CO_2$$

由　　$\Delta_r H_m^{\ominus}① = \Delta_r H_m^{\ominus} + \Delta_r H_m^{\ominus}②$

得　　$\Delta_r H_m^{\ominus} = \Delta_r H_m^{\ominus}① - \Delta_r H_m^{\ominus}② = -393.3 - (-282.8) = -110.5\text{kJ/mol}$

【例 2－14】已知 298K 时下列反应的热效应如下。

（1）$Na(s) + 1/2Cl_2(g) \longrightarrow NaCl(s)$　　$\Delta_r H_m^\ominus = -411.0kJ/mol$

（2）$H_2(g) + S(s) + 2O_2(g) \longrightarrow H_2SO_4(l)$　　$\Delta_r H_m^\ominus = -800.8kJ/mol$

（3）$2Na(s) + S(s) + 2O_2(g) \longrightarrow Na_2SO_4(s)$　　$\Delta_r H_m^\ominus = -1382.8kJ/mol$

（4）$1/2\ H_2(g) + 1/2Cl_2(g) \longrightarrow HCl(g)$　　$\Delta_r H_m^\ominus = -92.30kJ/mol$

试求算 25℃反应 $2NaCl(s) + H_2SO_4(l) \longrightarrow Na_2SO_4(s) + 2HCl(g)$ 的 $\Delta_r H_m^\ominus$ 和 $\Delta_r U_m^\ominus$。

解：用代数法，(3) ＋ 2 × (4) －2 × (1) － (2) 即得所求反应方程式，于是将相应反应的热效应作同样的运算就得到所求反应在 25℃时的标准焓变。

$$\Delta_r H_m^\ominus(298.15K) = -1382.8 + 2 \times (-92.30) - 2 \times (-411.0) - (-800.80) = 55.40kJ/mol$$

对气体物质 $\Delta v_g = 2 - 0 = 2$，所以

$$\Delta_r U_m^\ominus = \Delta_r H_m^\ominus - \Delta v_g RT = 55.4 - 2 \times 8.314 \times 298 \times 10^{-3} = 50.4kJ/mol$$

有时为了求算某反应的热效应，需要借助某些辅助反应，至于反应是否按照辅助反应的途径进行，这倒无关紧要，但由于每一个实验数据总有一定的误差，所以应尽量避免引入无关的辅助反应，以减少所得结果的误差。

第八节　热效应

一、标准摩尔生成焓

恒温恒压下化学反应的热效应 $\Delta_r H_m$ 按照 ΔH 的定义等于生成物焓的总和减去反应物焓的总和，即 $\Delta_r H = \sum H_{生成物} - \sum H_{反应物}$。如果能够知道参加反应的各个物质焓的绝对值，就可以很方便地计算化学反应的热效应，但是焓的绝对值是无法测定的，为了解决这个问题，不得不使用一个相对的焓值进行计算。规定在标准压力 $p^\ominus$（100kPa）和指定温度 T 时，由最稳定的单质生成标准状态下 1mol 化合物的焓变称为该化合物在此温度下的标准摩尔生成焓（standard molar enthalpy of formation），用 $\Delta_f H_m^\ominus$ 表示。生成焓也常称为生成热。

定义中的最稳定单质是指在标准压力 $p^\ominus$ 及恒温 T 下最稳定形态的物质，例如，碳的最稳定形态是石墨而不是金刚石。根据上述定义，规定最稳定单质在标准态时，其标准摩尔生成焓为零，即 $\Delta_f H_m^\ominus$（最稳定单质）$=0$。常见标准摩尔生成焓等于零的物质有：O_2、H_2、N_2、$C_{石墨}$、Br_2 等。298.15K 时物质的标准生成焓见附录四。

如果在一个反应中各个物质的标准摩尔生成焓都已经知道，则可以求任意化学反应的 $\Delta_r H_m^\ominus$。基于形成反应式双方的化合物所需的单质数目相同，因此求算任一化学反应的热效应可设计如下。

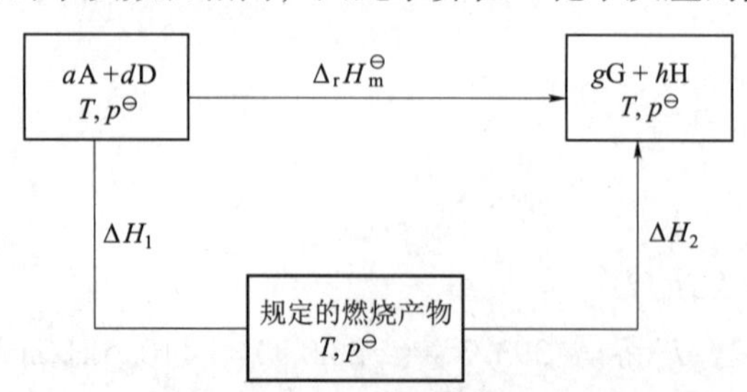

因为焓是状态函数

$$\Delta H_1 + \Delta_r H_m^\ominus = \Delta H_2$$

$$\Delta_r H_m^\ominus = \Delta H_2 - \Delta H_1$$

$$\Delta H_1 = a\Delta_f H_m^\ominus(A) + d\Delta_f H_m^\ominus(D) = \left[\sum_B v_B \Delta_f H_m^\ominus(B)\right]_{反应物}$$

$$\Delta H_2 = g\Delta_f H_m^\ominus(G) + h\Delta_f H_m^\ominus(H) = \left[\sum_B v_B \Delta_f H_m^\ominus(B)\right]_{生成物}$$

$$\Delta_r H_m^\ominus = [g\Delta_f H_m^\ominus(G) + h\Delta_f H_m^\ominus(H)] - [a\Delta_f H_m^\ominus(A) + d\Delta_f H_m^\ominus(D)]$$

$$= \left[\sum_B v_B \Delta_f H_m^\ominus(B)\right]_{生成物} - \left[\sum_B v_B \Delta_f H_m^\ominus(B)\right]_{反应物} = \sum_B v_B \Delta_f H_m^\ominus(B) \qquad (2-44)$$

（注意：右端 v_B 对反应物系数为负值，生成物系数为正值）

该式表示：任意反应的恒压反应热 $\Delta_r H_m^\ominus$ 等于反应生成物标准摩尔生成焓之和减去反应物标准摩尔生成焓之和。

【例 2-15】利用生成焓数据，试计算乙酸和乙醇在 298.15K 时发生酯化反应的热效应。已知 $\Delta_f H_m^\ominus(CH_3COOH) = -484.5$kJ/mol，$\Delta_f H_m^\ominus(CH_3CH_2OH) = -277.69$kJ/mol，$\Delta_f H_m^\ominus(CH_3COOCH_2CH_3) = -479.03$kJ/mol，$\Delta_f H_m^\ominus(H_2O) = -285.83$kJ/mol。

解：$CH_3COOH\ (l) + CH_3CH_2OH\ (l) = CH_3COOCH_2CH_3\ (l) + H_2O\ (l)$

$$\Delta_r H_m^\ominus(298.15K) = -479.03 + (-285.83) - (-484.5) - (-277.69) = -2.67\text{kJ/mol}$$

拓展内容

离子摩尔生成焓

对于有离子参加的化学反应，若能知道每种离子的摩尔生成焓，则可计算出这类反应的反应热。由于溶液是电中性的，正、负离子总是同时存在，因而无法直接测得某种离子的摩尔生成焓。为此，必须建立一个相对标准，通常规定 H^+ 在无限稀释时的标准摩尔生成焓为零。

即

$$\frac{1}{2}H_2(g) \longrightarrow H^+(\infty, aq) + e$$

$$\Delta_f H_m^\ominus(H^+, aq, \infty) = 0$$

由此可求得其他各种离子在无限稀释时的相对标准摩尔生成焓。

【例 2-16】已知 298.15K，100kPa 时的化学反应：

(1) $HCl(g) \longrightarrow H^+(aq,\infty) + Cl^-(aq,\infty)$　　$\Delta_r H_m^\ominus = -75.14$kJ/mol

(2) $\frac{1}{2}H_2(g) + \frac{1}{2}Cl_2(g) \longrightarrow HCl(g)$　　$\Delta_r H_m^\ominus = -92.30$kJ/mol

求 Cl^- 在无限稀释时的标准摩尔生成焓。

解：因为反应（1）+反应（2）得

$$\frac{1}{2}Cl_2(g) + \frac{1}{2}H_2(g) \longrightarrow H^+(aq,\infty) + Cl^-(aq,\infty)$$

所以

$$\Delta_r H_m^\ominus = -75.14 - 92.30 = -167.44\text{kJ/mol}$$

而

$$\Delta_r H_m^\ominus = \Delta_f H_m^\ominus(H^+, aq, \infty) + \Delta_f H_m^\ominus(Cl^-, aq, \infty) - \frac{1}{2}\Delta_f H_m^\ominus(Cl_2, g) - \frac{1}{2}\Delta_f H_m^\ominus(H_2, g)$$

$$= 0 + \Delta_f H_m^\ominus(Cl^-, aq, \infty) - 0 - 0$$

所以

$$\Delta_f H_m^\ominus(Cl^-, aq, \infty) = -167.44\text{kJ/mol}$$

同理可求得其他各种离子的标准摩尔生成焓。一些离子的标准摩尔生成焓可以从热力学手册中查到。

二、标准摩尔燃烧焓

绝大部分的有机化合物不能由稳定单质直接合成，故其标准摩尔生成焓无法直接测得。但有机化合物容易燃烧且燃烧完全，由实验可测得其燃烧过程的反应热。因此再建立一套相对焓值，与生成焓相互补充解决化学反应的反应热问题。

规定：在标准压力 $p^\ominus$（100kPa）和恒温 T 下，1mol 物质完全燃烧的恒压反应热称为该物质的标准摩尔燃烧焓（standard molar enthalpy of combustion），用 $\Delta_c H_m^\ominus$ 表示。一般恒温为 298.15K。

定义中的完全燃烧是指被燃烧的物质变成规定的完全燃烧的生成物，如化合物中的 C 变为 CO_2（g），H 变为 H_2O（l），N 变为 N_2（g），S 变为 SO_2（g），Cl 变为 HCl（aq）。根据上述定义，上述完全燃烧的生成物的标准燃烧焓规定为零。即 $\Delta_c H_m^\ominus = 0$。

例如，在 298.15K 及 $p^\ominus$ 时下列反应

$$CH_3COOH(l) + 2O_2(g) \longrightarrow 2CO_2(g) + 2H_2O(l)$$

$$\Delta_r H_m^\ominus = -870.3\text{kJ/mol}$$

显然，该反应的标准摩尔焓变就是 CH_3COOH（l）的标准摩尔燃烧焓。

即 $$\Delta_c H_m^\ominus(CH_3COOH, l) = -870.3\text{kJ/mol}$$

一些有机化合物在 298.15K 时的标准摩尔燃烧焓见附录三。

基于反应式两端化合物的完全燃烧生成物相同，可从已知物质的标准摩尔燃烧焓求算化学反应的反应热，如某化学反应可设计成

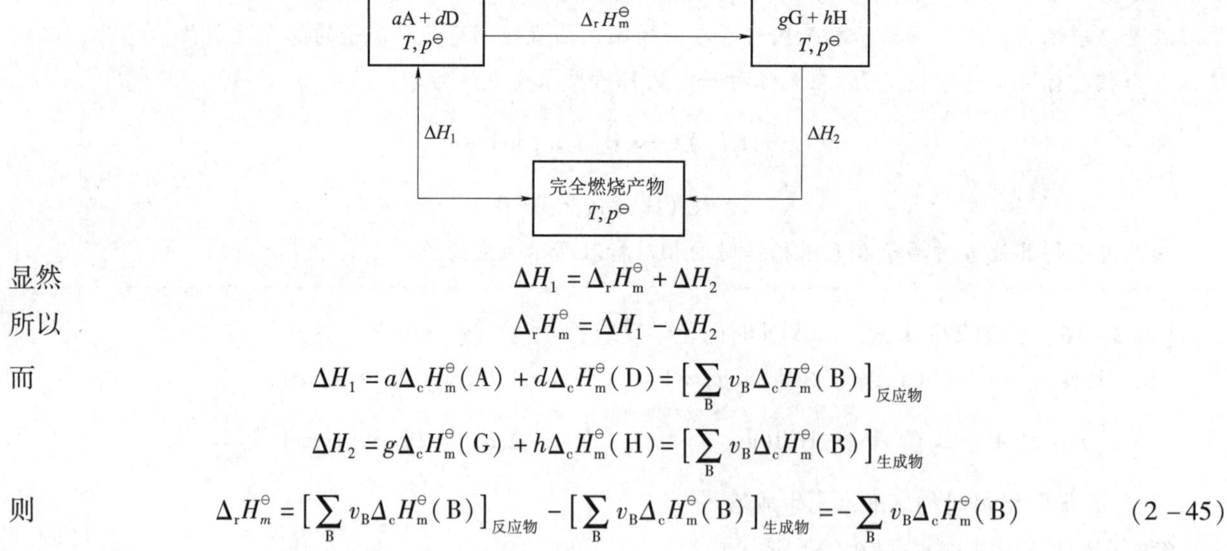

显然 $$\Delta H_1 = \Delta_r H_m^\ominus + \Delta H_2$$

所以 $$\Delta_r H_m^\ominus = \Delta H_1 - \Delta H_2$$

而 $$\Delta H_1 = a\Delta_c H_m^\ominus(A) + d\Delta_c H_m^\ominus(D) = \left[\sum_B v_B \Delta_c H_m^\ominus(B)\right]_{\text{反应物}}$$

$$\Delta H_2 = g\Delta_c H_m^\ominus(G) + h\Delta_c H_m^\ominus(H) = \left[\sum_B v_B \Delta_c H_m^\ominus(B)\right]_{\text{生成物}}$$

则 $$\Delta_r H_m^\ominus = \left[\sum_B v_B \Delta_c H_m^\ominus(B)\right]_{\text{反应物}} - \left[\sum_B v_B \Delta_c H_m^\ominus(B)\right]_{\text{生成物}} = -\sum_B v_B \Delta_c H_m^\ominus(B) \quad (2-45)$$

上式表明：任一反应的恒压反应热 $\Delta_r H_m^\ominus$，等于反应物的标准摩尔燃烧焓总和减去生成物的标准摩尔燃烧焓总和。或更一般地把从已知物质的燃烧焓计算化学反应的热效应的规律记为：反应物减生成物，以和利用生成热的计算相区别。

【例 2-17】试利用燃烧焓求算 298.15K 和 100kPa 时反应

$$(COOH)_2(s) + 2CH_3OH(l) = (COOCH_3)_2(s) + 2H_2O(l)$$

的反应热 $\Delta_r H_m^\ominus$。

解： $$(COOH)_2(s) + 2CH_3OH(l) = (COOCH_3)_2(s) + 2H_2O(l)$$

$\Delta_c H_m^\ominus$（kJ/mol）　　−120.2　　−726.5　　−1678　　0

根据式（2-45），反应热

$$\Delta_r H_m^{\ominus} = (-120.2) + 2\times(-726.5) - (-1678) = -104.8\text{kJ/mol}$$

标准摩尔燃烧焓与标准摩尔生成焓两套数据可以互相配合，从一种数据求得另一种数据，对于很多有机物不能直接从单质合成，可以利用燃烧焓求得生成焓。这也是由状态函数的特点决定的。

例如欲求乙酸的生成焓，可由生成焓的定义设计利用燃烧焓求算

$$2C(s) + 2H_2(g) + O_2(g) = CH_3COOH(l)$$

(1) $CH_3COOH(l) + 2O_2(g) = 2CO_2(g) + 2H_2O(l)$

(2) $C(s) + O_2(g) = CO_2(g)$

(3) $H_2(g) + \frac{1}{2}O_2(g) = H_2O(l)$

故乙酸的生成反应可由[(2)+(3)]×2-(1)得到

$$\Delta_f H_m^{\ominus}(CH_3COOH) = [(\Delta_r H_{m,2}^{\ominus} + \Delta_r H_{m,3}^{\ominus})\times 2] - \Delta_r H_{m,1}^{\ominus}$$

而上述反应恰好就是三种物质燃烧焓的定义，因此只要得知 CH_3COOH (l)、C (s) 和 H_2 (g) 的燃烧焓，即可得到 CH_3COOH (l) 的生成焓。查表知：

$\Delta_c H_m^{\ominus}(CH_3COOH, l) = -874.5\text{kJ/mol}$

$\Delta_c H_m^{\ominus}(C, s) = -393.5\text{kJ/mol}$

$\Delta_c H_m^{\ominus}(H_2, g) = -285.8\text{kJ/mol}$

$$\begin{aligned}\Delta_f H_m^{\ominus}(CH_3COOH, l) &= 2[\Delta_c H_m^{\ominus}(C, s) + \Delta_c H_m^{\ominus}(H_2, g)] - \Delta_c H_m^{\ominus}(CH_3OH, l)\\ &= 2\times[-393.5 + (-285.8)] - (-874.5) = -484.1\text{kJ/mol}\end{aligned}$$

【例 2-18】 在标准压力 $p^{\ominus}$ 及 298.15K 时，H_2 (g)、C (石墨) 及环丙烷的标准摩尔燃烧焓分别为 -285.8kJ/mol、-393.5kJ/mol 及 -2092kJ/mol。若已知在 298.15K 时丙烯的 $\Delta_f H_m^{\ominus}$ 为 20.5kJ/mol，试分别求算：

(1) 在 298.15K 时环丙烷的 $\Delta_f H_m^{\ominus}$。

(2) 在 298.15K 时，环丙烷异构成丙烯反应的 $\Delta_r H_m^{\ominus}$。

解 (1) 求环丙烷的标准摩尔生成焓 $\Delta_f H_m^{\ominus}$。环丙烷的生成反应如下。

$$3C(\text{石墨}) + 3H_2(g) = C_3H_6(\text{环丙烷})$$

$$\begin{aligned}\Delta_r H_m^{\ominus} &= \Delta_f H_m^{\ominus}(\text{环丙烷}) = \sum_B v_B \Delta_c H_m^{\ominus}(B)\\ &= 3\times(-393.5) + 3\times(-285.8) - 1\times(-2092) = 54.1\text{kJ/mol}\end{aligned}$$

(2) 环丙烷异构为丙烯的反应为

$$C_3H_6(\text{环丙烷}) = CH_3{-}CH = CH_2$$

$$\Delta_r H_m^{\ominus} = \sum_B v_B \Delta_f H_m^{\ominus}(B) = 20.5 - 54.1 = -33.6\text{kJ/mol}$$

拓展内容

溶解热与稀释热

实践中，伴随着溶液的形成过程，在系统（溶液）和环境之间经常有能量交换，通常这种被交换的能量就是溶解热或稀释热。

1. 溶解热 在一定的温度和压力下，一种物质（溶质）在另一种物质（溶剂）中溶解所产生的热效应即称为溶解热，溶解热除与形成溶液物质的性质和数量有关外，还与温度、压力有关，所以通常溶解热都是指标准压力 $p^{\ominus}$ 和 298.15K 时的数值。溶解热分为积分溶解热和微分溶解热。

对二组分溶液，在指定的温度和压力下，一定量溶质溶解在给定量溶剂中时系统的总焓改变值即称为积分溶解热。它代表了溶解过程中溶液的浓度由零逐渐变为指定浓度时系统所产生的总热量。例如，

1mol KOH（s）溶解在0.50kg水中，在一定的温度压力下，溶液的浓度由零逐渐变为2mol/kg。此时所产生的热效应就是浓度为2mol/kg的KOH水溶液的积分溶解热。微分溶解热是一个偏微分量，对二组分溶液可用$\left(\frac{\partial Q}{\partial n_2}\right)_{T,p,n_1}$来表示恒温恒压和溶液组成一定的条件下的溶质“2”在溶剂“1”中的微分溶解热。它的意义是，恒温恒压下，在给定组成的溶液中加入dn_2摩尔溶质（可认为加入dn_2摩尔的溶质并不引起溶液组成改变）时所产生的微小热效应δQ与dn_2之比值；微分溶解热也可以理解为，在大量给定组成的溶液中，加入1mol溶质“2”时所产生的热效应，因为给定溶液的量很大，大到加入1mol溶质后，仍然可以认为溶液的组成不发生改变。它的单位是J/mol。

表2-1给出了不同浓度H_2SO_4水溶液的积分溶解热，利用表2-1的数据可得图2-27。由图可以看出溶解热与溶液的浓度有关，但不具备线性关系。

表2-1 积分溶解热（298.15K）$H_2SO_4 + n_1H_2O \longrightarrow H_2SO_4\ (n_1H_2O)$

n_1/n_2（水的物质的量/1mol H_2SO_4）	积分溶解热 $-\Delta_{sol}H$/[J/mol(H_2SO_4)]
0.5	15.73
1.0	28.07
1.5	36.90
2.0	41.92
5.0	58.03
10.0	67.03
20.0	71.50
50.0	73.35
100.0	73.97
1000.0	78.58
10000.0	87.07
100000.0	93.64
⋮	⋮
∞	96.19

2. 稀释热 在恒温恒压下，将溶剂加到某一浓度的溶液中所产生的热效应称为稀释热。它与溶液稀释前后之浓度有关，也与温度和压力有关。稀释热也可分为积分稀释热和微分稀释热。

积分稀释热指恒温恒压下，把一定量的溶剂加到一定量某一浓度的溶液中，使溶液的浓度变稀到另一浓度，此稀释过程中系统焓的改变量就叫积分稀释热。积分稀释热可由积分溶解热求算，因为实际上积分稀释热就是两个不同浓度溶液的积分溶解热的差值。例如，

由表2-1可知，当溶液从$\frac{n_1}{n_2}=1.0$稀释到$\frac{n_1}{n_2}=5.0$时，即$H_2SO_4(1.0H_2O)+4H_2O \longrightarrow H_2SO_4(5.0H_2O)$，则积分稀释热为：

$$\Delta_{dil}H=-58.03-(-28.07)=-29.96\text{J/mol}(H_2SO_4)$$

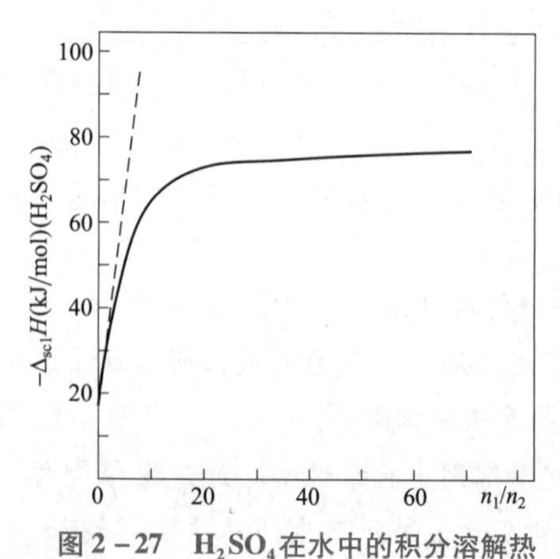

图2-27 H_2SO_4在水中的积分溶解热

由图2-27可以看到，稀释热随稀释度的增加而迅速降低，积分溶解热在极稀溶液中基本接近某一常数，与溶液浓度无多大关系。当溶质溶解于足够量的溶剂中时，若向此溶液中再加入更多的溶剂，但并不引起系统焓值的改变（即无热效应产生），则此种溶液称为无限稀溶液，其积分溶解热称为无限稀积分溶解热，它的数值与浓度完全无关。当然，不同种类（即不同溶质在同一溶剂中）溶液成为无限稀溶液的浓度是不相同的，所谓无限稀溶液的含义并非其浓度达到无限稀释的程度，而是随对系统所研究性质不同有所变化。

稀释热直接测定比较困难，只可利用间接的方法求得。比如欲求微分稀释热，应先知其积分溶解热，并作出如图2－27所示的曲线，则曲线上任一点的切线之斜率，就是在该点对应浓度时的微分稀释热$\left(\frac{\partial Q}{\partial n_2}\right)_{T,p,n_1}$。

欲求微分溶解热，方法原理与求微分稀释热相似，应先求得在定量的溶剂中加入不同量的溶质时积分溶解热，然后以热效应为纵坐标，以溶质的物质的量为横坐标，绘制曲线，曲线上任意一点的切线斜率即为该溶液浓度时的微分溶解热$\left(\frac{\partial Q}{\partial n_2}\right)_{T,p,n_1}$。

第九节　反应热与温度的关系

一、基尔霍夫方程

化学反应热效应的讨论显示出反应热与温度和压力都有关系，尤其是温度的影响更显著，基尔霍夫（G. R. Kirchhoff）于1858年首先建立了反应热与温度之间的定量关系，此关系通称基尔霍夫定律或基尔霍夫方程。

欲知一反应的热效应随温度的变化，可以直接在恒压（或恒容）下将$\Delta_r H=\sum H_{生成物}-\sum H_{反应物}$对温度$T$求微商

$$\left(\frac{\partial \Delta_r H}{\partial T}\right)_p=\sum_B\left(\frac{\partial H_B}{\partial T}\right)_{p,生成物}-\sum_B\left(\frac{\partial H_B}{\partial T}\right)_{p,反应物}$$

等式右方第一项代表化学反应中各生成物恒压热容之和，第二项则代表各反应物恒压热容之和，于是上式可写成

$$\left(\frac{\partial \Delta_r H}{\partial T}\right)_p=\sum_B C_{p,生成物}-\sum_B C_{p,反应物}=\Delta_r C_p \tag{2-46}$$

$\Delta_r C_p$代表化学反应中各生成物恒压热容之和减去反应中各反应物恒压热容之和，亦可表示为

$$\Delta_r C_p=\sum_B v_B C_{p,m,B} \tag{2-47}$$

由式（2－46）可见，一反应的热效应之所以随温度变化而改变，是由反应中的生成物和反应物热容的差异而引起的。

式（2－47）即为基尔霍夫方程，在方程中若$\Delta_r C_p<0$，即生成物恒压热容之和小于反应物恒压热容之和，则$\left(\frac{\partial \Delta_r H}{\partial T}\right)_p<0$，这意味着，当恒压下反应温度升高时，其反应热要降低；若$\Delta_r C_p>0$，即生成物的热容大于反应物的热容，此时$\left(\frac{\partial \Delta_r H}{\partial T}\right)_p>0$，即温度升高时，恒压反应热增大；当$\Delta_r C_p=0$时，表示反应热与温度无关。

应用基尔霍夫方程求算某化学反应在任意温度（T_2）时的反应热$\Delta_r H(T_2)$，需要知道该反应在某一恒温（T_1）时的反应热$\Delta_r H(T_1)$以及有关热容的数值，然后根据式（2－46）进行积分求算。

$$\int_{\Delta_r H(T_1)}^{\Delta_r H(T_2)} \mathrm{d}(\Delta_r H)=\Delta_r H(T_2)-\Delta_r H(T_1)=\int_{T_1}^{T_2}\Delta_r C_p \mathrm{d}T \tag{2-48}$$

若温度变化范围不大或C_p受温度影响较小，$\Delta_r C_p$可近似视为与温度无关的常数（即各物质的$C_{p,m}$在T_1与T_2之间取其平均恒压热容），于是式（2－48）可写成

$$\Delta_r H(T_2) - \Delta_r H(T_1) = \Delta_r C_p (T_2 - T_1) \quad (2-49)$$

若温度变化范围比较大或C_p受温度影响比较明显，此时C_p需应用式（2－25）或式（2－26），如$C_{p,m} = a + bT + cT^2$，则

$$\Delta_r C_p = (\Delta a) + (\Delta b)T + (\Delta c)T^2 \quad (2-50)$$

其中$\Delta a = \sum v_B a_B$，$\Delta b = \sum v_B b_B$和$\Delta c = \sum v_B c_B$

代入式（2－48）得

$$\Delta_r H(T_2) - \Delta_r H(T_1) = \Delta a(T_2 - T_1) + \frac{\Delta b}{2}(T_2^2 - T_1^2) + \frac{\Delta c}{3}(T_2^3 - T_1^3) \quad (2-51)$$

若对式（2－46）进行不定积分则得

$$\Delta_r H(T) = \int \Delta_r C_p \mathrm{d}T + 常数$$

为得到式中的积分常数，可直接利用热力学数据表，设法求出 298.15K 时的$\Delta_r H_m^\ominus$（298.15K）并代入上式求算之。如果$\Delta_r C_p$与温度无关，则得

$$\Delta_r H(T) = \Delta_r C_p T + 常数 \quad (2-52)$$

同样，当$\Delta_r C_p = f(T)$时，上式变为

$$\Delta_r H(T) = \Delta a T + \frac{\Delta b}{2}T^2 + \frac{\Delta c}{3}T^3 + \cdots + 常数 \quad (2-53)$$

【例 2－19】 25℃合成氨反应 $N_2(g) + 3H_2(g) \longrightarrow 2NH_3(g)$的恒压反应热$\Delta_r H_m^\ominus$(298.15K)为－92.38kJ/mol，试求算上述反应在325℃的恒压反应热$\Delta_r H_m^\ominus$（598.15K）。已知

$$C_{p,m}(N_2) = (26.98 + 5.912 \times 10^{-3}T - 3.376 \times 10^{-7}T^2)\,J/(K \cdot mol)$$

$$C_{p,m}(H_2) = (29.07 - 0.837 \times 10^{-3}T + 20.12 \times 10^{-7}T^2)\,J/(K \cdot mol)$$

$$C_{p,m}(NH_3) = (25.89 + 33.00 \times 10^{-3}T - 30.46 \times 10^{-7}T^2)\,J/(K \cdot mol)$$

解： 利用式（2－46），先求出Δa、Δb、Δc及$\Delta_r C_p$

$$\Delta a = 2 \times 25.89 - 26.98 - 3 \times 29.07 = -62.41$$

$$\Delta b = (2 \times 33.06 - 5.912 + 3 \times 0.837) \times 10^{-3} = 62.60 \times 10^{-3}$$

$$\Delta c = -(2 \times 30.46) + 3.376 - 3 \times 20.12 \times 10^{-7} = -117.9 \times 10^{-7}$$

所以

$$\begin{aligned}\Delta_r C_p &= (\Delta a) + (\Delta b)T + (\Delta c)T^2 \\ &= (-62.41 + 62.60 \times 10^{-3}T - 117.9 \times 10^{-7}T)\,J/(K \cdot mol)\end{aligned}$$

根据式（2－51）计算

$$\begin{aligned}\Delta_r H_m^\ominus(598.15K) &= \Delta_r H_m^\ominus(298.15K) + \int_{T_1}^{T_2} \Delta_r C_p \mathrm{d}T \\ &= -92.38 \times 10^3 - 62.41 \times (598.15 - 295.15) + \frac{1}{2} \times 62.60 \times 10^{-3} \\ &\quad \times (598.15^2 - 298.15^2) - \frac{1}{3} \times 117.9 \times 10^{-7} \times (598.15^3 - 295.15^3) \\ &= -92.38 \times 10^3 - 18723 + 8416.3 - 736.9 = -103.4 \times 10^{-3}\,J/mol \\ &= -103.4\,kJ/mol\end{aligned}$$

【例 2－20】 应用例 2－19 所给数据试给出反应 $N_2(g) + 3H_2(g) \longrightarrow 2NH_3(g)$的恒压反应热与温度关系的一般形式。

解： 由例 2－19 得到$\Delta a = -62.41$、$\Delta b = 62.60 \times 10^{-3}$、$\Delta c = -117.9 \times 10^{-7}$

不定积分式可写成（式中常数以$\Delta H_0^\ominus$表示）

$$\Delta_r H_m^\ominus = \Delta H_0^\ominus + (-62.41T + 31.30\times10^{-3}T^2 - 39.3\times10^{-7}T^3)\ \text{J/mol}$$

在298.15K反应的$\Delta_r H_m^\ominus(298.15\text{K}) = -92.38\text{kJ/mol}$，代入上式即可得积分常数（它与温度无关）

$$\Delta H_0^\ominus = -76.65\text{kJ/mol}$$

所以，该反应的恒压反应热与温度关系的一般形式为

$$\Delta_r H_m^\ominus = -76.65\times10^{-3} - 62.41T + 31.30\times10^{-3}T^2 - 39.3\times10^{-7}T^3\ \text{J/mol}$$

二、实际生产中的热量计算

基尔霍夫定律仅适用于反应前后温度一致的反应，对于生成物温度与反应物温度不同的反应热，可利用状态函数特点设计途径求得，如例2-21。

【例2-21】已知反应的热力学数据

	$C_2H_4(g)$ +	$H_2O(g)$ ⟶	$C_2H_5OH(l)$
$\Delta_f H_m^\ominus(298\text{K})(\text{kJ/mol})$	52.3	-241.84	-277.7
$C_{p,m}[\text{J/(K·mol)}]$	43.56	33.56	111.5

求反应物温度为288K，生成物温度为343K时该反应的焓变。

解：设计途径为

$$\begin{array}{ccc}(288\text{K})\ C_2H_4(g) + H_2O(g) & \xrightarrow{\Delta_r H} & C_2H_5OH(l)\ (343\text{K})\\ \downarrow \Delta H_1 & & \uparrow \Delta H_3\\ (298\text{K})\ C_2H_4(g) + H_2O(g) & \xrightarrow{\Delta H_2} & C_2H_5OH(l)\ (298\text{K})\end{array}$$

$$\begin{aligned}\Delta_r H &= \Delta H_1 + \Delta H_2 + \Delta H_3\\ &= \int_{288}^{298}\Delta_r C_{p,\text{反应物}}\text{d}T + \Delta_r H_m^\ominus(298) + \int_{298}^{343}\Delta_r C_{p,\text{生成物}}\text{d}T\\ &= \int_{288}^{298}C_{p,m,C_2H_4}\text{d}T + \int_{288}^{298}C_{p,m,H_2O}\text{d}T + \Delta_r H_m^\ominus + \int_{298}^{343}C_{p,m,C_2H_5OH}\text{d}T\\ &= \int_{288}^{298}43.56\text{d}T + \int_{288}^{298}33.56\text{d}T + [(-277.7) - 52.3 - (-241.84)]\times10^3 + \int_{298}^{343}111.5\text{d}T\\ &= (43.56 + 33.56)\times(298 - 288) + [(-277.7) - 52.3 - (-241.84)]\times10^3 + 111.5\times(343 - 298)\\ &= -82.37\times10^3\text{J/mol} = -82.37\text{kJ/mol}\end{aligned}$$

目标测试

答案解析

1. 1mol理想气体于恒定压力下升温1℃，试求过程中气体与环境交换的功W。

（-8.314J）

2. 系统由相同的始态经过不同途径达到相同的末态。若途径a的$Q_a = 2.078\text{kJ}$，$W_a = -4.157\text{kJ}$；而途径b的$Q_b = -0.692\text{kJ}$。求W_b。

（-1.387kJ）

3. 在373K时，水的蒸发热为40.58kJ/mol。计算在100kPa、373K下，1mol水气化过程的ΔU（假定水蒸气为理想气体，液态水的体积可忽略不计）。

（37.479kJ/mol）

4. 始态为25℃、200kPa的5mol某理想气体，经a、b两不同途径到达相同的末态。途径a先经绝热膨胀到−28.57℃、100kPa，途径a的功$W_a = -5.57$kJ；再恒容加热到压力200kPa的末态，途径a的热$Q_a = 25.42$kJ。途径b为恒压加热过程。求途径b的W_b及Q_b。

(−8.0kJ，27.85kJ)

5. 2mol单原子理想气体在298.2K时，分别按下列三种方式从0.015m^3，膨胀到0.040m^3：(1) 恒温可逆膨胀；(2) 恒温对抗100kPa外压；(3) 在气体压力与外压相等并保持恒定下加热。求三种过程的Q、W、ΔU和ΔH。

(1) (4863J，−4863J，0，0)

(2) (2.5kJ，−2.5kJ，0，0)

(3) (20.66kJ，−8.264kJ，12.396kJ，20.66kJ)

6. 1mol单原子理想气体，依次经历下列四个过程：(1) 从25℃、100kPa向真空自由膨胀，体积增大一倍；(2) 恒容加热至100℃；(3) 可逆恒温膨胀，体积增大一倍；(4) 可逆绝热膨胀至25℃；试计算全过程的ΔU、ΔH、W、Q。

(0，0，−3085J，3085J)

7. 某理想气体$C_{V,m} = 1.5R$。今有该气体5mol在恒容下温度升高50℃，求过程的W，Q，ΔH和ΔU。

(0，3.118kJ，5.196kJ，3.118kJ)

8. 4mol某理想气体，$C_{p,m} = \frac{5}{2}R$。由始态100kPa、100L，先恒压加热使体积升增大到150L，再恒容加热使压力增大到150kPa。求过程的W、Q、ΔH和ΔU。

(−5.0kJ，23.75kJ，31.25kJ，18.75kJ)

9. 已知1mol某气体的热容分别为$C_{p,m} = 20.79$J/(K·mol)与$C_{V,m} = 10.475$J/(K·mol)，计算由293K等压加热到473K时的Q、ΔU、ΔH与W。

(3742J，1885.5J，3742J，−1856.5J)

10. 2mol H_2由300K、100kPa恒压加热到1200K，求ΔH，已知$C_{p,m}(H_2) = 29.08 - 0.84 \times 10^{-3}T + 2.00 \times 10^{-6}T^2$J/(K·mol)。

(53.5J)

11. 初态为0.5mol、27.0℃、10dm^{3}的氮气（可视为理想气体），经恒温可逆压缩至体积1dm^3，然后再绝热可逆膨胀，使终态体积恢复到10dm^3。试求全过程的Q、W、ΔU、ΔH。

(−2872J，995J，−1877J，−2628J)

12. 求1mol $N_2(g)$在300K恒温下从2dm^{3}可逆膨胀到40dm^{3}时的体积功W_r。

(1) 假设$N_2(g)$为理想气体；

(2) 假设$N_2(g)$为范德华气体。

(−7.472kJ，−7.452kJ)

13. 2mol、100kPa、373K的液态水放入一小球中，小球放入373K恒温真空箱中。打破小球，刚好使$H_2O(l)$蒸发为100kPa、373K的$H_2O(g)$。

(1) 求此过程的Q、W、ΔU、ΔH。

(2) 若此蒸发过程在常压下进行，则Q、W、ΔU、ΔH的值各为多少？已知水的蒸发热在373K、100kPa时为40.66kJ/mol。

(1) (75.1kJ，0，75.1kJ，81.3kJ)

(2) (81.3kJ，−6.20kJ，75.1kJ，81.3kJ)

14. 已知在100kPa下，18℃时1mol Zn溶于稀盐酸时放出151.5kJ的热，反应析出1mol H_2气。求反应过程的Q、W、ΔU、ΔH。

（−151.5kJ，−2.421kJ，−153.9kJ，−151.5kJ）

15. 在一带活塞的绝热容器中有一绝热隔板，隔板的两侧分别为2mol、0℃的单原子理想气体A及5mol、100℃的双原子理想气体B，两气体的压力均为100kPa。活塞外的压力维持100kPa不变。今将容器内的绝热隔板撤去，使两种气体混合达到平衡态。求末态温度T及过程的W、ΔU。

（350.93K，−369.1J，−369.1J）

16. 反应$C_3H_8(g)+5O_2(g)═══3CO_2(g)+4H_2O(l)$在敞开容器体系中燃烧，测得其298K的恒压反应热为−2220kJ/mol，求：

（1）反应的$\Delta_r H_m^\ominus$是多少？

（2）反应的$\Delta_r U_m^\ominus$是多少？

（−2220kJ/mol，−2212.6kJ/mol）

17. 已知$p^\ominus$、298K下，C(s)、$H_2(g)$和C_6H_6(l)的燃烧热分别为−393.3kJ/mol、−285.8kJ/mol和−3268kJ/mol。求反应$6C(s)+3H_2(g)═══C_6H_6(l)$的热效应$\Delta_r H_m^\ominus$。

（50.8kJ/mol）

18. 已知25℃甲酸甲酯（$HCOOCH_3$，l）的标准摩尔燃烧焓$\Delta_c H_m^\ominus$为−979.5kJ/mol，甲酸（HCOOH，l）、甲醇（CH_3OH，l）、水（H_2O，l）及二氧化碳（CO_2，g）的标准摩尔生成焓$\Delta_f H_m^\ominus$分别为−424.72kJ/mol、−238.66kJ/mol、−285.83kJ/mol及−393.509kJ/mol。应用这些数据求25℃时下列反应的标准摩尔反应焓。

$$HCOOH(l)+CH_3OH(l)\longrightarrow HCOOCH_3(l)+H_2O(l)$$

（−1.628kJ/mol）

19. 在298.15K时，使5.27g的甲醇（摩尔质量为32g）在弹式量热计中恒容燃烧，放出119.50kJ的热量。忽略压力对焓的影响。

（1）计算甲醇的标准燃烧焓$\Delta_C H_m^\ominus$。

（2）已知298.15K时$H_2O(l)$和$CO_2(g)$的标准摩尔生成焓分别为−285.83kJ/mol、−393.51kJ/mol，计算CH_3OH（l）的$\Delta_f H_m^\ominus$。

（3）如果甲醇的标准蒸发焓为35.27kJ/mol，计算CH_3OH（g）的$\Delta_f H_m^\ominus$。

（−726.86kJ/mol，−238.31kJ/mol，−203.04kJ/mol）

20. 已知$CH_3COOH(g)$、$CO_2(g)$和$CH_4(g)$的平均定压热容$\overline{C}_{p,m}$分别为52.3J/(mol·K)、31.4J/(mol·K)、37.1J/(mol·K)。试由附录中各化合物的标准摩尔生成焓计算1000K时下列反应的$\Delta_r H_m^\ominus$。

$$CH_3COOH(g)═══CH_4(g)+CO_2(g)$$

（−24.3kJ/mol）

书网融合……

思政导航

本章小结

微课

题库

第三章　热力学第二定律

PPT

学习目标

知识目标

1. 掌握　熵、吉布斯自由能的概念和计算，并能应用熵、吉布斯自由能判断过程进行的方向；亥姆霍兹自由能的概念和计算；偏摩尔量和化学势的概念，并能应用化学势判断过程进行的方向和限度。

2. 熟悉　吉布斯-亥姆霍兹公式、热力学基本关系式和麦克斯韦公式以及拉乌尔定律和亨利定律。

3. 了解　熵的统计意义。

能力目标　培养学生的逻辑思维能力以及独立思考的能力。

热力学第一定律在能量转化与守恒原理基础上建立了内能的变化与能量转化的两种形式功和热之间的定量关系，并成功地解决了特定条件下以热的形式交换的能量与系统变化所处的热力学平衡状态的相关性问题以及与内能和焓变化之间的等值转化关系。在这一章，我们将借助于热力学第二定律，解决以功的形式交换的能量与系统状态变化之间的关系以及与某些状态函数之间的量的关系式。

第一节　自发过程的共同特征

在热力学范畴，自发过程（spontaneous process）是指无外力作用情况下，任其自然就可发生的过程。例如，气体的自由膨胀过程、物体的自由下落过程、热从高温物体传给低温物体等。

大量事实表明，自然界一切自发过程都有明确的指示变化方向的单向性标志以及变化结束的限度标志。自发过程的方向就是系统中无法达成热力学平衡的强度因素减小的方向，自发过程的限度就是该强度因素的梯度为零。导致气体自由膨胀的强度因素是压强，而膨胀的方向则是气体压强减小的方向，膨胀的终点就是气体恢复力学平衡条件；导致热传导的强度因素是温度，而热量自动传递的方向则是从高温物体传向低温物体，热量传递的终点是两物体的温度相等；导致溶液自动混匀的强度因素是溶质和溶剂的密度，而各自净迁移的方向则是其密度减小的方向，净迁移的终点就是密度差为零。

事实还表明，热力学上的不可逆过程包含两方面的含义：第一，自然界一切自发过程都不会自动逆向进行。仅就上述实例而言，自由膨胀后的气体不会自动压缩，由高温物体传给低温物体的热量不能自动反向传递，自动混匀后的溶液不会自动变为浓度不均匀的溶液。第二，自发过程是不能自动逆向进行，并不是不能逆向进行。如果对系统作功，完全可以使自发过程逆向进行，并且使系统完全复原，但这一逆过程会给环境留下无法消除的影响。例如，理想气体的自由膨胀是一自发过程，在此自发过程中 $\Delta T=0$、$Q=0$、$W=0$、$\Delta U=0$，若要使膨胀后的气体恢复原状，必须在恒温下将系统压缩到原来的体积，但在此压缩过程中，环境必须对气体作体积功 W。由热力学第一定律可知，该过程的 $Q=-W$，这就意味着环境在对系统作功的同时必须通过作为环境一部分的热储器吸收气体在压缩过程中释放的热量 Q，即在系统恢复原状时，环境损失了功 W，而得到了等值的热 Q。要使环境也恢复原状，必须从单一热源的热储器中取热，并使之完全变为功，而不再引起任何其他变化，这一过程能否实现，直接决定气体自由膨胀过程是否可逆。再如，热由高温物体 A 传给低温物体 B，并最终使两物体达成热平衡也是一自发过程，要使两物体均恢复原来的温度，必须从低温物体 B 取出热，使其降温至原来的温度，然后再将从作为惟一热源的物体 B 取出的热在不引起任何其他变化的情况下全转化为功，最后将由此获得的功再变成热传给物体 A 使之升温到原来的温度。虽然这一逆过程中的功可以自发地转变成热，但是从作为单一热源的物体 B 取出的热并使之完全变成功，而不引起其他变化，同样，这一过程能否实现，直接决定热传导过程是否可逆。同样，分析其他自发过程也会得到相同的结论。

从以上的讨论可以看出，自发过程是否可逆的问题和我们在上一章中讨论的可逆过程与不可逆过程具有同样的焦点，即能否使系统和环境同时复原的问题，而这一问题又归结为热能否自发地完全变成功的问题，或者说是能否“从单一热源取热，并在不引起任何其他变化的情况下，使之完全变成功”的问题。虽然“从单一热源取热，并在不引起任何其他变化的情况下，使之完全变成功”这一过程的不可行性不像第一类永动机那样明显，但是经验证明这一过程是不可能实现的（这将在热力学第二定律的文字表述中得到证明），从而可以得出这样的结论：一个自发变化发生之后，不可能使系统和环境都恢复到原来的状态，因此自发过程是具有单向性的热力学不可逆过程。

发生自发过程的系统，均具有作为能量传递或物质传递动力的强度因素差，如高度差、压力差、温度差、电位差等，借助于某种装置，可以利用这种动力作功。如水力发电机利用水的落差发电，汽车发动机的气缸利用气体的压力差使活塞定向运动，热机利用温差作体积功，电池利用电位差作电功等。

第二节　热力学第二定律的表述

热力学第一定律定义了内能，并借助于概括实验事实阐明了内能是状态函数。虽然热力学第二定律也引入了状态函数熵，但是引入的方法却不那么直接。

一、热力学第二定律的文字叙述

自然界中存在许多只能单向自动进行的过程，其共同特征就是不可逆性。随着对自然界研究的不断深入，人们逐渐认识到，各种表现形式不同的自发过程不仅都属于热力学上的不可逆过程，而且还具有一定的内在联系，彼此可以互为佐证，即可以用某种不可逆过程来概括其他不可逆过程。由于克劳修斯（Clausius R.）和开尔文（Kelvin L.）的表述与热力学的研究领域的相关性最好，因此便作为热力学第二定律的文字表述而沿用至今。

克劳修斯表述：“不可能把热由低温物体传给高温物体，而不引起其他变化”。

开尔文表述：“不可能从单一热源取热使之完全转化为功，而不发生其他变化”。为了与第一类永动机区别，从单一热源取热而完全转化为功的机器称为第二类永动机，它并不违背热力学第一定律。所以开尔文表述也可表述为“第二类永动机不可能造成”。

应当指出的是：这两种说法中的“而不引起其他变化”均为必要的限制条件，如果没有这个限制条件，两种说法均不成立。另外，克劳修斯和开尔文的说法形式虽然不同，但作为自发过程规律的表述却是等效的，并且两种说法均可以作为对方成立的条件。我们不妨用反证法来证明两种说法的等效性。参看图 3－1，并假定克劳修斯的说法不成立，即假定热量 Q_c 可以从低温热源 T_c 自动地传给高温热源 T_h。于是，可以令一个卡诺热机工作于高温热源 T_h 和低温热源 T_c 之间，从高温热源吸取热量 Q_h，部分用于作功（W），剩余的传给低温热源的热量刚好等于 Q_c，以此构成一个循环过程。这一循环过程中，低温热源得失的热量相等，没有净变化，因此，该循环过程的净结果是卡诺热机从单一热源（温度为

T_h的高温热源）取热 $Q_h - Q_c$，并完全转化为功，而没有引起其他变化。这便是第二类永动机，也就直接否定了开尔文的说法。

同样，也可以假定开尔文的说法不成立，通过推理得出克劳修斯的说法也不成立的结论。

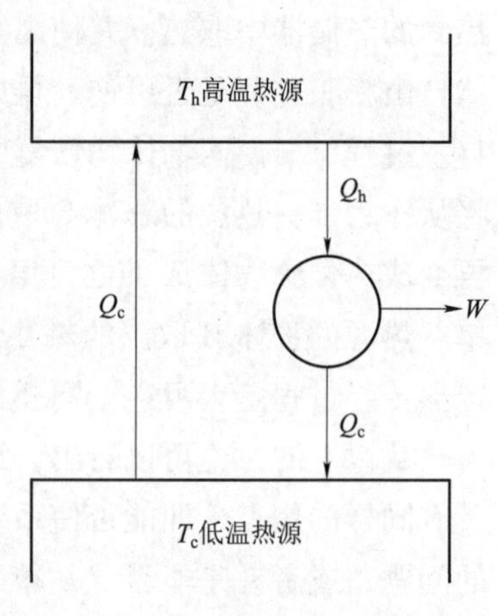

图 3－1 热力学第二定律两种说法等效性的证明

二、熵及热力学第二定律表达式的引入

由热力学第一定律 $\Delta U = Q + W$ 即 $\mathrm{d}U = \delta Q + \delta W$ 可知，系统对外作功的来源有两个：一个来源是自身的内能；另一个是以热的形式提取环境的能量并将之转换成功。电池放电过程作功是将内能转换成功的过程，如果过程进行中电池的体积没有变化，温度也没有升高，那么电池的消耗内能就可以完全转换为非体积功。理想气体的恒温膨胀过程就是将热转化成功的过程，如果过程进行中没有摩擦力存在，那么理想气体的膨胀过程就是一个将能量以热的形式从环境提取出来并完全转换成功的过程。我们知道功和热量都是途径函数，然而这两个途径函数除了其代数和与始、终态有关，是否与始、终态还存在着某种关系呢？热力学第一定律通过状态函数内能的改变量给出只取决于始、终态的内能转换为功的最大值，但却无法给出由热量转换成功的上限值，而这正是热力学第二定律要解决的问题。

几乎所有的物理化学教学参考都是由卡诺循环引出热力学第二定律的数学表达式及熵的概念。考虑到本书使用者的实际情况，我们将以比较简单的理想气体恒温膨胀过程为模型引出热力学第二定律的表达式及熵的概念。

根据第二章中所叙述的理想气体恒温膨胀模型可知：当 $n$mol 理想气体经恒温膨胀由始态Ⅰ(n,T,p_1,V_1)变化到终态Ⅱ(n,T,p_2,V_2)，虽然经有限次膨胀过程将从环境吸收的热量转换成体积功在数值上与始、终态没有确切的相关性，但是经恒温可逆膨胀过程从环境吸收的热量(Q_R)及体积功(W_R)只与系统的始、终态有确切的关系。

$$W_R = -nRT\ln\frac{V_2}{V_1} = -nRT\ln\frac{p_1}{p_2}$$

或

$$Q_R = nRT\ln\frac{V_2}{V_1} = nRT\ln\frac{p_1}{p_2}$$

$nR\ln\dfrac{V_2}{V_1}$或 $nR\ln\dfrac{p_1}{p_2}$是完全由经膨胀过程而发生变化的体积或压力在系统的始态与终态的取值来限制的结果。根据状态函数的特征完全可以将之定义为状态函数的改变量，并且将这个状态函数定义为熵(entropy)，以 S 来表示。于是对于恒温可逆过程有

$$\Delta S = S_{\mathrm{II}} - S_{\mathrm{I}} = \frac{Q_R}{T}$$

而对于过程中的任意微小变化则有

$$\mathrm{d}S = \frac{\delta Q_R}{T} \tag{3-1}$$

这就是克劳修斯给出的熵的定义式。由于 Q_R 是系统经历恒温膨胀过程转换为功的热量的最大值，即

$$\lim_{v\to\infty}\frac{Q}{T} = \frac{Q_R}{T} = nR\ln\frac{V_2}{V_1} \tag{3-2}$$

式（3－2）中的 v 表示过程进行的速率。由于 $n$mol 理想气体由始态Ⅰ(n,T,p_1,V_1)经恒温膨胀到终态Ⅱ(n,T,p_2,V_2)，过程进行得越慢，所吸收的热量就越多，并且以经由可逆过程所吸收的热量为极大值，所以，对于系统由始态过渡到终态可以经由的所有恒温膨胀过程可以用如下关系式表述。

$$\Delta S \geqslant \frac{Q}{T} \quad 或 \quad \mathrm{d}S \geqslant \frac{\delta Q}{T} \tag{3-3}$$

式（3－3）同样成立于恒温压缩过程。由此可见，在相同始、终态间的恒温变化过程，存在着可逆过程与不可逆过程，但只有沿着可逆过程变化的热温商之和才等于系统的熵变，而沿着不可逆过程变化的热温商之和均不等于并且小于系统的熵变。

由此可见，式（3－3）完全符合恒温过程的事实，如果假定任意过程的微分均可以近似为恒温的微分过程，则式（3－3）可以表述为

$$\mathrm{d}S \geqslant \frac{\delta Q}{T} \quad 或 \quad \Delta S_{\mathrm{I}\to\mathrm{II}} \geqslant \sum_{\mathrm{I}}^{\mathrm{II}} \frac{\delta Q_i}{T_i} \quad \begin{matrix}不可逆\\ 可\ \ 逆\end{matrix} \tag{3-4}$$

如果要证明这种假定成立，只需要验证在式（3－1）中用于定义熵的$\frac{\delta Q_{\mathrm{R}}}{T}$在其他过程中同样具有状态函数的特征即可。由于该式表述的定量关系与过程的性质以及能量交换有关，故如果假定成立，该式便可作为热力学第二定律的数学表达式。

三、热力学第二定律表达式的验证

以下的验证任务有两个。第一个任务是证明 S 状态函数。为此，需要证明用于定义其微分 $\mathrm{d}S$ 的$\frac{\delta Q_{\mathrm{R}}}{T}$符合全微分的性质，其积分与路径无关，并且对于任意循环过程均有

$$\oint \frac{\delta Q_{\mathrm{R}}}{T} = 0$$

第二个任务是证明式（3－4）可以适用于任何过程。为此在证明$\frac{\delta Q_{\mathrm{R}}}{T}$的积分与路径无关的基础上，尚需要比较可逆过程与不可逆过程的热温商的关系。卡诺循环便是可借助的最佳模型，卡诺定理将是可以直接引用的重要依据。

（一）卡诺循环

蒸汽机发明并应用于生产后，人们竞相研究如何提高热机的效率。1824 年，法国工程师卡诺（S. Carnot）提出，热机在最理想的情况下，也不能把从高温热源吸收的热全部转化为功，热机效率并不能无限制地提高，而是存在着一个极限。卡诺设计了一种在两个热源间工作的理想热机，这种热机以理想气体为工作物质，工作时由两个恒温可逆过程和两个绝热可逆过程构成一个循环过程，这种循环过程称为卡诺循环（图 3－2）。

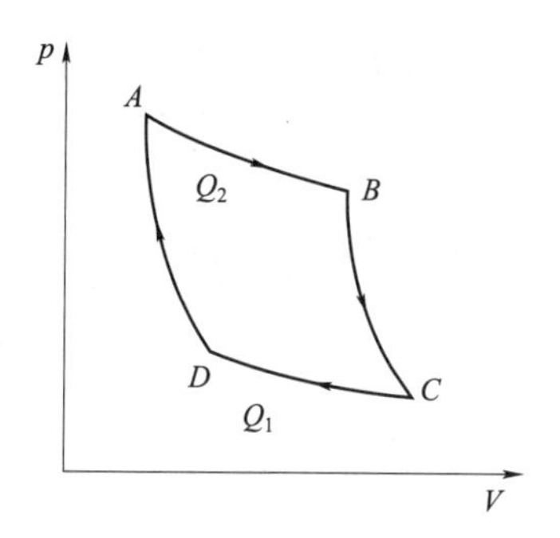

图 3－2　卡诺循环示意图

1. $A \to B$ 恒温可逆膨胀　状态为 $A(p_1, V_1, T_2)$ 的理想气体，与高温热源（T_2）接触，经恒温可逆膨胀到状态 $B(p_2, V_2, T_2)$，系统从高温热源吸热 Q_2 且对环境作功 W_1，因 $\Delta U = 0$，则

$$Q_2 = -W_1 = \int_{V_1}^{V_2} p\mathrm{d}V = nRT_2 \ln \frac{V_2}{V_1}$$

2. $B \to C$ 绝热可逆膨胀　状态 B 经绝热可逆膨胀到状态 $C(p_3, V_3, T_1)$，系统温度由 T_2 降至 T_1 且对环境作功 W_2，因 $Q = 0$，则

$$W_2 = \Delta U_2 = \int_{T_2}^{T_1} C_V \mathrm{d}T$$

3. $C \to D$ 恒温可逆压缩　使系统与低温热源（T_1）接触，状态 C 经恒温可逆压缩到状态 D（p_4，

V_4，T_1），系统得到 W_3 的功并向低温热源（T_1）放热 Q_1，因 $\Delta U_3=0$，则

$$Q_1=-W_3=\int_{V_3}^{V_4}p\mathrm{d}V=nRT_1\ln\frac{V_4}{V_3}$$

4. D→A 绝热可逆压缩 状态 D 经绝热可逆压缩回到始态 A，系统得功 W_4，温度由 T_1 升至 T_2，因 $Q=0$，则

$$W_4=\Delta U_4=\int_{T_1}^{T_2}C_V\mathrm{d}T$$

以上四步构成了一个可逆循环，系统回复原来状态。在这个循环中系统对环境所作的总功为 W，等于 $ABCD$ 四条线所包围的面积，即

$$\begin{aligned}W&=W_1+W_2+W_3+W_4\\&=-nRT_2\ln\frac{V_2}{V_1}+\int_{T_2}^{T_1}C_V\mathrm{d}T-nRT_1\ln\frac{V_4}{V_3}+\int_{T_1}^{T_2}C_V\mathrm{d}T\\&=-nRT_2\ln\frac{V_2}{V_1}-nRT_1\ln\frac{V_4}{V_3}\end{aligned}$$

因过程（2）和（4）都是理想气体的绝热可逆过程，根据式（2-35），则

$$T_2V_2^{\gamma-1}=T_1V_3^{\gamma-1}$$

$$T_2V_1^{\gamma-1}=T_1V_4^{\gamma-1}$$

两式相除得

$$\frac{V_2}{V_1}=\frac{V_3}{V_4}$$

代入总功表达式，得

$$W=-nRT_2\ln\frac{V_2}{V_1}+nRT_1\ln\frac{V_2}{V_1}=-nR(T_2-T_1)\ln\frac{V_2}{V_1}$$

由于系统复原，$\Delta U=0$，所以卡诺循环中系统与环境所交换的总功等于系统总的热效应，即

$$-W=Q_2+Q_1$$

热机对环境所作的功（$-W$）与从高温热源取出的热 Q_2 之比称为热机效率，用 η 表示

$$\eta=\frac{-W}{Q_2}=\frac{Q_2+Q_1}{Q_2}$$

对于卡诺循环，其热机效率为

$$\eta_{\mathrm{R}}=\frac{-W}{Q_2}=\frac{Q_2+Q_1}{Q_2}=\frac{nR(T_2-T_1)\ln\frac{V_2}{V_1}}{nRT_2\ln\frac{V_2}{V_1}}=\frac{T_2-T_1}{T_2}=1-\frac{T_1}{T_2}$$

由此可见，卡诺循环的热机效率只与两热源的温度有关，两热源的温差越大，热机的效率越大；若 $T_1=T_2$，则 $h=0$，即热不能转化为功；T 不能为 0K，则热机效率总是小于 1。这就给提高热机效率提出了明确的方向。

（二）卡诺定理

卡诺热机是一个可逆热机，在此基础上卡诺提出著名的卡诺定理：所有工作于两个一定的高温热源与低温热源之间的热机，以可逆热机的效率最大。

若在高温热源 T_2 和低温热源 T_1 之间，有任意热机 I 和可逆热机 R，它们都可从高温热源取出热，并作功，再放热给低温热源。现调节两热机，使之作功相同，但取热与放热可以不同。若将两热机联合运行，如图 3-3 所示，任意热机的工作物质进行一个循环后，从高温热源吸热为 Q_{I}，作功为 W_{I}，放热 Q_{I}

$-W_{\mathrm{I}}$到低温热源，其效率为 η_{I}，则

$$\eta_{\mathrm{I}}=\frac{W_{\mathrm{I}}}{Q_{\mathrm{I}}}$$

让任意热机所作出的功 W_{I}提供给可逆热机，以此功 $W_{\mathrm{I}}(W_{\mathrm{I}}=W_{\mathrm{R}})$令可逆热机逆向运行。它为了向高温热源放出 Q_{R}的热，单靠得到的功 W_{R}还不够，还需从低温热源吸热 $Q_{\mathrm{R}}-W_{\mathrm{R}}$。可逆热机的效率为

$$\eta_{\mathrm{R}}=\frac{W_{\mathrm{R}}}{Q_{\mathrm{R}}}$$

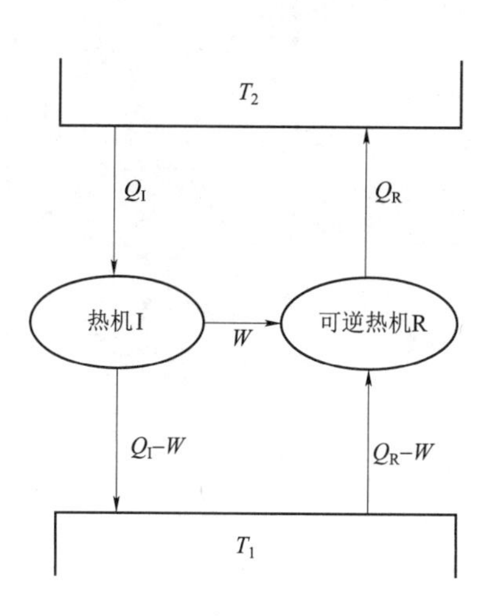

图 3-3　卡诺定理证明

如果假设 $\eta_{\mathrm{I}}>\eta_{\mathrm{R}}$，即 $W_{\mathrm{I}}/Q_{\mathrm{I}}>W_{\mathrm{R}}/Q_{\mathrm{R}}$，因此有 $Q_{\mathrm{R}}>Q_{\mathrm{I}}$，即循环完成时，两个热机（系统）都恢复了原来的状态，但高温热源得到了 $Q_{\mathrm{R}}-Q_{\mathrm{I}}$的热，低温热源取出了 $Q_{\mathrm{R}}-Q_{\mathrm{I}}$的热。这就是说，在无外界干扰下，只要将这样的两个热机联合运行，就可把 $Q_{\mathrm{R}}-Q_{\mathrm{I}}$的热从低温热源传给高温热源，而不引起其他变化，这表明联合热机是一部第二类永动机。显然，这是违背热力学第二定律的，故假设是错误的。因此有 $\eta_{\mathrm{R}}\geqslant\eta_{\mathrm{I}}$。

依据卡诺定理 $\eta_{\mathrm{R}}\geqslant\eta_{\mathrm{I}}$，可得

$$\frac{T_2-T_1}{T_2}\geqslant\frac{Q_2+Q_1}{Q_2} \tag{3-5}$$

式中，大于号用于不可逆热机，等号用于可逆热机。卡诺定理将可逆循环与不可逆循环定量地区别开来，为另一个新的状态函数——熵的发现奠定了基础。

（三）可逆循环过程与可逆过程的热温商

由卡诺定理可知，若系统作可逆循环，式（3-5）取等号，则

$$\frac{T_2-T_1}{T_2}=\frac{Q_2+Q_1}{Q_2}$$

上式整理后可得

$$\frac{Q_1}{T_1}+\frac{Q_2}{T_2}=0 \tag{3-6}$$

式中，$\frac{Q_i}{T_i}$称为过程的“热温商”。其中$\frac{Q_2}{T_2}$为可逆等温膨胀过程中系统自热源 T_2所吸收的热量与热源温度之比，而$\frac{Q_1}{T_1}$为可逆等温压缩过程中系统放给热源 T_1的热量与热源温度之比。应该注意：T_i为热源的温度，只有在可逆过程中才可以看成是系统的温度，在这种情况下二者相等。

式（3-6）表明：在卡诺循环中，过程的热温商之和为零。

对于任意的可逆循环来说，热源有许多个，如图 3-4 所示，图中 ABA 代表任意可逆循环。此时可用大量极接近的可逆恒温线和可逆绝热线，将整个封闭曲线分割成许多小的卡诺循环。这样，图中虚线部分由于在相邻卡诺循环中作功相等而抵消。当图中小的卡诺循环趋于无穷多个时，则封闭的折线与封闭的曲线重合，即可用一连串的极小的卡诺循环来代替原来的任意可逆循环。

对于每个小的卡诺循环，其热温商之和为零，则

$$\frac{(\delta Q_1)_{\mathrm{R}}}{T_1}+\frac{(\delta Q_2)_{\mathrm{R}}}{T_2}=0\quad\frac{(\delta Q_3)_{\mathrm{R}}}{T_3}+\frac{(\delta Q_4)_{\mathrm{R}}}{T_4}=0\quad\cdots\cdots\quad\frac{(\delta Q_i)_{\mathrm{R}}}{T_i}+\frac{(\delta Q_{i+1})_{\mathrm{R}}}{T_{i+1}}=0$$

上列各式相加，得

$$\frac{(\delta Q_1)_{\mathrm{R}}}{T_1}+\frac{(\delta Q_2)_{\mathrm{R}}}{T_2}+\frac{(\delta Q_3)_{\mathrm{R}}}{T_3}+\frac{(\delta Q_4)_{\mathrm{R}}}{T_4}+\cdots+\frac{(\delta Q_i)_{\mathrm{R}}}{T_i}+\frac{(\delta Q_{i+1})_{\mathrm{R}}}{T_{i+1}}=0$$

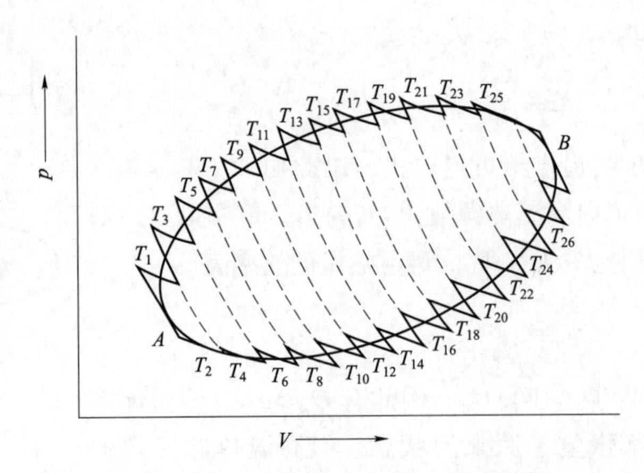

图 3-4 任意可逆循环与卡诺循环关系

或

$$\sum \frac{(\delta Q_i)_\mathrm{R}}{T_i}=0$$

推广为

$$\oint \frac{(\delta Q_i)_\mathrm{R}}{T_i}=0 \qquad (3-7)$$

式中，符号$\oint$代表环径积分。

由此可见，在任意的可逆循环中，过程的热温商之和为零。

如果将任一可逆循环过程 *ABA* 看作是由两个可逆过程（Ⅰ）和（Ⅱ）构成，则式（3-7）可看作是两项积分之和，即

$$\int_A^B\left(\frac{\delta Q_\mathrm{R}}{T}\right)_\mathrm{I}+\int_B^A\left(\frac{\delta Q_\mathrm{R}}{T}\right)_\mathrm{II}=0$$

则

$$\int_A^B\left(\frac{\delta Q_\mathrm{R}}{T}\right)_\mathrm{I}=-\int_B^A\left(\frac{\delta Q_\mathrm{R}}{T}\right)_\mathrm{II}=\int_A^B\left(\frac{\delta Q_\mathrm{R}}{T}\right)_\mathrm{II}$$

此式表示从 *A* 到 *B* 沿途径（Ⅰ）与沿途径（Ⅱ）的积分相等。这一结果说明，这一积分值只取决于系统的始、终态，而与变化途径无关，完全符合系统某个状态函数变化的特征，故可以将$\frac{\delta Q}{T}$定义为某个状态函数的变化微元。至此，便完成了验证任务一。克劳修斯正是据此定义了一个新的热力学函数——熵，用符号 *S* 表示。

当系统的状态由 *A* 变到 *B* 时，熵的变化为

$$\Delta S=S_B-S_A=\int_A^B\frac{\delta Q_\mathrm{R}}{T} \qquad (3-8)$$

对于微小过程，其熵变为

$$\mathrm{d}S=\frac{\delta Q_\mathrm{R}}{T} \qquad (3-9)$$

由式（3-9）可知，熵不仅是系统的状态函数，而且还具有容量性质，与内能 *U*、体积 *V* 一样，具有加和性，其量纲为 J/K。

（四）不可逆循环过程与不可逆过程的热温商

由卡诺定理可知，若系统作不可逆循环，式（3-5）取大于号，即

$$\frac{T_2 - T_1}{T_2} > \frac{Q_2 + Q_1}{Q_2}$$

整理可得

$$\frac{Q_1}{T_1} + \frac{Q_2}{T_2} < 0 \tag{3-10}$$

因此对于任意不可逆循环来说，必有

$$\sum \frac{\delta Q_i}{T_i} < 0 \tag{3-11}$$

由此说明，不可逆循环过程的热温商之和小于零。

假定系统由状态 A 经不可逆过程到达状态 B，再经一可逆过程回到 A，那么整个循环属于不可逆循环，因而有

$$\sum_A^B \frac{\delta Q_i}{T_i} + \sum_B^A \frac{(\delta Q_i)_R}{T_i} < 0$$

又因为

$$\sum_B^A \frac{(\delta Q_i)_R}{T_i} = S_A - S_B$$

则

$$\Delta S = S_B - S_A > \sum_A^B \frac{\delta Q_i}{T_i} \tag{3-12}$$

上式指出，不可逆过程的热温商之和小于系统的熵变。

合并式（3－8）与式（3－12），可得

$$\Delta S_{A\to B} \geqslant \sum_A^B \frac{\delta Q_i}{T_i} \text{ 或 } dS \geqslant \frac{\delta Q}{T} \quad \begin{matrix} \text{不可逆} \\ \text{可　逆} \end{matrix}$$

这就是式（3－4）。该式表明：在相同始、终态间的变化过程，存在着可逆过程与不可逆过程。按定义，只有沿着可逆过程的热温商之和才等于系统的熵变，而沿着不可逆过程的热温商之和并不等于系统的熵变。

综上所述，在相同的始终态之间的任何变化过程，如果以可逆的方式进行，其热温商之和刚好等于系统的熵变；如果以不可逆的方式进行，其热温商之和则小于系统的熵变。

由此可见，式（3－4）利用熵变与热温商的关系概括了发生于相同始、终态间的可逆变化过程与不可逆变化过程所符合的普遍规律，因此可以作为热力学第二定律的数学表达式。由于克劳修斯是借助于该式定义的熵函数，所以式（3－4）亦称为克劳修斯不等式。

四、克劳修斯不等式的应用 微课

克劳修斯不等式是由两部分构成的，即成立于可逆过程的等式部分与成立于不可逆过程的不等式部分。其中，dS 是系统的熵变，dQ 是过程中交换的热，T 是热源的温度，$\frac{\delta Q}{T}$是过程的热温商。式中等号用于可逆过程，不等号用于不可逆过程。将 ΔS 与过程的$\sum \frac{\delta Q_i}{T_i}$相比较，就可以判断过程是否可逆。而且作为可逆性判据的克劳修斯不等式就是不可逆程度的度量，过程的热温商比系统的熵变小得越多，说明过程进行时偏离平衡态越大。因此，既可以利用等式部分进行计算，又可以利用该不等式给出的熵变与热温商的关系对过程的可逆与否进行判断。

（一）用作过程可逆与否的判据

对于发生于相同始、终态间的变化过程，熵变是仅取决于系统的始态与终态的定值，而热温商则是与过程的热量相关的变量。由式（3－4）可知，当过程的热温商与熵变相等时，该过程便是以可逆的方式进行的；否则，便是以不可逆的方式进行的。即

$$\mathrm{d}S \geqslant \frac{\delta Q}{T} \text{ 或 } \Delta S_{A\to B} \geqslant \sum_{A}^{B}\frac{\delta Q_i}{T_i} \quad \begin{matrix}\text{不可逆}\\ \text{可　逆}\end{matrix}$$

但是，由于克劳修斯不等式中有三个变量，而一个公式只能同时讨论两个变量之间的关系，因此，只有在一个变量固定时才可使应用得到简化。所以，该不等式作为判据时，常用于恒温过程或绝热过程。

1. 用作恒温过程可逆与否的判据　对于恒温过程，式（3－4）可以简化为

$$\mathrm{d}S \geqslant \frac{\delta Q}{T} \text{ 或 } \Delta S_{\mathrm{I}\to\mathrm{II}} = S_{\mathrm{II}} - S_{\mathrm{I}} \geqslant \frac{Q}{T} \quad \begin{matrix}\text{恒温不可逆过程}\\ \text{恒温可逆过程}\end{matrix} \tag{3-13}$$

2. 用作无热交换过程可逆与否的判据　封闭系统的绝热过程和孤立系统的任何过程都属于无热交换过程，但是无论哪种情况都有

$$\sum \delta Q_i = 0$$

所以，对于封闭系统经历的任何绝热过程，均有

$$\Delta S_{\text{绝热}} \geqslant 0 \quad \begin{matrix}\text{不可逆}\\ \text{可　逆}\end{matrix} \tag{3-14}$$

由此可得出一个重要的结论，封闭系统在绝热条件下，若发生一个可逆过程，则系统的熵值不变；若发生一个不可逆过程，则系统的熵值必然增加，即系统经历任何绝热过程，其熵值都不会减少，这是热力学第二定律最重要的结果，也就是著名的熵增加原理。

（二）用作过程方向与限度的判据

对于孤立系统，系统与环境间既无热的交换也无功的交换，即系统与环境不发生相互作用，过程的推动力蕴藏在系统内部，因而在孤立系统中发生的不可逆过程必定是自发过程，当熵值不再增加时即处于平衡态，则

$$\Delta S_{\text{孤立}} \geqslant 0 \quad \begin{matrix}\text{自发}\\ \text{平衡}\end{matrix} \tag{3-15}$$

通常系统和环境多少总有些联系，不可能完全隔离，如果把系统及与系统密切相关的环境包括在一起，当作一个广义的孤立系统，由于熵在一定条件下具有加合性，则

$$\Delta S_{\text{孤立}} = \Delta S_{\text{系统}} + \Delta S_{\text{环境}} \geqslant 0 \quad \begin{matrix}\text{自发}\\ \text{平衡}\end{matrix} \tag{3-16}$$

由此可见，孤立系统中自发过程的方向总是朝着熵值增大的方向进行，直到在该条件下系统熵值达到最大为止，即孤立系统中过程的限度就是使其熵值达到最大。这是熵增加原理在孤立系统的推广，孤立系统中熵值永不减少。这就是熵增加原理的推论。

由于将宇宙定义为包括所有彼此间有相互作用物质的空间，所以整个宇宙就是一个孤立系统，只要经历的过程是可逆的，宇宙的熵值就保持不变；如果经历的过程是不可逆的，宇宙的熵值就会增加。这就意味着我们生存于其中的宇宙的熵值是永远都不会减少的。

式（3－16）称为熵判据，在实际生产和科学研究中，常用来判断过程进行的方向与限度，它也是热力学第二定律的另一种表现形式。

综上所述，我们对熵函数应有如下的理解。

（1）熵是系统的状态函数，其改变值仅与系统的始、终态有关，而与变化的途径无关。始、终态确定后，熵变的值是定值，并且等于可逆过程的热温商，或者说等于热温商的极大值。

（2）熵是容量性质，具有加和性，系统的熵是各个部分熵的总和。

（3）要判断过程进行的方向及限度，应把系统熵变和环境熵变的总和计算出来。

（4）系统或环境的熵可增加，也可减少，但孤立系统内不可能出现总熵减少的变化。

克劳修斯不等式的最有价值的应用是在有关系统熵变的计算上，从而判断过程的方向与限度，这将在下一节中详细介绍。

第三节　熵变的计算

一、熵变计算的原则

由于以熵变和零来比较是熵判据最方便的应用形式，而研究对象真正属于绝热过程或孤立系统的又相当有限，为了应用熵判据而经常将系统和环境合并构成广义的孤立系统，因此，不仅需要计算系统的熵变，同时也需要计算环境的熵变。

根据热力学第二定律，无论是系统的熵变还是环境的熵变，都应该与可逆过程的热温商有着等量的关系。但是，由于系统和环境在任何一种物理意义上的量的差别都是很大的，因此对于其共同经历的过程的可逆与否的界定标准亦有所不同，所以，掌握系统熵变和环境熵变的计算原则，是计算环境熵变和广义的孤立系统的熵变的基础。

对于系统熵变的计算，应该掌握的原则是：熵是系统的状态函数，系统由指定的始态到指定的终态，熵变 $\Delta S_{系统}$ 为一定值，与过程的可逆与否无关。因此，不管实际过程的性质如何，只要始态和终态一定，只需要根据变化过程的自由度数和已知数据的使用条件设计与自由度数相同的或使已知数据具有可用性的一个或几个可逆过程来取代实际过程计算实际系统的熵变，故系统熵变计算的基本式为

$$\Delta S_{系统} = \int_A^B \frac{\delta Q_R}{T} \tag{3-17}$$

对于任意实际过程，系统熵变计算的常用步骤为：①确定系统始态 A 和终态 B，并据此确定变化的自由度数；②考查已知数据是否具备直接使用的条件；③设计由 A 至 B 的可逆过程；④由式（3－17）计算系统熵变。

对于环境熵变的计算，应该掌握的原则是：与系统相比，构成环境的物质的量很大，其热容也很大。由于其所处的热力学平衡态不会因为系统的变化而受到影响，因此，无论系统发生什么样的变化，对于环境来讲都只是可逆的微元变化。从热交换角度考虑，环境可以被视为理想的热储器，即无论热交换发生时系统进行的过程可逆与否，对环境而言都是可逆的。并且，环境吸收或放出的热与系统放出或吸收的热在数值上是相等的，只是符号相反，所以，环境熵变的计算公式为

$$\Delta S_{环境} = -\frac{Q_{实际}}{T_{环境}} \tag{3-18}$$

以下将按照变化的类别讨论熵变的计算问题。

二、理想气体简单物理过程熵变的计算

1. 理想气体单变量物理过程熵变的计算　理想气体构成的封闭系统经历的自由度数为 1 的简单变化

过程称为理想气体单变量过程，包括恒温过程、恒压过程和恒容过程。由于经历这三种单变量变化过程的系统的始态和终态分别位于同一条恒温线、恒压线或恒容线上，因此可分别用恒温可逆、恒压可逆或恒容可逆取代实际过程来计算熵变。

恒温过程：由于 $\Delta U=0$，$Q_R=W_{max}$，则有

$$\Delta S=\frac{Q_R}{T}=\frac{-W_{max}}{T}=nR\ln\frac{V_2}{V_1}=nR\ln\frac{p_1}{p_2} \tag{3-19}$$

恒压过程：由于 $\delta Q_p=C_p\mathrm{d}T=nC_{p,m}\mathrm{d}T$，则有

$$\Delta S=\int_{T_1}^{T_2}\frac{\delta Q_p}{T}=\int_{T_1}^{T_2}nC_{p,m}\frac{\mathrm{d}T}{T} \tag{3-20}$$

恒容过程：由于 $\delta Q_V=C_V\mathrm{d}T=nC_{V,m}\mathrm{d}T$，则有

$$\Delta S=\int_{T_1}^{T_2}\frac{\delta Q_V}{T}=\int_{T_1}^{T_2}nC_{V,m}\frac{\mathrm{d}T}{T} \tag{3-21}$$

如果在变温区间内有平均热容，它们可以提到积分符号之外，则式（3-20）可进一步整理为

$$\Delta S=C_p\ln\frac{T_2}{T_1}=nC_{p,m}\ln\frac{T_2}{T_1} \tag{3-22}$$

同理，式（3-21）也可以整理为

$$\Delta S=C_V\ln\frac{T_2}{T_1}=nC_{V,m}\ln\frac{T_2}{T_1} \tag{3-23}$$

由于，当 $T_2>T_1$，$C_{p,m}>0$，$C_{V,m}>0$，则 $\Delta S>0$，因此 $S_{高温}>S_{低温}$。

【例3-1】1mol 理想气体，在 300K 下由 100kPa 恒温可逆膨胀至 10kPa，计算系统和环境的熵变。若该气体从同一始态经一向真空膨胀过程变化到相同的终态，系统和环境的熵变又为多少？

解：（1）过程Ⅰ对于系统和环境都是恒温可逆过程。

对于系统而言，$Q_R=-W_{max}$，则

$$\Delta S_{\mathrm{I}}=nR\ln\frac{p_1}{p_2}=1\times8.314\times\ln\frac{100}{10}=19.14\mathrm{J/K}$$

对于环境而言，$Q_{环境}=-Q_R$，故

$$\Delta S_{环境}=-\Delta S_{\mathrm{I}}=-nR\ln\frac{p_1}{p_2}=-19.14\mathrm{J/K}$$

（2）过程Ⅱ对于系统是始、终态与过程Ⅰ相同的恒温不可逆过程，但对于环境则仍是恒温可逆过程。

对于系统而言，该过程的热温商不能用于计算其熵变。但由于熵是状态函数，ΔS 只决定于始、终态，与途径无关，所以

$$\Delta S_{\mathrm{II}}=\Delta S_{\mathrm{I}}=19.14\mathrm{J/K}$$

对于环境而言，首先需要计算实际过程的热量。由于系统的 $\Delta U=0$，$p_e=0$，于是 $Q=-W=0$。因此，$Q_{环境}=0$。则

$$\Delta S_{环境}=-\frac{Q_{实际}}{T_{环境}}=0$$

$$\Delta S_{孤}=\Delta S_{\mathrm{II}}+\Delta S_{环境}=19.14\mathrm{J/K}>0$$

即过程Ⅱ为不可逆过程。

【例3-2】计算下列过程的熵变：2mol 温度为 298.15K、压力为 100kPa 的氦气，冷却至其正常沸点 4K，变为液态，继续冷却到 4K，并于该条件下再次经相变成为另外一种称为液氦Ⅱ的液体，这种液氦Ⅱ在激光照射下突然蒸发为 298.15K、压力为 50kPa 的气体。

解：因为熵是状态函数，熵变与路径无关，所以上述过程的熵变与由 100kPa 经恒温可逆过程膨胀到 50kPa 的熵变是相等的。

$$\Delta S = nR\ln\frac{p_1}{p_2} = 2\times 8.314\ln\frac{100}{50} = 11.5\text{J/K}$$

【例 3－3】1mol 金属银在定容下由 273.2K 加热到 303.2K，求 ΔS。已知在该区间内银的 $C_{V,\text{m}} = 24.48\text{J/(K}\cdot\text{mol)}$。

解：$\Delta S = C_V\ln\dfrac{T_2}{T_1} = nC_{V,\text{m}}\ln\dfrac{T_2}{T_1}$

$$= 1\times 24.48\times\ln\frac{303.2}{273.2} = 2.55\text{J/K}$$

【例 3－4】某种气体的恒压摩尔热容可以表示为

$$C_p = a + bT + cT^{-2}$$

请导出其在恒压条件下经历温度由 T_1 变化到 T_2 过程的熵变。

解：因为熵是状态函数，所以可将上述过程设计为恒压可逆过程，于是

$$\Delta S = n\int_{T_1}^{T_2}\frac{C_{p,\text{m}}}{T}\text{d}T = n\int_{T_1}^{T_2}\frac{a + bT + cT^{-2}}{T}\text{d}T$$

$$= na\ln\frac{T_2}{T_1} + nb(T_2 - T_1) + \frac{nc}{2}\left(\frac{1}{T_1^2} - \frac{1}{T_2^2}\right)$$

2. 理想气体双变量物理过程熵变的计算　理想气体构成的封闭系统经历的自由度数为 2 的简单变化过程称为理想气体双变量过程，也就是理想气体的 p、T、V 都发生变化的简单变化过程。由于经历这种变化过程的系统，其始态和终态的温度、压力和体积均不相同，所以不能只用一条等温线、等压线或等容线连接系统的始态和终态，即不能只设计一条恒温可逆、恒压可逆或恒容可逆过程来取代实际过程。因此，必须设计两个单变量过程取代实际过程来计算熵变。

1mol 理想气体，从始态 $A(T_1, p_1, V_1)$ 变化到终态 $D(T_2, p_2, V_2)$ 的熵变，可设计两种不同的可逆过程，如图 3－5 所示。

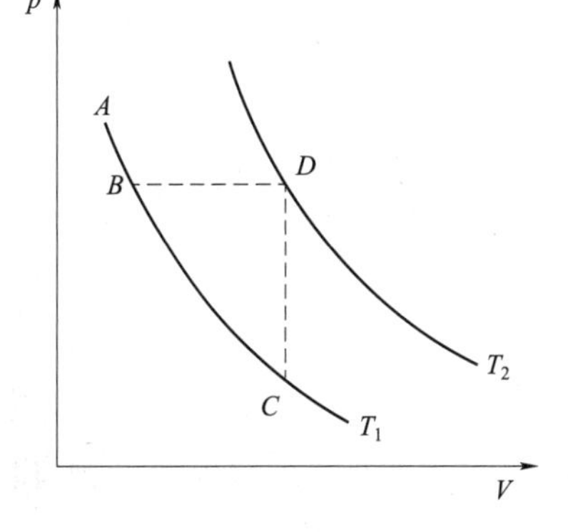

图 3－5　理想气体状态变化途径

途径（1），使系统从始态 A 先经恒温变容过程到中间态 C 再经恒容变温过程到终态 D。

途径（2），使系统从始态 A 先经恒温变压过程到 B，再经恒压变温过程到终态 D。

两过程的始态和终态均相同，因而系统的熵变也相同。不过，在计算时，需要根据所设计的过程选用相应的单变量可逆过程计算公式。

此外，当 $\delta W' = 0$ 时，也可以由热力学第一定律直接计算。$n$mol 理想气体经历某一 n 为常数，但 p、T、V 均发生变化的简单变化过程时可逆过程的热量为 Q_R。根据热力学第一定律，该过程的热量微小变化可以表示如下。

$$\delta Q_\text{R} = \text{d}U + p\text{d}V = nC_{V,\text{m}}\text{d}T + p\text{d}V$$

代入熵变的计算式中，得

$$\text{d}S = \frac{\delta Q_\text{R}}{T} = \frac{nC_{V,\text{m}}\text{d}T}{T} + \frac{nR\text{d}V}{V}$$

由于熵是状态函数，故可以用积分方法计算熵变。如果 $C_{V,\text{m}}$ 视为常数时，则积分可得

$$\Delta S = nC_{V,\text{m}}\ln\frac{T_2}{T_1} + nR\ln\frac{V_2}{V_1} \tag{3-24}$$

将理想气体状态方程 $pV=nRT$ 代入式（3-24）可得

$$\Delta S=nC_{p,\mathrm{m}}\ln\frac{T_2}{T_1}-nR\ln\frac{p_2}{p_1} \tag{3-25}$$

$$\Delta S=nC_{V,\mathrm{m}}\ln\frac{p_2}{p_1}+nC_{p,\mathrm{m}}\ln\frac{V_2}{V_1} \tag{3-26}$$

式（3-24）、式（3-25）、式（3-26）均可为理想气体简单双变量过程的熵变计算公式，三式计算结果相同。

由此也可得出理想气体单变量过程熵变的计算公式。

恒温过程的熵变 $\Delta S=nR\ln\frac{V_2}{V_1}=nR\ln\frac{p_1}{p_2}$

恒容变温过程的熵变 $\Delta S=nC_{V,\mathrm{m}}\ln\frac{T_2}{T_1}$

恒压变温过程的熵变 $\Delta S=nC_{p,\mathrm{m}}\ln\frac{T_2}{T_1}$

【例3-5】 体积为 $2.50\times10^{-2}\mathrm{m}^3$ 的 2mol 的某理想气体从 300K 加热到 600K，其体积为 $0.100\mathrm{m}^3$。计算 ΔS。已知 $C_{V,\mathrm{m}}=19.37+3.39\times10^{-3}T$ J/(K·mol)。

解：由于摩尔热容不为平均值，不能视为常数，故式（3-24）的积分式为

$$\begin{aligned}\Delta S&=\int_{T_1}^{T_2}C_{V,\mathrm{m}}\frac{\mathrm{d}T}{T}+nR\ln\frac{V_2}{V_1}\\&=2\times\int_{300}^{600}\frac{19.37+3.39\times10^{-3}T}{T}\mathrm{d}T+2\times8.314\times\ln\frac{0.1}{2.5\times10^{-2}}\\&=52.0\mathrm{J/K}\end{aligned}$$

三、理想气体混合过程熵变的计算

混合熵变是由纯组分变成混合物过程的熵变。借助于图3-6所示的装置，考查由 s 种纯组分理想气体以某种方式形成混合物过程的熵变。我们以 n_1、n_2、n_3、…、n_s，V_1、V_2、V_3、…、V_s 和 p_1、p_2、p_3、…、p_s 分别表示各气体的物质量、体积和压力，并以 i 表示其中任何一种气体。

理想气体分子间无作用力，某气体的存在既不影响其他气体的行为，同时其行为也不受其他气体的影响。因而理想气体混合前、后系统状态函数的改变量相当于各种理想气体单独发生相应的简单变化而引起的其状态函数改变量的加和。

1. 理想气体恒温恒压混合熵变 我们设想该混合过程的始态是由各物质均被限定于独立的容器中构成的，如图3-6所示，并依据理想气体状态方程调整可移动隔板，通过限定容器的体积使得所有气体的温度和压力都与混合后的终态的温度和压力相同。

$$V_i=\frac{n_iRT}{p}\quad(i=1,2,3,\cdots,s) \tag{3-27}$$

式中，V_i 是隔室 i 的体积；n_i 是隔室 i 中物质的量；T 和 p 是终态混合物的温度和压力。所有隔室的总体积 V 可以表示为

$$V=\sum_{i=1}^{s}V_i\quad(i=1,2,3,\cdots,s)$$

抽取各隔室间的可移动隔板，每一种气体都不可逆地与其他气体混合并充满整个容器。根据 Dalton 分压定律可知：混合理想气体中，每种气体的行为都与其单独占有整个容器时的相同。那么，在这一恒温恒

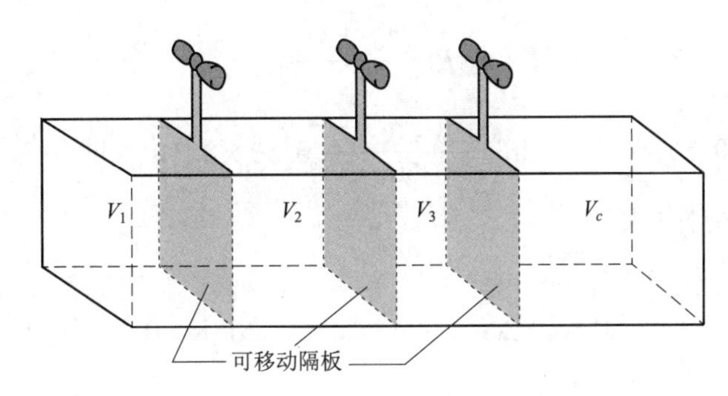

图 3-6 研究气体不可逆混合装置

压混合过程中，系统中任意气体 i 都相当于经历了始态与终态位于同一条恒温可逆线上的由体积 V_i 到体积 V 的膨胀过程。因此，每种气体的熵变都符合式（3-19），则有

$$\Delta S_i = n_i R\ln\frac{V}{V_i} \quad (i=1,2,3,\cdots,s) \tag{3-28}$$

系统的熵变就是所有气体熵变之和

$$\Delta S = \sum_{i=1}^{s}\Delta S_i = \sum_{i=1}^{s} n_i R\ln\frac{V}{V_i} \quad (i=1,2,3,\cdots,s) \tag{3-29}$$

现在用摩尔分数来重新表示式（3-29），摩尔分数的定义式

$$x_i = \frac{n_i}{n} \quad (i=1,2,3,\cdots,s) \tag{3-30}$$

将式（3-27）代入上式，得

$$x_i = \frac{n_i}{n} = \frac{pV_i/RT}{pV/RT} = \frac{V_i}{V}$$

所以，理想气体恒温恒压混合熵变符合如下关系式

$$\Delta S = \sum_{i=1}^{s}\Delta S_i = R\sum_{i=1}^{s} n_i\ln\frac{1}{x_i} = -R\sum_{i=1}^{s} n_i\ln x_i \tag{3-31}$$

式（3-31）不仅可以用于理想气体混合熵的计算，还可以用于其他物质混合熵的计算，如某种元素放射性核素混合熵的计算以及理想的液体或理想的固体混合熵变的计算。

【例 3-6】假设 1mol 干燥的空气（可视为理想气体）中含有 0.780mol 的氮气、0.210mol 的氧气、0.010mol 的氩气，计算 1mol 干燥空气的混合熵变。忽略各物质的放射性核素问题。

解：由式（3-31）可得

$$\begin{aligned}\Delta S &= \sum_{i=1}^{s}\Delta S_i = -R\sum_{i=1}^{s} n_i\ln x_i \\ &= -8.314\ (0.780\ln 0.780 + 0.210\ln 0.210 + 0.010\ln 0.010) \\ &= 4.72\text{J/K}\end{aligned}$$

【例 3-7】设在 0℃时，用一隔板将容器分割为两部分，一边装有 0.500mol、100kPa 的 O_2，另一边是 0.500mol、100kPa 的 N_2，抽去隔板后，两气体混合均匀，试求混合熵，并判断过程的可逆性。（O_2 和 N_2 可视为理想气体）

解：混合前，O_2 和 N_2 的体积分别为 $V_{O_2} = \frac{n_{O_2}RT}{p}, V_{N_2} = \frac{n_{N_2}RT}{p}$，故

$$\Delta S = n_{O_2}R\ln\frac{V_{O_2}+V_{N_2}}{V_{O_2}} + n_{N_2}R\ln\frac{V_{O_2}+V_{N_2}}{V_{N_2}}$$

$$=n_{O_2}R\ln\frac{n_{O_2}+n_{N_2}}{n_{O_2}}+n_{N_2}R\ln\frac{n_{O_2}+n_{N_2}}{n_{N_2}}$$

$$=0.50\times8.314\times\ln\frac{0.50+0.50}{0.50}+0.50\times8.314\times\ln\frac{0.50+0.50}{0.50}$$

$$=5.76\text{J/K}$$

因混合过程的 $Q=0$，故 $\Delta S_{环境}=0$

$$\Delta S_{孤}=\Delta S_{系统}+\Delta S_{环境}=5.76\text{J/K}>0$$

可见气体混合过程是一个自发过程。

2. 理想气体恒温恒容混合熵变 如果各物质在混合过程的始态所处的被限定的独立容器的体积同于混合后终态的体积，并且其始态的温度也都同于终态混合物的温度，那么根据理想气体状态方程可得

$$p=\frac{n_iRT}{V}\quad(i=1,2,3,\cdots,s)\tag{3-32}$$

根据道尔顿分压定律可知

$$p=\sum_{i=1}^{s}p_i\quad(i=1,2,3,\cdots,s)\tag{3-33}$$

根据式（3-32）和式（3-33），经过这一混合过程，各理想气体不仅温度、体积没有发生变化，而且压力也没有发生变化，混合后的总压等于各气体混合前的压力之和。也就是说，各气体的始态和终态的状态点重合，因此，该过程的熵变为零。

四、相变过程的熵变

1. 可逆相变过程的熵变 一种物质的两个相在由压力限定的特恒温度下可以达成平衡，即两相可以平衡共存。以液态水和气态水为例，在 100kPa 下，两者可以平衡共存的温度是 373.15K；而在 3.167kPa 下，两者可以平衡共存的温度则是 298.15K。

如果纯物质在两相间的变化刚好发生于这两相可以平衡共存的温度和压力下，如果在过程进行时温度和压力均保持不变，则两相在变化过程中始终保持平衡，这种相变过程就是热力学上的可逆过程，亦被称为可逆相变。伴随该过程进行而产生的热交换，在热力学上称为相变潜热，简称为焓。由于相变过程是在恒压条件下进行的，所以，这种相变过程的热量就等于相变焓。于是应用式（3-20），可得出可逆相变过程系统的熵变计算公式

$$\Delta S=\frac{Q_R}{T}=\frac{Q_p}{T}=\frac{\Delta_\alpha^\beta H}{T}\tag{3-34}$$

其中，$\Delta_\alpha^\beta H$ 是纯物质从 α 相迁移到 β 相而引起的系统的焓变。

【例 3-8】1mol 冰在 0℃、100kPa 下融化成水，熔化热为 6008J/mol，求系统熵变。

解：$\Delta S=\frac{\Delta_\alpha^\beta H}{T}=\frac{6008}{273.2}=21.99\text{J/K}$

2. 不可逆相变过程的熵变 在非正常相变条件下发生的相变过程称为不可逆相变。所谓非正常相变条件指的是参与相变的各相不能同时平衡共存的温度和压力。不可逆相变的现象在自然界中广泛存在，如在常压下，液体在低于其凝固点的温度下（通常称为过冷液体）凝固的过程；在一恒温度下，液体在低于其饱和蒸气压的压力下蒸发的过程；在一恒温度下、高于其液体饱和蒸气压的液体（通常称为过饱和蒸气）凝结为液体的过程；在一定压力下，液体在高于其沸点的温度下（通常称为过热液体）蒸发的过程等。对于这类过程，系统熵变的计算方法与环境熵变的计算方法有所不同。计算系统熵变时，通常需要设计一条包括有可逆相变过程在内的可逆途径，这个可逆途径的热温商就是不可逆相变过

程的熵变；而计算环境熵变时，则需要根据相变实际过程的热交换值来计算。

【例 3-9】 已知水的正常凝固点为 273.2K，水的凝固热为 -6008J/mol，水和冰的平均摩尔定压热容分别为 75.3J/(K·mol) 和 37.1J/(K·mol)，试计算 263.2K、100kPa 下 1mol 水凝结成冰的熵变，并判断此过程的可逆性。

解： 263.2K、100kPa 下水和冰不能平衡共存，故这一水凝结成冰的过程为不可逆相变，因此该过程的热温商只能用于计算环境的熵变，而不能用于计算系统的熵变。根据题中所给的已知条件，需要设计 100kPa 下包括同类相变在内的一系列可逆过程取代实际过程来计算系统的熵变。

$$H_2O(l, T_1=263.2K) \xrightarrow{\Delta S} H_2O(s, T_1=263.2K)$$

$$(1)\ \downarrow \Delta S_1 \qquad\qquad (3)\ \uparrow \Delta S_3$$

$$H_2O(l, T_2=273.2K) \xrightarrow[(2)]{\Delta S_2} H_2O(s, T_2=273.2K)$$

$$\Delta S_1 = nC_{p,m(l)} \ln\frac{T_2}{T_1} = 1\times 75.4\times\ln\frac{273.2}{263.2} = 2.81J/K$$

$$\Delta S_2 = \frac{n\Delta_l^s H_m}{T_2} = \frac{-6008}{273.2} = -21.99J/K$$

$$\Delta S_3 = nC_{p,m(s)} \ln\frac{T_1}{T_2} = 1\times 37.1\times\ln\frac{263.2}{273.2} = -1.38J/K$$

$$\Delta S = \Delta S_1 + \Delta S_2 + \Delta S_3 = 2.81 - 21.99 - 1.38 = -20.56J/K$$

计算结果表明系统的熵变小于零，但此结果不能作为判断过程进行方向的依据。如果要判断过程能否自发进行，需要进一步的计算。具体方法有以下两种。

方法一：计算在过冷水凝固过程释放的热量，然后求出该过程系统的热温商，通过比较熵变和过程的热温商即可判断该相变过程是否为自发过程。

由于实际凝固过程是恒压过程，因此有 $Q_p=\Delta H$，而焓是状态函数，可用基尔霍夫公式计算。

$$\begin{aligned}\Delta H &= \Delta H_1 + \Delta H_2 + \Delta H_3\\ &= \int_{T_1}^{T_2} nC_{p,m(l)}\,dT + n\Delta_l^s H_m + \int_{T_2}^{T_1} nC_{p,m(s)}\,dT\\ &= nC_{p,m(l)}(T_2-T_1) + n\Delta_l^s H_m + nC_{p,m(s)}(T_2-T_1)\\ &= 1\times 75.4\times(273.2-263.2) - 1\times 6008 + 1\times 37.1\times(263.2-273.2)\\ &= -5625J\end{aligned}$$

$$\frac{Q_{实际}}{T_1} = \frac{\Delta H}{T_1} = -\frac{5625}{263.2} = -21.37J/K$$

因为该恒温过程系统的熵变大于过程的热温商，即

$$\Delta S > \frac{Q_{实际}}{T_1}$$

所以，该相变过程，即 263.2K、100kPa 下水凝结成冰为自发过程。

方法二：根据在过冷水凝固过程释放的热量，计算出环境在该过程中等值吸收的热量。由于该过程不会影响环境的状态，所以对于环境而言是可逆过程。于是便可以直接由环境在该过程的实际热温商计算其熵变，然后求出该过程系统和环境的总熵变，并据此判断该相变过程是否为自发过程。

$$\Delta S_{环境} = -\frac{Q_{实际}}{T_{环境}} = -\frac{\Delta H}{T_{环境}} = \frac{5625}{263.2} = 21.37J/K$$

$$\Delta S_{孤} = \Delta S_{系统} + \Delta S_{环境} = -20.56 + 21.37 = 0.81\text{J/K} > 0$$

说明263.2K、100kPa下水凝结成冰为自发过程。

五、摩尔熵的计算

1. 热力学第三定律 根据熵变的计算可知，纯物质$S_{气} > S_{液} > S_{固}$，且$S_{高温} > S_{低温}$。固态的熵最小；当固态的温度进一步下降时，其熵值也进一步降低。20世纪初，科学家根据一系列低温实验，总结出热力学第三定律：0K时，任何纯物质完美晶体的熵等于零，即

$$S_{0\text{K}} = \lim_{T \to \infty} S_T = 0 \tag{3-35}$$

热力学第三定律除了温度0K条件外，还有两个规定，纯物质及完美晶体。如果物质含有杂质，其熵值会增加；完美晶体即晶体中应无缺陷、错位，原子或分子只有一种排列方式，例如NO的完美晶体排列顺序应为NO NO NO ...，若排列为NO NO ON ... 则不能认为是完美晶体。

2. 规定熵 定压条件下，纯物质的熵值与温度的关系为

$$\Delta S = S_T - S_{0\text{K}} = S_T = \int_0^T \text{d}S = \int_0^T \frac{C_p \text{d}T}{T} \tag{3-36}$$

根据热力学第三定律，完美晶体在0K时熵值等于零，故任意温度下物质的熵值S_T原则为

$$S_T = \int_0^T \frac{C_p \text{d}T}{T} \tag{3-37}$$

式中，S_T通常称为该物质在指定状态下的规定熵（conventional entropy）。

如果在升温过程中，物质有相变化，如

$$固相\ \alpha \xrightarrow{T_{\text{trs}}} 固相\ \beta \xrightarrow{T_{\text{f}}} 液相 \xrightarrow{T_{\text{b}}} 气相$$

则在温度T时的规定熵S_T为

$$S_T = \int_0^{T_{\text{trs}}} \frac{C_p(\text{S},\alpha)\text{d}T}{T} + \frac{\Delta_\alpha^\beta H}{T_{\text{trs}}} + \int_{T_{\text{trs}}}^{T_{\text{f}}} \frac{C_p(\text{S},\beta)\text{d}T}{T} + \frac{\Delta_\beta^{\text{l}} H}{T_{\text{f}}} + \int_{T_{\text{f}}}^{T_{\text{b}}} \frac{C_p(\text{l})\text{d}T}{T} + \frac{\Delta_{\text{l}}^{\text{g}} H}{T_{\text{b}}} + \int_{T_{\text{b}}}^{T} \frac{C_p(\text{g})\text{d}T}{T} \tag{3-38}$$

1mol纯物质B在标准状态（通常选压力100kPa，温度298.15K）下的规定熵称为该物质B的标准摩尔熵，用$S_{\text{m,B}}^{\circ}$（T）表示。本书在附录四中列出部分物质的标准摩尔熵。

3. 化学反应过程的熵变 在标准状态下，化学反应的摩尔熵变$\Delta_{\text{r}}S_{\text{m}}^{\ominus}(298.15\text{K})$可查表由下式计算

$$\Delta_{\text{r}}S_{\text{m}}^{\ominus}(298.15\text{K}) = \sum v_{\text{B}} S_{\text{m,B}}^{\ominus} \tag{3-39}$$

式中，$S_{\text{m,B}}^{\ominus}$为物质B的标准摩尔熵；v_{B}为化学计量式中B物质的计量系数。

对于非298.15K下化学反应的摩尔熵变$\Delta_{\text{r}}S_{\text{m}}^{\ominus}$（$T$）则为

$$\Delta_{\text{r}}S_{\text{m}}^{\ominus}(T) = \Delta_{\text{r}}S_{\text{m}}^{\ominus}(298.15\text{K}) + \int_{298.15}^{T} \frac{\sum v_{\text{B}} C_{p,\text{m}} \text{d}T}{T} \tag{3-40}$$

【例3-10】计算反应$H_2(\text{g}) + \frac{1}{2}O_2(\text{g}) \longrightarrow H_2O(\text{g})$在298.15K及标准压力下的熵变。

解：查表可得，在298.15K及标准压力下各物质的标准摩尔熵为

$$S_{\text{m}}^{\ominus}(H_2,\text{g}) = 130.7\text{J/(K·mol)}$$
$$S_{\text{m}}^{\ominus}(O_2,\text{g}) = 205.2\text{J/(K·mol)}$$
$$S_{\text{m}}^{\ominus}(H_2O,\text{g}) = 188.8\text{J/(K·mol)}$$

$$\Delta_r S_m^\ominus(298.15K)=\sum \upsilon_B S_{m,B}^\ominus=\left(1\times188.8-1\times130.7-\frac{1}{2}\times205.2\right)$$
$$=-44.6J/(K\cdot mol)$$

第四节　热力学第二定律的本质——熵的统计意义

热力学系统是由大量分子组成的集合体，系统的宏观性质是大量分子微观性质集合的体现。解释宏观热力学性质的微观意义，虽不是热力学本身的任务，但对于更深入了解热力学函数的物理意义是有益的。如内能是系统中大量分子的平均能量，温度与系统中大量分子的平均动能有关，那么宏观性质熵是如何从微观角度来表述系统的。

一、热力学第二定律的本质

热力学第二定律指出，凡是自发过程都是不可逆过程，而且一切不可逆过程都可以与热功转换相联系（即不能从单一热源吸取热量使之全部变为功而不发生其他变化）。人们总是希望多得到一些功，希望热量可以完全变为功，但实际上在没有其他影响的条件下，却办不到。人们知道，热是分子混乱运动的一种表现，分子相互碰撞的结果只会使混乱的程度增加；而功则是与有方向的运动相联系，是有秩序的运动，所以功转变为热的过程是规则运动转化为无规则的热运动，是向混乱度增加的方向进行。而有秩序的运动会自动地变为无秩序的运动。反之，无秩序的运动却不会自动地变为有秩序的运动。因此一切不可逆过程都是向混乱度增加的方向进行。这就是热力学第二定律所阐明的不可逆过程的本质。

从熵变计算，物质从固态经液态到气态，系统中大量分子有序性减小，分子运动的混乱程度依次增加，熵值增加；当物质温度升高时，分子热运动增加，分子的有序性减小，混乱程度增加，熵值增加；两种气体扩散混合，混合前就其中某种气体而言，运动空间范围较小，混合后运动空间范围增大，分子空间分布较无序，混乱程度增大，熵值增加。可见熵是系统混乱程度的量度。从熵判据式（3-16）可知，不可逆过程都是熵增加的过程。因此，自发过程的方向是从熵值较小的有序状态向着熵值较大的无序状态的方向进行，直至在该条件下混乱度最大的状态，即熵值最大的状态。

二、熵和热力学概率——玻兹曼公式

大量分子构成的孤立系统，处于热力学平衡的宏观状态，由于分子运动的微观状态瞬息万变，即对应于一确定的热力学平衡态，可出现许多的微观状态，与某宏观状态所对应的微观状态数称作热力学概率（probability of thermodynamics），以 Ω 表示。如在一体积相等的左右两密闭容器中放 4 个分子 A、B、C、D，当将两室连通后，其微观状态及热力学概率见表 3-1。

若在同样的密闭容器中，一侧放入理想气体，另一侧为真空，抽掉隔板，气体便充满整个容器，这是一自发过程。那么变化后所有分子集中于一侧的概率可以说为零，而均匀分布于整个容器的概率最大，此时微观状态数也最多。因此，宏观状态所对应的微观状态数（Ω）越多，该宏观状态出现的可能性也越大，这正是统计力学的观点，即平衡态是分布最均匀的状态。

推而广之，在孤立系统中，自发过程总是由热力学概率小的状态，向着热力学概率较大的状态变化。系统的热力学概率 Ω 和系统的熵 S 有着相同的变化方向，则系统的 S 与 Ω 必定有某种函数关系，即 $S=f(\Omega)$。

表3-1 分子在等分容器中的微观状态及热力学概率

分布方式	微观状态		热力学概率（Ω）	某种分布的数学概率
	左室	右室		
4，0	A B C D	/	1	1/16
3，1	A B C A B D A C D B C D	D C B A	4	4/16
2，2	A B A C A D B C B D C D	C D B D B C A D A C A B	6	6/16
1，3	A B C D	B C D A C D A B D A B C	4	4/16
0，4	/	A B C D	1	1/16

设一系统由 A、B 两部分组成，其热力学概率分别为 Ω_A、Ω_B，相应的熵为 $S_A=f(\Omega_A)$、$S_B=f(\Omega_B)$。对于整个系统，根据概率定理，系统的总概率应等于各个部分概率的乘积，即 $W=W_AW_B$，相应的整个系统的熵等于各部分熵之和，则

$$S=S_A+S_B=f(\Omega_A)+f(\Omega_B)=f(\Omega_A\Omega_B)=f(\Omega) \tag{3-41}$$

能够满足上述关系只有对数函数，即 S 与 Ω 符合对数函数关系，$S\propto\ln\Omega$，写成等式形式为

$$S=k\ln\Omega \tag{3-42}$$

这就是著名的玻兹曼（Boltzmann）公式。式中，k 为玻兹曼常数。

在对微观状态数的讨论中，我们应注意，除了由于空间位置的混乱排布而形成不同的微观状态外，分子的平动、转动、原子的振动及其所处能级的不同等也可构成不同的微观状态。

综上所述，从微观的角度来看，熵具有统计性质，它是大量粒子构成系统的微观状态数的一种量度，系统的熵值小，表示所处状态的微观状态数少，混乱程度低；系统的熵值大，表示所处状态的微观状态数多，混乱程度高。孤立系统中，从熵值小的状态（混乱程度小）向熵值大的状态（混乱程度大）变化，直到在该条件下系统熵值最大的状态为止，这就是自发过程方向。

第五节　亥姆霍兹自由能与吉布斯自由能

熵增原理给出了系统变化过程的方向和限度，应用此判据时除了要计算系统的熵变外，还要计算环境的熵变。而大多数化学变化、混合过程等是在恒温恒压或恒温恒容两种条件下进行的。能否像在热化学中我们为了简便而引入焓这个状态函数一样，引入新的状态函数，利用系统自身的此种函数的变化值就可以判定过程进行的方向及限度，而无需再考虑环境。为此，亥姆霍兹（Helmholtz）和吉布斯（Gibbs）又定义了两个新的状态函数：亥姆霍兹自由能与吉布斯自由能。

一、亥姆霍兹自由能

将热力学第一定律写为

$$\delta Q = \mathrm{d}U - \delta W$$

代入克劳修斯不等式 $\mathrm{d}S \geqslant \frac{\delta Q}{T_e}$ 中，得

$$\mathrm{d}S \geqslant \frac{\mathrm{d}U - \delta W}{T_e}$$

或

$$T_e \mathrm{d}S - \mathrm{d}U \geqslant -\delta W \tag{3-43}$$

在恒温条件下，有 $T_1 = T_2 = T_e$，式（3-43）变为

$$\mathrm{d}(TS) - \mathrm{d}U \geqslant -\delta W$$

即

$$-\mathrm{d}(U - TS) \geqslant -\delta W \tag{3-44}$$

U、T、S 均为状态函数，它们的组合也应是一个状态函数，故令

$$F = U - TS \tag{3-45}$$

称 F 为亥姆霍兹自由能或亥姆霍兹能。

将式（3-45）代入式（3-44），则

$$-\mathrm{d}F \geqslant -\delta W$$

即

$$-\Delta F \geqslant -W \quad \begin{matrix}\text{不可逆}\\ \text{可　逆}\end{matrix} \tag{3-46}$$

式（3-46）表明，在恒温条件下，若过程是可逆的，系统所作的功（为最大功）等于亥姆霍兹自由能的减少；若过程是不可逆的，系统所作的功小于亥姆霍兹自由能的减少。因此，亥姆霍兹自由能的减少代表了在恒温条件下系统作功的能力，故常把亥姆霍兹自由能称为功函。亥姆霍兹自由能是系统的性质，是状态函数，故 ΔF 值只决定系统的始、终态，与变化的途径无关。但只有在恒温的可逆过程中，系统的功函的减少才等于对外所作的最大功。因此可利用式（3-46）判断过程的可逆性。

若系统在恒温恒容且不作非体积功的条件下，式（3-46）可写为

$$-\Delta F \geqslant 0 \quad (T、V\text{一定}, W' = 0)$$

即

$$\Delta F \leqslant 0 \quad \begin{matrix}\text{自发}\\ \text{平衡}\end{matrix} \quad (T、V\text{一定}, W' = 0) \tag{3-47}$$

式（3-47）表示，封闭系统在恒温、恒容和非体积功为零的条件下，只有使系统亥姆霍兹自由能减小的过程才会自动发生，且一直进行到该条件下所允许的最小值，此时系统达到平衡状态。在恒温恒容和非体积功为零的条件下，不能自动发生 $\mathrm{d}F > 0$ 的过程。因此，式（3-47）是恒温恒容和非体积功为零的条件下自发过程的判据，称为亥姆霍兹自由能判据。

二、吉布斯自由能

在恒温恒压条件下，有 $T_1 = T_2 = T_e$，$p_1 = p_2 = p_e$，式（3-43）变为

$$\mathrm{d}(TS) - \mathrm{d}U - \mathrm{d}(pV) \geqslant -\delta W'$$

即

$$-\mathrm{d}(U+pV-TS) \geqslant -\delta W' \tag{3-48}$$

U、T、S、p、V 均为状态函数，它们的组合也应是一个状态函数，故令

$$G = U+pV-TS = H-TS \tag{3-49}$$

称 G 为吉布斯自由能。

将式（3-49）代入式（3-48），则

$$-(\mathrm{d}G)_{T,p} \geqslant -\delta W'$$

即

$$-\Delta G_{T,p} \geqslant -W' \quad \begin{matrix} \text{不可逆} \\ \text{可　逆} \end{matrix} \tag{3-50}$$

式（3-50）表明，在恒温恒压条件下，对可逆过程，系统所作的功（为最大功）等于吉布斯自由能的减少；对不可逆过程，系统所作的功小于吉布斯自由能的减少。因此，吉布斯自由能的减少代表了在恒温恒压条件下系统作有效功（非体积功）的能力，这就是吉布斯自由能的物理意义。这里同样应注意：吉布斯自由能是系统的状态函数，其改变量 ΔG 只由系统的始、终态决定，而与变化途径无关。与熵相同，亥姆霍兹自由能、吉布斯自由能的变化可通过可逆过程求算。

同样地，若无非体积功，即 $\delta W'=0$，有

$$-\Delta G \geqslant 0 \quad (T\text{、}p\text{ 一定}, W'=0)$$

即

$$\Delta G \leqslant 0 \quad \begin{matrix} \text{自发} \\ \text{平衡} \end{matrix} \quad (T\text{、}p\text{ 一定}, W'=0) \tag{3-51}$$

式（3-51）表示，封闭系统在恒温恒压和非体积功为零的条件下，只有使系统吉布斯自由能减小的过程才会自动发生，且一直进行到该条件下所允许的最小值，此时系统达到平衡状态。在恒温恒压和非体积功为零的条件下，不能发生 $\mathrm{d}G>0$ 的过程。因此，式（3-51）是恒温恒压和非体积功为零的条件下自发过程的判据，称为吉布斯自由能判据。

判断自发过程进行的方向和限度是热力学第二定律的核心。至此，我们已经介绍了 U、H、S、F 和 G 五个热力学函数，在不同的特定条件下，S、F 和 G 都可以成为过程进行的方向和限度的判据。而亥姆霍兹自由能和吉布斯自由能判据是直接用系统的热力学量的变化进行判断，不用再考虑环境的热力学量的变化。它们既能判断过程进行的方式是可逆还是不可逆，又可判断过程的方向和限度。

三、吉布斯自由能变的计算

吉布斯自由能在化学中是应用得最广泛的热力学函数，ΔG 的计算在一定程度上比 ΔS 的计算更重要。因为 G 是状态函数，在指定的始、终态之间 ΔG 为定值，所以，无论过程是否可逆，总是设计始、终态相同的可逆过程来计算 ΔG。

1. 理想气体的恒温过程　对仅有体积功的系统，则

$$T\mathrm{d}S = \delta Q_R = \mathrm{d}U - \delta W_R = \mathrm{d}U + p\mathrm{d}V$$

变形得

$$\mathrm{d}U = T\mathrm{d}S - p\mathrm{d}V$$

代入吉布斯自由能定义式的微分式

$$\mathrm{d}G = \mathrm{d}U + p\mathrm{d}V + V\mathrm{d}p - T\mathrm{d}S - S\mathrm{d}T$$

得

$$dG = -SdT + Vdp \tag{3-52}$$

对理想气体，恒温下单纯状态变化，由上式可得

$$\Delta G = \int_{p_1}^{p_2} Vdp = \int_{p_1}^{p_2} \frac{nRT}{p}dp = nRT\ln\frac{p_2}{p_1} \tag{3-53}$$

【例3-11】在25℃、1mol理想气体由10kPa恒温膨胀至1.0kPa，试计算此过程的ΔU、ΔH、ΔS、ΔF和ΔG。

解：对理想气体，恒温过程，$\Delta U = 0$，$\Delta H = 0$

$$\Delta G = \int_{p_1}^{p_2} Vdp = \int_{p_1}^{p_2} \frac{nRT}{p}dp = nRT\ln\frac{p_2}{p_1} = 1 \times 8.314 \times 298.15 \times \ln\frac{1.0}{10} = -5708\text{J}$$

$$Q_R = W_R = \int_{V_1}^{V_2} pdV = \int_{V_1}^{V_2} \frac{nRT}{V}dV = nRT\ln\frac{V_2}{V_1} = nRT\ln\frac{p_1}{p_2} = 5708\text{J}$$

$$\Delta S = \frac{Q_R}{T} = \frac{5708}{298.2} = 19.14\text{J/K}$$

$$\Delta F = \Delta U - T\Delta S = -5708\text{J}$$

2. 相变过程　可逆相变是一个恒温恒压且无非体积功的过程，因此，根据吉布斯自由能判据，$\Delta G = 0$。不可逆相变过程的ΔG值必须设计一可逆过程进行计算。

【例3-12】计算在373.15K、26664Pa条件下，1mol水转变为同温同压下的水蒸气的ΔG，并判断过程的自发性。

解：因为该过程是373.15K下的不可逆相变，故需要设计包括同类可逆相变在内的该温度下的一系列可逆过程来计算系统的熵变。

$$\begin{array}{ccc}
H_2O(l, p_1 = 26664\text{Pa}) & \xrightarrow{\Delta G} & H_2O(g, p_1 = 26664\text{Pa}) \\
(1)\downarrow \Delta G_1 & & (3)\uparrow \Delta G_3 \\
H_2O(l, p_2 = 100\text{kPa}) & \xrightarrow[(2)]{\Delta G_2} & H_2O(g, p_2 = 100\text{kPa})
\end{array}$$

$$\Delta G_1 = \int V_1 dp = nV_m(p_2 - p_1) = 1 \times 1.8 \times 10^{-5} \times (1 \times 10^5 - 26664) = 1.32\text{J}$$

$$\Delta G_2 = 0$$

$$\Delta G_3 = \int V_g dp = nRT\ln\frac{p_2}{p_1} = 1 \times 8.314 \times 373.15 \times \ln\frac{26664}{1 \times 10^5} = -4100.9\text{J}$$

$$\Delta G = \Delta G_1 + \Delta G_2 + \Delta G_3 = -4099.6\text{J}$$

$\Delta G < 0$，该过程可自发进行。

3. 化学反应的$\Delta_r G_m^{\ominus}$　根据吉布斯自由能的定义式$G = H - TS$，恒温下，有

$$\Delta G = \Delta H - T\Delta S \tag{3-54}$$

对一恒温恒压下的化学反应，相应为

$$\Delta_r G_m^{\ominus} = \Delta_r H_m^{\ominus} - T\Delta_r S_m^{\ominus}$$

上式表明，$\Delta_r G_m^{\ominus}$值由等式右边两项因素决定。若一个反应是焓减（放热反应）和熵增（$\Delta_r S_m^{\ominus} > 0$）的过程，则$\Delta_r G_m^{\ominus} < 0$，必定是自发过程；若反应是焓减和熵减过程，或者是焓增和熵增过程，则要看两项的相对大小，才能确定过程的自发性。

【例3-13】已知甲醇脱氢反应：$CH_3OH(g) \longrightarrow HCHO(g) + H_2(g)$，在25℃和各物质处于标准态下的$\Delta_r H_m^{\ominus} = 85.27\text{kJ/mol}$，$\Delta_r S_m^{\ominus} = 113.01\text{J/(K·mol)}$。计算进行反应所需的最低温度。

解：在25℃和各物质处于标准态下进行，为一恒温、恒压过程，所以

$$\Delta_r G_m^\ominus = \Delta_r H_m^\ominus - T\Delta_r S_m^\ominus = 85.27\times10^3 - (273.15+25)\times113.01 = 51.58\text{kJ/mol} > 0$$

说明在上述条件下反应不能自发进行。

由于 $\Delta_r H_m^\ominus > 0$，$\Delta_r S_m^\ominus > 0$，且一般情况下它们的值随温度的变化很小，从式（3-54）可以看出，使甲醇脱氢反应能够自发进行的关键条件是提高反应温度。因此，当 $\Delta_r G_m^\ominus$（T）=0，就可估算出反应进行的最低温度，即

$$\Delta_r G_m^\ominus(T) = \Delta_r H_m^\ominus - T\Delta_r S_m^\ominus = 0，则$$

$$T = \frac{\Delta_r H_m^\ominus}{\Delta_r S_m^\ominus} = \frac{85270}{113.01} = 754\text{K}$$

4. ΔG 随温度 T 的变化——吉布斯-亥姆霍兹公式 在化学反应中，298.15K 时反应的 ΔG 是较容易求出的，那么其他温度下的 ΔG 又如何计算呢？这就要求了解 ΔG 与温度的关系。依式（3-52）可得

$$\left(\frac{\partial G}{\partial T}\right)_p = -S$$

则

$$\left(\frac{\partial \Delta G}{\partial T}\right)_p = \left(\frac{\partial G_2}{\partial T}\right)_p - \left(\frac{\partial G_1}{\partial T}\right)_p = -\Delta S$$

在温度 T 时 $\Delta G = \Delta H - T\Delta S$ 代入上式，有

$$\left(\frac{\partial \Delta G}{\partial T}\right)_p = \frac{\Delta G - \Delta H}{T}$$

变形为

$$\frac{1}{T}\left(\frac{\partial \Delta G}{\partial T}\right)_p - \frac{\Delta G}{T^2} = -\frac{\Delta H}{T^2}$$

上式左方是$\left(\frac{\mathrm{d}G}{T}\right)$对 T 的微分，即

$$\left[\frac{\partial(\Delta G/T)}{\partial T}\right]_p = -\frac{\Delta H}{T^2} \tag{3-55}$$

式（3-55）称为吉布斯-亥姆霍兹（Gibbs-Helmholtz）公式。从 $T_1 \to T_2$ 进行积分，则

$$\frac{\Delta G_2}{T_2} - \frac{\Delta G_1}{T_1} = -\int_{T_1}^{T_2} \frac{\Delta H}{T^2}\mathrm{d}T \tag{3-56}$$

若 ΔH 不随温度而变，则为

$$\frac{\Delta G_2}{T_2} - \frac{\Delta G_1}{T_1} = \Delta H\left(-\frac{1}{T_2} - \frac{1}{T_1}\right) \tag{3-57}$$

显然，有了这个公式，就可由某一温度 T_1 下的 ΔG_1 求算另一温度 T_2 下的 ΔG_2。

第六节 热力学状态函数之间的关系

在热力学第一定律和第二定律中，介绍了五个状态函数：U、H、S、F、G，其中 U 和 S 有明确的物理意义，而 H、F、G 只有在特定的条件下才具有一定有物理意义。根据定义，它们之间存在着如下关系。

$$H = U + pV$$

$$F = U - TS$$

$$G = H - TS = U + pV - TS$$

这些热力学函数间的关系可用图 3-7 表示。

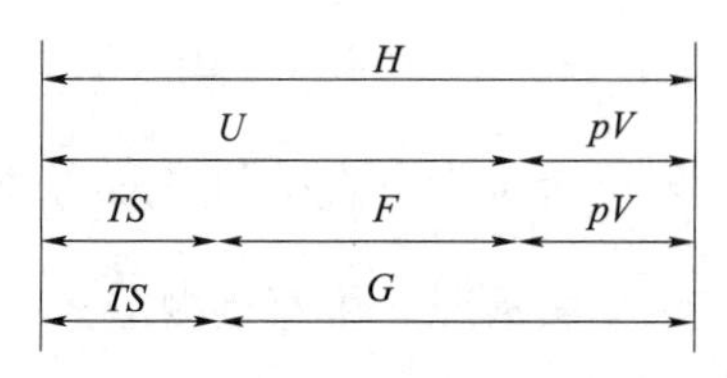

图 3-7　热力学函数间的关系

一、热力学基本关系式

在封闭系统中，当仅有体积功时，热力学第一、第二定律的联立可得

$$dU = TdS - pdV \tag{3-58}$$

将定义式 $H = U + pV$ 微分后再代入式（3-58），可得

$$dH = TdS + Vdp \tag{3-59}$$

同法可得

$$dF = -SdT - pdV \tag{3-60}$$

$$dG = -SdT + Vdp \tag{3-61}$$

式（3-58）~式（3-61）四个公式称为热力学基本公式，其适用的条件为：无非体积功的封闭系统。在推导中引用了可逆过程的条件，但导出的关系式中所有的物理量均为状态函数，在始、终态相同时，其变量为定值，与过程是否可逆无关。

由这四个公式可以导出很多有用的关系式，例如

$$T = \left(\frac{\partial U}{\partial S}\right)_V = \left(\frac{\partial H}{\partial S}\right)_p \tag{3-62}$$

$$V = \left(\frac{\partial H}{\partial p}\right)_S = \left(\frac{\partial G}{\partial p}\right)_T \tag{3-63}$$

$$p = -\left(\frac{\partial U}{\partial V}\right)_S = -\left(\frac{\partial F}{\partial V}\right)_T \tag{3-64}$$

$$S = -\left(\frac{\partial F}{\partial T}\right)_V = -\left(\frac{\partial G}{\partial T}\right)_p \tag{3-65}$$

二、麦克斯韦关系式

对于组成不变、只作体积功的封闭系统，状态函数仅需两个状态变量就可确定，即存在函数关系，并且这种函数具有全微分的性质。例如内能可以说是熵和体积的函数，有全微分。那么，式（3-58）也应是全微分，即

$$dU = \left(\frac{\partial U}{\partial S}\right)_V dS + \left(\frac{\partial U}{\partial V}\right)_S dV = TdS - pdV$$

式中，T 和 p 也分别是 S 和 V 的函数，将 T 和 p 分别对 S 和 V 再偏微分一次，有

$$\left(\frac{\partial T}{\partial V}\right)_S = \frac{\partial^2 U}{\partial S \partial V} \qquad -\left(\frac{\partial p}{\partial S}\right)_V = \frac{\partial^2 U}{\partial V \partial S}$$

以上两式的右边相等，所以有

$$\left(\frac{\partial T}{\partial V}\right)_S = -\left(\frac{\partial p}{\partial S}\right)_V \tag{3-66}$$

对式（3-59）、式（3-60）及式（3-61）同样处理，可得

$$\left(\frac{\partial S}{\partial p}\right)_T = -\left(\frac{\partial V}{\partial T}\right)_p \tag{3-67}$$

$$\left(\frac{\partial V}{\partial S}\right)_p = -\left(\frac{\partial T}{\partial p}\right)_S \tag{3-68}$$

$$\left(\frac{\partial V}{\partial V}\right)_T = -\left(\frac{\partial p}{\partial T}\right)_V \tag{3-69}$$

式（3-66）~式（3-69）称为麦克斯韦（Maxwell）关系式。它们的用途是把不能直接测量的物理量转化为可直接测量的物理量。例如在式（3-67）中，变化率$\left(\frac{\partial S}{\partial p}\right)_T$难于测定，而$\left(\frac{\partial V}{\partial T}\right)_p$代表系统热膨胀情况，可直接测定。

第七节 偏摩尔量与化学势

前面我们讨论的热力学系统是纯物质系统，或者虽然是多组分但组成却不变的均相系统。对于纯物质或组成不变的含有多种物质的系统，发生状态变化时，其状态函数 X（如 V、U、H、S 和 G）仅用两个独立变量即温度（T）和压力（p）就可确定其函数值，如任意状态函数 X 可用

$$X=f(T,p)$$

来表示。

但对于多组分系统，或因发生化学变化而导致系统的组成发生变化时，仅规定了系统的温度和压力，系统的状态并不能确定，还必须规定系统中每一物质的数量，方能确定系统的状态。因为在均相混合物中，系统的某一热力学量并不等于各物质在纯态时的该热力学量之和。如取 1mol 水（摩尔体积为 18.09ml）和 1mol 乙醇（摩尔体积为 58.35ml）混合，其体积 $V\neq(18.09+58.35)\text{ml}=76.44\text{ml}$，而是 74.40ml。说明对乙醇和水的混合物来说，虽然规定了系统的温度和压力，但系统的某个状态性质——体积却不能确定，也就是系统的状态还不能确定，还必须规定乙醇在水中的浓度，此时系统的状态方能确定，亦即此时系统的体积方有加和性。例如含 20% 乙醇的溶液 100ml 与另一含 20% 乙醇的溶液 100ml 混合，则结果一定是得到 200ml 的乙醇溶液。所以说要描述一多组分单相系统的状态，除规定系统的温度和压力以外，还必须规定系统中每一物质的数量。为此，我们将引入两个新的概念——偏摩尔量和化学势。

一、偏摩尔量

（一）偏摩尔量的定义

设有一不作非体积功开放的均相系统，由物质 A、B、C…所组成，各组分的物质的量相应为 n_A、n_B、n_C…在增加了各组分的物质量作为变量后，多组分系统的任意状态函数 X 可表示如下。

$$X=f(T,p,n_A,n_B,n_C\cdots) \tag{3-70}$$

当系统的状态发生微小变化时，系统的某一广度性质的改变除与 T，p 有关外，还与各组分的物质的量有关，这种关系在数学上就是对式（3-70）进行全微分，即

$$\begin{aligned}\mathrm{d}X=&\left(\frac{\partial X}{\partial T}\right)_{p,n_A,n_B,n_C,\cdots}\mathrm{d}T+\left(\frac{\partial X}{\partial p}\right)_{T,n_A,n_B,n_C,\cdots}\mathrm{d}p\\&+\left(\frac{\partial X}{\partial n_A}\right)_{T,p,n_B,n_C,\cdots}\mathrm{d}n_A+\left(\frac{\partial X}{\partial n_B}\right)_{T,p,n_A,n_C,\cdots}\mathrm{d}n_B+\cdots\end{aligned} \tag{3-71}$$

当系统是在恒温恒压下变化，$\mathrm{d}T=0$，$\mathrm{d}p=0$

令

$$X_B=\left(\frac{\partial X}{\partial n_B}\right)_{T,p,n_A,n_C,\cdots}\quad(T,p\text{ 一定}) \tag{3-72}$$

式（3-71）简化为

$$\mathrm{d}X=X_A\mathrm{d}n_A+X_B\mathrm{d}n_B+\cdots=\sum_B X_B\mathrm{d}n_B \tag{3-73}$$

式（3－73）中 X_A、X_B…分别代表物质 A、B…的某种偏摩尔量，系统中任意物质的偏摩尔量可表示为

$$X_B = \left(\frac{\partial X}{\partial n_B}\right)_{T,p,n_C,\cdots} \tag{3-74}$$

式中的下标 n_C…是指除了物质 B 以外所有其他物质的量均保持不变，即只对 n_B求偏导数。

因 X 是代表混合系统的 V、U、H、S、A、G 等广度性质，所以对任意物质 B 来说也相应有偏摩尔体积 V_B、偏摩尔内能 U_B、偏摩尔焓 H_B、偏摩尔熵 S_B、偏摩尔亥姆霍兹自由能 F_B和偏摩尔吉布斯自由能 G_B等。

$V_B = \left(\frac{\partial V}{\partial n_B}\right)_{T,p,n_C,\cdots}$　　为物质 B 的偏摩尔体积

$U_B = \left(\frac{\partial U}{\partial n_B}\right)_{T,p,n_C,\cdots}$　　为物质 B 的偏摩尔热力学能

$H_B = \left(\frac{\partial H}{\partial n_B}\right)_{T,p,n_C,\cdots}$　　为物质 B 的偏摩尔焓

$S_B = \left(\frac{\partial S}{\partial n_B}\right)_{T,p,n_C,\cdots}$　　为物质 B 的偏摩尔熵

$F_B = \left(\frac{\partial F}{\partial n_B}\right)_{T,p,n_C,\cdots}$　　为物质 B 的偏摩尔亥姆霍兹自由能

$G_B = \left(\frac{\partial G}{\partial n_B}\right)_{T,p,n_C,\cdots}$　　为物质 B 的偏摩尔吉布斯自由能

偏摩尔量的物理意义为：恒温恒压下，在各组分的物质的量确定的极大系统中，除物质 B 外所有其他的物质的量都保持不变时，因加入 1mol 物质 B 引起系统广度性质 X 的改变量，或者在一有限量系统中加入无限小量 dn_B mol 的物质 B 所引起系统广度性质 X 的改变量 dX 与 dn_B之比值。在数学上偏导数与导数一样都是函数随某一变量的变化率，这里的偏摩尔量是热力学中的广度性质随物质量的变化率。

这里要强调指出偏摩尔量

$$X_B = \left(\frac{\partial X}{\partial n_B}\right)_{T,p,n_C,\cdots}$$

是以 T、p 保持常数为条件的。只有在 T，p 一定时，才有偏摩尔量可言，否则，如

$$X_B = \left(\frac{\partial X}{\partial n_B}\right)_{T,V,n_C\cdots}$$

在 T、V 不变的条件下就不能称为偏摩尔量。注意下角标的区别。

偏摩尔量 X_B是处于 T、p 及组成条件一定时，每摩尔物质 B 的改变对系统 X 变化的贡献，所以偏摩尔量是组分 B 的强度性质。因此也只有多组分系统的广度性质才有偏摩尔量。

对于纯物质 B，偏摩尔量 X_B与摩尔量 X_m（$X_m = X/n$）相同。纯物质 B 的偏摩尔量 X_B或纯物质 B 的摩尔量 X_m以后可用 X_B^* 来代表，以便与混合物中 B 的偏摩尔量 X_B有所区别，如 $V_B^* = V_{m,B}$、$G_B^* = G_{m,B}$。

（二）偏摩尔量的集合公式

偏摩尔量是强度性质，与混合物中各组分的物质的量有关，与混合物的总量无关。在等温、等压、混合物各组分物质的量比例不变的条件下，同时向溶液中加入各组分，相当于对式（3－73）进行积分，积分结果为

$$X = \int_0^X dX = \int_0^{n_A} X_A dn_A + \int_0^{n_B} X_B dn_B + \cdots = n_A X_A + n_B X_B + \cdots = \sum_B n_B X_B \quad (T,p\text{ 一定}) \tag{3-75}$$

每项之所以能够分别积分，原因在于混合物中各组分物质的量比例不变，则各组分的偏摩尔量也不变，并可以提到积分号外面。式（3－75）就是偏摩尔量集合公式，它对全部偏摩尔量都能成立。偏摩

尔量集合公式说明多组分系统中各物质的偏摩尔量具有加和性，前文提到的20%乙醇的溶液100ml与另一含20%乙醇的溶液100ml混合，会得到200ml的乙醇溶液，就是这一性质的体现。

若系统只有A和B两个组分，式（3－75）简化为

$$X = n_A X_A + n_B X_B \quad (T,p\text{ 一定}) \tag{3-76}$$

若X_A、X_B分别为乙醇与水的偏摩尔体积，就可以求得总体积。

（三）吉布斯－杜亥姆方程

如果将式（3－75）微分，则得

$$dX = \sum_B X_B dn_B + \sum_B n_B dX_B \quad (T,p\text{ 一定}) \tag{3-77}$$

比较式（3－73）与式（3－77），则得

$$\sum_B n_B dX_B = 0 \quad (T,p\text{ 一定}) \tag{3-78}$$

式（3－78）就是吉布斯－杜亥姆程，对二组分系统可写为

$$n_A dX_A + n_B dX_B = 0 \quad (T,p\text{ 一定}) \tag{3-79}$$

对二组分系统，吉布斯－杜亥姆方程有重要意义，如将式（3－76）、式（3－79）联立，得到微分方程组

$$\begin{cases} X = n_A X_A + n_B X_B \\ n_A dX_A + n_B dX_B = 0 \end{cases}$$

解联立微分方程组，可求得偏摩尔量X_A、X_B，如计算组分A与组分B的偏摩尔体积。因解偏微分方程需要一定的数学知识，这里不再展开。

【例3－14】 25℃时，有一摩尔分数为0.4的甲醇水溶液，如果往大量的此溶液中加1mol H_2O，溶液体积增加17.35cm³，如果往大量的此溶液中加1mol CH_3OH，溶液体积增加39.01cm³。试计算：①将0.4mol CH_3OH和0.6mol H_2O混合时，混合溶液的体积。②此混合过程中体积的变化。已知25℃时甲醇密度为0.7911g/ml，水的密度为0.9971g/ml。

解：（1）由题意，知在$x_B = 0.4$时，水的偏摩尔体积为$V_{H_2O} = 17.35\text{ml/mol}$，甲醇的偏摩尔体积$V_{CH_3OH} = 39.01\text{ml/mol}$，则摩尔分数为0.4的甲醇水溶液的总体积为

$$V = n_{CH_3OH} V_{CH_3OH} + n_{H_2O} V_{H_2O} = 0.4 \times 39.01 + 0.6 \times 17.35 = 26.01\text{ml}$$

（2）混合前总体积为

$$V = \left(0.4 \times \frac{32}{\rho_{CH_3OH}}\right) + \left(0.6 \times \frac{18}{\rho_{H_2O}}\right) = \left(0.4 \times \frac{32}{0.7911}\right) + \left(0.6 \times \frac{18}{0.9971}\right) = 27.01\text{ml}$$

$$\Delta V = V_2 - V_1 = 26.01 - 27.01 = -1.0\text{ml}$$

二、化学势

（一）化学势的定义

在所有的偏摩尔数量之中，以偏摩尔吉布斯自由能G_B应用最广泛，它是最重要的热力学函数之一。多组分系统中组分B的偏摩尔吉布斯自由能G_B又称“化学势”，以符号μ_B表示之，即

$$\mu_B = G_B = \left(\frac{\partial G}{\partial n_B}\right)_{T,p,n_C} \tag{3-80}$$

这就是化学势的定义式。

在多组分系统中，吉布斯自由能G可表示成是T、p和各组分的物质的量n_A，n_B…的函数，即

$$G = G(T, p, n_A, n_B, n_C, \cdots)$$

全微分式为

$$dG = \left(\frac{\partial G}{\partial T}\right)_{p,n_A,n_B,n_C,\cdots} dT + \left(\frac{\partial G}{\partial p}\right)_{p,n_A,n_B,n_C,\cdots} dp$$

$$+ \left(\frac{\partial G}{\partial n_A}\right)_{T,p,n_B,n_C,\cdots} dn_A + \left(\frac{\partial G}{\partial n_B}\right)_{T,p,n_A,n_C,\cdots} dn_B + \cdots$$

$$+ \left(\frac{\partial G}{\partial n_A}\right)_{T,p,n_B,n_C,\cdots} dn_A + \left(\frac{\partial G}{\partial n_B}\right)_{T,p,n_A,n_C,\cdots} dn_B + \cdots$$

在组成不变的情况下，有

$$\left(\frac{\partial G}{\partial T}\right)_{p,n_A,n_B,n_C,\cdots} = -S, \left(\frac{\partial G}{\partial p}\right)_{T,n_A,n_B,n_C,\cdots} = V$$

所以

$$dG = -SdT + Vdp + \sum_B \mu_B dn_B \tag{3-81}$$

将式（3-81）代入热力学函数间关系式的微分形式中，则有

$$dU = TdS - pdV + \sum_B \mu_B dn_B$$

$$dH = TdS + Vdp + \sum_B \mu_B dn_B$$

$$dF = -SdT - pdV + \sum_B \mu_B dn_B$$

以上4个方程不仅适用于组成变化的封闭系统，也适用于敞开系统，是多组分、多相系统的热力学基本方程。

将上述四式与其对应的全微分方程式进行比较，则有

$$\mu_B = \left(\frac{\partial G}{\partial n_B}\right)_{T,p,n_C} = \left(\frac{\partial U}{\partial n_B}\right)_{S,V,n_C} = \left(\frac{\partial H}{\partial n_B}\right)_{S,p,n_C} = \left(\frac{\partial F}{\partial n_B}\right)_{T,V,n_C}$$

上述几个等式均为化学势，不过后三种化学势的表示法用得较少。应注意其中只有$\left(\frac{\partial G}{\partial n_B}\right)_{T,p,n_C}$为偏摩尔量。

（二）化学势判据及其应用

在恒温、恒压及非体积功为零的条件下，可以用 dG 作为自发过程方向和限度的判据，即

$$\Delta G_{T,p,W'=0} \leqslant 0 \quad \begin{matrix} \text{自发} \\ \text{平衡} \end{matrix}$$

由式（3-81）可见，在恒温恒压及非体积功为零的条件下，系统 dG 取决于物质数量增减引起的化学势变化，即

$$dG_{T,p,W'=0} \leqslant \sum_B \mu_B dn_B \tag{3-82}$$

两式结合，有

$$\sum_B \mu_B dn_B \leqslant 0 \quad \begin{matrix} \text{自发} \\ \text{平衡} \end{matrix} \tag{3-83}$$

上式表明，在恒温恒压及非体积功为零条件下，系统总是自发地从化学势高的状态往化学势低的状态变化，直到化学势最低点（平衡态）为其限度。通过 dF 判据同样可以证明在恒温恒容及非体积功为零的条件下上式仍然成立。可见 μ_B 是一个普遍化的判据，其作用与重力场中的势能类似，故称之为“化学势”。

式（3-83）称为化学势判据，是研究自发化学变化和相变化时最常用的一个关系式。

下面以相变化和化学变化为例讨论化学势的应用。

1. 化学势在多相平衡中的应用 设多组分系统有 α 和 β 两相。在恒温恒压下 β 相有微量的物质 B 转移到 α 相中，则系统吉布斯自由能变为

$$dG = \mu_B^\alpha dn_B^\alpha + \mu_B^\beta dn_B^\beta$$

α 相所得等于 β 相所失

$$dn_B^\alpha = -dn_B^\beta$$

若上述物质迁移是自发进行的，根据吉布斯自由能判据，其 $dG<0$，即

$$dG = \mu_B^\alpha dn_B^\alpha + \mu_B^\beta dn_B^\beta = \mu_B^\beta dn_B^\beta - \mu_B^\alpha dn_B^\beta = (\mu_B^\beta - \mu_B^\alpha) dn_B^\beta < 0$$

又 $dn_B^\beta<0$，故

$$\mu_B^\beta - \mu_B^\alpha > 0 \quad 即 \quad \mu_B^\beta > \mu_B^\alpha$$

若两相间达到平衡，$dG=0$，同理可得

$$\mu_B^\beta = \mu_B^\alpha$$

由此可见，在相转移过程中，物质总是自发地从化学势较高的相转移到化学势较低的相，直到两相中某物质的化学势相等为止（即达平衡）。

2. 化学势在化学平衡中的应用 对于反应

$$N_2 + 3H_2 \xlongequal{\quad} 2NH_3$$

在恒温恒压下向右进行微小的变化，当有 dnmol 的 N_2消失时，一定有 $3dn$mol 的 H_2随之消失，同时有 $2dn$mol 的 NH_3生成。反应的吉布斯自由能变为

$$dG = \sum_B \mu_B dn_B = 2\mu_{NH_3} dn - \mu_{N_2} dn - 3\mu_{H_2} dn$$

由吉布斯自由能判据 $dG \leqslant 0$ 可知，

$$2\mu_{NH_3} dn - \mu_{N_2} dn - 3\mu_{H_2} dn \leqslant 0$$

或

$$2\mu_{NH_3} \leqslant \mu_{N_2} + 3\mu_{H_2} \quad \begin{matrix} 自发 \\ 平衡 \end{matrix}$$

上式表明，若产物的化学势总和小于反应物化学势总和，则反应向右自发进行；若两者相等，反应已达平衡。

推广到任意反应，则为

$$\left.\begin{aligned} \left(\sum_B v_B\mu_B\right)_{产物} &= \left(\sum_B v_B\mu_B\right)_{反应物} \quad 平衡 \\ \left(\sum_B v_B\mu_B\right)_{产物} &< \left(\sum_B v_B\mu_B\right)_{反应物} \quad 正向反应自发进行 \\ \left(\sum_B v_B\mu_B\right)_{产物} &> \left(\sum_B v_B\mu_B\right)_{反应物} \quad 逆向反应自发进行 \end{aligned}\right\} \tag{3-84}$$

（三）气体的化学势

1. 理想气体的化学势 对于单组分理想气体，$\mu^* = G_m^*$，有

$$\left(\frac{\partial \mu^*}{\partial p}\right)_T = \left(\frac{\partial G_m^*}{\partial p}\right)_T = V_m^*$$

如果压力从 p_1变到 p_2，将 $V_m^* = RT/p$ 代入，积分，则

$$\mu_2 - \mu_1 = RT\ln\frac{p_2}{p_1}$$

由于吉布斯自由能的绝对值无法测得，故任何系统的化学势的绝对值也无法测得。因此，假设以

100kPa（$p^{\ominus}$）的理想气体作为标准态，并规定标准态的化学势为$\mu^{\ominus}$，那么上式就变为

$$\mu^{*}=\mu^{\ominus}(T)+RT\ln\frac{p}{p} \tag{3-85}$$

式（3-85）就是单组分理想气体的化学势表达式。式中，$\mu^{\ominus}(T)$为$p^{\ominus}$时理想气体的化学势。由于压力已指定为100kPa，所以$\mu^{\ominus}(T)$只是取决于温度的一个常数。

对于多组分混合理想气体，由于理想气体分子之间除弹性碰撞外无其他相互作用力，所以物质B在多组分理想气体中，与它单独存在并占有相同体积时的行为完全一样。因此多组分理想气体中组分物质B的化学势表示式应与它单独存在时的表示式相同，即

$$\mu_{B}=\mu_{B}^{\ominus}(T)+RT\ln\frac{p_{B}}{p^{\ominus}} \tag{3-86}$$

式中，p_B为多组分理想气体组分B的分压，而不是混合气体的总压。$\mu_{B}^{\ominus}(T)$是该气体温度为T、分压为$p^{\ominus}$时的化学势，它也是温度的函数。

2. 实际气体的化学势 对于单组分实际气体，根据式$\left(\frac{\partial\mu}{\partial p}\right)_{T}=\left(\frac{\partial G_{m}}{\partial p}\right)_{T}=V_{m}$，若把$V_m$和$p$的关系代入积分，也可得出$\mu=\mu^{\ominus}(T)+\int_{p^{\ominus}}^{p}V_{m}\mathrm{d}p$的表达式，但是由于实际气体的状态方程式比较复杂，且又因气体而异，很难得出一个通用简单的化学势表达式。为了让实际气体的化学势表达式保持与理想气体化学势表达式相似的简单形式，路易斯（Lewis）用一新的热力学函数f代替压力p，于是实际气体的化学势表示式为

$$\mu=\mu^{\ominus}(T)+RT\ln\frac{f}{p^{\ominus}} \tag{3-87}$$

式中，f称为逸度，它与压力之间的关系为

$$f=\gamma p \tag{3-88}$$

且有

$$\lim_{p\to 0}\frac{f}{p}=1 \tag{3-89}$$

式中，γ称为逸度系数，其数值不仅与气体的特性有关，还与气体所处的温度和压力有关。一般说来，在温度一定时，压力较小，逸度系数$\gamma<1$；当压力很大时，逸度系数$\gamma>1$，当压力趋于零时，这时真实气体的行为接近于理想气体的行为，逸度的数值就趋近于压力的数值，故$\gamma\to 1$。显然，逸度相当于一种“修正压力”，逸度系数相当于“修正因子”。

当压力为$p^{\ominus}=100$kPa时，任何实际气体对理想气体都存在着偏差，则各实际气体的标准态也各不相同。为了统一，将实际气体的标准态选定为规定温度T、压力$p^{\ominus}$的理想气体。

（四）多组分液相中各组分的化学势

1. 理想液态混合物中各组分的化学势

（1）拉乌尔定律 1887年，拉乌尔（Raoult）根据稀溶液中溶剂的蒸气压较纯溶剂的蒸气压低的实验结果，总结出：在指定温度和压力下，稀溶液中溶剂A的饱和蒸气压p_A等于纯溶剂的饱和蒸气压p_A^*乘以它在溶液中的摩尔分数x_A，即

$$p_{A}=p_{A}^{*}x_{A} \tag{3-90}$$

式（3-90）称为拉乌尔定律。对于二组分溶液来说，因为$1-x_A=x_B$，所以拉乌尔定律也可表示为

$$\frac{p_{A}^{*}-p_{A}}{p_{A}^{*}}=x_{B} \tag{3-91}$$

在全部浓度范围内，只有理想液态混合物才符合这个规律。因为理想液态混合物中各种分子之间的相互作用力大小相同，即溶剂分子之间、溶质分子之间，溶剂与溶质分子之间的作用力均相同，当由几种纯物质混合而构成一理想液态混合物时，必然没有热效应($\Delta H=0$)，也没有体积变化($\Delta V=0$)。在这种情况下，处于理想液态混合物中的任意分子的处境才与它在纯物质中的处境完全相同，因此又把溶液中任一组分在全部浓度范围内都遵守拉乌尔定律的溶液称为理想液态混合物。

理想液态混合物和理想气体一样，亦是一个极限的概念，它能以极为简单的形式总结液态混合物的一般规律。虽然没有一种气体能在任意温度和压力下均遵守理想气体定律，可是确有在任意浓度下均遵守拉乌尔定律的非常类似理想液态混合物的溶液存在。如果有两种物质的化学结构及其性质非常相似，当它们组成溶液时，就有符合理想液态混合物条件的基础。例如苯和甲苯的混合物，正己烷和正庚烷的混合物都非常类似理想液态混合物。

(2) 理想液态混合物的化学势　在恒温、恒压下，理想液态混合物中任一组分 B 与液面上蒸气（视为理想气体）达到平衡时，根据多相平衡的条件可知，它在气液两相中的化学势相等，即

$$\mu_B(1,T,p)=\mu_B(g,T,p)$$

设组分 B 的分压为 p_B，由式（3－86）可得

$$\mu_B(1,T,p)=\mu_B(g,T,p)=\mu_B^\ominus(g,T)+RT\ln\frac{p_B}{p}$$

代入拉乌尔定律，则

$$\mu_B(1,T,p)=\mu_B^\ominus(g,T)+RT\ln\frac{p_B^* x_B}{p^\ominus}=\mu_B^\ominus(g,T)+RT\ln\frac{p_B^*}{p^\ominus}+RT\ln x_B$$

对仅有液体 B 的系统，有

$$\mu_B^*(1,T,p)=\mu_B^*(g,T,p)=\mu_B^\ominus(g,T)+RT\ln\frac{p_B^*}{p^\ominus}$$

理想液态混合物中任意组分 B 的化学势为

$$\mu_B(1,T,p)=\mu_B^*(1,T,p)+RT\ln x_B \tag{3-92}$$

式中，μ_B^*（1，T，p）是 $x_B=1$ 即纯液体 B 在温度 T、压力 p（不是 $p^\ominus$）时的化学势。

2. 理想稀溶液中各组分的化学势

(1) 亨利定律　理想液态混合物是很少的，所以拉乌尔定律并不完全适用于大多数的实际溶液。但在溶剂的量非常多而溶质的量很少的稀溶液中，溶剂能遵守拉乌尔定律，而溶质则遵守另一定律——亨利定律。这样的溶液称为理想稀溶液，其化学势表达式具有一定的简单性。

1803 年亨利（William Henry）研究了具有挥发性溶质的稀溶液，例如一些气体（O_2、N_2等）溶于水的溶液，甲醇等挥发性液体溶于水的稀溶液等，发现溶质在稀溶液中的溶解度（即浓度）与其处于平衡气相中的分压有一定关系。亨利从大量实验结果总结出亨利定律："在等温下，稀溶液的挥发性溶质的平衡分压 p_B与该溶质在溶液中的浓度成正比。"若溶质 B 的浓度采用摩尔分数 x_B时，则亨利定律的数学式为

$$p_B=k_x x_B \tag{3-93}$$

式中，k_x称为亨利系数（比例常数）。应用亨利定律时须注意，溶质在气相和溶液中的分子状态必须相同。如果在两相中溶质分子有聚合或离解现象，应用时只能用其分子浓度。

(2) 理想稀溶液各组分的化学势　在 A、B 组成的二组分溶液中，以 A 代表溶剂；以 B 代表溶质。由于稀溶液的溶剂 A 遵守拉乌尔定律，因此，稀溶液中溶剂的化学势为

$$\mu_A(1,T,p)=\mu_A^*(1,T,p)+RT\ln x_A$$

对于稀溶液的溶质 B 来说，在溶液与其上方蒸气达成平衡时，则

$$\mu_B(l,T,p)=\mu_B(g,T,p)=\mu_B^\ominus(g,T)+RT\ln\frac{p_B}{p^\ominus}$$

$$=\mu_B^\ominus(g,T)+RT\ln\frac{k_x}{p^\ominus}+RT\ln x_B$$

令

$$\mu_{B,x}^*(T,p)=\mu_B^\ominus(g,T)+RT\ln\frac{k_x}{p^\ominus} \tag{3-94}$$

则溶质B的化学势为

$$\mu_B(l,T,p)=\mu_{B,x}^*(T,p)+RT\ln x_B \tag{3-95}$$

$\mu_{B,x}^*(T,p)$为溶质的标准态，即在温度T、压力p下，$x_B\to1$时仍能遵守亨利定律的假想状态。由于$x_B\to1$时溶液中挥发性溶质B的蒸气压已不符合亨利定律，即$p_B\neq k_x x_B$，所以溶质B的标准态是一种虚拟的假想状态。如图3－8中M点所示。

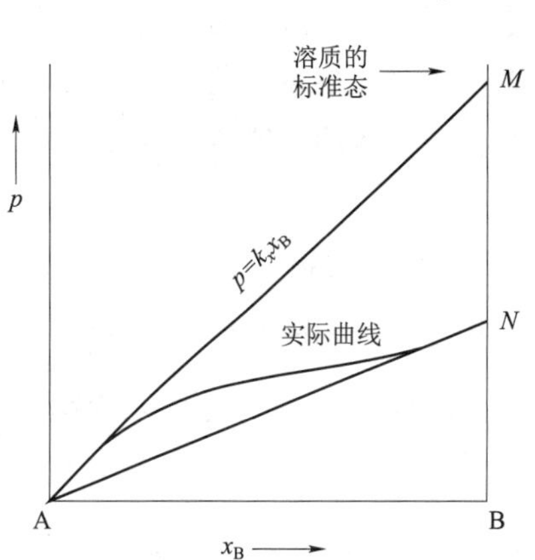

图3－8　稀溶液的标准态是假想的状态

3. 非理想溶液中各组分的化学势　对于非理想溶液，其溶剂A不遵守拉乌尔定律，溶质B也不遵守亨利定律。为了使非理想溶液中各物质的化学势表示仍具简单形式，路易斯引入活度的概念，将非理想溶液的偏差全部集中在对非理想溶液的浓度校正上。其定义为

$$a_B=\gamma_B x_B$$

式中，a_B为活度；γ_B为活度系数。活度相当于某种形式的“校正浓度”。即把非理想溶液中溶剂A的性质校正到遵守拉乌尔定律，且当x_A趋近于1时，活度系数γ_A趋近于1，活度a_A等于浓度x_A；把溶质B的性质校正到遵守亨利定律，且当x_B趋近于0时，活度系数γ_B趋近于1，活度a_B等于浓度x_B。

（1）非理想溶液中溶剂的化学势　对于非理想溶液中溶剂A，其浓度以活度a_A表示时遵守拉乌尔定律，则化学势为

$$\mu_A(l,T,p)=\mu_A^*(l,T,p)+RT\ln a_A \tag{3-96}$$

或

$$\mu_A(l,T,p)=\mu_A^*(l,T,p)+RT\ln\gamma_A x_A$$

式（3－96）中$\mu_A^*(l,T,p)$为非理想溶液中溶剂A的标准态化学势。其状态为温度T、压力p下的纯溶剂，这一状态的$x_A=1$，$\gamma_A=1$，$a_A=1$。

（2）非理想溶液中溶质的化学势　对于非理想溶液中溶质B，其浓度以活度a_B表示时遵守亨利定律，则化学势为

$$\mu_B(l,T,p)=\mu_{B,x}^*(T,p)+RT\ln a_B \tag{3-97}$$

$$\mu_B(l,T,p)=\mu_{B,x}^*(T,p)+RT\ln\gamma_B x_B$$

式（3－97）中，$\mu_{B,x}^*(T,p)$为非理想溶液中溶质B的标准态化学势。其状态为温度T、压力p下，溶质浓度$x_B=1$时仍遵守亨利定律的假想状态。

综上所述，各种形态物质的化学势具有相似的形式，可统一表示为

$$\mu_B=\mu_B^\ominus+RT\ln a_B$$

式中的a_B是广义活度。此时，对不同形态的物质来说。活度a_B有不同的含义：理想气体的a_B代表$\frac{p_B}{p^\ominus}$；

实际气体的 a_B 代表$\frac{f_B}{p^\ominus}$；理想溶液的 a_B 代表摩尔分数 x_B。

此外，在许多实际问题中往往涉及到凝聚态纯物质，我们选取温度 T、压力 $p^\ominus$ 下的纯固体或纯液体作为其标准态。按照这一规定，纯固体和纯液体在 $p^\ominus=100\text{kPa}$ 下的活度为1。

第八节　化学势在稀溶液中的应用

当溶质溶于溶剂形成溶液时，若溶质是不挥发的，并且不溶于固体溶剂中，那么溶液将会产生四种现象：即溶液中溶剂的蒸气压下降，沸点升高，凝固点降低（都与纯溶剂比较）及产生渗透压。溶液浓度很稀时，溶液这些性质的数值仅与溶液中溶质的质点数有关，而与溶质的种类（即本性）无关。因此，把上述四种性质称为稀溶液的依数性。

一、蒸气压下降

溶液中溶剂的蒸气压 p_A 低于同温度下纯溶剂的饱和蒸气压 p_A^*，这一现象称为蒸气压下降。溶剂蒸气压下降值 $\Delta p_A=p_A^*-p_A$。对稀溶液，将拉乌尔定律 $p_A=p_A^*x_A$ 代入，得

$$\Delta p_A=p_A^*-p_A=p_A^*-p_A^*x_A=p_A^*(1-x_A)$$

则

$$\Delta p_A=p_A^*x_B \tag{3-98}$$

式（3-98）说明稀溶液的蒸气压下降值 Δp_A 与溶液中溶质的摩尔分数 x_B 成正比，而与溶质的种类（本性）无关。

二、沸点升高

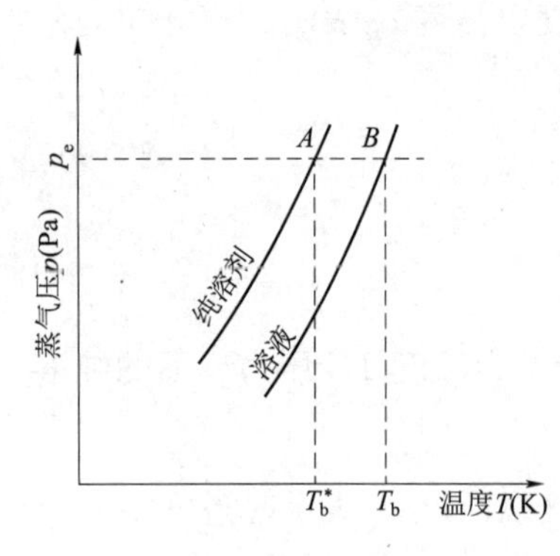

图3-9　稀溶液的沸点升高

沸点是指液体的饱和蒸气压与外压相等时的温度。根据溶液蒸气压下降的讨论可知，在含非挥发性溶质的稀溶液中，溶液的蒸气压较液体纯溶剂的蒸气压低。因此，当纯溶剂的蒸气压等于外压 p_e 时，纯溶剂开始沸腾，沸点为 T_b^*；而在此温度下溶液的蒸气压仍小于外压 p_e，并不沸腾，要使溶液蒸气压等于外压，就需要把温度提高到 T_b，如图3-9所示。可见，溶液的沸点 T_b 较纯溶剂的沸点 T_b^* 为高，这种现象称为沸点升高。溶液的沸点升高值为 $\Delta T_b=T_b-T_b^*$。

压力一定，一非挥发性溶质溶于挥发性溶剂中形成二组分稀溶液，在沸点 T_b 时溶液中的溶剂与其蒸气达成平衡，则气相中溶剂的化学势 $\mu_A^*(g,T_b,p)$ 与稀溶液中溶剂的化学势 $\mu_A(l,T_b,p)$ 相等，即

$$\mu_A^*(g,T_b,p)=\mu_A(l,T_b,p)=\mu_A^*(l,T_b,p)+RT_b\ln x_A$$

变形为

$$\ln x_A=\frac{\mu_A^*(g,T_b,p)-\mu_A^*(l,T_b,p)}{RT_b}=\frac{\Delta_l^g G_m(T_b)}{RT_b}$$

其中 $\Delta_l^g G_m(T_b)$ 为纯溶剂在温度 T_b 时由液态变为气态的摩尔吉布斯自由能变化。

当 $x_A=1$ 时，平衡的温度就是纯溶剂的沸点 T_b^*，上式相应变化为

$$\ln 1=\frac{\mu_A^*(g,T_b^*,p)-\mu_A^*(1,T_b^*,p)}{RT_b^*}=\frac{\Delta_1^g G_m(T_b^*)}{RT_b^*}$$

将两式相减，得

$$\ln x_A-\ln 1=\frac{\Delta_1^g G_m(T_b)}{RT_b}-\frac{\Delta_1^g G_m(T_b^*)}{RT_b^*}$$

将 $\Delta_1^g G_m=\Delta_1^g H_m-T\Delta_1^g S_m$，代入得

$$\ln x_A=\frac{\Delta_1^g H_m(T_b)}{RT_b}-\frac{\Delta_1^g S_m(T_b)}{R}-\frac{\Delta_1^g H_m(T_b^*)}{RT_b^*}+\frac{\Delta_1^g S_m(T_b^*)}{R}$$

对于稀溶液，x_B 很小，以使 $x_B \leqslant 1$，则

$$\ln x_A=\ln(1-x_B)=-x_B-\frac{x_B^2}{2}-\frac{x_B^3}{3}-\cdots\approx -x_B$$

在此情况下溶液沸点升高也很少，则

$$\Delta_1^g H_m(T_b)\approx\Delta_1^g H_m(T_b^*),\Delta_1^g S_m(T_b)\approx\Delta_1^g S_m(T_b^*)$$

上式变为

$$-x_B=\frac{\Delta_1^g H_m(T_b^*)}{R}\left(\frac{1}{T_b}-\frac{1}{T_b^*}\right)=\frac{\Delta_1^g H_m(T_b^*)}{RT_bT_b^*}(T_b^*-T_b)$$

因 T_b 与 T_b^* 接近，令 $\Delta T_b=T_b-T_b^*$，则有

$$\Delta T_b=\frac{RT_b^{*2}x_B}{\Delta_1^g H_m(T_b^*)} \tag{3-99}$$

式（3－99）说明，溶液沸点升高值 ΔT_b 与溶液中溶质的摩尔分数 x_B 成正比，而与溶质的种类（本性）无关。由于在稀溶液时

$$x_B=\frac{n_B}{n_A+n_B}\approx\frac{n_B}{n_A}=\frac{n_B}{m_A/M_A}=M_Ab_B$$

代入式（3－99），则

$$\Delta T_b=\frac{RT_b^{*2}M_Ab_B}{\Delta_1^g H_m(T_b^*)} \tag{3-100}$$

令 $K_b=\dfrac{RT_b^{*2}M_A}{\Delta_1^g H_m(T_b^*)}$，称为溶剂的沸点升高常数，$K_b$仅与溶剂的性质有关，其单位为(kg·K)/mol。则

$$\Delta T_b=K_bb_B \tag{3-101}$$

若已知 K_b值，再由实验测出 ΔT_b，就可计算溶质的摩尔质量 M_B。

$$M_B=\frac{K_b}{\Delta T_b}\cdot\frac{m_B}{m_A} \tag{3-102}$$

一些常见溶剂的沸点升高常数 K_b值列于表 3－2 中。

表 3－2　几种常见溶剂的 K_b

溶剂	水	甲醇	乙醇	乙醚	丙酮	苯	三氯甲烷	四氯化碳
K_b[(kg·K)/mol]	0.52	0.80	1.20	2.11	1.72	2.57	3.88	5.02

【例 3－15】在 9.68×10^{-2}kg CCl_4中，溶解一不挥发的物质 2.50×10^{-4}kg，经实验测定此溶液的沸点比纯 CCl_4的沸点高 0.055K。求此未知物质的摩尔质量。

解：查表知 CCl_4的 $K_b=5.02$（kg·K）/mol，则

$$M_B=\frac{5.02\times(2.50\times10^{-4})}{(9.68\times10^{-2})\times0.055}=0.236\text{kg/mol}$$

三、凝固点降低

凝固点是指在一定压力下固态纯溶剂与液态溶液呈平衡的温度。如果将不挥发性的溶质溶于液态纯溶剂，形成液体溶液（不形成固态溶液），当温度降低时，从溶液中析出固态纯溶剂的温度（即溶液的凝固点），就比纯溶剂的凝固点为低，这就是凝固点降低现象。根据相平衡原理可知，在凝固点时，液态纯溶剂与固态纯溶剂的蒸气压是相等的。

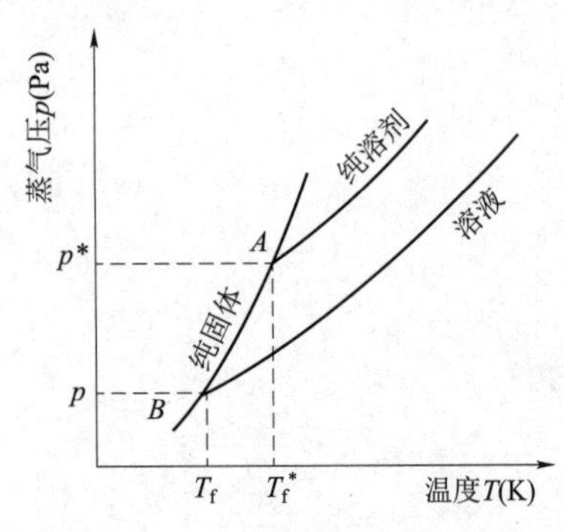

图 3-10 稀溶液的凝固点降低示意图

如图 3-10 绘出的凝固点降低原理。根据相平衡原理可知，在凝固点时液态纯溶剂与固态纯溶剂的蒸气压是相等的，当液态纯溶剂蒸气压曲线与固态纯溶剂蒸气压曲线相交的 A 点（蒸气压都为 p_A^*），这时的温度 T_f^*，就是纯溶剂的凝固点。从拉乌尔定律可知，在同温度下，溶液中溶剂的蒸气压低于纯溶剂的蒸气压，溶液的蒸气压曲线应在液态纯溶剂蒸气压曲线下面。因此溶液与固态纯溶剂蒸气压曲线交于 B 点（蒸气压都为 p，液－固平衡），这时的温度 T_f 称为溶液的凝固点。由此可见，溶液的凝固点 T_f 比纯溶剂的凝固点 T_f^* 低，$\Delta T_f = T_f^* - T_f$ 称为溶液的凝固点降低值。

应用推导沸点升高的相同方法，可得到溶液的凝固点降低值 ΔT_f 相应的关系式。

$$\Delta T_f = \frac{RT_f^{*2} x_B}{\Delta_l^s H_m(T_f^*)} \tag{3-103}$$

$$\Delta T_f = K_f^{\ominus} b_B \tag{3-104}$$

式中，$K_f = \dfrac{RT_f^{*2} M_A}{\Delta_l^s H_m(T_f^*)}$，称为溶剂的凝固点降低常数，$K_f$仅与溶剂的性质有关，其单位为（kg·K）/mol。

由此可见，溶液凝固点降低值 ΔT_f 与溶液中溶质的摩尔分数 x_B 成正比，而与溶质的种类（本性）无关。

若已知 K_f值，再由实验测出 ΔT_f，同样可计算溶质的摩尔质量 M_B。

$$M_B = \frac{K_f}{\Delta T_f} \cdot \frac{m_B}{m_A} \tag{3-105}$$

一些常见溶剂的凝固点降低常数 K_f值列于表 3-3 中。

表 3-3 几种常见溶剂的 K_f

溶剂	水	乙酸	苯	环己烷	酚	萘	樟脑
K_f[（kg·K）/mol]	1.86	3.90	5.10	20	7.27	7.0	40

应当指出，上述结论是在两个条件下取得的：①溶剂遵守拉乌尔定律，这就是说溶液必须为稀溶液；②析出的固体必须是纯固体溶剂，而不是固体溶液，否则上述结论不能适用。但上述结论对不挥发性溶质或挥发性溶质均可适用。

事实上，不论挥发性溶质还是不挥发性溶质，是电解质溶液，还是非电解质溶液，也不论是不是稀溶液，溶液凝固点降低都是存在的，只不过浓度越低，按照数学公式计算越准确。对电解质溶液，如蒸气压降低中所述依数性的共性，表现为凝固点降低的数值比同浓度的非电解质溶液的凝固点降低更为明显。

凝固点降低在科研、生产和日常生活中都广泛使用，如冬天撒盐清除道路积雪，就是利用形成溶液后凝固点降低使雪成为液态流走。同一原理，可以在生产中为需要冷冻条件的车间、仓库通过冷却盐水制冷。汽车防冻液也是应用这一原理。检查化合物的纯度也是利用这一原理，杂质越多，凝固点降低越多。

四、渗透压

自然界中有一类物质，只能让溶剂分子通过而不能让溶质分子通过或只能让小分子通过而不让大分子通过。这类物质称为“半透膜”。动物的组织膜如膀胱膜、精制肠衣等物质属天然的半透膜，用溶于乙醚-乙醇混合溶剂中的硝化纤维，待溶液挥发后制成的胶袋等物质则属人工半透膜。

在一恒温度下，用半透膜把纯溶剂与溶液隔开，溶剂就会自动地通过半透膜渗透到溶液中，从而使溶液液面上升，直到溶液液面上升到一定的高度达到平衡，渗透现象才停止，这种对于溶剂的膜平衡称为渗透平衡。这一阻止纯溶剂进入溶液所施加的压力（液柱重力）称为渗透压，用 P 表示。如图 3-11 所示。

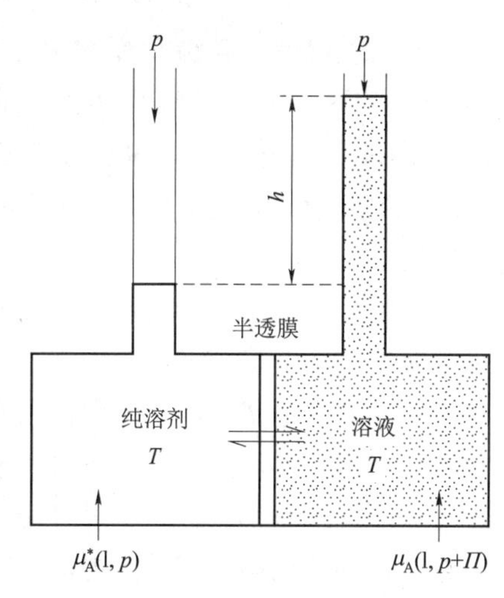

图 3-11　渗透压示意图

渗透压的产生可用热力学原理来解释。在一恒温度下，用半透膜将两纯溶剂隔开时，两者处于平衡状态，其化学势相等。如果在膜右边的纯溶剂中加入溶质，形成溶液，因溶质的混乱分布，使溶液中溶剂的化学势减小，根据相平衡原则，物质必自化学势高的相自动转移到化学势低的相，于是纯溶剂水就有自动进入溶液的趋势，这就是渗透现象产生的原因。化学势是随压力而增加的，当溶液自渗透开始到达平衡，压力由 p 增加到 $p+\Pi$，使溶液中溶剂的化学势 $\mu_A(l,p+\Pi,x_A)$ 逐渐增加，最后达到和液面压力为 p 的纯溶剂的化学势 $\mu_A^*(l,p)$ 相等，宏观上渗透现象就停止了。利用化学势，可推导出渗透压与溶液浓度的关系。

对于稀溶液，温度 T、压力 $p+\Pi$ 时溶剂的化学势为

$$\mu_A(l,T,p+\Pi)=\mu_A^*(l,T,p+\Pi)+RT\ln x_A=\mu_A^*(l,T,p)+\int_p^{p+\Pi}V_m^*\,dp+RT\ln x_A$$

对于纯溶剂，温度 T、压力 p 时的化学势为 $\mu_A^*(l,T,p)$。当渗透达平衡时，两者化学势相等 $\mu_A(l,T,p+\Pi)=\mu_A^*(l,T,p)$，则

$$\int_p^{p+\Pi}V_m^*\,dp=-RT\ln x_A$$

稀溶液有 $\ln x_A=\ln(1-x_B)\approx -x_B$，且纯溶剂的摩尔体积 V_m^* 在压力变化不大时可视为常数，上式积分，得

$$\Pi V_m^*=RTx_B \tag{3-106}$$

对稀溶液，$x_B\approx\dfrac{n_B}{n_A}$，溶液的体积 $V\approx n_AV_m^*$，浓度 $c_B=\dfrac{n_B}{V}$，代入式（3-106），得

$$\Pi=c_BRT \tag{3-107}$$

式（3-107）称为范特霍夫（Van't Hoff）的稀溶液渗透压公式，式中 c_B 的单位为 mol/m^3，Π 的单位为 Pa。该式说明，在恒温下，溶液的渗透压与溶质的浓度成正比。溶液愈稀，公式愈准确。通过渗透压的测定可求出溶质的摩尔质量。

渗透现象不仅存在于溶剂与溶液之间，在不同浓度的溶液之间同样存在，这是由于膜两侧溶剂的化学势不同，溶剂总是从化学势高的一侧向化学势低的一侧渗透，即从溶剂较多的一侧向溶剂较少的一侧渗透。从溶质的角度看，膜两侧存在渗透浓度差，渗透的方向总是溶剂分子从稀溶液向浓溶液迁移，从而缩小溶液的渗透浓度差，直至两溶液渗透浓度相等（即渗透压力相等）为止。

半透膜的存在和膜两侧单位体积内溶剂分子数不等，即膜两侧存在渗透浓度差是产生渗透现象的两个必要条件。

具有相等渗透压力的溶液彼此称为等渗溶液。对于渗透压力不相等的两种溶液，渗透压力相对较高

的叫作高渗溶液，渗透压力相对较低的叫作低渗溶液。对临床静脉输液使用的 NaCl 和葡萄糖溶液来说，不仅要和血液是等渗溶液，而且 NaCl 和葡萄糖溶液彼此也是等渗溶液。

【例 3-16】298K，海水的平均渗透压力为 3.04×10^3kPa，计算与海水等渗的葡萄糖溶液浓度。

解：由

$$\Pi = c_B RT$$

$$c_B = \frac{\Pi}{RT} = \frac{3.04\times10^6}{8.314\times298} = 1.23\times10^3\ \text{mol/m}^3 = 1.23\text{mol/L}$$

医学上等渗、高渗和低渗溶液则是由血浆的渗透浓度为标准确定的。正常人血浆的渗透浓度为 304mmol/L。临床上规定渗透浓度在 280～320mmol/L 的溶液为生理等渗溶液。如 0.9% 的生理盐水（308mmol/L）、50.0g/L 的葡萄糖溶液（280mmol/L）、12.5g/L 的碳酸氢钠溶液（298mmol/L）等都是生理等渗溶液。渗透浓度 $c_{os}>320$mmol/L 的溶液称为高渗溶液，渗透浓度 $c_{os}<280$mmol/L 的溶液称为低渗溶液。

在临床治疗中，当为患者大量输液时，要特别注意输液的渗透浓度，否则可能导致机体内水分调节失常及细胞的变形和破坏。以红细胞为例，由于红细胞膜具有半透膜的性质。正常情况时，其膜内的细胞液和膜外的血浆等渗，因此输入生理等渗溶液时，细胞内外仍处于渗透平衡状态，红细胞保持不变；但若大量滴注低渗溶液，使血浆渗透浓度比细胞内低，血浆中的水分将向细胞内渗透，以致细胞内液体逐渐增多，细胞膨胀，严重时可使红细胞破裂，这种现象称溶血现象；若大量滴注高渗溶液，使血浆渗透浓度比细胞内高，红细胞内水分向血浆渗透，可使红细胞萎缩。

临床治疗也有使用高渗 NaCl 溶液的，NaCl 浓度高达 10%，主要针对各种原因所致的水中毒及严重的低钠血症，高渗 NaCl 溶液可使细胞内液的水分移向细胞外，在增加细胞外液容量的同时，提高细胞内液的渗透压力。

人体内的肾是一个特殊的渗透器，它让代谢过程产生的废物经渗透随尿排出体外，而将有用的蛋白质保留在肾小球内，所以尿中出现蛋白质是肾功能受损的症状。

现在药物研究的一个方向是利用药用植物组织培养使特殊物质转化为更有用的药物。植物组织的培养液，必须具备一定的渗透压力，才能使组织适宜于生长。

【例 3-17】人的血浆凝固点降低 0.56K，求在体温 310K 时的渗透压。

解：由 $\Delta T_f = K_f b_B$，可得 $b_B = \dfrac{\Delta T_f}{K_f}$，血浆可被看作稀溶液，密度接近于水，由式（3-107），有

$$\Pi = c_B RT = \frac{n_B}{V}RT = \frac{n_B}{\dfrac{m_A}{\rho}}RT = b_B RT\rho = \frac{\Delta T_f}{K_f}RT\rho$$

$$= \frac{0.56}{1.86}\times8.314\times310\times1\times10^3 = 776\text{kPa}$$

此例题间接说明血液、体液等渗透压力的测定是通过凝固点降低法测定完成的。事实上，市售的一些渗透压测定仪就是凝固点测量仪，通过测定血液、尿液等的凝固点降低值，换算为渗透压力。

【例 3-18】配制 1%（$w_B=0.01$）某中药注射液 1L（$\rho\approx1$g/ml），测得该注射液的凝固点降低值为 0.430K，计算需加几克 NaCl 才能使注射液调节至生理等渗。（提示：血浆渗透压约为 776kPa，正常体温为 310K，NaCl 在稀溶液中完全解离，$M_{NaCl}=58.44$，稀溶液中 $b_B\approx c_B$，$K_f=1.86$）

解：由 $\Delta T_f = K_f b_B$

$$b_B = \frac{\Delta T_f}{K_f} = \frac{0.430}{1.86} = 0.231$$

由

$$\Pi \approx b_t RT$$

$$b_t = \frac{\Pi}{RT} = \frac{776}{8.314\times310} = 0.301\text{mol/kg}$$

配制 1L 中药注射液需加 NaCl 的质量 = [(0.301 − 0.231) × 58.44]/2 = 2.05g。

【例 3－19】在水中某蛋白质的饱和溶液的质量浓度 ρ_B 为 5.18g/L，20℃时测得其渗透压为 0.413kPa。

（1）求此蛋白质的摩尔质量；

（2）求此饱和溶液的凝固点降低值。

解：（1）由 $c_B = \frac{n_B}{V} = \frac{m_B}{M_B V} = \frac{\rho_B}{M_B}$

利用公式 $\Pi = c_B RT = \frac{\rho_B}{M_B} RT$，代入数据

$$0.413 \times 10^3 = \frac{5.18}{M} \times 8.314 \times (273 + 20)$$

$$M = 30.55\text{kg/mol} = 3.06 \times 10^4 \text{g/mol}$$

（2）利用公式 $\Delta T_f = K_f b_B$

水的 $K_f = 1.86$。

由于是稀溶液，b_B与 c_B近似相等，则

$$\Delta T_f = K_f c_B = K_f \frac{\rho_B}{M_B} = 1.86 \times \frac{5.18}{3.06 \times 10^4} = 3.15 \times 10^{-4}\text{K}$$

上例中，由于血红蛋白的摩尔质量很大，饱和溶液的浓度很稀，凝固点降低值仅为 3.15×10^{-4}K，故很难测准。但此溶液的渗透压为 0.413kPa，比较大，完全可以准确测定。

尽管利用四个依数性都可以测定溶质的摩尔质量，但还有数据精度、方便与否的问题，本例题提供了精度的例证。对大分子溶液，相对来说渗透压力法测定摩尔质量比较方便。对于小分子溶质，更多地使用凝固点降低法测定其摩尔质量，主要原因是水的凝固点测定比较好实现，只要预备一个 −5 ~ −3℃的盐水做冰浴，就可以进行测定，而且凝固点测定相对沸点测定而言，低温更能保持生化物质的活性。

知识链接

反渗透

若在浓溶液侧施加一个大于渗透压的压力时，浓溶液中的溶剂会向稀溶液流动，此种溶剂的流动方向与原来渗透的方向相反，这一过程称为反渗透，这种装置称为反渗透装置。工业上常常利用反渗透技术来为人类服务。反渗透法通常又称超过滤法。反渗透原理在工业废水处理、海水淡化、浓缩溶液等方面都有广泛应用。反渗透法的最大优点是节能，目前已成为一些海岛、远洋客轮、某些缺少饮用淡水的国家获得淡水的方法。反渗透法处理无机废水，去除率可达 90% 以上，有的竟高达 99%。对于含有机物的废水，有机物的去除率也在 80% 以上。作为反渗透的物质有醋酸纤维素膜、尼龙 66、聚砜酰胺膜以及氢氧化铁、硅藻土制成的新型超过滤膜等。

答案解析

目标测试

1. 气体视为理想气体，请计算下列该过程的 W、ΔH、ΔU、ΔS。（1）1dm³ O_2 在 300K 时压力为 151kPa，经恒温可逆膨胀至体积变到 10dm³；（2）1dm³ He 在 400K 时压力为 151kPa，经恒温可逆膨胀至体积变到 10dm³。分析本题的计算结果，并据此谈谈你的体会。

（−348J，0，0，1.16J/K；−348J，0，0，0.869J/K）

2. 一个理想卡诺热机在温差为100K的两个热源之间工作，若热机效率为25%，计算 T_1、T_2和功。已知每一循环中 T_2热源吸热1000J，假定所作的功 W 以摩擦热形式完全消失在 T_1热源上，求该热机每一循环后的熵变和环境的熵变。

（$\Delta S_{系统}=0$，ΔS 环境 $=0$）

3. 计算1mol N_2在27℃经历下列过程后熵值所发生的变化：（1）从体积为1dm³向真空膨胀至体积为20dm³；（2）从体积为1dm³经恒温可逆膨胀至体积为20dm³；（3）从体积为3dm³经任一恒温过程膨胀至体积为60dm³。并简要阐述该计算结果说明了什么。

（$\Delta S_1=\Delta S_2=\Delta S_3=24.91$J/K）

4. 1mol水于100kPa下自298K升温至323K，求熵变及热温商，并判断过程可逆性。已知 $C_{p,m}=75.40$J/（K·mol）。（1）热源温度为373K；（2）热源温度为500K。

（6.074J/K，5.054J/K，不可逆；6.074J/K，3.77J/K，不可逆）

5. 室内空气保持298.2K，户外温度为263.2K，1小时内有5063J热量从墙壁向外传递，求：（1）室内空气的熵变；（2）室外空气的熵变；（3）室内、外空气的总熵变；（4）试问此过程是否可逆。

（$\Delta S_1=-17.00$J/K，$\Delta S_2=19.24$J/K，$\Delta S_{总}=2.24$J/K，不可逆）

6. 将1dm³氢气与0.5dm³甲烷混合，求 ΔS。假定混合前后温度都是25℃，压力都是100kPa，氢气与甲烷都可以看成理想气体。

（0.3204J/K）

7. 计算下列各定温过程的熵变。

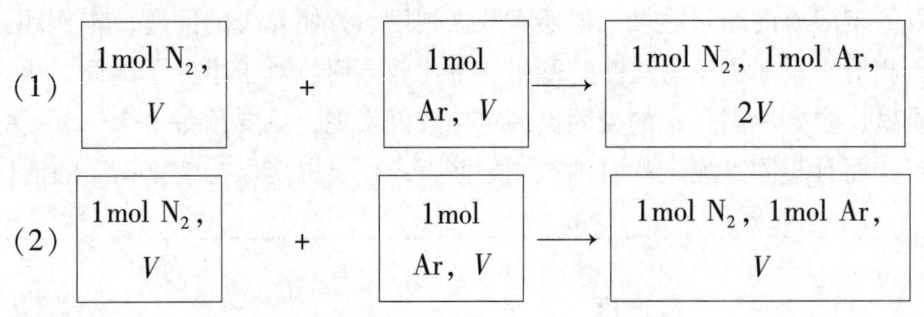

（3）同（1），但将Ar变成 N_2；

（4）同（2），但将Ar变成 N_2。

（11.5J/K，0，0，−11.5J/K）

8. 有一物质如下所示，将隔板抽去，求平衡后 ΔS。设气体的 C_p均是28.03 J·mol⁻¹·K⁻¹。

1mol O_2 10℃，V	1mol H_2 20℃，V

（11.53J/K）

9. 将1mol温度在其沸点64.6℃、压力处于100kPa的甲醇置于真空容器中，使之蒸发为同温、同压下的蒸气。（1）试计算此过程的 $\Delta S_{系统}$、$\Delta S_{环境}$和 $\Delta S_{总}$；（2）指出适用于判断该过程自发与否的判据，并判断该过程为是否自发过程。已知甲醇的摩尔气化热为35.32kJ/mol。

（104.6J/K，−96.3J/K，8.3J/K；自发过程）

10. 在保温瓶中将10g沸水中加入1g 273.2K的冰，求该过程的 Q、W、ΔU、ΔH、ΔS 的值各为多少？已知冰的熔化热为60250J/mol，水的热容 $C_{p,m}=75.31$J/(mol·K)

（$Q=0$，$W=0$，$\Delta U=0$，$\Delta H=0$，$\Delta S=2.14$J/K）

11. 253K、100kPa 的 1mol 过冷水在绝热容器中部分凝结形成 273K 的冰水两相共存的平衡系统，计算此过程 ΔH 及 ΔS。已知冰在 273K 时摩尔熔化热 $\Delta_{fus}H_m^{\ominus}=6008J/mol$，水的定压摩尔热容为 75.30J/(mol·K)。

（$\Delta H=0$，$\Delta S=0.2272J/K$）

12. 已知丙酮蒸气在 298K 时的标准摩尔熵值为 $S_m=294.9J/(mol\cdot K)$，求它在 1000K 时的标准摩尔熵值。在 273～1500K 范围内，其蒸气的 $C_{p,m}$ 与温度 T 的关系式为 $C_{p,m}=22.47+201.8\times10^{-3}T-63.5\times10^{-6}T^2$[J/(mol·K)]。

（434.9J/K）

13. 指出在下述各过程中系统的 ΔU、ΔH、ΔS、ΔF、ΔG 何者为零？

（1）理想气体卡诺循环。

（2）H_2 和 O_2 在绝热钢瓶中发生反应。

（3）液态水在 373.15K 和 100kPa 下蒸发为水蒸气。

（4）理想气体向真空自由膨胀。

（5）理想气体绝热可逆膨胀。

[（1）均为零；（2）$\Delta U=0$；（3）$\Delta G=0$；（4）$\Delta U=\Delta H=0$；（5）$\Delta S=0$]

14. 请计算 1mol 过冷水在 268.2K、100kPa 时凝固为 268.2K、100kPa 的冰过程中的 ΔG 及 ΔS。已知水在 273.2K 时摩尔熔化热 $\Delta_{fus}H_m=6008J\cdot mol^{-1}$，液态水和冰的饱和蒸气压分别为 422Pa 和 414Pa，水的定压摩尔热容为 75.3J/(mol·K)，冰的定压摩尔热容为 37.1J/(mol·K)。

（$\Delta G=-42.6J$，$\Delta S=-21.5J/K$）

15. 1mol 乙醇在其沸点 351.5K 时蒸发为气体，求该过程中的 Q、W、ΔU、ΔH、ΔS、ΔG、ΔF。已知该温度下乙醇的气化热为 38.92kJ/mol。

（38.92kJ，－2922J，35998J，38.92kJ，110.7J/K，0，－2922J）

16. 298K 和 100kPa 下，金刚石与石墨的规定熵分别为 2.45J/（mol·K）和 5.71 J/（mol·K）；其标准燃烧热分别为－395.40kJ/mol 和－393.51kJ/mol。计算在此条件下，石墨→金刚石的 $\Delta_rG_m^{\ominus}$ 值，并说明此时哪种晶型较为稳定。

（2861J/mol，石墨稳定）

17. 试由上题的结果，求算需增大到多大压力才能使石墨变成金刚石？已知在 25℃ 时石墨和金刚石的密度分别为 $2.260\times10^3kg/m^3$ 和 $3.513\times10^3kg/m^3$。

（1.51×10^9Pa）

18. 在常温常压下，将一定量 n（mol）的 NaCl 加在 1kg 水中，形成溶液的体积 V（m^3）随 n 的变化关系为

$$V=1.0013\times10^{-3}+1.6625\times10^{-5}n+1.773\times10^{-6}n^{3/2}+1.194\times10^{-7}n^2$$

求当 $n=2mol$ 时 H_2O 和 NaCl 的偏摩尔体积。

（$\overline{V}_{NaCl}=2.086\times10^{-5}m^3/mol$，$\overline{V}_{H_2O}=1.799\times10^{-5}m^3/mol$）

19. 乙醇蒸气在 25℃、1 大气压时的标准生成吉布斯自由能 $\Delta_fG_m^{\ominus}=-168.5kJ/mol$，求算乙醇（液）的标准生成吉布斯自由能 $\Delta_fG_m^{\ominus}$，计算时假定乙醇蒸气为理想气体，已知 25℃ 时乙醇蒸气压为 9348Pa。

（－174.4kJ/mol）

20. 指出下列式子中哪些是偏摩尔量，哪些化学势？

（1）$\left(\frac{\partial H}{\partial n_i}\right)_{T,p,n_j}$；　（2）$\left(\frac{\partial F}{\partial n_i}\right)_{T,p,n_j}$；　（3）$\left(\frac{\partial U}{\partial n_i}\right)_{S,V,n_j}$；

(4) $\left(\frac{\partial V}{\partial n_i}\right)_{T,p,n_j}$；　(5) $\left(\frac{\partial G}{\partial n_i}\right)_{T,V,n_j}$；　(6) $\left(\frac{\partial F}{\partial n_i}\right)_{T,V,n_j}$；

(7) $\left(\frac{\partial G}{\partial n_i}\right)_{T,p,n_j}$；　(8) $\left(\frac{\partial H}{\partial n_i}\right)_{S,p,n_j}$；　(9) $\left(\frac{\partial S}{\partial n_i}\right)_{T,p,n_j}$

[偏摩尔量：(1) (2) (4) (7) (9)；化学势：(3) (6) (7) (8)]

21. 试比较下列几种状态下水的化学势的大小。

(1) 373K，$p^{\ominus}$，H_2O (l)；

(2) 373K，$p^{\ominus}$，H_2O (g)；

(3) 373K，$2\times p^{\ominus}$，H_2O (l)；

(4) 373K，$2\times p^{\ominus}$，H_2O (g)；

(5) 374K，$p^{\ominus}$，H_2O (l)；

(6) 374K，$p^{\ominus}$，H_2O (g)

(1) 与 (2) 比较，(3) 与 (4) 比较，(5) 与 (6) 比较，(1) 与 (4) 比较，(4) 与 (6) 比较。

($\mu_1=\mu_2, \mu_3<\mu_4, \mu_5>\mu_6, \mu_1<\mu_4, \mu_4>\mu_6$)

22. 在常压下，苯的沸点为 353.25K。将 0.01kg 固体物质 B 溶于 0.10kg 苯中，此溶液的沸点为 354.05K。已知苯的摩尔质量为 $M_A=0.07811$kg/mol，摩尔蒸发焓为 30.8kJ/mol，试求物质 B 的摩尔质量 M_B及溶液的摩尔沸点升高常数。

($K_b=2.63$kg·K/mol；$M_B=0.329$kg/mol)

23. 把 68.4g 的蔗糖加入到 1000g 的水中，在 20℃时此溶液的相对密度为 1.024g/ml，求该溶液蒸气压和渗透压？

($p_A=2.33$kPa；$\Pi=4.67\times10^5$Pa)

书网融合……

思政导航

本章小结

微课

题库

第四章　化学平衡

学习目标

知识目标

1. 掌握　化学平衡、标准平衡常数的概念以及化学平衡常数的计算。

2. 熟悉　反应的标准吉布斯自由能变与标准生成吉布斯自由能的计算。

3. 了解　温度、压力及惰性气体对化学平衡常数的影响。

能力目标　通过本章的学习，能够掌握化学平衡的相关知识，解决反应极限及最大产率的问题，培养创新思维和解决问题的能力。

一般化学反应既可正向进行，又可逆向进行，如下列反应：将等体积的氢气和碘蒸气放入密闭容器中保持445℃时，碘化氢占总体积的78%，未反应的氢气和碘蒸气占总体积的22%；如果我们只在容器里放入碘化氢，在445℃时，只有22%的碘化氢分解为氢气和碘蒸气。该反应可表示如下：$2HI \rightleftharpoons H_2 + I_2$。

在一定条件下，反应开始时，正反应速度远大于逆反应速度，这时我们近似地把它看作是单向反应；随着时间的进行，正反应速度减小，而逆反应速度增大，最后两者速度相等，系统就达到平衡。无论从反应物还是产物的系统开始，最终达到的状态中氢气、碘蒸气和碘化氢的比例都相等，这类反应称为可逆反应，反应物产物按一定比例共存的状态称为化学平衡。

所谓化学平衡是指正反应和逆反应速率相等，且各物质的浓度或分压不变的状态。只要外界条件（如温度、压力、浓度等）不变，系统中物质的种类和数量都不随时间发生变化，平衡状态就不变；外界条件发生变化时，平衡状态也要随之发生改变，直至达到新的平衡。从宏观上看，化学平衡表现为静态，而实际上是一种动态平衡，它是化学反应进行的限度。

化学平衡是热力学第二定律在化学反应中的具体应用。其主要内容是运用化学势讨论化学平衡的实质，由热力学数据计算化学平衡常数，以确定化学反应的方向和平衡条件、化学反应等温式的推导和应用、反应的标准吉布斯自由能变与平衡常数的计算、温度对平衡常数的影响、压力及惰性气体对平衡常数的影响。

在实际的生产中，人们都希望把原料尽可能转化为产品。但在给定条件下，反应是否能够进行？反应的极限（即平衡时的产率）有多大以及在什么条件下可以得到极大的产率？这些都是化学平衡所要解决的问题。掌握化学平衡相关的知识，对于寻找新产品的合成路线、了解提高产率潜力等都有着重大的意义。

第一节　化学反应的方向和平衡条件

一、化学反应的吉布斯自由能变

设任意一封闭系统中有一化学反应

$$aA + bB \rightleftharpoons dD + eE$$

在恒温、恒压下，若上述反应向右进行了无限小量的反应，此时系统的吉布斯自由能变

$$dG(T,p) = \sum_B \mu_B dn_B \tag{4-1}$$

因 $dn_B = \upsilon_B d\xi$，代入上式得

$$dG(T,p) = \sum_B \mu_B \upsilon_B d\xi = \left(\sum_B \upsilon_B \mu_B\right) d\xi \tag{4-2}$$

由此得出

$$\Delta_r G_m = \left(\frac{\partial G}{\partial \xi}\right)_{T,p} = \sum_B \upsilon_B \mu_B \tag{4-3}$$

式中，$\Delta_r G_m$ 称为反应的摩尔吉布斯自由能变，它表示在恒温恒压下，在无限大量的系统中发生一个单位反应（μ_B 近似不变）时系统吉布斯自由能的改变；或者说，在有限量的系统中，在恒温恒压及反应进度为 ξ 时，反应再进行 $d\xi$（极小），此时 μ_B 也可当作不变，系统吉布斯自由能随反应的变化率 $\left(\frac{\partial G}{\partial \xi}\right)_{T,p,\xi}$ 就是 $\Delta_r G_m$。

二、化学反应的方向和平衡条件

根据吉布斯自由能的判据，系统不作非体积功时

$$\Delta_r G_m = \left(\frac{\partial G}{\partial \xi}\right)_{T,p,\xi} \begin{cases} <0 & \text{正向反应自发进行} \\ = \sum_B \upsilon_B \mu_B = 0 & \text{达到化学平衡} \\ >0 & \text{逆向反应自发进行} \end{cases} \tag{4-4}$$

以上几种情况可用图 4－1 表示。即以系统的 G 对 ξ 作图，得一条曲线，曲线上任一点的斜率都代表 G 对 x 的变化率 $(\partial G/\partial \xi)_{T,p}$。当 ξ 进行到一定值 $(\xi^{eq} \neq 1)$ 时，G 趋于最小，曲线出现最低点，此时 $(\partial G/\partial \xi)_{T,p} = 0$，反应达到平衡。所以，化学平衡的实质，从动力学看，是正、逆反应的速度相等；从热力学看，是产物的化学势总和等于反应物化学势的总和。

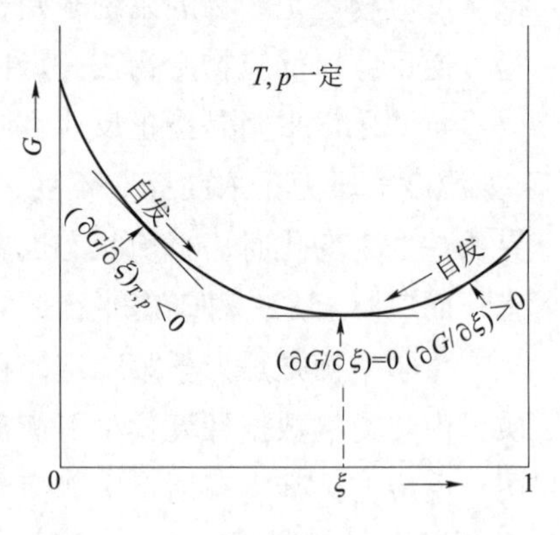

图 4－1　恒温恒压下 $G-x$ 曲线

为什么化学反应总会出现化学平衡而不能进行到底（反应物不能全部变为产物）呢？因为在恒温恒压下，化学反应总是自发向系统吉布斯自由能减小的状态变化。反应时，一旦有产物生成，产物与反应物的混合必定引起混合熵，其值 $\Delta_{mix} S > 0$。由 $\Delta G_m = \Delta H_m - T\Delta S_m$ 可知，混合熵的存在导致 G 进一步减小，当 G 减至最小时，反应达到平衡，这时系统中或多或少还有反应物存在。这就是说，反应只能进行到某一程度，而不是全部的反应物都变为产物。

三、化学反应标准平衡常数

任一化学反应

$$aA + bB \rightleftharpoons dD + eE$$

在恒温、恒压下达到平衡时，由式（4－4）得

$$\sum_B \upsilon_B \mu_B = 0 \tag{4-5}$$

因任一物质 B 的化学势 $\mu_B = \mu_B^{\ominus}(T) + RT\ln a_B$，代入式（4－5）得

$$\sum \upsilon_B [\mu_B^\ominus(T) + RT\ln a_B] = \sum \upsilon_B \mu_B^\ominus(T) + RT\ln \prod_B a_B^{\upsilon_B} = 0$$

即

$$RT\ln \prod_B a_B^{\upsilon_B} = -\sum_B \upsilon_B \mu_B^\ominus(T) = -\Delta_r G_m^\ominus(T)$$

$$[\prod_B a_B^{\upsilon_B}]_{平衡} = \exp\left[-\frac{\Delta_r G_m^\ominus(T)}{RT}\right] \tag{4-6}$$

因为恒温下 $\Delta_r G_m^\ominus(T)$ 为常数，所以 $\prod_B a_B^{\upsilon_B}$ 也是常数，令

$$K^\ominus = \exp\left[-\frac{\Delta_r G_m^\ominus(T)}{RT}\right] = \left(\frac{a_D^d a_E^e}{a_A^a a_B^b}\right)_{eq} \tag{4-7}$$

式（4－7）中 $K^\ominus$ 就是标准平衡常数（standard equilibrium constant），简称平衡常数（equilibrium constant）。它表示：在一定条件下，一个化学反应达到平衡时，产物活度的计量系数次方幂的乘积与反应物活度的计量系数次方幂的乘积之比为常数。$K^\ominus$ 愈大，意味着产物的活度愈大，反应完成的程度就愈高，反之亦然。对于不同的化学反应，a_B 有着不同的含义，如对理想气体，a_B 代表各组分的相对分压 $p_B/p^\ominus$；对高压实际气体，a_B 表示 $f_B/p^\ominus$；对理想溶液，a_B 表示 x_B；对非理想溶液，a_B 就表示活度等。因此，$K^\ominus$ 无量纲，它对气体反应、溶液反应和各种多相反应都适用，只是具体的表现形式不同。

由式（4－7）可得

$$\Delta_r G_m^\ominus = -RT\ln K^\ominus \tag{4-8}$$

式中，$\Delta_r G_m^\ominus$ 称为反应的标准摩尔吉布斯自由能变，其 SI 单位为 J/mol。

应当指出：①对于指定的反应（反应式确定），$K^\ominus$ 只是温度的函数，而与体系的压力和组成无关；②标准平衡常数不是状态函数，一个平衡温度下有一个 $K^\ominus$ 和 $\Delta_r G_m^\ominus$，但两者仅在数学上存在以上关系，不能认为实际系统在每个平衡时各物质都处在标准状态。

四、几种类型反应的平衡常数

1. 理想气体反应的平衡常数

（1）理想气体反应的标准平衡常数　理想气体反应如下。

$$aA(g) + bB(g) \xlongequal{} dD(g) + eE(g)$$

恒温恒压下达平衡时，任一组分的活度 $a_B = p_B/p^\ominus$，代入式（4－7）得

$$K_p^\ominus = \frac{(p_D/p^\ominus)^d (p_E/p^\ominus)^e}{(p_A/p^\ominus)^a (p_B/p^\ominus)^b} \tag{4-9}$$

式中，$K_p^\ominus$ 称为理想气体反应的标准平衡常数，它为一无量纲量。$K_p^\ominus$ 越大，反应就越完全。但注意，平衡常数的数值与反应式的写法有关，如合成氨的反应写成

$$N_2(g) + 3H_2(g) \xlongequal{} 2NH_3(g)$$

$$K_p^\ominus = \frac{(p_{NH_3}/p^\ominus)^2}{(p_{N_2}/p^\ominus)(p_{H_2}/p^\ominus)^3}$$

若将上述反应写成 $\frac{1}{2}N_2(g) + \frac{3}{2}H_2(g) \xlongequal{} NH_3(g)$，则

$$K_p'^\ominus = \frac{(p_{NH_3}/p^\ominus)}{(p_{N_2}/p^\ominus)^{1/2}(p_{H_2}/p^\ominus)^{3/2}}$$

两平衡常数之间的关系为

$$K_p^\ominus = [K_p'^\ominus]^2$$

可见，同一反应，反应式的写法不同，其平衡常数也不相同。

（2）理想气体反应的经验平衡常数　由式（4－9）可知

$$K_p^\ominus = \frac{p_D^d p_E^e}{p_A^a p_B^b}(p^\ominus)^{-\sum \upsilon_B}$$

令

$$K_p^\ominus = \frac{p_D^d p_E^e}{p_A^a p_B^b} = K_p^\ominus (p)^{\sum \upsilon_B} \tag{4-10}$$

式中，$K_p^\ominus$ 称为压力平衡常数。若将 $p_B = px_B$ 或 $p_B = \frac{n_B}{V}RT = c_BRT$ 分别代入式（4－10），则

$$K_x = \frac{x_D^d x_E^e}{x_A^a x_B^b} = K_p^\ominus \left(\frac{p}{p}\right)^{-\sum \upsilon_B} = K_p^\ominus \left(\frac{p}{p}\right)^{\sum \upsilon_B} \tag{4-11}$$

$$K_c = \frac{c_D^d c_E^e}{c_A^a c_B^b} = K_p^\ominus \left(\frac{RT}{p}\right)^{-\sum \upsilon_B} = K_p^\ominus \left(\frac{p}{RT}\right)^{\sum \upsilon_B} \tag{4-12}$$

式中，K_x 称为摩尔分数平衡常数；K_c 称为浓度平衡常数[$R = 8.314\text{Pa} \cdot \text{m}^3/(\text{K} \cdot \text{mol})$]。$K_p$、$K_x$、$K_c$ 均作为经验平衡常数。K_x 无量纲，K_p、K_c 可能有量纲。

$\sum \upsilon_B = (d+e)-(a+b)$，综合式（4－10）、式（4－11）、式（4－12）得

$$K_p^\ominus = K_p^\ominus (p)^{-\sum \upsilon_B} = K_c (RT)^{\sum \upsilon_B} (p)^{\sum \upsilon_B} = K_x p^{\sum \upsilon_B} (p)^{-\sum \upsilon_B} \tag{4-13}$$

当 $\sum \upsilon_B = 0$ 时，$K_p^\ominus = K_p = K_c = K_x$

应该注意的是：由于理想气体 $\mu_B = \mu_B^\ominus(T) + RT\ln \frac{p_B}{p^\ominus}$，所以与 $\sum_B \upsilon_B \mu_B^\ominus$ 直接相联系的标准平衡常数是 $K_p^\ominus$，但不存在 $K_c^\ominus$ 或 $K_x^\ominus$。

2. 实际气体反应的平衡常数　将实际气体反应的活度 $a_B = f_B/p^\ominus$ 代入式（4－7），得

$$K_f^\ominus = \frac{(f_D/p^\ominus)^d (f_E/p^\ominus)^e}{(f_A/f)^a (f_B/p^\ominus)^b} = \frac{f_D^d f_E^e}{f_A^a f_B^b}(p^\ominus)^{-\sum \upsilon_B} \tag{4-14}$$

令

$$K_f = \frac{f_D^d f_E^e}{f_A^a f_B^b} = K_f^\ominus (p^\ominus)^{\sum \upsilon_B} \tag{4-15}$$

$K_f^\ominus$ 就是实际气体反应的标准平衡常数，K_f 为逸度（经验）平衡常数，它们也只是温度的函数，与压力无关。若再将 $f_B = r_B p_B$ 代入式（4－14），则

$$K_f^\ominus = \frac{(r_D p_D/p^\ominus)^d (r_E p_E/p^\ominus)^e}{(r_A p_A/p^\ominus)^a (r_B p_B/p^\ominus)^b} = K_\gamma K_p^\ominus \tag{4-16}$$

K_γ 只表示逸度系数商，不是平衡常数。当压力不大时，$\gamma_B \to 1$，则 $K_f^\ominus \approx K_p^\ominus$，实际气体可近似看成理想气体。

3. 液相反应的平衡常数　若参加反应的各组分组成理想溶液（不分溶剂溶质），则活度 $a_B = x_B$，代入式（4－7）得其标准平衡常数

$$K_x^\ominus = \frac{x_D^d x_E^e}{x_A^a x_B^b} \tag{4-17}$$

若参与反应的各组分构成非理想溶液，取 $a_B = \gamma_B x_B$ 时，由式（4－7）得其标准平衡常数

$$K_a^\ominus = \prod a_B^{\upsilon_B} = \prod_B \gamma_B^{\upsilon_B} \prod_B x_B^{\upsilon_B} = K_\gamma K_x^\ominus \tag{4-18}$$

K_γ 只表示活度系数商，不是平衡常数。$K_a^\ominus$、$K_x^\ominus$ 均只是温度的函数，且无量纲。当溶液极稀时，$\gamma_B \to 1$，则 $K_a^\ominus \approx K_x^\ominus$，非理想溶液可视作理想溶液。

若参与反应的各组分溶于同一溶剂中形成稀溶液，而溶剂不参与反应，取物质的浓度为物质的量浓

度时，有

$$\mu_B = \mu_B^{\Delta}(T,p^{\ominus}) + RT\ln\frac{c_B}{c^{\ominus}}$$

即 $a_B = c_B/c^{\ominus}$，代入式（4－7）得其标准平衡常数

$$K_c^{\ominus} = \frac{(c_D/c^{\ominus})^a (c_E/c^{\ominus})^e}{(c_A/c^{\ominus})^c (c_B/c^{\ominus})^b} \tag{4-19}$$

式（4－19）也适用于理想溶液，其中 $c^{\ominus}$ 是标准态物质的量浓度（1mol/L），$K_c^{\ominus}$ 也只是温度的函数，且无量纲。

此外，在液相中的化学反应，因反应系统不同，或使用不同的溶液浓度表示，平衡常数还有其他的表现形式；同时，由于压力的影响极小，经验平衡常数（如 K_x、K_c 等）在数值上与标准平衡常数相同。

【例4－1】 在1000K和100kPa时，下面的理想气体反应达平衡后，测得 SO_2、O_2 和 SO_3 的摩尔分数分别为0.40、0.25和0.35。

$$2SO_2(g) + O_2(g) \longrightarrow 2SO_3(g)$$

求此反应的标准平衡常数。

解： 因为 $p_{SO_2} = 0.40p^{\ominus}$，$p_{O_2} = 0.25p^{\ominus}$，$p_{SO_3} = 0.35p^{\ominus}$

由式（4－9）得

$$K_p^{\ominus} = \frac{(p_{SO_3}/p^{\ominus})^2}{(p_{SO_2}/p^{\ominus})^2(p_{O_2}/p^{\ominus})} = \frac{(0.35p^{\ominus}/p^{\ominus})^2}{(0.40p^{\ominus}/p^{\ominus})^2(0.25p^{\ominus}/p^{\ominus})} = 3.06$$

或由式（4－11）得 $K_x = \dfrac{x_{SO_3}^2}{x_{SO_2}^2 x_{O_2}} = \dfrac{0.35^2}{0.40^2 \times 0.25} = 3.06$

所以

$$K_p^{\ominus} = K_x\left(\frac{p}{p^{\ominus}}\right)^{\sum v_B} = 3.06 \times \left(\frac{100000}{100000}\right)^{-1} = 3.06$$

第二节 化学反应的等温方程式

假设在封闭系统中有一化学反应

$$aA + bB \longrightarrow dD + eE$$

在恒温恒压下，当反应进行无限小量的变化时，由式（4－3）知

$$\begin{aligned}\Delta_r G_m &= \sum_B v_B\mu_B = \sum_B v_B[\mu_B^{\ominus}(T) + RT\ln a_B] \\ &= \sum v_B\mu_B^{\ominus}(T) + RT\ln\prod_B \alpha_B^{v_B}\end{aligned} \tag{4-20}$$

根据式（4－7），有 $\sum\limits_B v_B\mu_B^{\ominus}(T) = -RT\ln K$

得

$$\Delta_r G_m = -RT\ln K^{\ominus} + RT\ln\prod_B a_B^{v_B} \tag{4-21}$$

如令

$$Q_a = \prod_B a_B^{v_B} = \frac{a_D^d a_E^e}{a_A^a a_B^b} \tag{4-22}$$

式中，Q_a 称为活度商，即系统在恒温下处于任意状态时，产物活度的乘方之积与反应物活度的乘方之积的比值。所以

$$\Delta_r G_m = -RT\ln K^{\ominus} + RT\ln Q_a \tag{4-23}$$

式（4-23）就是化学反应的等温方程（reaction isotherm），也称 Van't Hoff 等温式。它的重要意义是用来判断反应进行的方向和限度，即

当 $K^{\ominus} > Q_a$ 时，$\Delta_r G_m < 0$　　反应能正向进行

当 $K^{\ominus} < Q_a$ 时，$\Delta_r G_m > 0$　　反应不能正向进行（逆方向可能进行）

当 $K^{\ominus} = Q_a$ 时，$\Delta_r G_m = 0$　　反应达到平衡

若是理想气体的反应，$K^{\ominus} = K_p^{\ominus}$，而非平衡时

$$Q_p = \prod_B \left(\frac{P_B}{p^{\ominus}}\right)^{\upsilon_B} = \frac{(p_D/p^{\ominus})^d (p_E/p^{\ominus})^e}{(p_A/p^{\ominus})^a (p_B/p^{\ominus})^b} \tag{4-24}$$

式中，Q_p 称为压力商。因此，式（4-23）可写成

$$\Delta_r G_m = -RT\ln K_p^{\ominus} + RT\ln Q_p \tag{4-25}$$

同理，请读者写出实际气体、理想溶液和稀溶液等各类反应的等温方程式。

【例4-2】下列反应在2000K时，$K_p^{\ominus} = 1.58 \times 10^7$

$$2H_2(g) + O_2(g) = 2H_2O(g)$$

（1）当 H_2、O_2 各为 10^5Pa 与 10^6Pa 的 H_2O 混合时，反应能否自发进行？

（2）当 H_2 的分压为 $0.09p^{\ominus}$ 时，O_2 为 $0.0009p^{\ominus}$ 时，欲使反应不能自发进行，则水蒸气的压力最低应控制为多少？

解：根据化学反应等温式　$\Delta_r G_m = -RT\ln K_p^{\ominus} + RT\ln Q_p$

（1）
$$Q_p = \frac{(p_{H_2O}/p^{\ominus})^2}{(p_{H_2}/p^{\ominus})^2 (p_{O_2}/p^{\ominus})} = \frac{1^2}{1^2 \times 10} = 0.1 \ll K_p^{\ominus}$$

正向反应能自发进行。

（2）欲使反应不能自发进行，则　$K_p^{\ominus} < Q_p$

$$1.58 \times 10^7 < \frac{(p_{H_2O}/p^{\ominus})^2}{0.09^2 \times 0.009}$$

所以
$$p_{H_2O} > 34p^{\ominus}$$

第三节　化学反应的标准摩尔吉布斯自由能变及平衡常数的计算 微课

我们前面讲过，要判断反应进行的方向和限度，必须要求得平衡常数。如果每次都采用直接测定平衡时体系中各物质的浓度（或分压）来确定，这是相当麻烦的，再说有些反应有时是无法直接测定的，通常的方法是用热力学数据来进行计算。

一、化学反应的标准摩尔吉布斯自由能变的计算

对于任一化学反应　$aA + bB \rightleftharpoons dD + eE$

在温度 T 和 $p^{\ominus}$ 下，根据式（4-3）和化学势的定义，得

$$\Delta_r G_m^{\ominus} = \sum_B \upsilon_B \mu_B^{\ominus} = \sum_B \upsilon_B G_{m,B}^{\ominus} \tag{4-26}$$

$\Delta_r G_m^{\ominus}$ 称为反应的标准摩尔吉布斯自由能变，它表示反应物和产物各自都处于温度 T 和标准压力 $p^{\ominus}$ 下，按化学反应计量式反应物完全变成产物时反应的吉布斯自由能变。$G_{m,B}^{\ominus}$ 为物质B的标准摩尔吉布斯自由

能，由于它的绝对值目前还无法测得，类似热化学中用生成热计算反应热的方法，规定稳定单质的 $G^{\ominus}_{m,B}$ 为零。

这样，在温度 T 和 $p^{\ominus}$ 下，由稳定单质生成 1mol 某化合物 B 时反应的吉布斯自由能变就称为该化合物的标准摩尔生成吉布斯自由能，记为 $\Delta_f G^{\ominus}_m(B)$。按此定义，稳定单质的 $\Delta_f G^{\ominus}_m(B)=0$，其他物质的 $\Delta_f G^{\ominus}_m(B)$ 在数值上就与其自身的 $G^{\ominus}_{m,B}$ 相等。

例如 $$H_2(g)+\frac{1}{2}O_2(g)=\!=\!=H_2O(l)$$

由定义 $\Delta_f G^{\ominus}_m(H_2O,l)=\Delta_r G^{\ominus}_m=G^{\ominus}_m(H_2O,l)-G^{\ominus}_m(H_2,g)-\frac{1}{2}G^{\ominus}_m(O_2,g)$

$$=G^{\ominus}_m(H_2O,l)-0-0=G^{\ominus}_m(H_2O,l)$$

所以，改写式（4－26），得到 $\Delta_r G^{\ominus}_m$ 的计算公式是

$$\Delta_r G^{\ominus}_m=\sum_B \upsilon_B \Delta_f G^{\ominus}_m(B) \qquad (4-27)$$

对上述反应 $\Delta_r G^{\ominus}_m=[d\Delta_f G^{\ominus}_m(D)+e\Delta_f G^{\ominus}_m(E)]-[a\Delta_f G^{\ominus}_m(A)+b\Delta_f G^{\ominus}_m(B)]$

在 298.15K 时，部分物质的 $\Delta_f G^{\ominus}_m$ 数据列于附录四。且有

$$\Delta_r G^{\ominus}_m=\Delta_r H^{\ominus}_m-T\Delta_r S^{\ominus}_m$$

由于 $\Delta_r G^{\ominus}_m=-RT\ln K^{\ominus}$，因此 $\Delta_r G^{\ominus}_m$ 值有着特别重要的意义。

（1）利用 $\Delta_r G^{\ominus}_m$ 估计反应的可能性　因为在一恒 T、p 下，等温式

$$\Delta_r G_m=\Delta_r G^{\ominus}_m+RT\ln Q_a$$

若 $\Delta_r G^{\ominus}_m$ 的绝对值很大，而实际 Q_a 变化不大，$\Delta_r G^{\ominus}_m$ 就决定了 $\Delta_r G_m$ 的符号，也就决定了化学反应是否能自发进行。有人提出一个粗略的估计，$\Delta_r G^{\ominus}_m<-42$kJ/mol 时，可认为反应能自发进行；$\Delta_r G^{\ominus}_m>-42$kJ/mol 时，反应不能自发进行。

【例 4－3】 298K 时，已知下列反应中各物质的 $\Delta_f G^{\ominus}_m$，试估计反应的可能性。

$$NH_3(g)+HCl(g)=\!=\!=NH_4Cl(s)$$

$\Delta_f G^{\ominus}_m$(kJ/mol)　　-16.5　　-95.3　　-203.9

解：根据式（4－27）

$$\Delta_r G^{\ominus}_m(298K)=\Delta_f G^{\ominus}_m(NH_4Cl)-\Delta_f G^{\ominus}_m(NH_3)-\Delta_f G^{\ominus}_m(HCl)$$
$$=(-203.9)-[(-16.5)+(-95.3)]=-92.10\text{kJ/mol}$$

因为 $\Delta_r G^{\ominus}_m=-92.10$kJ/mol <-42kJ/mol，所以估计反应可以自发进行。

（2）由有关反应的 $\Delta_r G^{\ominus}_m$ 求未知反应的 $\Delta_r G^{\ominus}_m$　有些反应的 $\Delta_r G^{\ominus}_m$ 不易由实验求得。但 $\Delta_r G^{\ominus}_m$ 是状态函数的改变量，可以类似盖斯定律计算反应热的方法进行运算。

【例 4－4】 已知 1000K 时下列反应的 $\Delta_r G^{\ominus}_m$

（1）$C(石墨)+O_2(g)=\!=\!=CO_2(g)$　　$\Delta_r G^{\ominus}_{m,1}=-395.8$kJ/mol

（2）$CO(g)+\frac{1}{2}O_2(g)=\!=\!=CO_2(g)$　　$\Delta_r G^{\ominus}_{m,2}=-195.6$kJ/mol

求不易测得的下列反应的 $\Delta_r G^{\ominus}_{m,3}$ 和 $K^{\ominus}_p$。

（3）$C(石墨)+\frac{1}{2}O_2(g)=CO(g)$　　$\Delta_r G^{\ominus}_{m,3}=?$

解：因为反应（3）＝（1）－（2）

所以 $\Delta_r G^{\ominus}_{m,3}=\Delta_r G^{\ominus}_{m,1}-\Delta_r G^{\ominus}_{m,2}=(-395.8)-(-195.6)=-200.2$kJ/mol

$$K^{\ominus}_p=\exp(-\Delta_r G^{\ominus}_{m,3}/RT)=\exp[-(-200.2\times1000)/(8.314\times1000)]$$
$$=\exp(+24.07)=2.84\times10^{10}$$

$\Delta_r G_m^{\ominus}$ 还可计算化学平衡常数。

对理想气体反应 $$\Delta_r G_m^{\ominus} = -RT\ln K_p^{\ominus} \tag{4-28}$$

对实际气体反应 $$\Delta_r G_m^{\ominus} = -RT\ln K_f^{\ominus} \tag{4-29}$$

对理想溶液反应 $$\Delta_r G_m^{\ominus} = -RT\ln K_x^{\ominus} \tag{4-30}$$

对稀溶液反应 $$\Delta_r G_m^{\ominus} = -RT\ln K_c^{\ominus} \tag{4-31}$$

二、平衡常数的计算

平衡常数是化学平衡必定存在的一个特征，是衡量一个化学反应进行限度的标志。判断一个反应是否确已达到平衡，通常可以用下面几种方法。

（1）系统若已达平衡，则在外界条件不变的情况下，无论再经历多长时间，系统中各物质的浓度均不再改变。

（2）从反应物开始正向进行反应，或者从生成物开始逆向进行反应，在达到平衡后，所得到的平衡常数应相等。

（3）恒温下，任意改变参加反应各物质的最初浓度，达平衡后所得平衡常数相同。

平衡常数的计算，可利用物理方法测定平衡系统的折射率、电导率或吸光度等求出各组分的含量，或用化学分析法测定平衡系统中各物质的浓度，然后计算求得；也可以用 $\Delta_r G_m^{\ominus}$ 求得，从而确定反应物的平衡转化率和产物的产量。

平衡转化率也称理论转化率或最高转化率（离解度），其定义为

$$\text{平衡转化率}(\alpha) = \frac{\text{平衡时某反应物消耗掉的量}}{\text{该反应物的原始量}} \times 100\% \tag{4-32}$$

若有副反应发生，反应物的一部分变为产品，另一部分变为副产品。工业上又常用“产率”（或称收率）这一概念，即

$$\text{平衡产率} = \frac{\text{平衡时转化为指定产物的某反应物的量}}{\text{该反应物的原始量}} \times 100\% \tag{4-33}$$

【例 4-5】298K 时，下列反应的 $\Delta_r H_m^{\ominus} = -92.2\text{kJ/mol}$，$\Delta_r S_m^{\ominus} = -198.6\text{J/(K·mol)}$。

$$N_2(g) + 3H_2(g) \xlongequal{} 2NH_3(g)$$

求：（1）上述反应的标准摩尔吉布斯自由能变。

（2）反应 $\frac{1}{2}N_2(g) + \frac{3}{2}H_2(g) \xlongequal{} NH_3(g)$ 的平衡常数。

解：（1）根据 $\Delta_r G_m^{\ominus} = \Delta_r H_m^{\ominus} - T\Delta_r S_m^{\ominus}$，得

$$\Delta_r G_m^{\ominus} = (-92.2) - 298 \times (-0.199) = -32.9\text{kJ/mol}$$

（2）反应 $\frac{1}{2}N_2(g) + \frac{3}{2}H_2(g) \xlongequal{} NH_3(g)$ 的 $\Delta_r G_{m,2}^{\ominus} = \frac{1}{2}\Delta_r G_m^{\ominus}$。

由式（4-28），有 $K_{p,2}^{\ominus} = \exp[-\Delta_r G_{m,2}^{\ominus}/RT]$

$$= \exp\left[-\frac{1}{2} \times (-32.9 \times 1000)/(8.314 \times 298)\right]$$

$$= \exp(+6.644) = 7.68 \times 10^2$$

第四节　温度对平衡常数的影响

一、平衡常数与温度的关系

将一个反应的 $\Delta_r G_m^\ominus = -RT\ln K^\ominus$ 代入吉布斯－亥姆霍兹方程

$$\left[\frac{\partial(\Delta_r G_m^\ominus/T)}{\partial T}\right]_p = -\frac{\Delta_r H_m^\ominus}{T^2}$$

可得

$$\left[\frac{\partial \ln K^\ominus}{\partial T}\right]_p = \frac{\Delta_r H_m^\ominus}{RT^2} \tag{4-34}$$

式（4－34）叫作化学反应的等压方程（reaction isobar），也叫范特霍夫（Van't Hoff）等压式。式中 $\Delta_r H_m^\ominus$ 是各物质均处于标准态时的标准摩尔反应热，由此可见

吸热反应，$\Delta_r H_m^\ominus > 0, (\partial \ln K^\ominus/\partial T)_p > 0$，即 $K^\ominus$ 随升温而增大。

放热反应，$\Delta_r H_m^\ominus < 0, (\partial \ln K^\ominus/\partial T)_p < 0$，即 $K^\ominus$ 随升温而降低。

故升温对吸热反应有利，对放热反应不利。对于吸热和放热的可逆反应平衡来说，升温可使平衡向吸热方向移动，降温则可使平衡向放热方向移动。如果反应不吸热，也不放热（$\Delta_r H_m^\ominus = 0$），则改变温度时 $K^\ominus$ 不受影响。

对不同类型的反应，如理想气体、实际气体、理想溶液或稀溶液等反应，式（4－34）中的 $K^\ominus$ 分别用 $K_p^\ominus$、$K_f^\ominus$、$K_x^\ominus$ 或 $K_c^\ominus$ 等代替。

二、不同温度下平衡常数的计算

1. $\Delta_r H_m^\ominus$ 为常数时　如温度变化范围很小，可认为 $\Delta_r H_m^\ominus$ 与温度无关，积分式（4－34）得

$$\ln\frac{K_2^\ominus}{K_1^\ominus} = -\frac{\Delta_r H_m^\ominus}{R}\left(\frac{1}{T_2} - \frac{1}{T_1}\right) \tag{4-35}$$

可见，已知 T_1（如 298.15K）时的 $K_1^\ominus$，就可由上式计算得到 T_2 时的 $K_2^\ominus$。

若将式（4－34）不定积分，则得

$$\ln K^\ominus = -\frac{\Delta_r H_m^\ominus}{RT} + C \tag{4-36}$$

式中，C 是积分常数，以 $\ln K^\ominus$ 对 $1/T$ 作图时，可得一条直线，其斜率等于 $-\Delta_r H_m^\ominus/R$，截距为 C，故由斜率可求得反应热 $\Delta_r H_m^\ominus$。

2. $\Delta_r H_m^\ominus$ 与温度有关时　如温度变化范围较大，不能忽略温度对 $\Delta_r H_m^\ominus$ 的影响，这时应先找出 $\Delta_r H_m^\ominus$ 与 T 的关系，然后才能积分。即由基尔霍夫公式

$$d\Delta_r H_m^\ominus = \Delta C_{p,m}^\ominus dT$$

有

$$\Delta_r H_m^\ominus = \Delta H_C + \Delta a T + \frac{1}{2}\Delta b T^2 + \frac{1}{3}\Delta c T^3 + \cdots \tag{4-37}$$

式中，ΔH_C 为积分常数，将某一温度 T 下的 $\Delta_r H_m^\ominus$ 代入上式，即可求得 ΔH_C。

将式（4－37）代入式（4－34），不定积分后得

$$\ln K^\ominus = -\frac{\Delta H_C}{RT} + \frac{\Delta a}{R}\ln T + \frac{\Delta b}{2R}T + \frac{\Delta c}{6R}T^2 + \cdots + I \tag{4-38}$$

式中，I 是积分常数，代入已知 T 时的 $K^{\ominus}$，即可求出 I。这样，用式（4-38）就可计算出任意温度 T 时的 $K^{\ominus}$ 值。

【例 4-6】对于合成甲醇的反应 $CO(g)+2H_2(g)$ ══ $CH_3OH(g)$，如找到合适的催化剂，在 773K 可使反应进行得很快。已知 298K 时，$K_{p_1}^{\ominus}=2.2\times10^4$，$\Delta_r H_m^{\ominus}=-90.7\text{kJ/mol}$（设与温度无关），求 773K 时的平衡常数 $K_{p_2}^{\ominus}$。

解：因为 $\Delta_r H_m^{\ominus}$ 不随温度变化，根据式（4-35），有

$$\ln\frac{K_{p_2}^{\ominus}}{K_{p_1}^{\ominus}}=-\frac{\Delta_r H_m^{\ominus}}{R}\left(\frac{1}{T_2}-\frac{1}{T_1}\right)$$

$$=-\frac{(-90.7\times1000)}{8.314}\left(\frac{1}{773}-\frac{1}{298}\right)=-22.5$$

所以
$$K_{p_2}^{\ominus}/K_{p_1}^{\ominus}=1.7\times10^{-10},K_{p_2}^{\ominus}=3.6\times10^{-6}$$

第五节　压力及惰性气体对化学平衡的影响

一、压力对化学平衡的影响

由前面得

$$\sum_B \upsilon_B\mu_B^*=\Delta_r G_m^{\ominus}=-RT\ln K$$

不论是理想气体、实际气体或是溶液中的组分，其标准态的压力都已被指定为 $p^{\ominus}$，因此其化学势 μ_B^* 都只与温度有关，所以 $K^{\ominus}$ 仅是温度的函数。因此，压力对化学平衡的影响，实际上并非是对平衡常数 $K^{\ominus}$ 的影响，而是指对平衡移动的影响。并且，这种对平衡移动的影响主要是指对气相反应而言，对凝聚反应影响很小。

现介绍压力对理想气体反应的影响。

因为
$$K_p^{\ominus}=K_p(p^{\ominus})^{-\sum_B\upsilon_B}=K_c(RT)^{\sum_B\upsilon_B}(p^{\ominus})^{-\sum_B\upsilon_B}$$

$$=K_x p^{\sum_B\upsilon_B}(p^{\ominus})^{-\sum_B\upsilon_B}$$

由于 $K_p^{\ominus}$ 只是温度的函数，故 K_p、K_c 也只与温度有关，但 K_x 与压力有关，而 K_x 表示的是平衡时气体的组成，故通过压力对 K_x 的影响就能说明压力对气相反应平衡移动的影响。

将式（4-13）取对数得

$$\ln K_p^{\ominus}=\ln K_x+\left(\sum_B\upsilon_B\right)\ln p-\left(\sum_B\upsilon_B\right)\ln p^{\ominus}$$

将上式在恒温下对压力求导得

$$\left(\frac{\partial\ln K_p^{\ominus}}{\partial p}\right)_T=\left(\frac{\partial\ln K_x}{\partial p}\right)_T+\sum_B\upsilon_B\left(\frac{\partial\ln p}{\partial p}\right)_T$$

$$=\left(\frac{\partial\ln K_x}{\partial p}\right)_T+\sum_B\upsilon_B\left(\frac{\frac{\partial p}{p}}{\partial p}\right)_T$$

$$=\left(\frac{\partial\ln K_x}{\partial p}\right)_T+\left(\sum_B\upsilon_B\right)\frac{1}{p}$$

恒温下，$\left(\frac{\partial\ln K_p^{\ominus}}{\partial p}\right)_T=0$

所以
$$\left(\frac{\partial \ln K_x}{\partial p}\right)_T=\frac{\sum_B \upsilon_B}{p}=-\frac{\Delta V_m}{RT} \tag{4-39}$$
式中，p 是反应系统的总压；ΔV_m 是单位反应中产物的体积与反应物的体积之差。

由式（4-39）可见，恒温下平衡组成与压力有关。当$\sum_B \upsilon_B>0$ 时，$\left(\frac{\partial \ln K_x}{\partial p}\right)_T<0$，即对增摩尔反应而言，压力升高不利于平衡右移。当$\sum_B \upsilon_B<0$ 时，$\left(\frac{\partial \ln K_x}{\partial p}\right)_T>0$，即对减摩尔反应而言，压力升高有利于平衡右移。

对凝聚相反应而言，因为反应前后体积改变可略去，故压力对平衡移动的影响是可以略去的。

二、惰性气体对化学平衡的影响

由于压力影响气相反应的平衡组成，所以如果在反应系统中增加气体物质而改变各组分压力，必将改变平衡组成，这就是惰性气体对平衡的影响。

所谓惰性气体，指的是不参与反应的物质，例如水蒸气在乙苯脱氢制苯乙烯反应中就是惰性气体，CH_4在氨合成反应中也是惰性气体。

惰性气体对反应的影响分成两种情况。

1. 在保持系统总压不变的情况下加入惰性气体

因为
$$K_p^\ominus=K_x\left(\frac{p}{p^\ominus}\right)^{\sum_B \upsilon_B}=\frac{x_D^d x_E^e}{x_A^a x_B^b}\left(\frac{p}{p^\ominus}\right)^{\sum_B \upsilon_B}$$
$$=\frac{n_D^d n_E^e}{n_A^a n_B^b}\left[\frac{1}{\sum_B n_B}\right]^{\sum_B \upsilon_B}\left(\frac{p}{p^\ominus}\right)^{\sum_B \upsilon_B} \tag{4-40}$$

当加入惰性气体时，由于总压不变，而$\sum_B n_B$加大，若$\sum_B \upsilon_B>0$，$\left[\frac{1}{\sum_B n_B}\right]^{\sum_B \upsilon_B}$必减小，为了维持$K_p$不变，$\frac{n_D^d n_E^e}{n_A^a n_B^b}$必然增大，即反向向右移动，故惰性气体加入增摩尔反应是有利的。如在乙苯脱氢制苯乙烯反应中加入水蒸气，可利于平衡产率增高。也可以这样来理解惰性气体的影响：由于总压不变，惰性气体加入相当于有效成分总压的降低，当然有利于增摩尔反应。

如果$\sum_B \upsilon_B<0$ 时，增加惰性气体必然导致平衡左移，不利于产物生成，因此在反应系统中要设法清除这些惰性气体。例如在用天然气作原料合成氨过程中的惰性气体，由于循环使用原料气，致使原料气体CH_4、Ar 的含量增高，它们都是合成氨过程中的惰性气体，为了不降低合成率，在生产中定时在原料气进入合成塔前释放一部分循环原料气，以降低系统中惰性气体的百分数来提高合成率。这一部分合成气中含有大量可燃的CH_4和H_2，一般可输送到厂生活区作燃料用。

2. 在恒温恒容下加入惰性气体　即加入惰性气体时使系统的总压作相应的变化，则惰性气体的加入不会影响平衡组成。

设未加入惰性气体时
$$pV=\sum_B n_B RT$$
在恒温、恒容下加入惰性气体 $n_{惰}$，压力随之增加 Δp，必有
$$(p+\Delta p)V=\left(\sum_B n_B+n_{惰}\right)RT$$

由于
$$\frac{p}{\sum_{B} n_B} = \frac{RT}{V}\frac{p+\Delta p}{\sum_{B} n_B + n_{惰}} = \frac{RT}{V}$$

所以
$$\frac{p}{\sum_{B} n_B} = \frac{p+\Delta p}{\sum_{B} n_B + n_{惰}}$$

代入式（4－40）
$$K_p^{\ominus} = \frac{n_D^d n_E^e}{n_A^a n_B^b}\left[\frac{p}{(\sum_{B} n_B)p^{\ominus}}\right]^{\sum_B \nu_B} = \frac{n_D^d n_E^e}{n_A^a n_B^b}\left[\frac{p+\Delta p}{(\sum_{B} n_B + n_{惰})p^{\ominus}}\right]^{\sum_B \nu_B}$$

可见，在这种情况下加入惰性气体 $n_{惰}$，而压力相应增加 Δp，所以对平衡组成没有影响。

知识拓展

生物能力学

应用热力学原理和方法研究生化反应中能量转移规律的科学，被称为生物能力学（bioenergetics），它对从分子水平上理解许多生命和生化现象有着重要的意义。

1. 生物化学中的标准态 根据生化反应大部分是在 pH 为 7 左右的情况下进行，生物化学中把 H^+ 化学势的标准态规定为 $c_{H^+} = 10^{-7}$mol/L 的状态，其他物质化学势的标准态仍是各物质浓度为 1mol/L 的状态。因此，在生化反应中，凡有 H^+ 参与的反应，其标准摩尔吉布斯自由能变（自由能）用 $\Delta_r G_m^{\oplus}$ 表示，以区别于其他化学中的 $\Delta_r G_m^{\ominus}$。

设有生化反应
$$aA + bB \rightleftharpoons dD + xH^+$$
各物质的标准态 $c_A = c_B = c_D = 1$mol/L，$c_{H^+} = 10^{-7}$mol/L，在 298K 时，若 $x = 1$，则 $\Delta_r G_m^{\oplus}$ 与 $\Delta_r G_m^{\ominus}$ 的关系是
$$\Delta_r G_m^{\oplus} = \Delta_r G_m^{\ominus} + xRT\ln[H^+] = \Delta_r G_m^{\ominus} - 39.93\text{kJ/mol}(H^+)$$

此式表示生成 H^+ 的生化反应，在中性条件下比酸性条件下更容易自发进行。

2. 生化反应的耦合 耦合反应（coupling reaction），是指系统中发生两个化学反应，其中一个反应的产物是另一个反应的反应物之一，是由一个具有较强自发性的反应迫使另一个非自发反应同时发生的过程。

从能量的观点来看，生物系统中的反应可分为两大类：一是产生有用能的反应，如光合作用及呼吸作用；二是消耗能量的反应，如蛋白质或核酸的合成等。联系这两类反应使生命过程运转的物质是 ATP（三磷酸腺苷），生命活动中的许多吸能反应（$\Delta_r G_m^{\ominus} > 0$）都是依靠了与 ATP 水解的反应相耦合才得以进行。

例如，葡萄糖在人体内（pH 7.0，310K）的代谢过程中，第一步的反应是

（1）葡萄糖 + Pi（无机磷酸盐）$\rightleftharpoons$ 葡萄糖－6－磷酸 + H_2O　　$\Delta_r G_{m,1}^{\ominus} = 13.4$kJ/mol

这一步反应的 $\Delta_r G_{m_1}^{\ominus} \gg 0$，在一般生理条件下不会自动发生，但在下列放能反应（2）的推动下，（1）和（2）耦合得（3）。

（2）ATP + H_2O $\rightleftharpoons$ ADP（二磷酸腺苷）+ Pi　　$\Delta_r G_{m,2}^{\ominus} = -30.5$kJ/mol

（3）葡萄糖 + ATP $\rightleftharpoons$ 葡萄糖－6－磷酸 + ADP　　$\Delta_r G_{m,3}^{\ominus} = -17.2$kJ/mol

由于 $\Delta_r G_{m_3}^{\ominus} \ll 0$，所以反应（1）在（2）的带动下可以进行。

又如。

（4）谷氨酸 + NH_4^+ $\rightleftharpoons$ 谷氨酰胺 + H_2O　　$\Delta_r G_{m,4}^{\ominus} = 15.69$kJ/mol

反应（4）与（2）耦合得

(5) 谷氨酸 + NH_4^+ + ATP ══ 谷氨酰胺 + ADP + Pi $\qquad \Delta_r G^{\ominus}_{m,5} = -14.81\text{kJ/mol}$

可见，反应（4）也是由于（2）的存在才得以进行。

生物体就是依靠这些体内的各种平衡或准平衡维持着生命。如 ATP 的水解，当人进行剧烈运动时，ATP 因消耗大而迅速减少，ADP 则相应增加，引起 ATP/ADP 比值下降，呼吸随之加快，摄入氧量就会增多，从而与无机磷酸盐结合生成 ATP，以取得新的平衡。

知识链接

“不可逆反应”与物理化学中的“不可逆”

在生物化学中，绝大多数酶促反应都是发生在溶液相中的均相反应。因此，这些反应从物理化学本质上而言都是可逆反应。然而，在生物化学家和生物化学教材对很多生化反应进行描述的时候，“不可逆反应”却十分频繁地出现，尤其是大多数的国内生物化学专业教材。典型者如糖酵解的第一步葡萄糖磷酸化，脂肪酸活化的第一步，尿素循环中形成氨甲酰磷酸等。很明显，此处的“不可逆反应”一词与物理化学中所定义的“不可逆”是有区别的。

生物化学领域在描述一个生化反应时所使用的“不可逆”是指，在一定条件下（生理条件下），某一个反应的正反应速率总是大于逆反应速率，因此表观上净反应只向着反应的正方向发生，而不会朝逆方向发生。这样的“不可逆”反应实际上指的是一个发生在特定生物体系下的可逆反应由于反应环境的限制使得其正反应的反应商总是高于反应平衡常数的一种情形。其着眼于宏观上整个体系中净反应进行的方向，或者说是物质流动的方向，而不像物理化学着眼于微观层面参与反应分子的实际反应方向，因此与物理化学中的“不可逆”实际上是完全不同的概念。

答案解析

目标测试

1. 已知 700℃ 时反应 $CO(g) + H_2O(g) = CO_2(g) + H_2(g)$ 的标准平衡常数为 $K^{\ominus} = 0.71$，试问：（1）各物质的分压均为 $1.5p^{\ominus}$ 时，此反应能否自发进行？（2）若增加反应物的压力，使 $p_{CO} = 10p^{\ominus}$，$p_{H_2O} = 5p^{\ominus}$，$p_{CO_2} = p_{H_2} = 1.5p^{\ominus}$，该反应能否自发进行？

（$2.77\text{kJ}\cdot\text{mol}^{-1} > 0$，反应不能自发进行；$-22.3\text{kJ}\cdot\text{mol}^{-1} < 0$，反应能自发进行）

2. 总压 101.325kPa，反应前气体含 SO_2 6%、O_2 12%（物质的量分数），其余为惰性气体 Ar，问在什么温度下，反应 $SO_2(g) + 1/2O_2(g) \rightleftharpoons SO_3(g)$ 达到平衡时，有 80% SO_2 转变为 SO_3？已知 298K 的标准生成热 $\Delta_f H^{\ominus}_m/(\text{kJ}\cdot\text{mol}^{-1})$：$SO_3$ 为 −395.76，SO_2 为 −296.90；298K 的标准熵 $S^{\ominus}_m/(\text{J}\cdot\text{K}^{-1}\cdot\text{mol}^{-1})$：$SO_3$ 为 256.6，SO_2 为 248.11，O_2 为 205.04，并设反应的 $\Delta_r C_p$ 为零。

（$T = 858.2\text{K}$）

3. 理想气体反应：$R(g) \rightleftharpoons 1/2P(g)$，已知：298K 时，有

	$\Delta_f H^{\ominus}_m/\text{kJ}\cdot\text{mol}^{-1}$	$S^{\ominus}_m/\text{J}\cdot\text{K}^{-1}\cdot\text{mol}^{-1}$	$C^{\ominus}_{p,m}/\text{J}\cdot\text{K}^{-1}\cdot\text{mol}^{-1}$
R	70.0	500	76.0
P	20.0	600	152.0

（1）当系统中 $x_R = 0.4$ 时，判断反应在 310K、$p^{\ominus}$ 下进行的方向；

（2）欲使反应向与（1）方向相反的方向进行，T、x_R 不变，压力应控制在什么范围？

（3）欲使反应向与（1）方向相反的方向进行，p、x_R 不变，温度应控制在什么范围？

（4）欲使反应向与（1）方向相反的方向进行，T、p 不变，x_R 应控制在什么范围？

（反应由 P 向 R 进行；要使反应向右进行，$p>23.5p^{\ominus}$；

要使反应向右进行，$p>23.5p^{\ominus}$；反应向右进行，$x_R>0.685$）

4. 已知反应 $NiO(s)+CO(g)=Ni(s)+CO_2(g)$ 的 $K_p^{\ominus}(936K)=4.54\times10^3$，$K_p^{\ominus}(1027K)=2.55\times10^3$。若在上述温度范围内 $\Delta C_p=0$。求此反应在 1000K 时的 $\Delta_r G_m^{\ominus}$、$\Delta_r H_m^{\ominus}$、$\Delta_r S_m^{\ominus}$、K_p。

（$-66.564kJ$，$-50.87kJ$，$15.693kJ\cdot mol^{-1}$，3×10^3）

5. 在 1000℃时加热钢材，用 H_2 做保护气氛时，H_2 与 H_2O 的摩尔比不得低于 1.34，否则 Fe 要氧化成 FeO，如在同样条件下改用 CO 做保护气氛，则 CO 与 CO_2 的摩尔比应超过多少才能起到保护作用？已知此温度下：$CO+H_2O=CO+H_2$ （$K^{\ominus}=0.647$）。

（2.07）

6. 在高温下，水蒸气通过灼热煤层反应生成水煤气：已知在 1000K 及 1200K 时，$K^{\ominus}$ 分别为 2.472 及 37.58。反应如下：$C(s)+H_2O(g)=H_2(g)+CO(g)$

（1）求算该反应在此温度范围内的 $\Delta_r H_m^{\ominus}$；

（2）求算 1100K 时该反应的 K。

（$1.36\times10^5J\cdot mol^{-1}$，10.94）

7. 1500K 时，含 10% CO 和 90% CO_2 的气体混合物能否将 Ni 氧化成 NiO？已知在此温度下：

$$Ni+\frac{1}{2}O_2=NiO，\Delta_r G_{m,1}^{\ominus}=-112050J\cdot mol^{-1} \tag{1}$$

$$C+\frac{1}{2}O_2=CO，\Delta_r G_{m,2}^{\ominus}=-242150J\cdot mol^{-1} \tag{2}$$

$$C+O_2=CO_2，\Delta_r G_{m,3}^{\ominus}=-395390J\cdot mol^{-1} \tag{3}$$

（反应非自发，因而 Ni 稳定，不能被氧化）

8. 乙烯水合反应 $C_2H_4+H_2O\longrightarrow C_2H_5OH$ 的标准摩尔吉布斯函数改变为下式：$\Delta_r G_m(J\cdot mol^{-1})=-3.47\times10^4+26.4(T/K)\ln(T/K)+45.2(T/K)$。试求：

（1）推导出标准反应热与温度的关系；

（2）计算出 573K 时的平衡常数；

（3）求 573K 时反应的熵变。

$$\left(-\frac{\Delta_r H_m}{T^2}=\frac{3.47\times10^4}{T^2}+\frac{26.4}{T},1.11\times10^{-8},-239J\cdot K^{-1}\cdot mol^{-1}\right)$$

9. 酵母羰化酶促丙酮酸的分解反应为

$$CH_3COCOOH(l)\xrightarrow{\text{酵母羰化酶}}CH_3CHO(g)+CO_2(g)$$

已知 298K 时丙酮酸、乙醛和 CO_2 的标准生成吉布斯自由能分别为：$-463.38kJ\cdot mol^{-1}$、$-133.72kJ\cdot mol^{-1}$、$-394.38kJ\cdot mol^{-1}$。

（1）请计算反应在 298K 时的 $\Delta_r G_m^{\ominus}$ 和 $K_p^{\ominus}$。

（2）若此反应的 $\Delta_r H_m^{\ominus}$ 为 $25.01kJ\cdot mol^{-1}$，此反应在 310K 的 $K_p^{\ominus}$ 为多少？

（2.2×10^{11}，3.211×10^{11}）

10. 在 884℃时 CO_2 与 5.62mol 的 K_2CO_3 和 11.10mol 的 $CaCO_3$ 共同加热，平衡时 CO_2 的分压为 101.325kPa（K_2CO_3 不分解），熔融液中有 $CaCO_3$ 和 K_2CO_3，固相为纯 CaO。冷却后称量，发现整个体系失去相当于 3.98mol CO_2 的质量，试求以下两项。

（1）熔融物中 $CaCO_3$ 的摩尔分数？

（2）已知反应：$CaCO_3(l)=CaO(s)+CO_2(g)$的标准平衡常数为3.50，若以纯$CaCO_3$为标准态，求熔融物中$CaCO_3$的活度与活度系数？

（0.559，0.512）

书网融合……

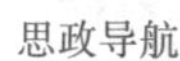

思政导航

本章小结

微课

题库

第五章　相平衡

学习目标

知识目标

1. 掌握　相数、物种数、独立组分数、自由度数等基本概念；克拉贝龙－克劳修斯方程在计算中的应用。

2. 熟悉　蒸馏、精馏、水蒸气蒸馏的基本原理以及杠杆规则在计算中的应用。

3. 了解　水蒸气蒸馏的相关计算；相平衡理论在医药领域中的应用。

能力目标　通过本章的学习，能够掌握一般相图的分析方法，具有利用相图分析解决中药提取、分离和药物制剂等方面相关问题的能力。

制药工业常利用蒸馏、冷冻干燥、结晶、萃取等单元操作来分离、提纯所需的成分，而这些操作的理论基础来源于相平衡原理。此外，药剂学的增溶、剂型、配伍等研究也需要相平衡的理论指导。因此，相平衡理论在药学上有着重要的实际意义。

相平衡研究的主要内容是分析相平衡系统的状态如何随其温度、压力、组成等变量的变化而变化，这些变化既可以从热力学的基本原理、公式出发，推导系统的温度、压力与各相组成间的函数关系，如相律、克拉贝龙－克劳修斯方程、拉乌尔定律等。但绝大多数是用图形来表示相平衡系统温度、压力、组成间的关系，这种图形称为相图。相图的最大特点是直观，能从图中直接了解各量间的关系，尤其对较复杂系统的相图，这一特点表现得更为突出。

本章主要介绍相律、相平衡的一些基本理论和一些典型的相图，旨在能够利用相平衡的理论解决药学的生产、科研领域中的实际问题。

第一节　相律相关的基本概念 微课

相律（phase rule）是描述多相平衡系统中的相数、组分数及自由度等变量之间关系的规律。相律是由吉布斯在1876年借助热力学理论推导出来的，是物理化学中最具有普遍性的定律之一。相律适用于相平衡系统。在引出相律之前，需要先介绍几个基本概念。

一、相与相数

相（phase）是系统中物理性质和化学性质完全均匀的部分。在指定的条件下，相与相之间有明显的界面。从宏观上看，在界面处，物理性质和化学性质发生突变。系统中所含相的总数称为“相数”，用符号“Φ”表示。

（1）气体　一般实验条件下，任何气体分子都能无限均匀地混合，所以一个系统中不论有多少种气体，只能形成一个相。

（2）液体　对于液态物质，根据相互溶解关系可以是一个相，也可以是多个相，如果完全互溶，那么均匀的液态混合物就是一个相，否则有一个液层就是一个相，一般不会超过三个相。

（3）固相 每一种固体都代表着一个相，并与它们的分散度无关，比如大块的 NaCl 晶体和 NaCl 粉末混合在一起还是一个相。在固态时能形成固熔体（固态溶液）的则为一个相，这是因为两种固态物质能够在分子、离子水平相互地均匀分散。如果系统中不同种固体物质没有形成固熔体，则不论这些固体研磨得多么细，系统中含有多少种固体物质，就有多少个相。同一种物质若有不同的晶型共存（如石墨和金刚石等），每种晶型都是一个相。

二、物种数和独立组分数

平衡系统中所含的化学物质的数目称为物种数（number of chemical species），用符号 S 表示。足以确定相平衡系统中所有各相组成所需的独立的最少的物种数，称为独立组分数或简称组分数（number of components），用符号 K 表示。由于每有一个独立的化学反应方程式就有一个相应的平衡常数的计算等式，就可以少考虑一个物种，同时，在同一相中每存在一个独立的不同组分浓度之间的定量关系，即浓度限制条件，亦可少考虑一个物种，因此，物种数（S）和组分数（K）的关系为

组分数 K = 物种数（S） − 独立的化学平衡数（R） − 独立的浓度限制条件（R'）

即

$$K=S-R-R'$$

注意：浓度限制条件要在同一相中才能应用，不同相间不存在浓度限制条件。

【例5-1】 在一抽空容器中，放入一定量的 NH_4HCO_3（s），加热时可发生下列反应。

$$NH_4HCO_3(s) \rightleftharpoons NH_3(g)+CO_2(g)+H_2O(g)$$

求平衡时系统的组分数。

解：物种数 $S=4$，系统中有一个化学平衡，$R=1$。系统中还存在着浓度限制条件：$p_{NH_3,g}=p_{CO_2,g}=p_{H_2O,g}$，并且它们在同一相中，因此 $R'=2$。根据式 $K=S-R-R'$ 得 $K=4-1-2=1$，即只要知道平衡时任一物质的分压，便可确定气相的组成（或浓度）。

【例5-2】 试确定 $H_2(g)+I_2(g) \rightleftharpoons 2HI(g)$ 的平衡系统中，在下述情况下的（独立）组分数。

（1）反应前只有 HI(g)；

（2）反应前 H_2(g) 及 I_2(g) 两种气体的物质的量相等；

（3）反应前有任意量的 H_2(g) 及 I_2(g)。

解：（1）$S=3$，因 $R=1$，$R'=1$，则 $K=S-R-R'=3-1-1=1$

（2）$S=3$，因 $R=1$，$R'=1$，则 $K=S-R-R'=3-1-1=1$

（3）$S=3$，因 $R=1$，$R'=0$，则 $K=S-R-R'=3-1-0=2$

应强调的是，一个系统的物种数是可以随着考虑问题的层面不同而不同，但在平衡系统中的组分数都是确定不变的。以 KCl 的水溶液为例，从分子层面考虑，其物种数 S 为 2，即 KCl 和 H_2O；组分数 K 亦为 2；若从离子层面考虑，其物种数 S 为 5，即 K^+、Cl^-、H^+、OH^- 和 H_2O，但其组分数 K 仍然是 2，因为存在一个化学平衡：$2H_2O \rightleftharpoons H_3O^+ + OH^-$，两个浓度限制条件：$c_{H_3O^+}=c_{OH^-}$、$c_{K^+}=c_{Cl^-}$。

三、自由度

一个平衡系统中，在不引起旧相消失或新相产生的条件下，可以在一定范围内独立地任意改变的强度性质的数目，称为自由度数（degrees of freedom），用符号 f 表示。具体指温度、压力、组成等。例如液相的水，可在一定范围内同时任意改变温度和压力，而仍然能保持为液相，即 $f=2$。但水和水蒸气呈两相平衡时，温度、压力两因素中只有一个可以任意改变，即如果指定了温度就不能再指定压力，或者指定了压力就不能再指定温度。例如在标准压力下，水的沸点为 100℃，若让水处在 120℃，则液态水将消失，只存在气态的水。由此可见温度和压力只有一个是独立可变的，即 $f=1$。自由度数是随相数、

独立组分数而变化的，它们之间的关系可用相律描述。

四、相律

相律（phase rule）是描述多相平衡系统中的相数（Φ）、组分数（K）及自由度数（f）之间关系的规律。

假设有一多组分多相平衡系统，其中有 Φ 个相、S 种物质，平衡时 S 种物质分布在每一相中，若用1、2、3…S 代表各种物质，以α、β、γ…Φ 代表各个相。系统达到平衡时必须满足。

（1）各相间的温度相同　$T^{\alpha}=T^{\beta}=T^{\gamma}=\cdots=T$

（2）各相间的压力相等　$p^{\alpha}=p^{\beta}=p^{\gamma}=\cdots=p$

（3）各相间各物质的化学势相等　$\mu_B^{\alpha}=\mu_B^{\beta}=\mu_B^{\gamma}\cdots=\mu_B^{\Phi}$

整个系统中所有各相都应具有相同的温度（T）和压力（p），而每一相中都有 S 个浓度，其中 $(S-1)$ 个浓度是独立的，因 $\sum x_i=1$。在 Φ 个相中就有 $\Phi(S-1)$ 个浓度变量，加上 T、p 两个变量，则总变量数为 $[\Phi(S-1)+2]$。

由于系统达到相平衡的条件是各物质在各相中的化学势相等，即

$$\mu_1^{\alpha}=\mu_1^{\beta}=\mu_1^{\gamma}=\cdots=\mu_1^{\Phi}$$
$$\mu_2^{\alpha}=\mu_2^{\beta}=\mu_2^{\gamma}=\cdots=\mu_2^{\Phi}$$
$$\vdots$$
$$\mu_S^{\alpha}=\mu_S^{\beta}=\mu_S^{\gamma}=\cdots=\mu_S^{\Phi}$$

化学势的等式就是关联（浓度或组成）变量的关系式，因每一种物质在 Φ 个相中，就有 $S(\Phi-1)$ 个化学势相等的关系式，此外，若系统中还有 R 个独立化学平衡反应式存在，并有 R' 个浓度限制条件，则变量间的关系式数为 $[S(\Phi-1)+R+R']$。

要描述多相平衡系统的状态，需要指定独立变量的总数目，也就是自由度数。因此先找出描述系统状态的总变量数目，扣除不独立的因素，即为自由度数。

$$\text{自由度数}=\text{总变量数}-\text{变量间的关系式数}$$

$$f=[\Phi(S-1)+2]-[S(\Phi-1)+R+R']=[S-R-R']-\Phi+2$$

因为　$$S-R-R'=K$$

所以　$$f=K-\Phi+2 \tag{5-1}$$

式（5-1）是著名的吉布斯相律数学表示式，式中的 f 为自由度数，K 为独立组分数，Φ 为相数，式中的“2”指温度和压力两个变量。相律是一切平衡系统均能适用的规律，但是相律只能指出在平衡系统中有几个相和几个自由度，不能指出这些数目具体代表什么相（气相、液相或固相）和哪几个变量（温度、压力或组成），也不能确定温度、压力或各相的质量数值。在实际应用中，如果指定了温度或压力，则上式可写为

$$f^{*}=K-\Phi+1 \tag{5-2}$$

式中，f^{*} 称为条件自由度。有些平衡系统除温度和压力外，还可能考虑其他因素，因此相律也可写成更普遍的形式。

$$f=K-\Phi+n \tag{5-3}$$

在上述推导中，假设每一相中都含有 S 种物质，如果某一相中不含某种物质，并不会影响相律的形式。若第 i 种物质不在 β 相中，则该相的浓度变量就减少一个，即总变量数减1，但在化学势的等式中也必然减少一个，所以自由度数不变，相律形式也不变。

【例 5-3】试说明下列平衡系统的自由度数为多少？

（1）30℃及标准压力下，$MgCl_2$（s）与其水液态混合物平衡共存；

（2）开始时用任意量的 HCl（g）和 NH_3（g）组成的系统中，反应

$HCl(g)+NH_3(g)=\!=\!=NH_4Cl(s)$达平衡。

解：（1）$K=2\quad \Phi=2\quad f=K-\Phi+0=2-2+0=0$

指定温度、压力，$MgCl_2$的浓度为定值，系统已无自由度。

（2）$S=3\quad R=1\quad R'=0\quad K=3-1=2\quad \Phi=2$

$f=K-\Phi+2=2-2+2=2$

温度、总压及任一气体的浓度中，有两个可独立变动。

第二节　单组分系统

将相律应用于单组分系统，相律可表示为：$f=K-\Phi+2=1-\Phi+2=3-\Phi$。

当 $\Phi=1$ 时，$f=2$，称双变量系统；当 $\Phi=2$ 时，$f=1$，称单变量系统；当 $\Phi=3$ 时，$f=0$，称无变量系统。单组分系统，f 最多为 2，即温度、压力均可变。故可以用 $p-T$ 平面图来描述系统的相平衡关系。下面以水为例，介绍单组分系统相图。

一、水的相图

结合相律讨论水的相图。水在一般温度和压力下有 3 种聚集状态：冰（固态）、水（液态）、水蒸气（气态）。图 5-1 是根据实验数据绘制的水的相图。

图 5-1 中有 AO、OB、OC 三条曲线交于 O 点，把平面分成三个区域，AOB、AOC 及 BOC 分别是固、液、气三个单相区。这些区域中 $\Phi=1$，$f=2$，即系统的温度和压力一定范围内可同时改变而不会产生新相或消失旧相。

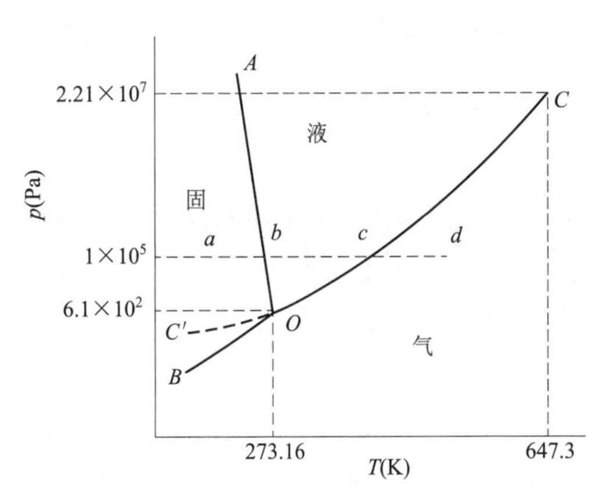

图 5-1　水的相图

图 5-1 中 AO、OC 及 OB 三条线分别代表固⇌液平衡、气⇌液平衡、气⇌固平衡，线上 $\Phi=2$，$f=1$，系统的温度、压力只有一个独立可变，若指定了温度，则系统的平衡压力必须是曲线上对应的压力。反过来讲，如果指定了压力，则温度就只能是曲线上对应的温度。例如 100℃时水的蒸气压必定是 100kPa，水的蒸气压是 506.6kPa 时，温度必定是 151.1℃，而 25℃时水的蒸气压是 3.168kPa。

图 5-1 中 OC 线为液态水与其蒸气平衡，称气-液平衡线，即水在不同温度下的蒸气压曲线。OC 线不能任意延伸，它终止于临界点 C，C 点的温度为 647.3K，对应的压力为 2.21×10^7Pa，在临界点水的密度和水蒸气的密度相等，气、液二相的界面消失，这种状态称为超临界状态。从 C 点作垂线，则垂线以左区域的气体可以加压而液化为水，而垂线以右区域的气体不可能用加压的办法使气体液化。

OB 线是冰与水蒸气两相平衡（即冰的升华线），线上的任意点表示冰和水蒸气平衡时蒸气压与温度的关系，OB 线在理论上可延长到绝对零度附近。

OA 线为冰与水两相平衡，线上的任意点表示水和冰平衡时蒸气压与温度（熔点）的关系。OA 线也不能无限向上延伸，因为延伸到压力为 2.0265×10^8Pa 时，状态图变得较复杂，有六种不同晶形结构的冰生成。

图5－1中虚线OC'是CO线的延长线，表示过冷水与水蒸气的亚稳平衡线，OC'线在OB线之上，其蒸气压比同温度下处于稳定状态的冰的蒸气压大，因此过冷水处于不稳定状态。若在此亚稳平衡的系统中加入少许冰作为晶种，或稍加搅拌，则过冷的水会立即凝固。

图5－1中O点是三条曲线的交点，称为三相点（triple point）。在该点三相共存，$\Phi=3$，$f=0$，即三相点的温度和压力皆由系统自定，不能任意改变。水的三相点的温度为273.16K，压力为610.6Pa。这里需说明的是水的三相点与通常所说的水的冰点是不同的。三相点是严格的单组分系统，而冰点是在水中溶有空气和外压为100kPa时测得的数据。由于水中溶有空气，形成了稀液态混合物，冰点较三相点下降了0.00242℃。其次三相点时系统的蒸气压是610.6Pa，而测冰点时系统的外压为100kPa，由于压力的不同，冰点又下降了0.00747℃，所以水的冰点比三相点下降了$0.00242+0.00747\approx0.01$℃。

根据相图，可以对任一个变化过程进行相图分析。例如物系点a的系统等压加热过程用$abcd$水平线（图5－1）表示，a点是冰，当升温至b点时即达熔点，开始出现液态水，两相平衡共存。当冰全部融化成水进入液相区；再升温至c点时，开始出现水蒸气，此时气、液两相共存，加热至水全部气化为水蒸气，然后进入气相区。

凡是三相点O以上的压力和温度下，物质可由固相变为液相最后变为气相；在三相点O以下的压力和温度下物质可由固相不经过液相直接变为气相，这个过程即为升华。气相遇冷后仍变为固相，例如冰的蒸气压在－40℃为13.3Pa，在－60℃时为1.33Pa，若将－40℃冰面上的压力降低至1.33Pa，则固态的冰直接变为水蒸气（并在－60℃冷却面上复变为冰。同理，如将－40℃的冰在13.3Pa时加热至－20℃，也能发生升华现象）。升华在制药工艺上有重要应用，例如冷冻干燥法，将药物水溶液在短时间内快速深度冷冻成冰，同时将压力降至冰的饱和蒸气压以下，使冰升华除去溶剂，密封后便得到可以长时间贮存的疏松的海绵状粉针剂。

>>> 知识链接

超临界流体

超临界流体兼有气体和液体的优点，其黏度小，扩散系数大，密度大，具有良好的溶解特性和传质特性。一种溶剂在超临界状态的萃取能力比在常温、常压条件下可提高几十至几百倍。超临界流体萃取（SFE）技术正是利用此原理，控制超临界流体在高于临界温度和临界压力的条件下，从目标物中萃取成分，当恢复到常压和常温时，溶解在超临界流体中的成分与超临界流体分开，具有流程简单、操作方便、萃取效率高且能耗少、无溶剂残留等优势，因此在中药提取中越来越广泛地应用。

CO_2是目前应用最广泛的非极性的超临界萃取剂，具有化学性质稳定、无毒、无污染、不易燃、无腐蚀性、对许多有机物溶解能力强等优点。超临界CO_2流体萃取（SC－CO_2萃取）具有以下特点：无溶剂残留，更适用于医药和食品行业；萃取温度接近室温，适合于分离热敏性或易氧化的成分；超临界CO_2的溶解能力和渗透能力强，扩散速度快，提取更完全，能充分利用中药资源；萃取压力适中，容易达到。

二、克拉贝龙－克劳修斯方程

对于单组分系统，两相平衡时的温度和压力只有一个是独立可变的，亦即二者之间有一定的函数关系，这种关系可由相平衡条件导出。

在一定温度和压力下，某纯物质在α相和β相中呈平衡时满足下列条件。

$$G_m^{\alpha}(T,p)=G_m^{\beta}(T,p)$$

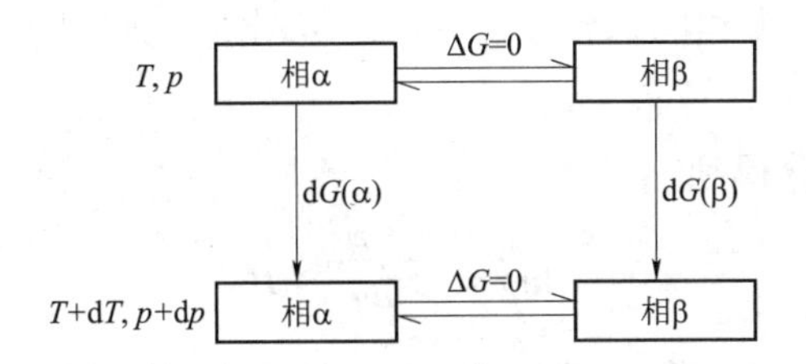

若系统的温度由 T 变至 $T+\mathrm{d}T$，相应地压力也由 p 变至 $p+\mathrm{d}p$，则系统的摩尔吉布斯自由能分别变至 $G_m^\alpha+\mathrm{d}G_m^\alpha$、$G_m^\beta+\mathrm{d}G_m^\beta$，此时达到新的平衡，则有

$$G_m^\alpha+\mathrm{d}G_m^\alpha=G_m^\beta+\mathrm{d}G_m^\beta$$

因为
$$G_m^\alpha=G_m^\beta$$

所以
$$\mathrm{d}G_m^\alpha=\mathrm{d}G_m^\beta$$

从热力学的基本公式 $\mathrm{d}G=-S\mathrm{d}T+V\mathrm{d}p$ 得

$$\mathrm{d}G_m^\alpha=-S_m^\alpha\mathrm{d}T+V_m^\alpha\mathrm{d}p$$

$$\mathrm{d}G_m^\beta=-S_m^\beta\mathrm{d}T+V_m^\beta\mathrm{d}p$$

于是
$$-S_m^\alpha\mathrm{d}T+V_m^\alpha\mathrm{d}p=-S_m^\beta\mathrm{d}T+V_m^\beta\mathrm{d}p$$

移项
$$(V_m^\beta-V_m^\alpha)\mathrm{d}p=(S_m^\beta-S_m^\alpha)\mathrm{d}T$$

$$\frac{\mathrm{d}p}{\mathrm{d}T}=\frac{S_m^\beta-S_m^\alpha}{V_m^\beta-V_m^\alpha}=\frac{\Delta_\alpha^\beta S_m}{\Delta_\alpha^\beta V_m} \tag{5-4}$$

式中，S_m^α、S_m^β、V_m^α、V_m^β 分别为某物质 α、β 相的摩尔熵、摩尔体积；ΔS_m 和 ΔV_m 分别为 1mol 纯物质相变过程中的熵变和体积变化。

因为
$$\Delta_\alpha^\beta S_m=\frac{\Delta_\alpha^\beta H_m}{T}$$

式中，$\Delta_\alpha^\beta H_m$ 为可逆相变焓。

代入式（5-4）即得
$$\frac{\mathrm{d}p}{\mathrm{d}T}=\frac{\Delta_\alpha^\beta H_m}{T\Delta_\alpha^\beta V_m} \tag{5-5}$$

式（5-5）称为克拉贝龙（Clapeyron）方程。

克拉贝龙方程表明了单组分系统两相平衡时的压力随温度的变化率，它适用于任何纯物质的任何两相平衡。

若将克拉贝龙方程应用到气、固两相平衡或气、液两相平衡系统，并假设蒸气为理想气体，又因液相或固相的摩尔体积远小于气相的摩尔体积，所以 $\Delta_\alpha^\beta V_m$ 可近似为 V_m^g，克拉贝龙方程简化为

$$\frac{\mathrm{d}p}{\mathrm{d}T}=\frac{\Delta_\alpha^g H_m}{T\Delta_\alpha^g V_m}\approx\frac{\Delta_\alpha^g H_m}{TV_m^g}=\frac{\Delta_\alpha^g H_m}{T\left(\frac{RT}{p}\right)}=\frac{p\Delta_\alpha^g H_m}{RT^2} \tag{5-6}$$

或
$$\frac{\mathrm{d}\ln p}{\mathrm{d}T}=\frac{\Delta_\alpha^\beta H_m}{RT^2} \tag{5-7}$$

式（5-6）或式（5-7）称为克拉贝龙-克劳修斯方程，此方程不仅适用于气-液两相平衡，也适用于气-固两相平衡，由于克拉贝龙-克劳修斯方程不需要 $\Delta_\alpha^\beta V_m$ 数据，比克拉贝龙方程方便，但此方程不如克拉贝龙方程精确和普遍。若温度变化的范围不很大，$\Delta_\alpha^\beta H_m$ 可近似地作为一个常数。将式（5-7）在 T_1 和 T_2 间进行定积分，得

$$\ln\frac{p_2}{p_1}=-\frac{\Delta_\alpha^\beta H_m}{R}\left(\frac{1}{T_2}-\frac{1}{T_1}\right) \tag{5-8}$$

此式为克拉贝龙－克劳修斯方程的积分形式。该式可用来计算不同温度时的蒸气压、不同外压下的沸点或相变潜热。

若将式（5－7）作不定积分得到

$$\ln p = -\frac{\Delta_{\alpha}^{\beta} H_{m}}{RT} + B \tag{5-9}$$

式中，B 为积分常数，通过实验可测得不同温度下的饱和蒸气压，然后以 $\ln p$ 对 $1/T$ 作图应为一直线，从图上可以求出直线的斜率并计算出液体蒸发时的摩尔焓变。

若缺少液体蒸发时的摩尔焓变数据时，可以用特鲁顿（Trouton）规则进行估算。对于一般非极性液体（液体分子不缔合）来说

$$\Delta_{vap} H_{m} = T_{b} \Delta_{vap} S_{m} \approx T_{b} \cdot 88\text{J/(K} \cdot \text{mol)}$$

式中，T_b为该液体在外压为 100kPa 时的沸点；$\Delta_{vap} S_m$ 和 $\Delta_{vap} H_m$ 分别表示该液体在蒸发时的摩尔熵变和摩尔焓变。应注意此规则不能用于极性较强的液体。

【例 5－4】 已知水在 100kPa 下的沸点（正常沸点）为 100℃，$\Delta_{vap} H_m(H_2O) = 40.6$kJ/mol，试计算：

（1）368.15K 时水的蒸气压；

（2）气压为 57.3kPa 的高山上水的沸点；

（3）气压为 200kPa 高压锅里水的沸点。

解：（1）因水在 100kPa 下的沸点为 100℃，则 100℃时水的蒸气压为 100kPa。

$$p_1 = 100\text{kPa},\ T_1 = 373.15\text{K},\ T_2 = 368.15\text{K},\ p_2 = ?$$

由：

$$\ln \frac{p_2}{p_1} = -\frac{\Delta_{\alpha}^{\beta} H_m}{R_2}\left(\frac{1}{T_2} - \frac{1}{T_1}\right)$$

$$\ln \frac{p_2}{100} = -\frac{40.6 \times 10^3}{8.314}\left(\frac{1}{368.15} - \frac{1}{373.15}\right)$$

解得：

$$p_2 = 83.7\text{kPa}$$

（2）设外压 57.3kPa 时水的沸点为 T_2

由：

$$\ln \frac{p_2}{p_1} = -\frac{\Delta_{\alpha}^{\beta} H_m}{R_2}\left(\frac{1}{T_2} - \frac{1}{T_1}\right)$$

$$\ln \frac{57.3}{100} = -\frac{40.6 \times 10^3}{8.314}\left(\frac{1}{T_2} - \frac{1}{373.15}\right)$$

解得：

$$T_2 = 357.9\text{K 或 } T_2 = 84.8℃$$

高山上气压低会造成水的沸点降低，这就是为什么在高山用普通锅烧饭不容易熟的原因。此外，这也是减压蒸馏的原理，即可以借助真空泵降低系统压力获得低温。减压蒸馏特别适用于那些在常压蒸馏时未达沸点即已受热分解、氧化或聚合的物质。

（3）设气压为 200kPa 高压锅里水的沸点为 T_2

由

$$\ln \frac{p_2}{p_1} = -\frac{\Delta_{\alpha}^{\beta} H_m}{R_2}\left(\frac{1}{T_2} - \frac{1}{T_1}\right)$$

$$\ln \frac{200}{100} = -\frac{40.6 \times 10^3}{8.314}\left(\frac{1}{T_2} - \frac{1}{373.15}\right)$$

解得：

$$T_2 = 394.2\text{K 或 } T_2 = 121℃$$

通常细菌在 121℃高压蒸汽中 20～30 分钟能被杀死，这就是为什么医药、生物实验室用气压相当于 200kPa 的高压锅作为消毒灭菌手段的原理。

【例5-5】正己烷的沸点为69℃，估计其60℃的蒸气压。

解：据特鲁顿规则计算蒸发热

$$\Delta_{vap}H_m = 88 \times (273.15 + 69) = 30.11\text{kJ/mol}$$

$$\ln\frac{p_2}{p_1} = \frac{\Delta_{vap}H_m(T_2 - T_1)}{RT_1T_2} = \frac{30.11 \times 10^3 \times (-9)}{8.314 \times 333.15 \times 342.15} = -0.2859$$

$$p_2 = 0.7513p_1 = 75.13\text{kPa}$$

中药在提取分离有效成分时，实验室常用减压蒸馏或旋转蒸发仪回收溶剂，为了避免有效成分热分解，常要控制温度不超过60℃。如果用正己烷作提取溶剂，回收溶剂时，只要减压到3/4的大气压，就可以控制温度不超过60℃。

第三节　完全互溶的双液系统

对于二组分系统，$K=2$，根据相律公式 $f=K-\Phi+2=4-\Phi$。因系统中至少有一个相存在，则当 $\Phi=1$ 时，$f_{max}=3$，即二组分系统最多有三个独立变量，分别为温度、压力和组成（浓度），因此二组分系统的状态图需要用三维的立体图才能表达，但实际上，为了绘制和应用方便，通常指定某一变量固定不变，观察另外两个变量之间的关系，这样只需要制作平面图就能表示二组分系统的状态了，相应的得到了三种平面图，分别是 $p-x$（指定温度）图、$T-x$（指定压力）和 $T-p$（组成一定）图，常用的是 $p-x$ 图和 $T-x$ 图。

二组分系统相图的类型很多，在双液系统中我们将介绍完全互溶的双液系统（包括完全互溶的理想液态混合物系统和完全互溶的非理想液态混合物系统）、部分互溶的双液系统和完全不互溶的双液系统的相图；固-液系统的相图。

一、完全互溶的理想液态混合物系统

1. 完全互溶的理想液态混合物的 $p-x$ 图　对于二组分理想液态混合物系统，由于两种液体只是相互稀释，它们各自的特性并不发生变化，因此液态混合物的一些强度性质，如密度、黏度、蒸气压等都介于两个纯液体之间，并与液态混合物的组成呈线性关系。

对于理想液态混合物来说，任一组分在全部浓度范围内都符合拉乌尔定律。现以A、B表示二组分理想液态混合物的两个组分，p_A、p_B 分别表示在该液态混合物中两组分的蒸气压，而以 p_A^*、p_B^* 分别表示同一温度下纯A和纯B的饱和蒸气压，x_A、x_B 分别为液态混合物中组分A和组分B的摩尔分数。则根据拉乌尔定律，可以得到下面两个数学表达式。

$$p_A = p_A^* x_A \qquad (5-10)$$

$$p_B = p_B^* x_B \qquad (5-11)$$

则液态混合物的总压为

$$\begin{aligned} p &= p_A + p_B = p_A^* x_A + p_B^* x_B \\ &= p_A^*(1-x_B) + p_B^* x_B = p_A^* + (p_B^* - p_A^*)x_B \qquad (5-12) \end{aligned}$$

从以上三式可以看出，液态混合物的总蒸气压 p 和组分A、组分B的蒸气压 p_A、p_B 都与液态混合物的组成呈线性关系。在定温下，以 x_B 为横坐标，以蒸气压 p 为纵坐标，绘图可得理想液态混合物的 $p-x$ 图，见图5-2。图中实线表示液态混合物的总蒸气压与液相组成之间的关系，虚线分别表示组分A和组分B的蒸气压与其组成的关系，三条线均为直线。

2. 完全互溶理想液态混合物的 $p-x-y$ 相图　绘制二组分气-液平衡系统的 $p-x-y$ 相图，还需清

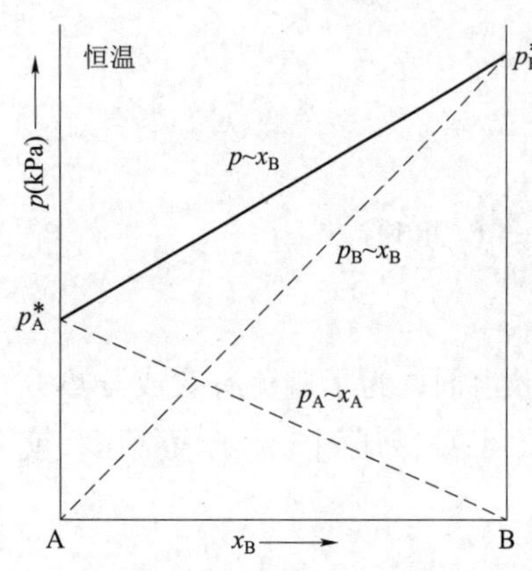

图 5-2 理想液态混合物的 $p-x$ 图

楚蒸气压与气相组成之间的关系，进而绘制出气相线。设气相总蒸气压为 p，气液平衡时气相中组分 A 和组分 B 的摩尔分数分别是 y_A、y_B。根据分压定律和拉乌尔定律，有下列的关系。

$$y_A = p_A/p = p_A^* x_A/p \tag{5-13}$$

$$y_B = p_B/p = p_B^* x_B/p \tag{5-14}$$

由式（5-13）和式（5-14）可得气相中组分 A 和组分 B 的摩尔分数比为

$$\frac{y_A}{y_B} = \frac{p_A^* x_A}{p_B^* x_B} \tag{5-15}$$

若纯液体 B 比纯液体 A 易挥发，亦即 $p_B^* > p_A^*$ 则 $\frac{y_A}{y_B} < \frac{x_A}{x_B}$

因为 $x_A + x_B = 1 \quad y_A + y_B = 1$

所以
$$\frac{1-y_B}{y_B} < \frac{1-x_B}{x_B}$$

则
$$y_B > x_B \quad 或 \quad y_A < x_A \tag{5-16}$$

式（5-16）说明，在相同温度下有较高蒸气压的易挥发组分 B，在气相中的浓度大于它在液相中的浓度；而有较低蒸气压的难挥发组分 A 在液相中的浓度比在气相中大，这个规律称为柯诺瓦洛夫（Konowalov）第一定律，这正是蒸馏和精馏能够对液体混合物进行分离的原因所在。

【例 5-6】 60℃时甲醇的饱和蒸气压是 80kPa，乙醇的饱和蒸气压为 50kPa。二者可形成理想液态混合物。若混合物的组成以摩尔分数表示，各为 0.5，求 60℃时此混合物的平衡蒸气组成，以摩尔分数表示。

解： 根据道尔顿分压定律和拉乌尔定律，有

$$p = p_{甲醇} + p_{乙醇} = p_{甲醇}^* x_{甲醇} + p_{乙醇}^* x_{乙醇} = 80 \times 0.5 + 50 \times 0.5 = 65\text{kPa}$$

$$y_{甲醇} = p_{甲醇}/p = 40/65 = 0.615$$

$$y_{乙醇} = p_{乙醇}/p = (65-40)/65 = 0.385$$

即 60℃时此混合物的平衡蒸气中 $y_{甲醇}$ 为 0.615，$y_{乙醇}$ 为 0.385。

根据式（5-12）和式（5-14）联解可得到总压和气相组成的关系为

$$p = \frac{p_A^* p_B^*}{p_B^* + (p_A^* - p_B^*) y_B} \tag{5-17}$$

以 p 对 y_B 作图，即可得到压力-组成图上的气相线。在一定温度下，如果把液态混合物蒸气压与气、液两相平衡组成的关系画在一张图上，就得到了理想液态混合物气-液平衡共存的 $p-x-y$ 相图，见图 5-3。

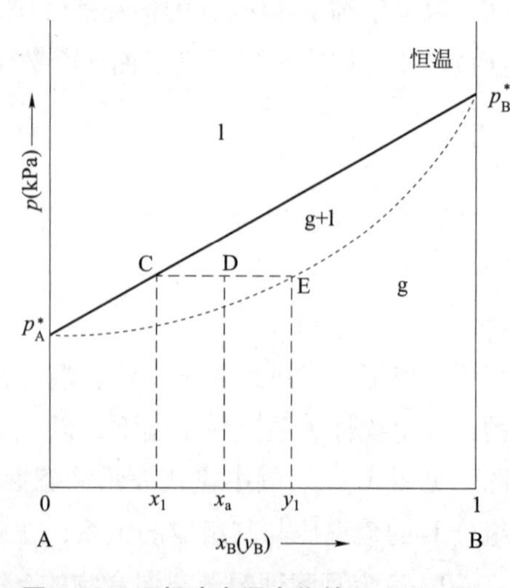

图 5-3 理想液态混合物的 $p-x-y$ 图

图 5-3 中虚线为气相线，表示总蒸气压与气相组成 y 之间关系的曲线，实线为液相线，表示总蒸气压与液相组成 x 之间关系的曲线。气相线和液相线把全图分为三个区域，液相线以上的区域表示系统的压力高于液态混合物的饱和蒸气压，气相不可能存在，所以这个区域是液相区，$\Phi = 1$，$f^* = 2$，压力和液相组成在一定的范围内可以任意同时改变；气相线以下的区域是气相区，同样 $\Phi = 1$，$f^* = 2$，压力和气相组成在一定的范围内可以任意改变；液相线与气相线之间的梭形区则是气、液两相平衡共存区，

在该区域内，$\Phi=2$，$f^*=1$，只有一个自由度，如果压力被指定，则两个平衡相的组成随之而定，反之亦然。

在相图上表示系统总组成的点称为物系点，表示某一相的组成的点称为相点。当系统处于单相区时，其物系点就是相点，两者是一致的，即系统的总组成与该相的组成相同；当系统处于气、液两相共存区，物系点与相点不重合，此时可通过物系点作水平线，该线与液相线和气相线的交点分别为液相点和气相点。如图 5-3 中 D 点代表物系点，表示系统中 B 组分的总组成为 x_a，C 点和 E 点分别为液相点和气相点，表示液、气两相中 B 组分的组成分别为 x_1 和 y_1。两相点之间的连线 CE 称为连结线。

3. 杠杆规则　如图 5-3 所示，当系统处于 D 物系点时，系统中 B 组分摩尔分数为 x_a，此时气、液两相平衡共存，液相中 B 组分的摩尔分数为 x_1，气相中 B 组分的摩尔分数为 y_1，设系统的总物质的量为 n，液相的物质的量为 n_l，气相的物质的量为 n_g，根据质量守恒原理，整个系统中 B 组分的物质的量一定等于其在气相中和液相中的物质的量之和，则

$$nx_a=n_lx_1+n_gy_1n=n_l+n_g$$ 代入整理，可得

$$\frac{n_l}{n_g}=\frac{y_1-x_a}{x_a-x_1}=\frac{\overline{DE}}{\overline{CD}} \tag{5-18}$$

式（5-18）表示，当系统处于气、液两相共存时，平衡两相的物质的量反比于物系点到两个相点的线段长度，此规则称作杠杆规则。由于杠杆规则来源于质量守恒定律，所以对于相图中的任意两相区，杠杆规则都可以使用。如果相图中横坐标用质量分数表示组成，则杠杆规则可写作

$$\frac{m_l}{m_g}=\frac{\overline{DE}}{\overline{CD}} \tag{5-19}$$

4. 完全互溶理想液态混合物的 $T-x-y$ 图（即沸点-组成图）　在药物研究和制药生产中常用到蒸馏和精馏都是在压力一定的情况下进行的，所以实际工作中二组分系统的 $T-x-y$ 图比 $p-x-y$ 图更为有用，那如何得到二组分系统的 $T-x-y$ 图呢？

如果已知不同温度下二组分理想液态混合物的 $p-x-y$ 图，可据此绘制其气-液平衡共存的 $T-x-y$ 图。但实际上定压下的 $T-x-y$ 相图常常通过实验绘制。实验中，通常测定一定压力下不同组成的液态混合物在一定温度沸腾时的气-液平衡共存的两相组成，然后以沸点对组成作图，就可以得到一定压力下的 $T-x-y$ 相图。如图 5-4 所示。

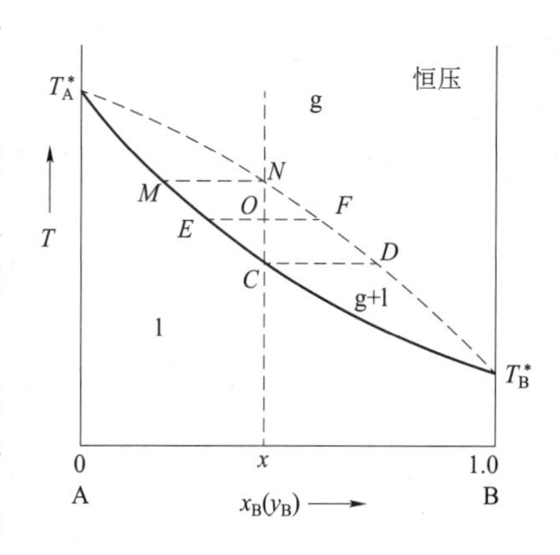

图 5-4　理想液态混合物的 $T-x-y$ 图

完全互溶理想液态混合物的 $T-x-y$ 相图与 $p-x-y$ 相图比较，$T-x-y$ 相图的气相线在上，液组线在下；中间仍为两相平衡共存区，且两线均为曲线；显然，蒸气压越高的液态混合物，其沸点越低，反之，蒸气压越低的液态混合物，其沸点越高，所以二组分理想液态混合物的 $T-x-y$ 图与 $p-x-y$ 图的梭形区呈倒转的形式。一定温度下，平衡共存的两相的相对量仍然可以按杠杆规则进行计算。

一定压力下，对 B 组分组成为 x 的理想液态混合物系统进行加热，物系点将沿该组成的垂线向上移动，到达 C 点时液态混合物开始沸腾，沸腾的温度也就是该压力下对应液态混合物的沸点。最初形成蒸气的组成是图 5-4 中的 D 点；若继续加热，物系点进入两相平衡区内，当温度升高至 O 点对应的温度，系统呈液-气两相平衡，液相组成和气相组成分别为 E、F 两点，系统的温度继续上升，物系点向上移动到 N 点时，系统中液态混合物几乎全部蒸发成为蒸气而进入气相的单相区。由图 5-4 可以看出，液态混合物的组成不同，其沸点就不同，所以液相线又可称为 A、B 所形成液态混合物的沸点曲线。

二、完全互溶的非理想液态混合物的相图

经常遇到的实际液态混合物绝大多数是非理想液态混合物，所谓非理想液态混合物，就是把其蒸气压的实测值与按理想液态混合物进行处理时的计算值相比较，两者出现了偏差。如果实测值比拉乌尔定律计算值高，则为正偏差；如果实测值比拉乌尔定律计算值低，则为负偏差。非理想液态混合物产生偏差的原因，虽然具体情况各有不同，但都是因为混合的两个组分的分子之间相互作用的结果。一般有以下三种原因：①由于各组分间的引力不同。如果 A－B 分子间的引力小于 A－A 或 B－B 分子之间的引力，则 B 分子掺入后就会减少 A 分子或 B 分子所受到的引力，A 和 B 都变得容易逸出，所以 A 和 B 分子的蒸气压都产生了正偏差。②由于形成化合物或氢键。如果两组分混合后，部分分子形成化合物或氢键，液态混合物中 A、B 的分子数都要减少，因而产生负偏差。如在三氯甲烷和乙醚的系统中，三氯甲烷和乙醚之间会形成 $C(Cl)_3H\cdots O(C_2H_5)_2$，混合物中游离的两种分子数目都减少，产生负偏差。由于在生成化合物时常有热量放出，所以形成这类液态混合物时常伴有温度升高和体积缩小的效应。③由于存在缔合作用。如在乙醇和苯的混合物中，乙醇是极性化合物，分子间有一定的缔合作用，当非极性的苯分子混入后，使乙醇分子间的缔合体发生解离，导致液相中乙醇分子数目增加，蒸气压增大，因而产生正偏差。因为缔合分子发生解离时常常吸收热量，所以形成这类液态混合物时通常伴随有温度降低和体积增加的效应。

对于二组分非理想液态混合物系统，根据正、负偏差的大小，通常分为以下两种类型。

1. 一般正偏差或一般负偏差系统　一般正偏差、一般负偏差的系统，是指当非理想液态混合物对于组分 A 或 B 发生正、负偏差都不是很大，液态混合物的总蒸气压总是介于两个纯组分的蒸气压之间，如图 5－5a、图 5－6a 所示。图 5－5a、图 5－6a 中的虚线表示假定其为理想液态混合物时的计算值，实线表示实测的总蒸气压、蒸气分压随组成的变化。因为非理想液态混合物的蒸气压与拉乌尔定律计算值产生偏差，所以在相图上 $p-x$ 之间不再呈直线关系。若将气相线也绘入到相图中，便得到完整的描述非理想液态混合物气－液平衡的 $p-x-y$ 相图和 $T-x-y$ 图，见图 5－5b、图 5－5c、图 5－6b、图 5－6c 所示。具有一般偏差的非理想液态混合物系统的相图的分析和讨论与前述理想液态混合物的对应相图的分析和讨论相似，在此不再赘述。

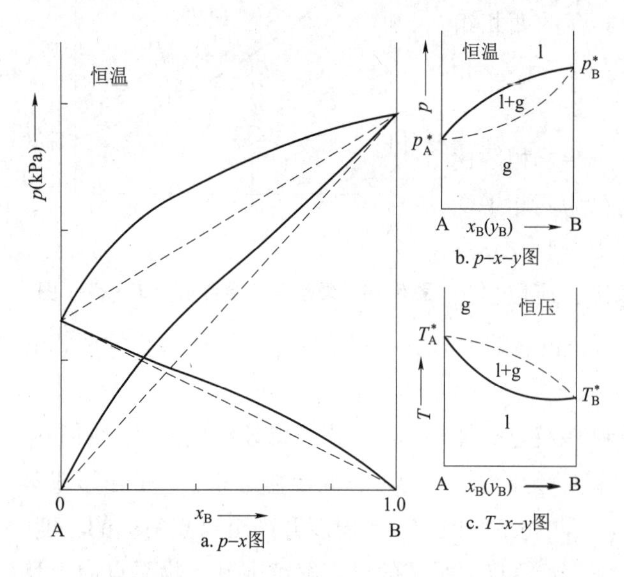

图 5－5　具有一般正偏差的非理想溶液的相图示意图

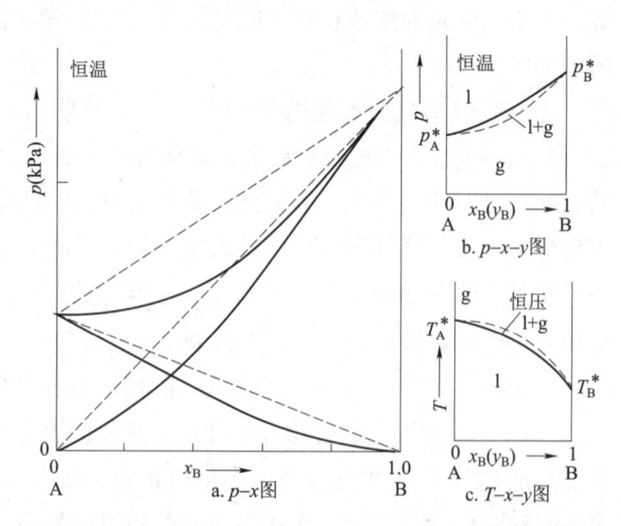

图 5－6　具有一般负偏差的非理想溶液的相图示意图

2. 正、负偏差很大的系统　A、B 二组分所组成的非理想液态混合物如果发生很大的正偏差，则在某一定的浓度范围内，液态混合物的总蒸气压会比纯 A 和纯 B 的蒸气压都大；A、B 二组分所组成的非理想液态混合物如果发生很大的负偏差，则在某一定的浓度范围内，液态混合物的总蒸气压会比纯 A 和纯 B 的蒸气压都小，见图 5－7a、图 5－8a 所示。同样，在两图中，虚线代表符合拉乌尔定律的情况，实线表示实际情况。

图 5－7b、图 5－7c 为具有很大正偏差的非理想液态混合物的 $p-x-y$ 图和 $T-x-y$ 图，由图 5－7 可见，在有很大正偏差的非理想液态混合物的 $p-x-y$ 图上出现了最高点，液体蒸气压越高，沸点越低，则在其 $T-x-y$ 相图上出现了最低点。图 5－8b、图 5－8c 为具有很大负偏差的非理想液态混合物中的 $p-x-y$ 图和 $T-x-y$ 图，其 $p-x-y$ 图上出现了最低点，则其 $T-x-y$ 相图上出现了最高点。在最高或最低点处气相线和液相线在此处相切于一点，说明在该点的气相组成与液相组成相同，即 $x_B=y_B$。

在正负偏差很大系统的 $T-x-y$ 相图中，最低点和最高点分别称为最低恒沸点和最高恒沸点，此点处组成的液态混合物分别称作最低恒沸混合物和最高恒沸混合物。应该注意的是，在一定外压下，恒沸混合物的沸点和组成固定不变，但若外压改变，沸点和组成也随之改变，见表 5－1。因此，恒沸混合物并不是具有确定组成的化合物，而是两种组分挥发能力暂时相等的一种状态。

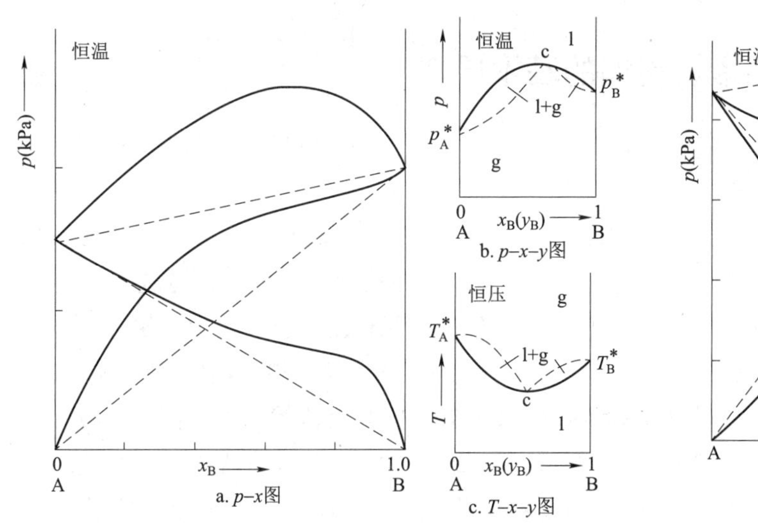

图 5－7　具有很大正偏差的非理想溶液的相图示意图

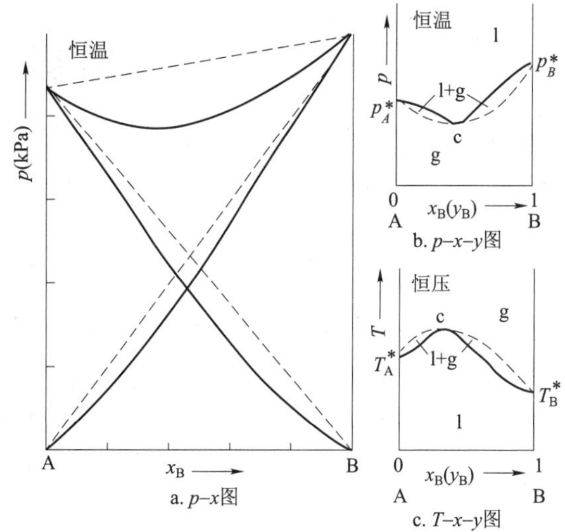

图 5－8　具有很大负偏差的非理想溶液的相图示意图

表 5－1　压力对乙醇－水恒沸物组成的影响

压力（kPa）	101.3	53.3	26.7	21.3
恒沸混合物中乙醇的质量分数（%）	95.57	96.0	97.5	99.5

对于这类系统的相图分析，可以最高点或最低点为界，将图分为左、右两个部分，再参考前述理想液态混合物的对应相图进行分析讨论。

各类恒沸混合物的组成和沸点见表 5－2 和表 5－3。

表 5－2　具有最低恒沸点的恒沸混合物（压力为 $p^\ominus$）

组分 A	沸点（K）	组分 B	沸点（K）	最低恒沸混合物	
				B(%)(w/w)	沸点（K）
H_2O	373.16	C_2H_5OH	351.50	95.57	351.31
CCl_4	349.91	CH_3OH	337.86	20.56	328.86

续表

组分 A	沸点（K）	组分 B	沸点（K）	最低恒沸混合物	
				B(%)(w/w)	沸点（K）
CS_2	319.41	CH_3COCH_3	329.31	33	312.36
$CHCl_3$	334.36	CH_3OH	337.86	12.60	326.56
C_2H_5OH	351.46	C_6H_6	352.76	68.24	340.79
C_2H_5OH	351.46	$CHCl_3$	334.36	93	332.56

表 5-3 具有最高恒沸点的恒沸混合物（压力为 $p^{\ominus}$）

组分 A	沸点（K）	组分 B	沸点（K）	最低恒沸混合物	
				B(%)(w/w)	沸点（K）
H_2O	373.16	HCl	193.16	20.24	381.74
H_2O	349.91	HNO_3	359.16	68.00	393.66
H_2O	319.41	HBr	206.16	47.50	399.16
H_2O	334.36	HCOOH	374	77.00	380.26
$CHCl_3$	351.46	CH_3COCH_3	329.31	20.00	337.86
C_6H_5OH	351.46	$C_6H_5NH_2$	457.56	58.00	459.36

三、蒸馏、精馏的基本原理

蒸馏和精馏是分离液体混合物经常采用的重要方法。两者都是在压力一定时进行的操作，所以可根据 $T-x-y$ 相图分别来说明蒸馏和精馏的基本原理。

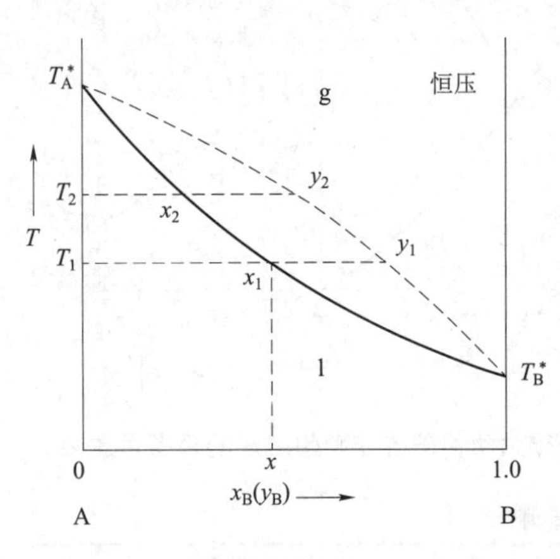

图 5-9 简单蒸馏的 $T-x-y$ 相图示意

1. 蒸馏 如图 5-9 所示。若将组成为 x 的 A、B 原始混合液态混合物置于烧瓶中，在定压下加热到温度为 T_1 时液态混合物开始沸腾，产生蒸气，气相的组成为 y_1，由于气相中含沸点低的 B 组分比液相中多，液相中含沸点高的 A 组分的摩尔分数一定增多，所以液相组成将沿 $x_1T_A^*$ 线上升，同时液体的沸点升高。当液体沸点升高到 T_2 时，共存气相的组成为 y_2。蒸馏过程中，气相通过冷凝管不断地被冷凝而进入接收瓶中，组成为 x_1 的 A、B 原始混合液态混合物溜出液中第一滴液体的组成近似为 y_1，如果接收 T_1-T_2 区间的馏分，则馏出物的组成在 y_1 和 y_2 之间。馏出物中易挥发的 B 组分的含量比原始混合物中会增加，而烧瓶内剩余的混合物中难挥发的 A 组分的含量比原混合物中会增多。由此可见，按不同的沸程收集的馏出液仍然是混合物，即简单蒸馏只能把混合系统进行粗略的分离，而不能完全彻底地分离得到两个纯组分。要使液体混合物获得较为完全的分离，需要采用精馏的方法。

2. 精馏 精馏是指将 A 和 B 构成的液态混合物反复进行部分气化和部分冷凝，使液态混合物中组分 A 和组分 B 达到较为完全分离的操作。精馏实际上是多次蒸馏的组合，需要在精馏塔中进行。根据内部构造不同，精馏塔有多种形式，例如泡罩塔、筛板塔、填料塔等。图 5-10 为筛板塔示意，它主要由三部分组成：①加热釜。加热釜处于精馏塔的底部，一般用蒸汽加热釜中的物料，使之沸腾并气化，下面有出料口，可排出高沸点组分。②塔身。其外壳是用保温物质隔热，塔身内上、下排列着多块塔板。如筛板塔，上面有很多小孔，供上升的蒸汽通过，并有溢流管，以便回流冷凝液进入下层塔板。在塔身中部塔板上设有进料口，以使原料与该层液体的浓度一致。在此加料并使料液混合物的组成和该塔板上液态混合物组成相同。③冷凝器。冷凝器处于顶部，低沸点的蒸气最后自塔顶进入冷凝器，冷凝液部分回流入塔内，以保持精馏塔的稳定操作，其余部分收集为低沸点产品。

精馏塔的效率与塔板数密切相关。混合物在塔底加热釜经加热后，蒸气上升，与上层塔板上的液体接触，两者发生热交换，蒸气中的高沸点物质部分冷凝为液体，放出热量，通过溢流管回流，其热量使液体中的低沸点物质蒸发为气体，并上升到高一层的塔板。在精馏塔中的每一块塔板上都同时发生着由下一块塔板上来的蒸气的部分冷凝和上一块塔板下来的液体的部分气化过程，具有 n 块塔板的精馏塔中发生了 n 次的部分冷凝和部分气化，相当于在塔中进行了 n 次的简单蒸馏，整个精馏过程中，易挥发组分越来越富集于塔顶，而难挥发组分越来越富集于塔底。因此，塔板数越多，蒸馏的次数就越多，分离的效果也越好。

精馏过程中液态混合物气液相组成的变化，可借助于图 5－11 进行说明。设原始混合物的组成为 x，在恒压下加热到温度为 T_3，物系点的位置为 O 点，此时液、气两相的组成分别为 x_3和 y_3。

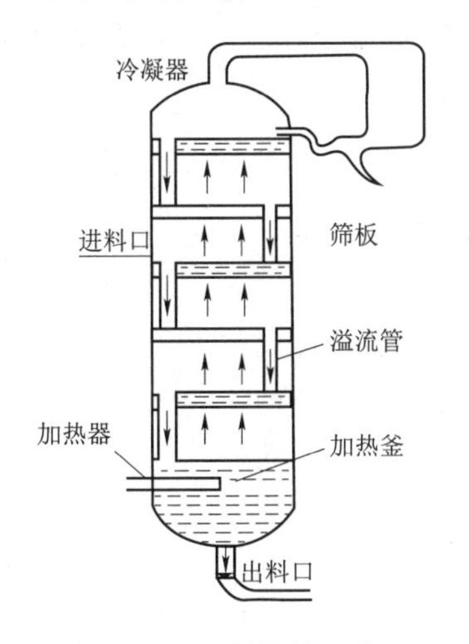

图 5－10 精馏塔示意

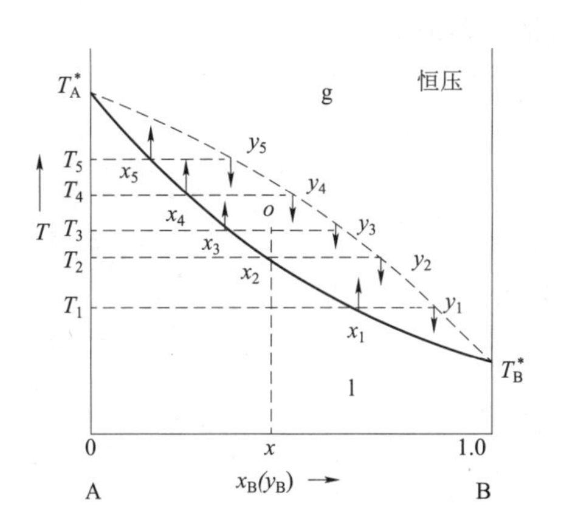

图 5－11 精馏过程的 $T-x-y$ 相图示意

将气液两相的组成在精馏过程的变化分开进行讨论，首先考虑气相部分。如果把组成为 y_3的气相冷却到温度 T_2，则气相中沸点较高的组分 A 将部分地冷凝为液体，得到组成为 y_2的气相和组成为 x_2的液相。再将组成为 y_2的气相冷却到温度 T_1，就得到了组成为 y_1的气相和组成为 x_1的液相。由图 5－11 可见：$y_3<y_2<y_1$，即在精馏塔中随着蒸气通过塔板上升的过程中，气相中易挥发的 B 组分的含量越来越高。如果继续下去，反复把气相部分冷凝，气相组成沿气相线下降，最后靠近右轴，其组成就无限地接近纯 B，在精馏塔塔顶冷凝器冷凝后得到液体 B。

再考虑液相部分。对组成为 x_3的液相加热到温度 T_4，液相中沸点较低的组分 B 将部分气化，得到组成为 y_4的气相和组成为 x_4的液相。把组成为 x_4的液相再加热到温度为 T_5，液相又可部分气化得到组成为 y_5的气相和组成为 x_5的液相。显然 $x_5<x_4<x_3$，即在精馏塔中随着液体通过溢流管回流到下一层塔板的过程中，液相中易挥发的 B 组分的含量逐渐减少，难挥发的 A 组分的含量越来越高。同样继续下去，反复地把液相部分气化，液相组成沿液相线不断上升，最后靠近左轴，其组成就无限地接近纯 A，即最后在釜底余下的液相组成就相当于纯的难挥发性组分 A。

总之，在精馏过程中，经过多次反复部分气化和部分冷凝，气相组成沿气相线下降，易挥发组分的含量提高，最后蒸出来的是低沸点（易气化）的组分；液相组成沿液相线上升，难挥发组分的含量增加，最后剩余的是高沸点（难气化）的组分，最终实现了 A、B 液态混合物的分离，这就是精馏的基本原理。

对于二组分完全互溶的非理想液态混合物，当系统有很大正偏差或很大负偏差时，其相应的 $T-x-y$相图具有最低或最高恒沸点，这类系统利用上述普通的精馏方法不能完全分离，而只能得到一个纯组分和一个恒沸混合物。

对于具有最低恒沸点的系统，如图5-12a所示。经过精馏后，从塔顶蒸出的是组成为 x 的最低恒沸混合物。如果混合物组成在最低恒沸点以左（0~x 之间），则在塔釜余下的是沸点高的组分A；如果对组成在恒沸点以右（x~1之间）的液态混合物进行精馏，则从塔釜出来的是组分B。例如水和乙醇就是这一类系统，在标准压力下，此系统的最低恒沸点为351.28K，恒沸混合物中乙醇的质量分数为0.9557，因此如用质量分数小于0.9557的乙醇液态混合物进行精馏，则得不到无水乙醇，只能得到最低恒沸混合物。

而对于具有最高恒沸点的二组分系统，如图5-12b所示，经过上述普通精馏后，则情况正好相反，在塔釜中余下的始终为组成为 x 的最高恒沸混合物。如果混合物组成在最高恒沸点以左（0~x 之间），则经过精馏后，在塔顶蒸出的是纯A；如果对组成在恒沸点以右（x~1之间）的液态混合物进行精馏，从塔顶蒸出的是组分B。

对于形成恒沸混合物的系统，要使混合组分实现最终的分离，必须采用其他特殊的方法和手段，如共沸蒸馏、萃取蒸馏等。

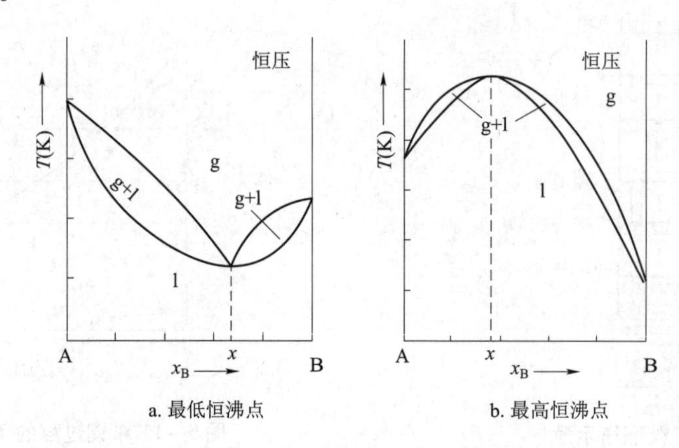

图5-12 有恒沸点的系统的精馏示意图

第四节 部分互溶和完全不互溶的双液系统

一、部分互溶的双液系统

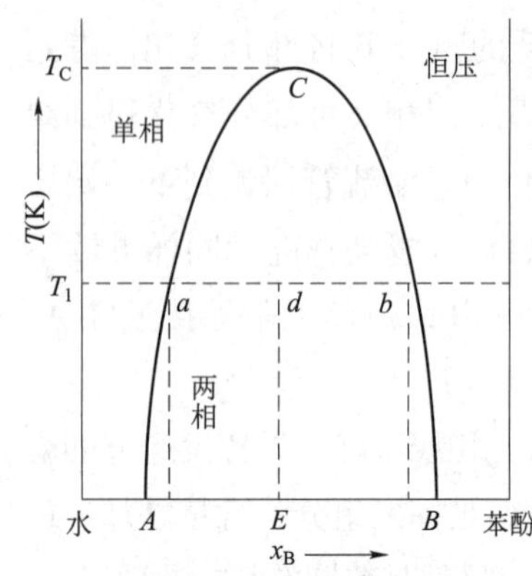

图5-13 水-苯酚系统的溶解度

在一定的温度和压力下，两种液体由于极性等性质的显著差异，以致两者不能完全互溶，而是彼此之间存在一定的互溶度，这种系统称为部分互溶的双液系统。当浓度超过其饱和溶解度，液体就会分层，形成两个互相饱和的液相，这对彼此饱和的液态混合物互称为共轭液态混合物。

对于部分互溶的双液系统，我们主要讨论可变因素对其相互溶解度（即组成）的影响，由于其为凝聚系统，压力对其影响可以忽略，因此，在一定压力下，我们可以根据 $T-x$ 图来讨论在可变温度和组成范围内该系统的相平衡情况，现分为以下几种类型来讨论。

1. 具有最高临界溶解温度的系统 图5-13是水-苯酚系统的 $T-x$ 图，图中 ACB 曲线为水和苯酚的相互溶解度曲线，表示定压下两者的相互溶解度和温度的关系。曲线和横轴围成一个帽形区域，帽形区外，系统是单相液相区，此时水和苯酚完全相溶，所组成的是不饱和液态混合物，$\Phi=1$，$f^*=2$；帽形区内，如温度为T_1时d物系点，表示水和苯酚部分互溶，分为两层（两相），一层是苯酚在水中的饱和溶液（相点为a）；一层是水在苯酚中的饱和溶液（相点为b），曲线内$\Phi=2$，$f^*=1$，即一定温度下，水和苯酚的互相溶解度是一定的。两共轭溶液的相对量仍可以根据杠杆规则计算。

【例5－7】在293K时苯酚与水二组分系统呈两个共轭液相，酚总组成的质量分数为0.6，其中一层中含酚的质量分数为0.084，另一层中含酚的质量分数0.722，问在0.6kg混合物中水层和酚层的质量各是多少？两层中各含酚多少千克？（根据杠杆规则进行求算）

解：设水层的质量为$m_{水}$，酚层的质量为$m_{酚}$，则根据杠杆规则，有

$$m_{水}(0.6-0.084)=m_{酚}(0.722-0.6)$$

同时：$m_{水}+m_{酚}=0.6$

则求得水层：0.115kg；酚层：0.485kg

水层酚的质量：$0.115\text{kg}\times0.084=0.01\text{kg}$

酚层酚的质量：$0.485\text{kg}\times0.722=0.350\text{kg}$

对于具有最高临界溶解温度的系统，如果对液体加热，随着温度的上升，苯酚在水中的溶解度沿AC曲线向C变化，而水在苯酚中的溶解度沿BC向C变化，两液相的组成越来越接近，最后会聚于C点，系统由两相合为一相，C点称为临界点，C点所对应的温度T_c称为最高临界溶解温度（critical solution temperature）。当温度高于T_c时，水和苯酚任意比例可完全互溶，临界溶解温度的高低反映了一对液体间相互溶解能力的强弱，临界溶解温度越低，两液体间的互溶性越好。因此可利用临界溶解温度的数据来选择优良的萃取剂。

具有最高临界溶解温度的系统除水－苯酚外，还有水－苯胺、己烷－苯胺、水－正丁醇、正己烷－硝基苯等。

2. 具有最低临界溶解温度的系统 有一些部分互溶系统，当温度降低时，相互溶解度反而增大，当温度降到某一温度以下时，两种液体可以任意比例完全互溶，此温度称为最低临界溶解温度。例如水与三乙基胺系统就属于这种类型，如图5－14所示，在291K以下水和三乙基胺能任意比例完全互溶，在291K以上却只能部分互溶。

3. 具有最高和最低临界溶解温度的系统 有的系统在温度高于某一温度或低于某一温度时，两个组分完全相容，而在两个温度之间时两个组分部分互溶，这种系统就是具有两种临界溶解温度的系统。例如水－烟碱系统，如图5－15所示，333K以下水和烟碱能以任意比例互溶，333K以上就部分互溶，而超过481K，却又完全互溶，其溶解度曲线为一完全封闭的曲线。

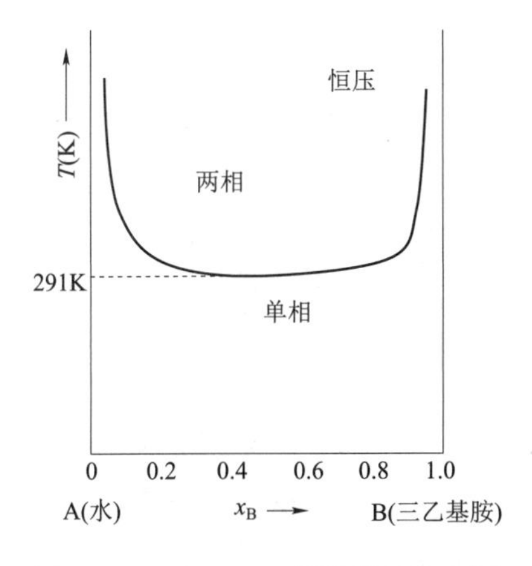

图5－14 水－三乙基胺的溶解度图

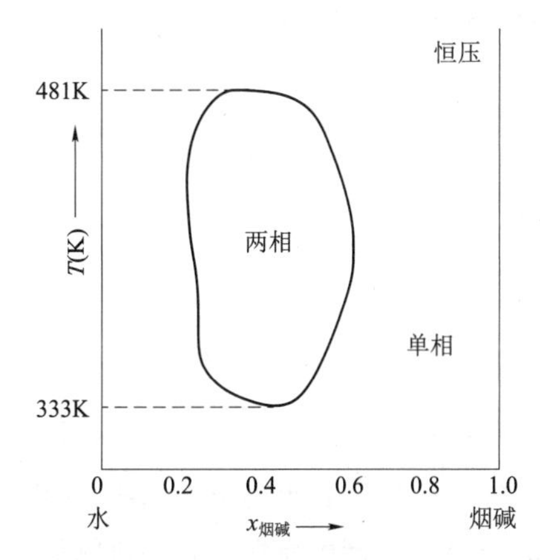

图5－15 水－烟碱的溶解度图

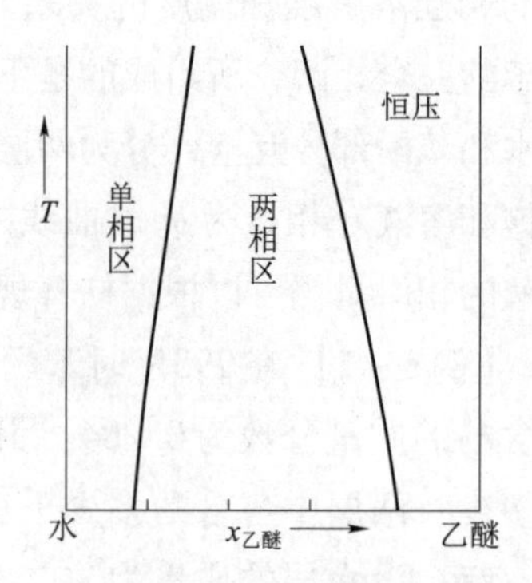

图 5－16　水和乙醚的溶解度示意图

4. 无临界溶解温度的系统　这类系统的两个组分在它们以液体形式存在的温度范围内，不论以任何比例混合，一直都是彼此部分互溶，不具有临界溶解温度。例如乙醚－水系统就属于这种类型，如图 5－16 所示。

二、完全不互溶的双液系统

如果两种液体之间的相互溶解度非常小，以致可以忽略不计，这种系统就可近似地被看作完全不互溶的双液系统。例如水与汞、水与烷烃、水与芳香烃等均属于这种系统。

对于完全不互溶的双液系统，各组分的蒸气压与它们单独存在时同温度的饱和蒸气压一样，不受任一组分量多少的影响，则混合系统液面上总的蒸气压等于两个纯组分的蒸气压之和，即 $p = p_A^* + p_B^*$。因此系统的总蒸气压始终比任一纯组分的蒸气压高，那么混合液体的沸点比任一纯组分的沸点都要低。

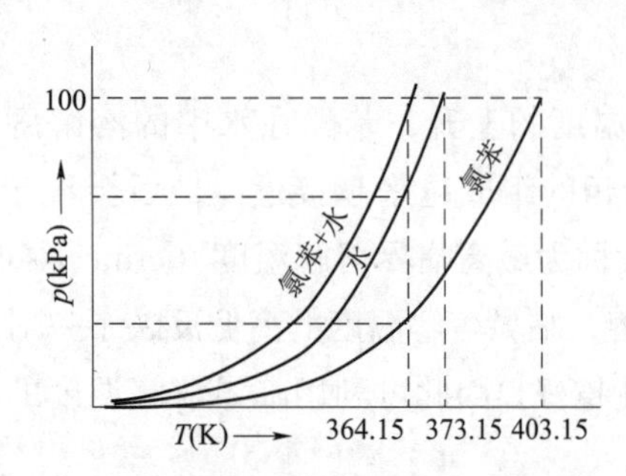

图 5－17　水、氯苯及其混合物的蒸气压曲线

如图 5－17 所示为水、氯苯及其混合物的蒸气压曲线的示意图，图中三条曲线分别表示氯苯、水以及水－氯苯混合物的饱和蒸气压随温度的变化曲线。由图 5－17 可见，在外压为 100kPa 时，氯苯的正常沸点是 403.15K，水的正常沸点是 373.15K，而水与氯苯混合系统的沸点为 364.15K，即如果氯苯和水混合共同蒸馏，会使氯苯在低于其沸点的情况下气化蒸出，这就是水蒸气蒸馏的原理。

水蒸气蒸馏适用于一些有机化合物的提纯。某些有机化合物本身的蒸气压较低，则其沸点较高，若用一般蒸馏方法提纯，往往不到沸点时有机化合物就已经分解。因此不宜用普通的蒸馏方法进行提纯，这类有机化合物通常不溶于水，即可与水共沸，在低于 100℃ 的温度下就可蒸出，达到提纯的目的。

实际进行水蒸气蒸馏时，通常是把水蒸气通入含有某种有机物 B 的系统中（水蒸气通入可以起到供热和搅拌的作用），加热使其共沸，此时有机物 B 和水同时被蒸出，经冷凝后得馏出物，可分成互不相溶的有机液层和水层，进行分离可得到有机物 B。

水蒸气蒸馏尤其适用于从植物药中提取挥发性有效成分，如薄荷、花椒、姜黄、陈皮等药材挥发油的提取。

馏出单位质量的有机物 B 所需要消耗的水蒸气的量可用水蒸气消耗系数来衡量。设水蒸气蒸馏时的蒸汽为理想气体，根据分压定律，有以下关系。

$$p_{H_2O}^* = p y_{H_2O} = p \frac{n_{H_2O}}{n_B + n_{H_2O}} \quad p_B^* = p y_B = p \frac{n_B}{n_B + n_{H_2O}}$$

两式相除，得

$$\frac{p_{H_2O}^*}{p_B^*} = \frac{n_{H_2O}}{n_B} = \frac{m_{H_2O}/M_{H_2O}}{m_B/M_B} = \frac{M_B m_{H_2O}}{M_{H_2O} m_B}$$

整理，得

$$\frac{m_{H_2O}}{m_B} = \frac{p_{H_2O}^* M_{H_2O}}{p_B^* M_B} \tag{5－20}$$

式中，p 是系统的总蒸气压；$p_{H_2O}^*$、p_B^* 分别表示纯水和纯有机物 B 的分压，也是两者的饱和蒸气压；$y_{H_2O}^*$、y_B 表示 H_2O 和有机物 B 在气相中的摩尔分数；M_{H_2O}、M_B 分别表示 H_2O 和有机物 B 的摩尔质量；m_{H_2O}、m_B 分别表示馏出物中水和有机物的质量。

m_{H_2O}/m_B称为水蒸气消耗系数，该系数越小，则水蒸气蒸馏的效率越高。从式（5－20）可以看出，有机物蒸气压越高，摩尔质量越大，则水蒸气消耗系数越小，馏出一定量的有机物所需的水量越少。

随着真空技术的发展，实验室及工业生产中已广泛采用减压蒸馏的方式来提纯有机化合物，但由于水蒸气蒸馏的设备简单，操作简便，所以仍具有重要的实际意义。

【例5－8】 如果用水蒸气蒸馏法蒸出1kg溴苯，问理论上需要多少千克水蒸气？已知溴苯（相对分子质量为157）和水混合系统的沸点为368.15K，$p^*_{H_2O}$为84.7kPa，$p^*_{溴苯}$为16.7kPa。

解：根据式（5－11），得

$$\frac{m_{H_2O}}{m_{溴苯}}=\frac{p^*_{H_2O}M_{H_2O}}{p^*_{溴苯}M\ 溴苯}=1\times\frac{84.7\times18.02}{16.7\times157}=0.582\text{kg}$$

即理论上蒸馏1kg溴苯需要水蒸气0.582kg。

第五节　二组分固－液平衡系统的相图

二组分固－液平衡系统的相图主要包括固态不互溶即生成简单低共熔混合物系统的相图、固态部分互溶系统的相图、固态完全互溶系统的相图、生成新的化合物系统的相图。下面我们介绍其中最简单的一种——生成简单低共熔混合物系统的相图的绘制方法、意义及应用。

一、热分析法绘制相图

热分析法是通过绘制步冷曲线进而绘制相图的方法。将样品加热熔融，然后自然冷却，记录冷却过程中样品的温度随时间的变化情况，以温度为纵坐标，时间为横坐标，绘制出的曲线即为步冷曲线。在样品冷却过程中，如果系统不发生相变，则温度随时间均匀变化，步冷曲线顺滑。当系统内有固体析出，由于液－固的相变放热使系统温度随时间的变化变得平缓，则步冷曲线出现转折点或平台，根据不同组成的样品的步冷曲线出现转折点或平台的温度绘制到$T-x$图上，将所有的点用曲线连接起来，就可得到生成简单低共熔混合物系统的$T-x$相图。下面以邻硝基氯苯（A）和对硝基氯苯（B）的系统为例，具体说明如何由步冷曲线绘制相图。

将5份对硝基氯苯含量分别为0、20%、33%、70%、100%的样品，按上述方法分别绘制其步冷曲线，如图5－18a所示。

曲线1为纯邻硝基氯苯的步冷曲线。开始时温度随时间逐渐降低，步冷曲线呈现均匀下降的线形。当温度下降到邻硝基氯苯的熔点32℃时，固体邻硝基氯苯开始析出，系统进入固－液两相共存状态时，根据相律，$f^*=2-\Phi$，$\Phi=2$，$f^*=0$，表示温度保持不变，步冷曲线以水平线段呈现，此平台对应的温度即为邻硝基氯苯的熔点。当液体全部凝固为固体后，$\Phi=1$，$f^*=1$，温度又开始缓慢降低，步冷曲线再次以光滑下降的曲线呈现。曲线5为纯对硝基氯苯的步冷曲线，与曲线1相似，只是水平线段的位置不同，在对硝基氯苯的熔点82℃时，出现平台。

曲线4为对于含对硝基氯苯量为70%二组分的步冷曲线，常压下，根据相律，$f^*=3-\Phi$，在冷却过程中，当无固体析出、系统保持单一液态时，$\Phi=1$，$f^*=3-1=2$，说明温度能缓慢降低，步冷曲线中出现光滑下降的曲线。当温度降到58℃时，对硝基氯苯固体开始析出，系统进入固－液两相共存状态，$f^*=3-\Phi=3-2=1$，表现为温度不恒定，随着对硝基氯苯的析出，温度继续降低，只是由于有固体析出放热，温度降低得较前缓慢，步冷曲线出现折点，其对应的温度58℃即为此二组分系统中对硝基氯苯的熔点，显然较纯对硝基氯苯的熔点低。当温度继续降低到14.7℃时，邻硝基氯苯固体与对硝基氯苯固体共同析出，加上液体，系统进入固－固－液三相共存状态，$f^*=3-\Phi=3-3=0$，温度和液相组成都不再随时间改变，此时液相组成为含对硝基氯苯33%，步冷曲线此时表现为水平线段。由于该温度是液态熔融物能够存在的最低温度，故把此温度称为最低共熔点，对应的液相组成称为最低共熔混合物。当所有的液体都凝固成固体后，只剩下两个固相，$\Phi=2$，$f^*=3-2=1$，温度又开始降低。

含对硝基氯苯量为20%的二组分系统的步冷曲线与含对硝基氯苯量为70%二组分系统步冷曲线形状类似，但是，在22℃时，其首先析出的是邻硝基氯苯固体，14.7℃时对硝基氯苯固体与邻硝基氯苯固体共同析出。

含对硝基氯苯量为33%的二组分系统的步冷曲线比较特殊。该样品组成与最低共熔混合物相同。在冷却过程中，对硝基氯苯固体与邻硝基氯苯固体的析出不分先后，当系统温度降低到最低共熔点14.7℃时两种固体共同析出，直接从单一液相状态进入固－固－液三相共存状态，$f^*=3-\Phi=0$，步冷曲线上出现水平线段。其步冷曲线总体形状与纯物质系统相似。

将上述各条步冷曲线中折点、水平线段对应的温度和与之相对应的浓度绘制成图，即得到简单低共熔系统的相图。如图5－18所示。除了有机物，合金系统和水盐系统也有这种类型的相图。

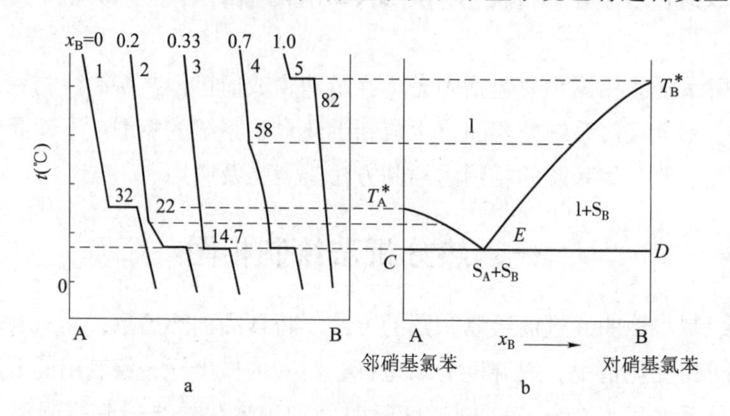

图5－18 邻硝基氯苯（A）与对硝基氯苯（B）二组分系统示意图

a. 步冷曲线 b. 温度组成图

二、相图分析

$T_A^*ET_B^*$以上区域为单一液相区，当物系点落于该区域时，$\Phi=1$，$f^*=3-1=2$，温度和组成可以同时任意变化而保持液态不变。

T_A^*CE区域为邻硝基氯苯固体和液体两相共存区，$\Phi=2$，$f^*=3-2=1$，温度和液相组成两个因素中只有一个因素可以任意变化，另一个则随着该因素的确定而确定。

T_A^*DE区域为对硝基氯苯固体和液体两相共存区，$\Phi=2$，$f^*=3-2=1$，温度和液相组成两个因素中亦只有一个因素可以任意变化。

$CDBA$区域为邻硝基氯苯固体和对硝基氯苯固体两相平衡共存区，$\Phi=2$，$f^*=3-2=1$，温度可以任意变化而保持两个固相不变。

T_A^*E线为邻硝基氯苯固体和液体两相共存时的液相组成线，亦称邻硝基氯苯的熔点下降曲线。

T_B^*E线为对硝基氯苯固体和液体两相共存时的液相组成线，亦称对硝基氯苯的熔点下降曲线。

CED线为邻硝基氯苯固体、对硝基氯苯固体和液体三相共存线。

T_A^*点表示邻硝基氯苯的熔点，T_B^*点表示对硝基氯苯的熔点。

三、相图的应用

1. 混合熔点法检测样品纯度 从相图中可以看出，纯物质中一旦混有杂质，熔点必定降低。杂质含量越高，熔点降低得越多。把样品与标准品混合后测其熔点，若测得熔点比标准品的低，说明两者不是同一种物质；若测得熔点与标准品的相同，说明两者是同一种物质。

2. 配制低温冷冻液 在生产实践和科学研究中，常常要用到低温浴，配制合适的水盐系统，可以获得不同的低温冷冻液。例如，$H_2O-NaCl$（s）系统的低共熔温度为252K，$H_2O-CaCl_2$（s）系统的低共熔温度为218K。

3. 精制盐类 利用水盐系统的相图，还可以通过重结晶的方法精制盐类。

第六节 三组分系统相图

对于三组分系统，$K=3$，根据吉布斯相律，$\Phi=1$ 时，最大自由度 $f=3-1+2=4$，指温度、压力和两个组成四个影响因素。为了能在平面上表达系统的状态随影响因素变化情况，一般固定温度和压力，$f^*=3-1=2$，只用两个组成来表达，相图采用等边三角形表示法。

一、三组分系统相图的正三角形表示法

如图5-19所示，以A、B、C三个组分组成的三组分系统为例。等边三角形的三个顶点分别表示三个纯组分；三条边分别表示三个二组分系统，如 AB 边表示由A、B组成的二组分系统；三角形内区域各点表示的都是三组分系统，如 P 点。过 P 点分别做平行于三条边的平行线，在三条边上分别截出三条线段 CN、AM、BD，则有 $CN+AM+BD=AC=AB=BC=100\%$，则 CN 表示系统含A的百分含量，AM 表示系统含B的百分含量，BD 表示系统含C的百分含量。

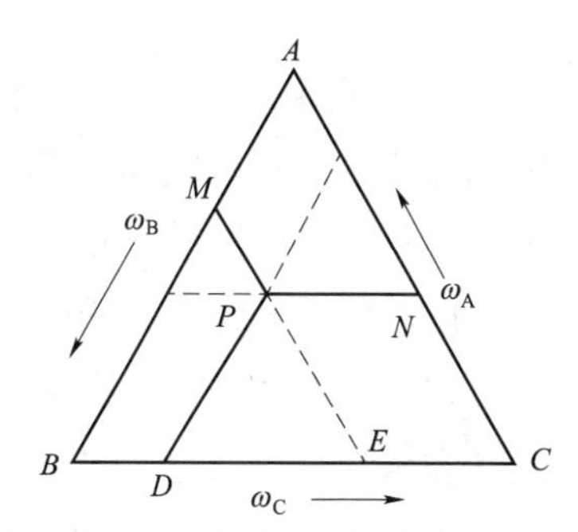

图5-19 等边三角形表示法

三组分系统相图的正三角形表示法具有以下特点。

（1）等比例规则 从顶点向对边所作直线上各点所代表的系统含除顶点所代表组分外的其余两组分的百分含量的比相同。如图5-20所示，从顶点 A 向对边作一直线 AD，则该线上任何一点如 Q、P 所代表系统中含B与C的百分含量的比都相同，都是7∶3，但含A的百分含量不同，越靠近 A 点含A越多。

（2）等含量原则 三角形内平行于任一边的直线上各点所代表的系统含对应顶点组分的百分含量相等。如图5-21所示，EF 线上各点如 Q、Q'、Q''所代表的系统含A的百分含量都相等。

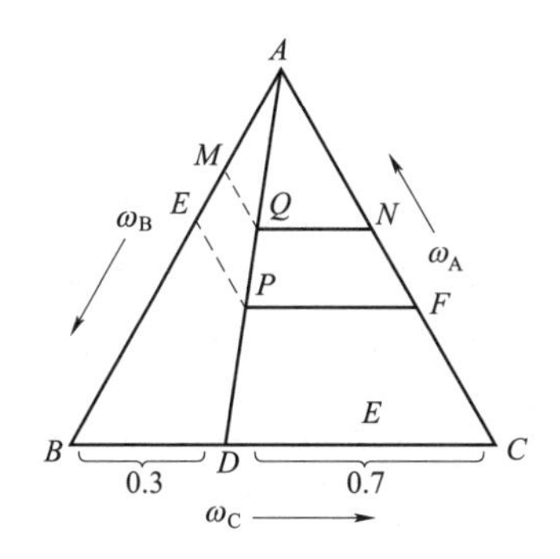

图5-20 等边三角形表示法的特点1

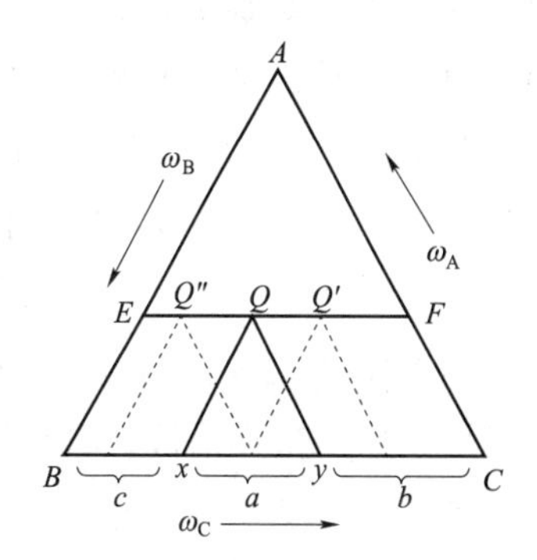

图5-21 等边三角形表示法的特点2

（3）杠杆规则 两个三组分系统合并成一个新的三组分系统，如图5-22所示，则新三组分系统的物系点（如 Q 点）必定在原先两个三组分系统的物系点（如 M 点和 N 点）的连线上，具体位置可由杠

杆规则确定。

（4）重心规则　三个三组分系统合并成一个新的三组分系统，如图5－23所示，则新三组分系统的物系点（如 Q 点）将在由原先三个三组分系统的物系点（如 M 点、E 点和 N 点）所构成的三角形的重心处。

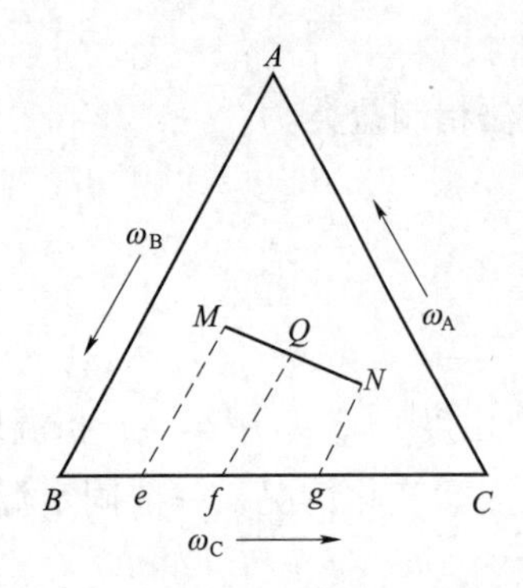

图5－22　等边三角形表示法的特点3

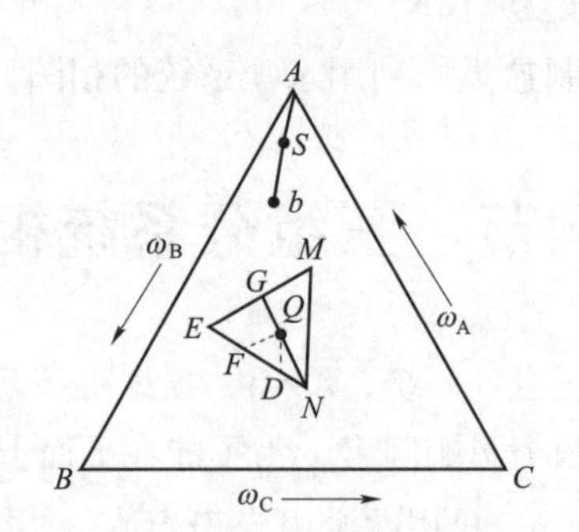

图5－23　等边三角形表示法的特点4

二、部分互溶的三组分液体系统

部分互溶的三组分液体系统包括只有一对液体部分互溶、有两对液体部分互溶、三对液体都部分互溶的三种类型，这里介绍最简单的一种——只有一对液体部分互溶的三组分液体系统的相图。

以乙酸（A）、三氯甲烷（B）、水（C）构成的三组分液体系统为例，在一定温度下，三氯甲烷和水只能部分互溶，而乙酸和三氯甲烷、乙酸和水都是以任意比例完全互溶的。其相图如图5－24所示。

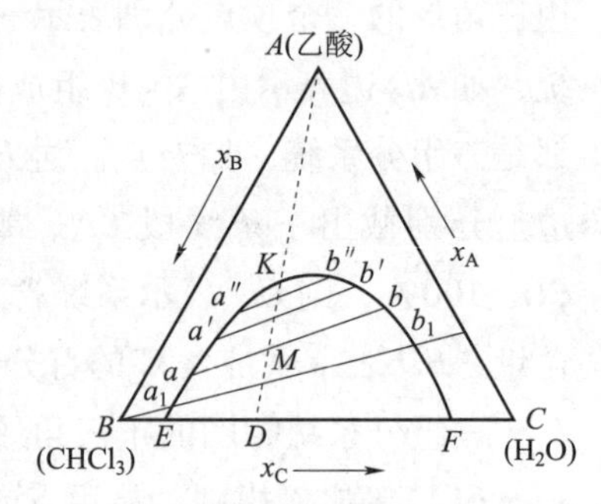

图5－24　一对部分互溶的三液系相图

帽形曲线 EKF 将三角形分成两部分：帽形曲线 EKF 以外区域为单一的液相区，$\Phi=1$，$f^*=3-1=2$，说明在此区域内，系统的组成可任意同时变化而保持单一液态不变。帽形曲线 EKF 以内区域为两个液相平衡共存区，两个液相的相点都落在 EKF 曲线上，其中一个液相为有乙酸存在时水在三氯甲烷中的饱和溶液，由相点 a_1、a、a'、a''表示；另一个液相为有乙酸存在下三氯甲烷在水中的饱和溶液，由相点 b_1、b、b'、b''表示。两个平衡共存的液相 a_1 和 b_1、a 和 b、a'和 b'、a''和 b''互为共轭溶液。如图5－24中所示，取纯B，往其中逐渐滴加C，物系点将沿 BC 边右移，在到达 E 之前，形成的都是C在B中的单相的不饱和二组分溶液，到达 E 点时，C在B中达到饱和，该饱和液相的相点由 E 点表达。继续往其中加C，则开始出现一个新的液相——B在C中的饱和溶液层，由 F 点表示，系统进入两个液相 E 和 F 平衡共存状态。物系点处于 E 和 F 之间时都是这种两相平衡共存状态，如 D 点。若往D中逐渐加入A，则成为三组分系统，物系点将沿 DA 连线向A点移动，在帽形曲线 EKF 以内区域，都是两相平衡共存状态。例如到达 M 时，有由 a、b 表示的两个共轭液相平衡共存，a 点表示有A（乙酸）存在下C（水）在B（三氯甲烷）中的饱和溶液，b 点表示有A（乙酸）存在下B（三氯甲烷）在C（水）中的饱和溶液。由于A（乙酸）在这两个液层中的分配不均等，因此 a 与 b 的连接线不与底边 BC 平行。随着A（乙酸）的加入量的增加，B（三氯甲烷）与C（水）的互溶度增大，相应两个共轭液相相点的连接线亦越来越短，当物系点移到与帽形曲线的交点 K 点时，两个液层间的界面消失，系统变为均匀的单一液相。K 点被称为临界点（或会溶点）。过了该点，系统不再分层。

>>> 知识链接

伪三元相图筛选药用微乳的处方

微乳是由油相、水相、乳化剂和助乳化剂在适当的比例下自发形成的一种透明或半透明的、低黏度的热力学及动力学稳定的油水混合系统，微乳粒径分布较小，介于1～100nm之间，因此又称纳米乳，其具有吸收迅速、可过滤灭菌、易于制备和保存等优点，可作为纳米级给药系统的载体，有缓释和靶向的作用，可提高药物的疗效，降低药物毒副作用，其应用价值逐渐引起药物制剂学者的青睐。

药用微乳处方设计的重点是选择合适的乳化剂和助乳化剂及确定合适的比例。目前，在制备微乳前大多先进行微乳的伪三元相图的研究和相图的绘制，通过相图可以直观确定微乳的存在区域及微乳区面积大小，进而确定药用微乳的处方，可以有效减少实验的次数，缩短实验时间，克服盲目性，对微乳处方的优化具有指导作用。

目标测试

答案解析

1. 物系点和相点是同一个概念吗？两者有何区别？

2. 已知水－正丁醇系统为具有最高临界溶解温度的二组分系统，现在一中药成分的萃取中，需用到水饱和的正丁醇溶液，试问该如何配制？

3. 将5g氨气通入1L水中，在常温常压下与其蒸气共存，试用相律分析此系统的自由度。

(2)

4. 在773.15K一封闭容器中有任意量的N_2、H_2和NH_3三种气体物质达到平衡，求系统的独立组分数。

(2)

5. 在一个真空容器中，$NH_4Cl(s)$部分分解，求平衡时系统的组分数。

(1)

6. 指出$NH_4HS(s)$和任意量的$NH_3(g)$及$H_2S(g)$的平衡系统的组分数、自由度各为多少？

(2，2)

7. $C(s)$、$CO(g)$、$CO_2(g)$、$O_2(g)$在1000℃时达到平衡时系统的组分数、条件自由度分别为多少？

(2，1)

8. 在平均海拔为4500m的西藏高原上，大气压力只有5.73×10^4Pa，试计算那里水的沸点。已知水的气化热为40.67kJ/mol。

(84℃)

9. 汞的正常沸点为630.05K，假定汞服从特鲁顿规则，试计算298.15K时的蒸气压。

(0.776Pa)

10. 苯乙烯的正常沸点418K，摩尔气化焓为40.3kJ/mol。计算303K时苯乙烯的蒸气压。

(1.23kPa)

11. 两个挥发性液体A和B构成一理想液态混合物，在某温度时溶液的蒸气压为54.1kPa，在气相中A的摩尔分数为0.45，液相中为0.65，求此温度下纯A和纯B的蒸气压。

(37.45kPa，85.01kPa)

12. 由甲苯和苯组成的某一溶液含 30%（W/W）的甲苯，在 303K 时纯甲苯和纯苯的饱和蒸气压分别为 4.89kPa 和 15.76kPa，设该溶液为理想液态混合物，问 303K 时甲苯和苯溶液的总蒸气压和分压各为多少？

（12.85kPa，11.55kPa，1.3kPa）

13. 已知在 90℃下，甲苯和苯的蒸气压分别为 54.22kPa 和 136.12kPa，两者可形成理想液态混合物。取 200.0g 甲苯和 200.0g 苯置于带活塞的导热容器中，始态为一定压力下 90℃的液态混合物。在恒温 90℃下逐渐降低压力，问：（1）压力降到多少时，开始产生气相，此气相的组成如何？（2）压力降到多少时，液相开始消失，最后一滴液相的组成如何？（3）压力为 92.00kPa 时，系统内气、液两相平衡，两相的组成如何？两相的物质的量各为多少？

（91.79kPa，0.2977；80.40kPa，0.3197；0.4613，0.6825，3.022mol，1.7089mol）

14. 已知水－苯酚系统在 30℃液－液平衡，形成共轭溶液，两相的组成苯酚（质量百分数）分别为 8.75%（L_1）和 69.9%（L_2），（1）在 30℃，100g 苯酚和 200g 水形成的系统达液－液平衡时，两液相的质量各为多少？（2）30℃下，在上述系统中若再加入 100g 苯酚，又达到相平衡时，两液相的质量各变到多少？

[179.6g，120.4g；130.2g，269.8g]

15. 若在合成某有机化合物之后进行水蒸气蒸馏，混合物的沸腾温度为 368K。实验时的大气压为 99.20kPa，368K 时水的饱和蒸气压为 84.53kPa。馏出物经分离、称重，水的重量占 45.0%。试估计此化合物的相对分子质量。

（127）

书网融合……

思政导航

本章小结

微课

题库

第六章　电化学

PPT

学习目标

知识目标

1. 掌握　离子电迁移、电导、电导率、摩尔电导率等基本概念；电导率测定的基本原理。

2. 熟悉　电解质溶液导电的基本原理；电导测定在医药领域的应用。

3. 了解　可逆电池在热力学中的应用及生物电化学。

能力目标　通过本章的学习，掌握电解质溶液导电的基本原理及其影响因素，能够解决溶液电导率的测定、电导滴定等与医药相关的具体问题。

电化学是研究电极与溶液的界面间所发生的化学反应以及相关现象的科学。1791 年，伽伐尼（L. Galvani）发现了金属能使蛙腿肌肉抽缩的“动物电”现象，这被认为是电化学的起源。随着科学技术的不断发展，电化学理论已被广泛应用于环境科学、能源科学、材料科学和生命科学等方面，形成了电化学分析、催化电化学、生物医药电化学和光电化学等研究领域。在生物医药学领域，人们采用电化学分析手段开展了电泳、电势滴定、电导滴定、极谱分析、离子选择性电极的应用及生物电催化等许多卓有成效的研究工作，在临床与科研方面发挥了重要的作用。

电化学的研究内容相当广泛，并已经形成一门独立的学科。电化学的研究内容主要包括以下几个方面。

（1）电解质溶液理论，包括离子互吸、电导和电离平衡等。

（2）电化学平衡，包括电极电势、电动势、电动势与热力学函数的关系等。

（3）电极过程动力学，从动力学角度阐明电极上发生的反应。

（4）实用电化学等。

本章根据专业要求，主要讨论电化学中的基本原理和共同规律。

第一节　电解质溶液的导电性质 微课

一、电解质溶液的导电机制

导电体（简称导体）是指能够导电的物体，一般可分为两类：第一类是电子导体，主要包括金属和非金属，如石墨、金属及金属化合物等，这些导体主要是靠自由电子的定向迁移导电。当电流通过时导体本身不发生化学变化，并且随着温度的升高，导电能力降低。第二类是离子导体，主要包括电解质溶液、熔融状态的电解质和固体电解质等，这些导体主要是靠离子的定向迁移导电。导体导电时，在电极、溶液中以及电极与溶液界面上都会发生化学变化，并且随着温度的升高，导电能力增大。

能够实现电解质溶液连续导电的装置称为电化学装置，也可以分为两大类：① 原电池（primary cell），将化学能转变为电能的装置；② 电解池（electrolytic cell），将电能转变为化学能的装置。

原电池和电解池都是由电极（electrode）和电解质溶液构成。无论原电池和电解池中都包含两个电极。在电化学中规定：发生氧化反应（失去电子）的电极称为阳极（anode）；而发生还原反应（得到电子）的电极称为阴极（cathode）。在物理学中则把电势较低的电极称为负极，把电势较高的电极称为正极。按照以上规定，在原电池中的正极为阴极，负极为阳极；而在电解池中的正极为阳极，负极为阴极。

现在让我们来看两个具体例子。

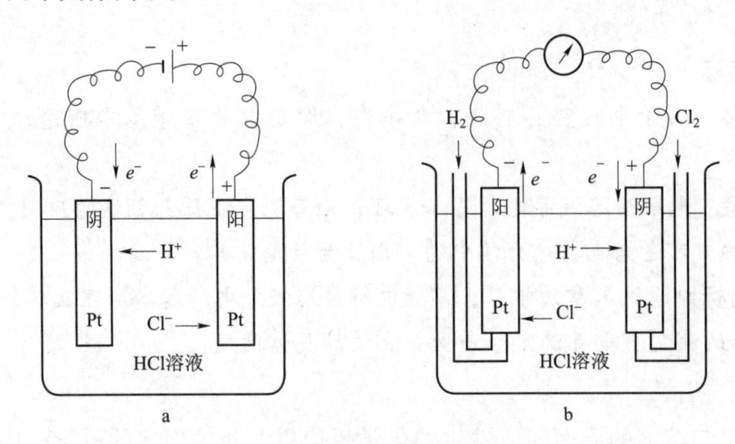

图 6－1　电解质溶液的导电机制

a. 电解池　b. 原电池

图 6－1a 是电解池的导电机制图，从图上可以看出该装置是由两个铂电极插入 HCl 溶液中构成的。当使用外电源向两电极施加适当电压时，在电场的作用下，溶液中的 H^+ 向阴极迁移，而 Cl^- 向阳极迁移。当 H^+ 到达阴极后，从电极表面夺取电子发生还原反应：$2H^+ + 2e^- \longrightarrow H_2(g)$。与此同时，$Cl^-$ 到达阳极后释放电子给电极，发生氧化反应：$2Cl^- \longrightarrow Cl_2(g) + 2e^-$。电极与溶液界面上的氧化－还原反应，使电流在电极与溶液界面处形成通路，从而构成整个闭合回路。

上述两电极上发生的氧化或还原反应称为电极反应（electrode reaction），两电极反应的总结果则称为电池反应（cell reaction）。

对于电解池，由于外电源消耗了电功，使电解池内发生了非自发反应：

$$2HCl \longrightarrow H_2(g) + Cl_2(g)$$

图 6－1b 是原电池的导电机制图，分别通入氢气和氯气吹打插入 HCl 溶液中的两个铂电极，则在负极上氢气失去电子发生氧化反应：$H_2(g) \longrightarrow 2H^+ + 2e^-$。在正极上氯气夺取电子发生还原反应：$Cl_2(g) + 2e^- \longrightarrow 2Cl^-$。

因此，在负极上有多余的电子而具有较低的电势，在正极上缺少电子而具有较高的电势，如果用导线将两电极与负载相连接，就会产生电流而对外作电功。溶液中的 H^+ 向负极扩散迁移，Cl^- 向正极扩散迁移，溶液中正负离子的定向移动构成电流回路。

因此就原电池而言，电池内发生了自发的氧化还原反应：$H_2(g) + Cl_2(g) \longrightarrow 2HCl$。

在恒温恒压条件下，电化学系统的吉布斯自由能降低，化学能转化成对外所作的电功。

综上所述，可得到电解质溶液的导电机制：①溶液中的电流是由正、负离子定向迁移完成；②两电极上发生的氧化还原反应，导致电子得失，使电极与溶液界面处的电流得以连续。

二、法拉第定律

1833 年，法拉第研究电解作用时，在归纳了大量电解反应的实验结果后提出关于电解产物的量与通入电量之间关系的规律，即法拉第定律（Faraday's law）。

（1）在电解过程中，任一电极上发生化学反应的物质的量与所通过的电量成正比。

（2）在几个串联的电解池中通入一定的电量后，各个电极上发生化学反应的物质的量相同。

电化学中，通常以含有单位元电荷 e（即一个质子或一个电子的电荷绝对值）的物质作为物质的量基本单元，如 H^+、$1/2Mg^{2+}$、$1/3PO_4^{3-}$。

1mol 元电荷所具有的电量称为法拉第常数，用 F 表示，精确值为 96485.3383 ±0.0083C/mol，一般取 96500C/mol。

如欲从含有 M^{Z+} 离子的溶液中沉积 1mol 金属 M，即：$M^{Z+} + Ze^- \longrightarrow M$

需要通过 1mol × Z 个电子，Z 是出现在电极反应式中电子的计量系数。因此，当通过的电量为 Q 时，所沉积出该金属的物质的量 n 为：$n_M = \dfrac{Q}{ZF}$

或一般写作：

$$Q = nZF \tag{6-1}$$

所沉积的金属质量为：

$$m = \frac{QM}{ZF} \tag{6-2}$$

式中，M 为析出物的摩尔质量，其值随所取的基本单元而定，式（6－1）和式（6－2）是法拉第定律的数学表示式，通过这两个表达式充分概括了法拉第定律的两条文字表述。

【例 6－1】 用强度为 0.025A 的电流通过硝酸金 $[Au(NO_3)_3]$ 溶液，通电时间为 7.05×10^4 秒，计算沉积在电极上的金的质量是多少？已知 Au（s）的摩尔质量为 197.0g/mol。

解：通入的电量 Q 为：$Q = It = 0.025 \times 7.05 \times 10^4 = 1763C$

阴极上的电极反应：$Au^{3+} + 3e^- \longrightarrow Au(s)$

$$n = \frac{Q}{ZF} = \frac{1763}{3 \times 96500} = 6.09 \times 10^{-3} mol$$

沉积在电极上的金的质量 $m_{Au} = n \times M = 6.09 \times 10^{-3} \times 197 = 1.2g$

法拉第定律是自然科学中最准确的定律之一，它揭示了电能与化学能之间的定量关系，无论对电解池还是原电池都适用，并且不受任何条件的限制。

第二节　离子的电迁移和迁移数

一、离子的电迁移现象

在电场作用下，离子的正、负定向运动称为离子的阴、阳电迁移（electromigration of ions）。当在电解质溶液中通电后，溶液中的离子分别向两极移动，同时在相应的电极上发生氧化反应或者还原反应，使两极附近的电解质溶液的浓度发生变化。这个过程可以通过图 6－2 来说明。

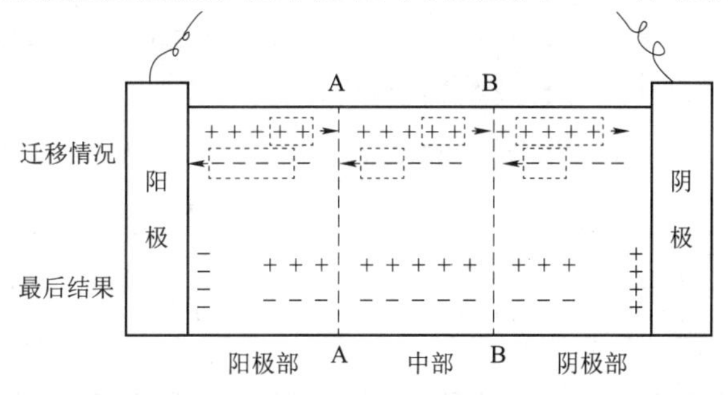

图 6－2　离子的迁移现象

首先，假设电解池内盛有5mol 1-1 型电解质（如 HCl）溶液，在两个电极之间有两个虚拟的平面 AA 和 BB，将溶液分为阳极部、中部和阴极部三个部分，则在通电前溶液各部分均含有5mol 正、负离子，分别用5个+、-来表示。

接通电源，使电解池中通过4F 的电量，则在阳极上有4mol 负离子发生氧化反应，同时在阴极上有4mol 正离子发生还原反应，溶液中的正、负离子也分别发生定向迁移。由于电解质溶液内部电量的转移是由正、负离子通过电迁移共同完成的，如果每种离子的迁移速率不同，则它们转移的电量也不同，以下分两种情况讨论。

（1）若正、负离子的迁移速率相等，则二者各分担导电任务的一半。在 AA 平面上，各有2mol 正、负离子逆向通过，在 BB 平面上也如此，通电完毕后，中部溶液浓度没有变化，而阴、阳两极部电解质的量则都减少了2mol。

（2）若正离子迁移的速率是负离子的3倍，当有1mol 负离子通过 AA 和 BB 平面时，会有3mol 正离子逆向通过。通电完成后，中部溶液的浓度保持不变。两极部的浓度都有所降低，但降低的程度不同。阳极部电解质的量减少了3mol，阴极部电解质的量减少了1mol。

从上述讨论可以得到以下结论。

（1）通过溶液的总电量 Q 等于正离子迁移的电量 Q_+ 和负离子迁移的电量 Q_- 之和，即

$$Q = Q_+ + Q_-$$

（2）
$$\frac{\text{阳极部物质的量的减少}}{\text{阴极部物质的量的减少}} = \frac{\text{正离子所传导的电量}(Q_+)}{\text{负离子所传导的电量}(Q_-)} = \frac{\text{正离子的迁移速率}}{\text{负离子的迁移速率}} \tag{6-3}$$

上面讨论的是惰性电极的情况。若电极本身也参加反应，则阴、阳两极溶液浓度变化情况要复杂一些，可根据电极上的反应具体分析，但它仍然满足上述两条规律。

二、离子迁移数

当电流通过电解质溶液时，每一种离子都承担着一定的导电任务。我们把某种离子迁移的电量与通过溶液的总电量之比称为该离子的迁移数（transference number），用符号 t 表示。对于只含有一种正离子和一种负离子的电解质溶液，则可将正离子的迁移数 t_+ 和负离子的迁移数 t_- 分别表示如下。

$$t_+ = \frac{Q_+}{Q_+ + Q_-} \quad t_- = \frac{Q_-}{Q_+ + Q_-} \tag{6-4}$$

由于
$$t_+ + t_- = \frac{Q_+}{Q_+ + Q_-} + \frac{Q_-}{Q_+ + Q_-} = 1$$

联合式（6-3）可得：
$$t_+ = \frac{v_+}{v_+ + v_-} \quad t_- = \frac{v_-}{v_+ + v_-} \tag{6-5}$$

式（6-5）说明：离子的迁移数与溶液中正、负离子的电迁移速率有关，正、负离子迁移的电量之比等于正、负离子的电迁移速率之比。因此，凡是影响离子电迁移速率的因素（如离子的本性、离子浓度、温度等）都会影响离子的迁移数。

表6-1列出了在298.15K 时，一些正离子在不同浓度时的迁移数的实验测定值，从表6-1中可以看出，同一种离子在不同电解质中的迁移数是不相同的。

表6-1 298.15K 时不同浓度的水溶液中一些正离子的迁移数

电解质	c_B (mol/L)				
	0.0100	0.0200	0.0500	0.1000	0.2000
HCl	0.8251	0.8266	0.8292	0.8314	0.8337
LiCl	0.3289	0.3261	0.3211	0.3166	0.3112

续表

电解质	c_B (mol/L)				
	0.0100	0.0200	0.0500	0.1000	0.2000
NaCl	0.3918	0.3902	0.3876	0.3854	0.3621
KCl	0.4902	0.4901	0.4899	0.4898	0.4894
KBr	0.4833	0.4832	0.4831	0.4833	0.4841
KI	0.4884	0.4883	0.4882	0.4883	0.4887
KNO_3	0.5084	0.5087	0.5093	0.5103	0.5120
$1/2K_2SO_4$	0.4829	0.4848	0.4870	0.4890	0.4910
$1/2CaCl_2$	0.4264	0.4220	0.4140	0.4060	0.3953

三、离子迁移数的测定

离子迁移数的测定方法常用的有希托夫（Hittorf）法和界面移动法，现主要介绍希托夫法。根据式（6-4）可知，

$$t_+ = \frac{\text{正离子迁出阳极区的物质的量}}{\text{电极反应的总物质的量}}$$

同理

$$t_- = \frac{\text{负离子迁出阴极区的物质的量}}{\text{电极反应的总物质的量}}$$

图6-3是希托夫法测定电迁移的装置，该方法是将已知浓度的电解质溶液进行电解，用小电流通电一段时间后，电极附近的离子浓度不断改变，中部浓度基本不变。经过对阳极区或阴极区溶液的分析，测定电解后阳极区或阴极区溶液中电解质含量的变化，计算经过电解后阳极区正离子或阴极区负离子迁出的物质的量，根据总电量计算出电极反应的物质总量，从而计算出离子的迁移数。

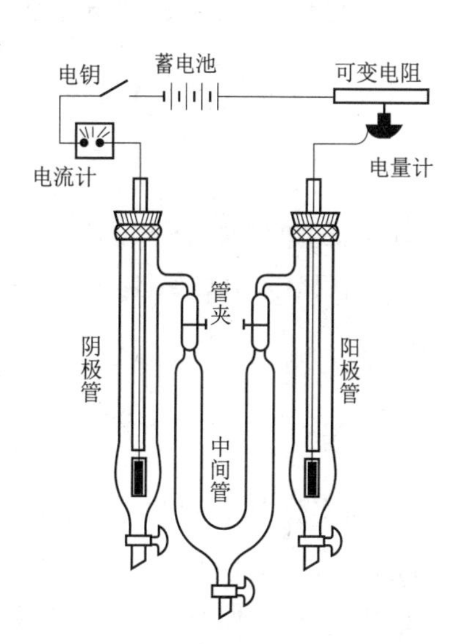

图6-3　希托夫法测定电迁移装置

第三节　电解质溶液的电导

一、电导率与摩尔电导率

1. 电导（conductance）　电导是电阻的倒数，是用来表示电解质溶液的导电能力的物理量，用 L 表示，单位是 S（西门子）或 Ω^{-1}（欧姆$^{-1}$）。

$$L = \frac{1}{R} \tag{6-6}$$

2. 电导率（electrical conductivity）　根据欧姆定律，溶液的电阻 R 与两极间距离 l 成正比，而与浸入溶液中的电极面积 A 成反比，即

$$R = \rho\frac{l}{A} \tag{6-7}$$

式（6-7）中的比例系数 ρ 称为电阻率（resistivity）或比电阻（specificresistance），电阻率的倒数 $\frac{1}{\rho}$ 则称为电导率或称比电导（specificconductance），用 κ 表示，即

$$\kappa = \frac{1}{\rho} = \frac{1}{R} \cdot \frac{l}{A} = L\frac{l}{A} \tag{6-8}$$

电导率 κ 的单位是 S/m 或者（Ω · m）$^{-1}$，表示单位截面积和单位长度导体的电导。对电解质溶液而言，电导率是单位距离，单位横截面积的两平行电极间充满的电解质溶液的电导。

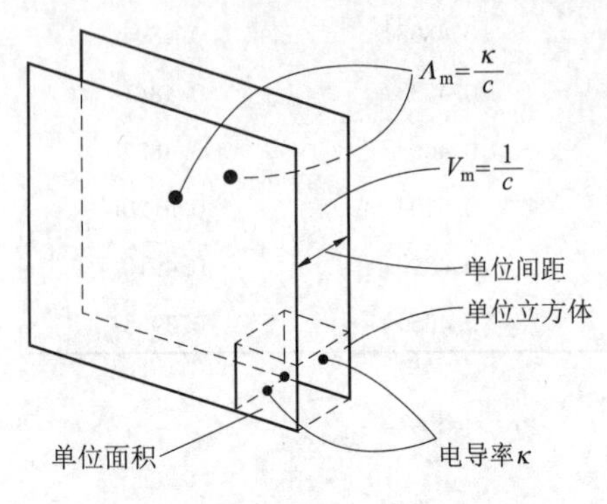

图 6-4 摩尔电导率示意图

由于电解质溶液的电导率与溶液浓度、电解质的种类等因素均有关，故仅以电导率的大小来衡量不同电解质的导电能力是不够的。

3. 摩尔电导率（mole conductivity） 在相距 1m 的两平行电极之间放置含有 1mol 电解质的溶液时，其电导值称为摩尔电导率，用 Λ_m 表示，如图 6-4 所示。

由于电解质的量规定为 1mol，故电解质溶液的体积将随其浓度而改变，设 c 为溶液的浓度，其单位为 mol/m^3，则含有 1mol 电解质溶液的体积 V_m 应为浓度 c 的倒数，即 $V_m = \frac{1}{c}$，V_m 的单位为 m^3/mol。摩尔电导率 Λ_m 与电导率 κ 的关系为

$$\Lambda_m = V_m\kappa = \frac{\kappa}{c} \tag{6-9}$$

Λ_m 的单位是：S · m^2/mol。

利用摩尔电导率 Λ_m 可以方便地比较不同类型电解质的导电能力，但是必须在荷电量相同的基础上进行。

二、电解质溶液的电导测定

在实验中关于电导的测定实际上是测定电阻，然后对电阻取倒数就得到电导。随着实验技术的不断发展，目前已有不少测定电导、电导率的仪器，并可把测出的电阻值换算成电导值在仪器上反映出来。电导的测量原理与物理学上测电阻的韦斯顿（Wheatstone）电桥十分类似，例如韦斯顿电桥示意图（图 6-5）、电阻分压法对电导进行测定的基本原理图（图 6-6），大多数电导率仪都是根据电阻分压法进行设计的，这里不再详述。

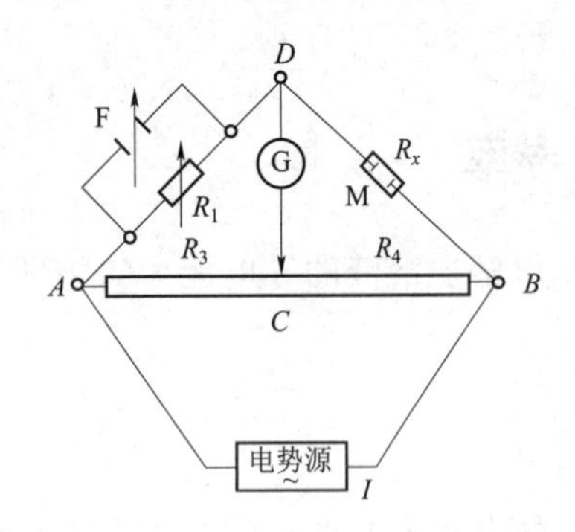

图 6-5 韦斯顿电桥示意图

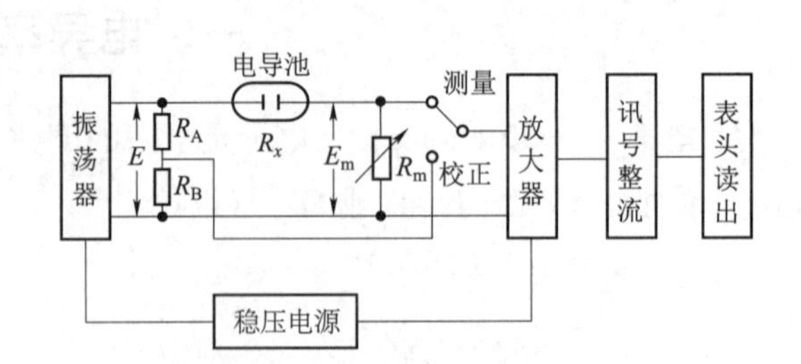

图 6-6 电阻分压法示意图

在图 6-5 测电导用的韦斯顿电桥装置示意图中 AB 为均匀滑线电阻；R_1 为可变电阻；M 为放有待测溶液的电导池，设其电阻为 R_x；I 是一定频率的交流电源，通常取其频率为 1000H$_Z$，在可变电阻 R_1 上并联了一个可变电容 F，用以抵消电导池中的电容；G 为耳机（或阴极示波器）。测量时，接通电源，移动接触点 C，直到耳机中声音最小（或示波器中无电流通过）为止。这时 D、C 两点的电势降相等，DGC 线路中电流几乎为零，这时电桥达到平衡，并具有如下关系。

$$\frac{R_1}{R_x}=\frac{R_3}{R_4}$$

$$\frac{1}{R_x}=\frac{R_3}{R_1R_4}=\frac{AC}{BC}\cdot\frac{1}{R_1}$$

式中，R_3、R_4分别为AC、BC段的电阻；R_1为可变电阻器的电阻，均可从实验中测得。利用上式即可以求出电导池中溶液的电导（即电阻R_x的倒数）。

如果知道电极间的距离、电极面积及溶液的浓度，利用式（6-7）、式（6-8）和式（6-9）原则上可以求得κ、Λ_m等物理量。但是，电导池中两极之间的距离l及涂有铂黑的电极面积A是很难测量的。通常是把已知电阻率的溶液（常用一定浓度的KCl溶液）注入电导池，测定溶液的电阻就可确定l/A值，l/A的值称为电导池常数（cell constant of a conductivity cell），用K_{cell}表示，单位是m^{-1}，即

$$R=\rho\frac{l}{A}=\rho K_{cell}$$

$$K_{cell}=\frac{l}{\rho}R=\kappa R \tag{6-10}$$

KCl溶液的电导率已经精确测出，见表6-2。

表6-2　在298K及$p^{\ominus}$下各种浓度KCl水溶液的κ和Λ_m值

c (mol/L)	0	0.0010	0.0100	0.1000	1.0000
κ (S/m)	0	0.0147	0.1411	1.2890	11.20000
Λ_m ($S\cdot m^2/mol$)	0.0150	0.0147	0.0141	0.0129	0.0112

【例6-2】已知在298K时，一电导池中当盛有0.01mol/L的KCl溶液，其电阻为150.0Ω；当盛有0.01mol/L的HCl溶液时，其电阻为51.4Ω，试求HCl溶液的电导率和摩尔电导率。

解：从表6-2查得298K时0.01mol/L的KCl溶液的电导率为0.1411S/m。

由公式$K_{cell}=\kappa R=0.1411S/m\times150.00\Omega=21.17m^{-1}$

则298K、0.01mol/L的HCl溶液的电导率κ和摩尔电导率Λ_m分别为

$$\kappa=\frac{1}{R}K_{cell}=\frac{1}{51.40}\times21.17=0.4119S/m$$

$$\Lambda_m=\frac{\kappa}{c}=\frac{0.4119}{0.01\times103}=4.119S\cdot m^2/mol$$

三、电导率、摩尔电导率与浓度的关系

强电解质溶液的电导率随浓度增加（即导电粒子数的增多）而逐渐升高，但是当浓度增加到一定程度后，由于溶液中正、负离子之间的相互作用增大，使得离子的运动速度降低，电导率反而会下降，因此在电导率与浓度的关系曲线上会出现最高点。

弱电解质溶液的电导率随浓度的变化不显著，因为浓度增加使其电离度减小，所以溶液中离子数目变化不大，如图6-7所示。

电解质溶液的摩尔电导率随浓度的变化与电导率的变化不同，一般而言，浓度降低，由于粒子之间的相互作用减弱，正、负离子的运动速度增加，故摩尔电导率增大。但是当浓度降低到一定值后，强电解质的摩尔电导率几乎保持不变，如图6-8所示。

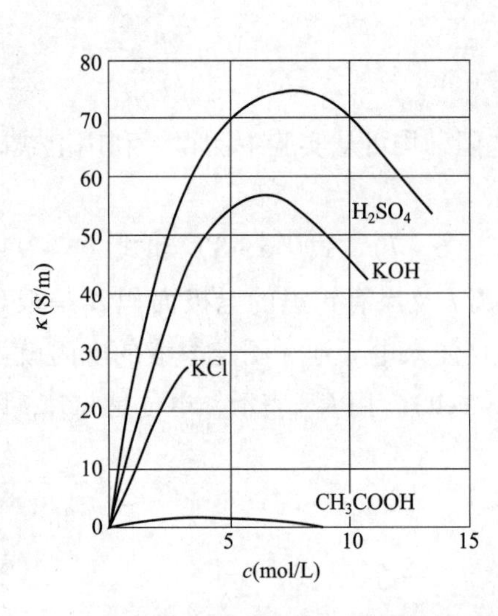

图6-7 一些电解质电导率随浓度的变化

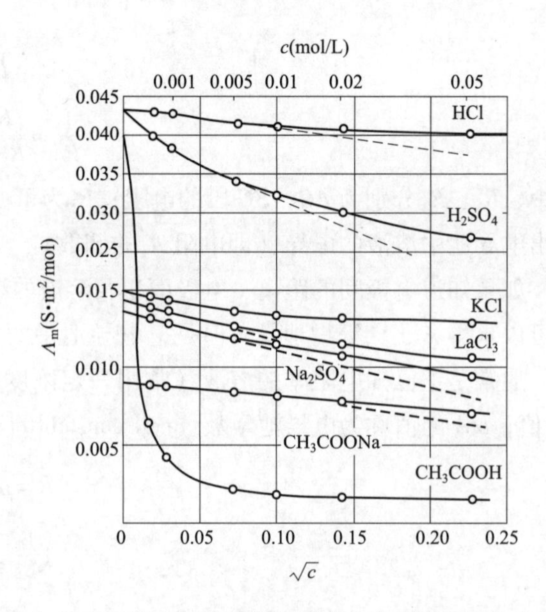

图6-8 298K时一些电解质的摩尔电导率与浓度关系

当溶液浓度很稀时，强电解质的摩尔电导率很快达到一个极限值。科尔劳许（Kohlrausch）根据大量的实验结果归纳出：在极稀溶液中，强电解质的摩尔电导率与其浓度的平方根成线性关系，公式如下。

$$\Lambda_m = \Lambda_m^\infty - A\sqrt{c} \tag{6-11}$$

在一定温度下，公式中的A对于一定的电解质和溶剂来说是一个常数。将直线外推至与纵坐标相交处，即得到溶液在无限稀释时的摩尔电导率Λ_m^∞［又称为极限摩尔电导率（limitingmolarconductivity）］。

强电解质的Λ_m^∞可用外推法求出，但弱电解质如HAc、NH_4OH在溶液稀释至0.005mol/L时，摩尔电导率Λ_m与$\sqrt{c}$仍然不成直线关系，并且在极稀的溶液中，浓度稍微改变一点，Λ_m的值可能变动很大，即实验上的少许误差对外推求得的Λ_m^∞值影响很大，所以不能用实验方法直接测定弱电解质的Λ_m^∞。科尔劳许的离子独立移动定律解决了这个问题。

四、离子独立移动定律和离子的摩尔电导率

科尔劳许在研究了大量电解质的有关实验数据后，发现在相同温度、无限稀释的溶液中，每一种离子是独立移动的，不受其他离子的影响。如HCl和HNO_3、KCl与KNO_3、LiCl和$LiNO_3$三对电解质的Λ_m^∞的差值相等，而与正离子的本性（即不论是H^+、K^+还是Li^+）无关。（表6-3）

表6-3 在298K时一些强电解质的无限稀释摩尔电导率Λ_m^∞

电解质	Λ_m^∞(S·m²/mol)	差数	电解质	Λ_m^∞(S·m²/mol)	差数
KCl	0.014986	34.83×10^{-4}	HCl	0.042616	4.9×10^{-4}
LiCl	0.011503		HNO_3	0.042130	
$KClO_4$	0.014004	35.06×10^{-4}	KCl	0.014986	4.9×10^{-4}
$LiClO_4$	0.010598		KNO_3	0.014496	
KNO_3	0.014500	34.9×10^{-4}	LiCl	0.011503	4.9×10^{-4}
$LiNO_3$	0.011010		$LiNO_3$	0.011010	

从表6-3还可以看出，具有相同负离子的三组电解质，其Λ_m^∞差值也是相等的，与负离子本性无关。科尔劳许发现无论是电解质的水溶液还是非水溶液都具有这个规律，他认为在无限稀释时，每一种

离子是独立移动的，不受其他离子的影响，每一种离子对 Λ_m^∞ 都有恒定的贡献。溶液中通电后，电流的传递由正、负离子共同分担，因而电解质的 Λ_m^∞ 可认为是两种离子的摩尔电导率之和，这就是离子独立移动定律，用公式表示为

$$\Lambda_m^\infty = \Lambda_{m,+}^\infty + \Lambda_{m,-}^\infty \tag{6-12}$$

式中，$\Lambda_{m,+}^\infty$、$\Lambda_{m,-}^\infty$ 分别表示正、负离子在无限稀释时的摩尔电导率。

根据离子独立移动定律，在极稀的 HCl 溶液和 HAc 溶液中，氢离子的无限稀释摩尔电导率 Λ_m^∞（H^+）相同。即在一定的温度和溶剂中，无论另一种离子如何，只要是极稀溶液，同一离子的摩尔电导率都相同。表 6-4 列出了一些离子在无限稀释水溶液中的离子摩尔电导率。

表 6-4　298.15K 无限稀释水溶液中离子的摩尔电导率

正离子	Λ_m^∞ (S·m²/mol)	负离子	Λ_m^∞ (S·m²/mol)
H^+	349.82×10^{-1}	OH^-	198.0×10^{-4}
Li	38.69×10^{-4}	Cl^-	76.34×10^{-4}
Na^+	50.11×10^{-4}	Br^-	78.4×10^{-4}
K^+	73.52×10^{-4}	I^-	76.8×10^{-4}
$NH_4{}^+$	73.4×10^{-4}	NO_3^-	71.44×10^{-4}
Ag^+	61.92×10^{-4}	CH_3COO^-	40.9×10^{-4}
$1/2Ca^{2+}$	59.50×10^{-4}	$1/2ClO_4^-$	68.0×10^{-4}
$1/2Ba^{2+}$	63.64×10^{-4}	$1/2SO_4^{2-}$	79.8×10^{-4}

这样，弱电解质的 Λ_m^∞ 就可以通过强电解质的 Λ_m^∞ 求算或从离子的 Λ_m^∞ 求得。而离子的 Λ_m^∞ 值可从离子的迁移率求得。例如

$$\begin{aligned}\Lambda_m^\infty(HAc) &= \Lambda_m^\infty(H^+) + \Lambda_m^\infty(Ac^-)\\ &= [\Lambda_m^\infty(H^+) + \Lambda_m^\infty(Cl^-)] + [\Lambda_m^\infty(Na^+) + \Lambda_m^\infty(Ac^-)] - [\Lambda_m^\infty(Na^+) + \Lambda_m^\infty(Cl^-)]\\ &= \Lambda_m^\infty(HCl) + \Lambda_m^\infty(NaAc) - \Lambda_m^\infty(NaCl)\end{aligned}$$

上式表明醋酸的极限摩尔电导率可由强电解质 HCl、NaAc 和 NaCl 的极限摩尔电导率的数据来求得。

电解质的摩尔电导率是正、负离子电导率贡献的总和，所以离子的迁移数也可以看作是某种离子摩尔电导率占电解质的摩尔电导率的分数。对于 1-1 型的电解质在无限稀释时，有

$$\Lambda_m^\infty = \Lambda_{m,+}^\infty + \Lambda_{m,-}^\infty$$

$$t_+ = \frac{\Lambda_{m,+}^\infty}{\Lambda_m^\infty} \qquad t_- = \frac{\Lambda_{m,-}^\infty}{\Lambda_m^\infty} \tag{6-13}$$

对于浓度不太大的强电解质溶液，可近似有

$$\Lambda_m = \Lambda_{m,+} + \Lambda_{m,-}$$

$$t_+ = \frac{\Lambda_{m,+}^\infty}{\Lambda_m} \qquad t_- = \frac{\Lambda_{m,-}^\infty}{\Lambda_m} \tag{6-14}$$

t_+、t_- 和 Λ_m 的值都可由实验测得，从而计算离子摩尔电导率。

【例 6-3】 已知苯巴比妥钠的 Λ_m^∞（Nap）为 7.35×10^{-3}S·m²/mol，盐酸的 Λ_m^∞（HCl）为 4.262×10^{-2}S·m²/mol，氯化钠的 Λ_m^∞（NaCl）为 1.265×10^{-2}S·m²/mol，求苯巴比妥溶液的无限稀释摩尔电导率 Λ_m^∞（Hp）。

解：根据式（6-12），有

$$\Lambda_m^\infty = \Lambda_m^\infty(H^+) + \Lambda_m^\infty(p^-) = \Lambda_m^\infty(HCl) + \Lambda_m^\infty(Nap) - \Lambda_m^\infty(NaCl) = 3.73\times10^{-2}\,S\cdot m^2/mol$$

第四节　电导测定的应用

一、水的纯度检验

测定水的电导率是检验水的纯度的一种方便而实用的方法，电导率越小，水中所含杂质离子越少，水的纯度越高。医药行业对水的纯度有较高的要求，药用去离子水要求的电导率为 1.0×10^{-4}S/m。常温下自来水的电导率 κ 约为 1.0×10^{-1}S/m，普通蒸馏水的电导率 κ 约为 1.0×10^{-3}S/m，重蒸水（蒸馏水经用 $KMnO_4$ 和 KOH 溶液处理，以除去 CO_2 及有机杂质，然后在石英器皿中重新蒸馏 1～2 次）和去离子水的 κ 值一般小于 1.0×10^{-4}S/m，所以我们只要测定水的电导率 κ 值就可以获知水的纯度是否符合要求。

二、弱电解质的电离度及电离平衡常数的测定

弱电解质的电离度一般小于5%，溶液中参与导电的离子浓度也较小，当对溶液进行无限稀释时，弱电解质全部电离，所有离子都参与导电，其摩尔电导率 Λ_m^∞ 即为离子无限稀释摩尔电导率的加和。而一定浓度下弱电解质的 Λ_m 与其无限稀释的 Λ_m^∞ 差别取决于两个因素：一是电解质的电离程度；二是离子间的相互作用力。

一般弱电解质的电离度很小，溶液中离子浓度很低，故可将离子间相互作用忽略不计，则 Λ_m 与 Λ_m^∞ 的差别只由部分电离和全部电离产生的离子数目不同所致，由此可得到

$$\alpha=\frac{\Lambda_m}{\Lambda_m^\infty} \tag{6-15}$$

式中，α 为弱电解质在浓度 c 时的电离度。

以 1－1 型弱电解质 HAc 为例，设其起始浓度为 c，则

$$HAc+H_2O\longrightarrow H_3O^++Ac^-$$

起始时：　c　　0　　0

平衡时：　$c(1-a)$　　ca　　ca

电离平衡常数（dissociation constant）　$K_a^\ominus=\dfrac{\alpha^2}{1-\alpha}\cdot\dfrac{c}{c^\ominus}$

将式（6－15）代入得

$$K_a^\ominus=\frac{\Lambda_m^2}{\Lambda_m^\infty(\Lambda_m^\infty-\Lambda_m)}\cdot\frac{c}{c^\ominus} \tag{6-16}$$

该式称为奥斯特瓦尔德（Ostwald）稀释定律。

【例 6－4】 298.15K 时，实验测得 0.01mol/L 的磺胺（$C_6H_8O_2N_2S$）水溶液的电导率 κ（SNH）为 1.103×10^{-3}S/mol，磺胺钠盐的无限稀释摩尔电导率 Λ_m^∞（SNNa）为 0.01003S/mol。试求 0.01mol/L 的磺胺水溶液中磺胺的电离度及其电离平衡常数。

解： 查表可得 $\Lambda_m^\infty(HCl)=0.042616S\cdot m^2/mol$　$\Lambda_m^\infty(NaCl)=0.012645S\cdot m^2/mol$

故　$\Lambda_m^\infty(SN)=\Lambda_m^\infty(SNNa)+\Lambda_m^\infty(HCl)-\Lambda_m^\infty(NaCl)=0.0400S\cdot m^2/mol$

再根据式（6－9）　$\Lambda_m=\dfrac{\kappa}{c}=\dfrac{1.103\times10^{-3}}{0.01\times10^3}=1.103\times10^{-4}S\cdot m^2/mol$

于是　$\alpha=\dfrac{\Lambda_m(SN)}{\Lambda_m^\infty(SN)}=\dfrac{1.103\times10^{-4}}{0.0400}=0.276\%$

$$K_a^{\ominus}=\frac{\alpha^2}{(1-\alpha)}\cdot\frac{c}{c^{\ominus}}=7.64\times10^{-2}$$

三、难溶盐的溶解度（或溶度积）的测定

用测量电导的方法可以求得难溶盐在水中的溶解度。由于难溶盐在水中的溶解度很小，可以将其视为无限稀释的溶液，于是其摩尔电导率可以使用无限稀释摩尔电导率来代替，即 $\Lambda_m\approx\Lambda_m^{\infty}$。

具体方法：先测定纯水的电导率 $\kappa_{水}$，再用此水配制待测难溶盐的饱和溶液，测定该饱和溶液的电导率 $\kappa_{溶液}$，于是可得难溶盐的电导率（由于溶液极稀，故水的电导贡献不能忽略）。根据 $\Lambda_m=\kappa/c$，式中 c 为难溶盐的物质的量浓度，$\Lambda_m\approx\Lambda_m^{\infty}$，因此可得

$$c_{饱和}=(\kappa_{溶液}-\kappa_{水})/\Lambda_m^{\infty} \tag{6-17}$$

式中 Λ_m^{∞} 可查表求得。从式（6－17）可求得难溶盐的饱和溶液的量浓度 c，即难溶盐的溶解度 s。

【例 6－5】 298.15K 时，测得 AgBr 饱和水溶液的电导率值为 1.576×10^{-4}S/m，所用水的电导率 κ 为 1.519S/m，试求 AgBr 在该温度时的溶解度。

解：根据式（6－17）

$$c_{饱和}=(\kappa_{溶液}-\kappa_{水})/\Lambda_m^{\infty}(AgBr)=(\kappa_{溶液}-\kappa_{水})/[\Lambda_m^{\infty}(Ag^+)+\Lambda_m^{\infty}(Br^-)]$$

查表得：$\Lambda_m^{\infty}(Ag^+)=6.192\times10^{-3}(S\cdot m^2)/mol$

$\Lambda_m^{\infty}(Br^-)=7.814\times10^{-3}(S\cdot m^2)/mol$

所以

$$c=\frac{1.576\times10^{-4}-1.519\times10^{-4}}{6.194\times10^{-3}+7.184\times10^{-3}}=4.070\times10^{-4}mol/m^3$$

故 AgBr 在该温度时的溶解度 $s(AgBr)=c_{饱和}=4.070\times10^{-4}mol/m^3$

四、电导滴定

电导滴定（conductimetric titration）：是利用滴定过程中溶液电导的变化来确定滴定终点的方法。在定量分析中，当指示剂选择不理想、溶液浑浊、有颜色干扰、不便使用指示剂时，使用电导滴定法能收到非常好的效果。

如果滴定过程中离子浓度的变化或某种离子被另一种与其电迁移速率不同的离子所取代，导致溶液电导发生改变，可根据溶液的电导变化来确定滴定终点。电导滴定可用于酸碱中和反应、氧化还原反应和沉淀反应等。

此外，电导测定还常应用于物理化学实验研究中，如利用电导率的变化测定乙酸乙酯皂化反应的速率常数，利用电导变化测定表面活性剂的临界胶束浓度等。

第五节　可逆电池

一、可逆电池的意义

将化学能转变为电能的装置称为原电池，简称电池。如果这种能量转换是以热力学可逆的方式进行，则在恒温恒压下，系统的吉布斯自由能的减少则等于系统所作的最大非体积功 W_{max}（电功）。根据电池反应的化学计量式，当反应进度 $\zeta=1$mol，需 Zmol 电子参与电池反应，所通过的电量为 $Q=ZF$，则恒温恒压下，反应进度为 1mol 时电池反应的吉布斯能变化可表示为

$$-(\Delta_r G_m)_{T,p} = W_{max} = QE = ZFE \tag{6-18}$$

其中 E 为电池电动势，式（6-18）是将热力学与电化学联系在一起的重要关系式，对于研究可逆电池电动势非常有意义：①可借助热力学的知识计算化学能转变为电能的理论转化量，从而为提高电池性能提供依据；②为热力学问题的研究提供了电化学的手段和方法。

二、可逆电池的条件

可逆电池（reversible cell）必须满足下列条件。

（1）电池的化学变化必须是可逆的，即电池在放电时所进行的反应与充电时进行的反应互为可逆反应。

（2）能量的转换必须可逆，即可逆电池无论在充电或放电时，通过的电流要十分微小，这样才能保证电池处在平衡条件下，使化学能与电能在可逆条件下转换，这样在电池放电时对外作最大功，若用此电功对电池充电，则系统和环境同时复原。

（3）电池在工作时所伴随发生的其他过程如离子的迁移等也必须可逆。

严格说来，由两个不同的电解质溶液组成的具有溶液接界的电池，因在溶液接界处存在着离子的不可逆扩散过程，所以均不能视为可逆电池；若经过处理，能消除离子扩散所产生的影响，可近似将此类电池看作可逆电池，电化学中主要研究的是可逆电池。

三、可逆电池的类型

构成可逆电池的电极本身必须是可逆的，可逆电极有以下几类。

（1）金属与金属离子的电极　这类电极是由金属极板浸在含有该种金属离子的溶液中所构成，用符号 $M \mid M^{n+}$ 来表示。

（2）气体电极　是将气体 H_2、O_2、Cl_2 等冲击浸入含有 H^+、OH^-、Cl^- 等离子的溶液中的铂片上所构成，用符号 $Pt, H_2 \mid H^+$；$Pt, O_2 \mid OH^-$；$Pt, Cl_2 \mid Cl^-$ 来表示。

（3）汞齐电极　有些金属如 Na 等，因活泼性很高，不能直接作电极，将该金属熔在汞中形成汞齐（即 Na-Hg 固熔体），称为钠汞齐电极，用符号 $Na(Hg)(a) \mid Na^+$ 来表示，(a) 表示钠汞齐中钠的含量。

（4）金属难溶盐电极　它是将一根金属棒表面涂以该金属的难溶盐类，然后插入含有与所涂溶盐相同负离子的溶液中所制成的一种装置。例如，Ag 电极用 AgCl 涂盖后插入含有 Cl^- 的溶液中，即成 Ag-AgCl电极，用符号 $Ag, AgCl \mid Cl^-(a)$ 表示，该电极的反应式为 $AgCl + e^- \rightleftharpoons Ag + Cl^-(a)$。甘汞电极属于此类电极，因电极电势比较稳定，常用作参比电极。

（5）氧化还原电极　这类电极是由惰性金属铂片插入含有某金属离子的两种不同氧化态的溶液中构成，用符号 $Pt \mid Fe^{2+}, Fe^{3+}$ 表示，此电极的反应为：$Fe^{3+} + e^- \rightleftharpoons Fe^{2+}$。

四、可逆电池的热力学

由热力学原理可知，当化学能以可逆方式转变为电能时，电化学系统吉布斯自由能的降低值 $-(\Delta_r G)_{T,p} = W'_{max}$，借助于不同温度下的可逆电池电动势的测定，可进一步求得相应电池反应的各热力学函数的变化。因此研究可逆电池热力学十分有意义。

1. 能斯特方程　对于任意的化学反应：$aA + bB \rightleftharpoons gG + hH$，根据热力学的等温方程，此化学反应的吉布斯能变与该反应中各物质的浓度（或活度）之间有下面的关系。

$$\Delta G = \Delta G^{\ominus} + RT\ln \frac{a_G^g a_H^h}{a_A^a a_B^b} \tag{6-19}$$

如果能利用此化学反应组成一个可逆电池，则 $\Delta G=-ZEF$，在标准状态下 $\Delta G^{\ominus}=-ZE^{\ominus}F$，这样上式可改写为：$ZEF=ZE^{\ominus}F-RT\ln\frac{a_{G}^{g}a_{H}^{h}}{a_{A}^{a}a_{B}^{b}}$

$$E=E^{\ominus}-\frac{RT}{ZF}\ln\frac{a_{G}^{g}a_{H}^{h}}{a_{A}^{a}a_{B}^{b}} \tag{6-20}$$

式（6-20）是电化学中十分重要的能斯特方程（Nernst equation），通过此公式将可逆电池的电动势与化学反应的热力学平衡联系起来；其中 $E^{\ominus}$ 表示此电池化学反应中反应物和产物的浓度（或活度）均为 1 时的电动势，又称标准电动势。对于可逆电池，有以下关系式。

$$E^{\ominus}=-\frac{\Delta G^{\ominus}}{ZF}=\frac{RT}{ZF}\ln K^{\ominus} \tag{6-21}$$

式中的 $K^{\ominus}$ 是该电池化学反应的反应物和产物用活度来表示的平衡常数，因此求得一个原电池的 $E^{\ominus}$，就可算出组成此电池化学反应的平衡常数，这就是通常利用测电动势求化学反应平衡常数的方法。

2. 可逆电池电动势的温度系数　在热力学中讨论吉布斯能变与温度的关系时，得到了吉布斯-亥姆霍兹公式，即

$$\left(\frac{\partial\Delta G}{\partial T}\right)_{p}=\frac{\Delta G-\Delta H}{T}$$

将式（6-18）代入整理得到

$$\Delta H=-ZEF+ZFT\left(\frac{\partial E}{\partial T}\right)_{p} \tag{6-22}$$

如果将式（6-22）与热力学中 $\Delta H=\Delta G+T\Delta S$ 式相比较，可得到

$$T\Delta S=ZFT\left(\frac{\partial E}{\partial T}\right)_{p}$$

因为电池是在可逆条件下工作，所以 $T\Delta S=Q_{R}$（Q_{R}是可逆过程的热），这样上式就成为

$$Q_{R}=T\Delta S=ZFT\left(\frac{\partial E}{\partial T}\right)_{p} \tag{6-23}$$

式（6-23）中，$\left(\frac{\partial E}{\partial T}\right)_{p}$ 是定压下电动势随温度的变化率。若 $\left(\frac{\partial E}{\partial T}\right)_{p}>0$，则温度升高，可逆电池的电动势增加，说明该电池放电时是吸热的；若 $\left(\frac{\partial E}{\partial T}\right)_{p}<0$，则温度升高，可逆电池的电动势降低，说明该电池放电时是放热的。

【例 6-6】 已知丹尼尔电池在 298.15K 时 $E_{1}=1.1030\text{V}$，在 313.15K 时 $E_{2}=1.0961\text{V}$，设在此温度范围内 $\left(\frac{\partial E}{\partial T}\right)_{p}$ 为常数，试计算此电池反应在 298.15K 时的 ΔG、ΔH、ΔS、$K^{\ominus}$ 及电池的 Q_{R}。

$$\left(\frac{\partial E}{\partial T}\right)_{p}=\frac{E_{2}-E_{1}}{T_{2}-T_{1}}=\frac{1.0961-1.1030}{313.15-298.15}=\frac{-0.0069}{15}=-0.00046\text{V/K}$$

因电池反应中 $Z=2$

所以 $\Delta G=-ZEF=-2\times1.1030\times96500=-212.9\text{kJ}$

$$\Delta H=-ZEF+ZFT\left(\frac{\partial E}{\partial T}\right)_{p}=212.9+\frac{2\times96500\times298.15\times(-0.00046)}{1000}=-239.3\text{kJ}$$

$$\Delta S=ZF\left(\frac{\partial E}{\partial T}\right)_{p}=2\times96500\times(-0.00046)=-88.78\text{J/K}$$

因为 $E_{1}=E^{\ominus}$

所以

$$\lg K^{\ominus}=\frac{ZE^{\ominus}F}{2.303\text{R}}=\frac{2\times1.1030\times96500}{2.303\times8.314\times298.15}=37.28$$

$$K^{\ominus}=1.9\times10^{37}$$

$$Q_R=T\Delta S=298.15\times(-88.78)=-26.50\text{kJ}$$

计算结果说明丹尼尔电池的反应能自发进行，放电时电池向环境放热。

第六节　生物电化学

20 世纪 70 年代以来，一门处于电化学、生物化学和生理学等多学科交叉点上的边缘学科——生物电化学（bioelectrochemistry）得到令人瞩目的迅速发展。生物电化学是应用电化学的基本原理和实验方法研究生物体在分子和细胞水平上的电荷和能量传输的运动规律及其对生物系统活性功能影响的学科。生物电化学在探讨生命过程的机制和解决医学上的难题具有十分重要的意义。根据专业需求，本节对生物体的电现象、生物膜电势及其生物传感器等做一简单介绍。

一、生物电现象

1791 年，伽伐尼（L. Galvani）发现金属能使蛙腿肌肉收缩，而产生了动物电现象。该发现表明动物的机体组织与电之间存在着相互作用。事实上一切生物体，无论处于静止状态还是活动状态都存在着电现象，这些统称为生物电现象。

现在医学领域应用的肌电图、心电图和脑电图都是具有代表性的生物电现象。而实际上生物电是很微弱的，如心电大约在 1mV 左右，脑电则更微弱，只有 0.1mV 左右。正因为生物电现象比较微弱，在测定肌电、心电和脑电时要选用面积较大的电极，同时要求电极的电阻和极化要小，并且能在生物体表面牢牢固定，其中银 - 氯化银电极的使用最为广泛。

二、细胞膜电势

生物电现象是以细胞为单位产生的，主要的应用基础是在细胞膜内、外两侧存在电势差，即膜电势（membrane potential）。

细胞膜实际是一种特殊的半透膜，主要由卵磷脂和蛋白质组成，对离子的通透性有高度的选择性和调节性。卵磷脂为双亲分子，其疏水链伸向膜的中间，而亲水基团伸向膜的内、外两侧，构成了约两个分子厚度的脂质双层，称为膜的骨架；球状蛋白质分子则分布在细胞膜中，其中有的蛋白质分子部分嵌在膜内，部分嵌在膜外，也有的蛋白质分子贯穿整个细胞膜。因此，可以把细胞膜看成由排列有序的类脂分子和蛋白质组成的二维溶液。细胞膜中的蛋白质在生物体的活性传输和许多化学反应中起催化作用，并充任离子透过膜的通道。细胞膜在生物体的细胞代谢和信息传递中起着关键作用，在神经细胞中能传递神经脉冲。

正常生物细胞内的 K^+ 浓度远远大于细胞外的 K^+ 浓度，而细胞外 Na^+ 浓度则高于细胞内 Na^+ 浓度，由于细胞内、外浓度差的存在，K^+ 必然会向膜外扩散，而 Na^+ 向细胞膜内扩散。现在让我们来考查一下由于膜两边 K^+ 离子浓度不等而引起的电势差即膜电势的情况。我们假定采用适当的实验装置，将细胞内、外液体组成如下电池。

$$\text{Ag(s)}\mid\text{AgCl(s)}\mid\text{KCl(aq)内液}\ \vdots\ \text{细胞膜}\ \vdots\ \text{外液}\mid\text{KCl(aq)}\mid\text{AgCl(s)}\mid\text{Ag(s)}$$

β 相　　　　　α 相

由于细胞内液 β 相中的 K^+ 浓度远大于细胞外液 α 中的 K^+ 浓度，因此 K^+ 倾向于自 b 相穿过膜向细

胞膜外液 α 相扩散，扩散的结果是 α 相一边产生净正电荷，而在 β 相一边产生净负电荷，此种电场的存在将阻止 K^+ 由 β 相向 α 相的进一步扩散，而有利于 K^+ 由 α 相向 β 相的逆向扩散，最后达到动态平衡，即 K^+ 在两相中的化学势相等。而由于 K^+ 从 β 相向 α 相转移的结果造成 α 相的电势高于 β 相，则由此产生的膜电势

$$E=\Delta\varphi(\alpha、\beta)=\varphi_\alpha-\varphi_\beta=\frac{RT}{F}\ln\frac{a_{K^+}(\beta)}{a_{K^+}(\alpha)}$$

在生物化学上，则可用下式表达。

膜电势
$$\Delta\varphi=\varphi_{内}-\varphi_{外}=\frac{RT}{F}\ln\frac{a_{K^+}(外)}{a_{K^+}(内)}$$

298.15K 下，对于静止的神经细胞，若假定活度系数均为 1，

$$\Delta\varphi=\frac{RT}{F}\ln\frac{a_{K^+}(\beta)}{a_{K^+}(\alpha)}=\frac{8.314\times298.15}{96500}\ln\frac{1}{35}=-91\text{mV}$$

而实验测得的静止神经细胞的膜电势约为 -70mV，这可以用活性体中的体液并非真正处于平衡态来解释。对于静止肌内细胞膜电势约为 -90mV，肝细胞的膜电势约为 -40mV。

三、生物电化学传感器

生物传感器技术是一项重要的高新技术，它在医学领域中有着广阔的应用前景，并有望成为 21 世纪大规模的新兴产业。

人通过自身的感觉器官可以产生视觉、嗅觉和味觉等感觉。生物电化学传感器就是将生物物质与被测物质接触时所产生的物理、化学变化，转换为电讯号输出的装置。其构造分为两部分：其一是分子识别材料或感受器，主要是一类具有催化功能或能形成稳定复合体的生物活性物质，如酶、组织、细胞、抗体、核酸等；其二是信号转换器，也叫基础电极或内敏感器，是一个电化学检测元件，用以监测分析物质在固定化催化剂作用下发生的化学变化，并转换成信号。

生物传感器的检测质量与生物膜成膜技术关系密切，常用的生物膜成膜方法有：聚合物包埋法、共价键合法和交联法。

生物传感器按照感受器中采用的生命物质可分为：微生物传感器、免疫传感器、组织传感器、细胞传感器、酶传感器、DNA 传感器等；按照传感器检测原理可分为：热敏生物传感器、场效应管生物传感器、压电生物传感器、光电生物传感器、声波道生物传感器、酶电极生物传感器、介体生物传感器等；按照生物活性物质相互作用类型可分为：亲和型生物传感器和代谢型生物传感器两种。

在所有的生物传感器中，以酶传感器研究和应用得最多，也是目前最成熟的一类生物传感器。目前已经研制成功的酶传感器有 30 种左右，可用于检测尿素、葡萄糖、青霉素、抗坏血酸和磷脂等。由于酶很容易失去生物活性，因而酶传感器的稳定性较差，使用寿命短，而以微生物作为分子识别材料的微生物传感器，稳定性优于前者，使用寿命较长，灵敏度高，但响应时间较长。微生物传感器可用于致癌物质的测定，更能进行致癌物质的筛选。

生物传感器的研究发展与微电子、计算机技术以及超微电极等高科技紧密相连，它在生物体的代谢跟踪、活体检测及生物芯片的发展等方面具有十分广阔的前景。

知识链接

可穿戴生物传感器在医药学中的应用

可穿戴生物传感器通过身体特定部位的接触，能够长期可靠地记录临床有用的生物信号，被广泛地应用于各种健康监测。通过对汗液、间质液和眼泪等体液进行无创监测，这些传感器可以高精度地捕捉与特定疾病相关的人体生理状况，并可以与智能手表、手机和平板电脑进行实时数据通信，从而为许多代谢性疾病的管理提供临床有用的信息。

糖尿病是最常见的慢性疾病之一，可能导致各种严重的并发症。因此，需要开发一种非侵入性的、便携式的设备以持续动态的调控体内的葡萄糖水平。为此，研究人员将一个生物传感器与透皮给药系统集成到一起，做成胰岛素自动给药系统。该系统可以实时检测患者的血糖，并根据血糖值自动调整胰岛素给药量，从而可以有效地将机体血糖维持在正常值范围内。这种“人工胰腺”有效解决了糖尿病患者血糖控制的难题，改善了他们的生活质量。

答案解析

目标测试

1. 原电池和电解池有什么不同？

2. 满足可逆电池的条件是什么？

3. 电解质溶液的导电能力与哪些因素有关？

4. 当1A的电流通过100ml浓度为$0.1mol\cdot L^{-1}$ $Fe_2(SO_4)_3$溶液时，需通电多长时间才能完全还原为$FeSO_4$？

(32.17分钟)

5. 298.15K时，0.01mol/L KCl水溶液的电导率为0.1411S/m，将此溶液充满电导池，测得电导池的电阻是112.3Ω。若将该电导池改充以同浓度的某待测溶液，测得其电阻为2184Ω，试计算：(1) 该电导池的电导池常数；(2) 待测液的电导率；(3) 待测液的摩尔电导率。

($15.84/m$，$7.26\times10^{-3}S/m$，$7.26\times10^{-4}S\cdot m^2\cdot mol^{-1}$)

6. 已知在298.15K时，丙酸钠、氯化钠和盐酸的水溶液的极限摩尔电导率分别为0.859×10^{-2} $S\cdot m^2\cdot mol^{-1}$、$1.2645\times10^{-2}S\cdot m^2\cdot mol^{-1}$和$4.2615\times10^{-2}S\cdot m^2\cdot mol^{-1}$。试求在此温度下，丙酸的极限摩尔电导率。

($3.856\times10^{-3}S\cdot m^2\cdot mol^{-1}$)

7. 298.15K时，将浓度为$0.01mol\cdot L^{-1}$的HAc溶液充入电导池，测得电阻为2220Ω。已知该电导池常数为$36.7m^{-1}$，HAc的Λ_m^∞为$390.72\times10^{-4}S\cdot m^2\cdot mol^{-1}$，求该条件下的HAc的电离度和电离平衡常数。

(4.22%，1.86×10^{-5})

8. 298.15K时，电池组成为$Pb\mid Pb^{2+}(\alpha=0.10)\parallel Cu^{2+}(\alpha=0.50)\mid Cu$

(1) 计算电池电动势；(2) 计算反应的吉布斯自由能变。

(0.5016V，-96.8kJ)

9. 已知丹尼尔电池在298.15K时$E_1=1.1030V$，在313.15K时$E_2=1.0961V$，设在此温度范围内为

常数，试计算此电池反应在 298.15K 时的 ΔG、ΔH、ΔS、K_a 及电池反应的 Q_R，并判断过程是否自发？

（-212.88kJ，239.37kJ，-88.785/K，$K_a=1.982\times10^{37}$，-26.467kJ，自发）

书网融合……

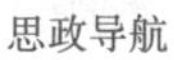

思政导航

本章小结

微课

题库

第七章　化学动力学

学习目标

知识目标

1. 掌握　简单反应级数的动力学方程及其特征；阿仑尼乌斯公式的应用。

2. 熟悉　浓度、温度、溶剂、催化剂、pH、酶等因素对反应速率的影响。

3. 了解　典型复杂反应的动力学方程（可逆反应、平行反应和连续反应）；反应级数的测定方法；反应速率的理论和催化作用的理论；光化反应的应用；一级反应与零级反应给药方案的特点及动力学在药学领域的一般应用。

能力目标　通过学习本章内容，要求学生学会运用化学动力学理论，去解决生活、生产和药学中有关化学反应动力学的问题；能够根据简单级数反应的动力学特点和规律判断反应级数；能够利用各类反应的动力学方程进行计算；能够通过实验确定反应级数；能够利用阿仑尼乌斯公式计算温度和活化能对反应速率的影响；能够利用不同的条件控制反应的快慢，使学生体会出理论指导实践的意义。

将化学反应应用于生产实践主要面对两个方面的问题：一是要了解反应进行的方向和最大限度以及外界条件对它们的影响；二是反应进行的速率和反应的机制（即历程）。前者是化学热力学的研究范畴，前面几章讨论的就是这方面的问题；后者则是化学动力学的研究范畴。

化学动力学研究浓度、压力、温度以及催化剂等各种因素对反应速率的影响；还研究反应进行时要经过哪些反应步骤，即所谓反应机制。所以，化学动力学是研究化学反应速率和反应机制的学科。

通过化学动力学的研究可以为我们提供如下信息。第一，如何控制反应速率。当我们掌握了反应速率以及各种因素对化学反应速率的影响后，就可以主动地选择反应条件，使反应按我们所希望的速率进行，加快或降低反应速率；第二，化学反应在不同层次上的反应机制是什么。所谓反应机制（反应历程）就是一个反应经过什么样的途径或经过哪些中间步骤才转化为最终产物。研究反应机制，可以从理论上阐明速率方程的微观本质，还有可能从物质的微观特性预测反应的宏观动力学特征。

对于化学反应的研究，动力学和热力学是相辅相成的。化学热力学能预言在给定的条件下化学反应发生的可能性，而对于如何要把这种可能性变为现实，过程进行的速率如何，则是动力学研究的内容。动力学研究的是热力学上可能发生的化学反应，研究这些化学反应进行得有“多快”。因此，不能用判断化学反应能否进行、进行到什么程度的热力学量来判断化学反应速率。例如，在 298.15K、100kPa 下，有以下反应。

（1）$2H_2(g) + O_2(g) = 2H_2O(l)$　　$\Delta_r G_m^\ominus = -474.38 kJ/mol$

（2）$2NO(g) + O_2(g) = 2NO_2(g)$　　$\Delta_r G_m^\ominus = -69.70 kJ/mol$

从热力学角度看，反应（1）进行的趋势比反应（2）大得多。而事实上，在常温常压下，我们将氢气和氧气放在一个容器中，好几年也看不到有生成水的痕迹，这是由于此反应的速率太慢了。但是，只要把 $NO(g)$ 与 $O_2(g)$ 混合，立刻就能生成 $NO_2(g)$。因此我们说，化学热力学只解决了反应的可能性问题，能否实现该反应只有靠化学动力学研究来解决。若热力学研究表明某反应不可能进行，则没有必要再去研究如何提高反应速率的问题了。

从历史上来说，化学动力学的发展比化学热力学迟，而且没有热力学那样有完整的系统。所以相对而言，化学动力学还很不成熟，许多领域有待开发。化学动力学的研究十分活跃，是进展迅速的学科之一。物理化学家李远哲（美籍华人）由于在交叉分子束研究中作出了卓越的贡献而获得了1986年的诺贝尔化学奖。近百年来，化学动力学进展的速度很快，这一方面归功于相邻学科基础理论和技术上的进展，另一方面也归于实验方法、检测手段的日新月异。

化学动力学在药学上也很重要，如药物的生产和调制、贮藏和保管都与反应速度有关。药物在体内的吸收、分布、代谢与排泄的研究也要应用动力学的方法，研究怎样提高药物的稳定性、防止药物的分解等都要应用到化学动力学的有关知识。

第一节　基本概念

一、化学反应速率的定义及测定

1. 化学反应速率的定义　对于任一化学反应 $0=\sum_{B} v_B B$，用单位体积反应进度随时间的变化率表示其反应速率。化学反应速率 v 定义为

$$v \overset{\text{def}}{=} \frac{1}{V}\frac{d\xi}{dt} \tag{7-1}$$

式中，V 为反应系统的体积；ξ 为化学反应的进度。对于任一反应系统中的任一物质组分B，有 $d\xi = \frac{1}{v_B}dn_B$，故反应速率也可表示为

$$v = \frac{1}{v_B V}\frac{dn_B}{dt} \tag{7-2}$$

式中，v_B为物质B的化学计量系数，对反应物取负值，对产物取正值。例如，对反应

$$aA + fF \longrightarrow gG + hH$$

反应速率可表示为

$$v = \frac{1}{V}\cdot\frac{d\xi}{dt} = -\frac{1}{aV}\cdot\frac{dn_A}{dt} = -\frac{1}{fV}\cdot\frac{dn_F}{dt} = \frac{1}{gV}\cdot\frac{dn_G}{dt} = \frac{1}{hV}\cdot\frac{dn_H}{dt} \tag{7-3}$$

如果在反应过程中，系统的总体积是恒定的，则式（7-3）可写为

$$v = \frac{1}{V}\cdot\frac{d\xi}{dt} = -\frac{1}{a}\cdot\frac{dc_A}{dt} = -\frac{1}{f}\cdot\frac{dc_F}{dt} = \frac{1}{g}\cdot\frac{dc_G}{dt} = \frac{1}{h}\cdot\frac{dc_H}{dt} \tag{7-4}$$

对于恒容气相化学反应，压力比浓度更容易测定，因此也可用物质B的分压随时间的变化率来表示化学反应速率。

$$v_p = \frac{1}{v_B}\cdot\frac{dp_B}{dt} \tag{7-5}$$

这里要注意的是，用物质B的分压变化来表达的速率 v_p，与用浓度变化表达的化学反应速率 v_c的量纲不同，前者为［压力/时间］，后者为［浓度/时间］。

2. 化学反应速率的实验测定　要测定化学反应速率，必须测出在不同反应时刻的反应物（或生成物）的浓度，绘制物质浓度随时间变化的曲线，然后从图上求出不同反应时间的速率 dc/dt，就可以知道反应在 t 时的反应速率。

测定反应物（或生成物）在不同反应时间的浓度一般可采用化学方法和物理方法。化学方法是在反应进行的某一时刻取出一部分物质，并设法使反应停止（用骤冷、冲稀、加阻化剂或除去催化剂等方法），然后进行化学分析，获得不同时刻某物质的浓度数据。物理方法是测量与某种物质浓度呈单值关系的一些物理性质（例如，压力、体积、密度、折射率、旋光度、电导率、吸光度、介电常数、热导率等）随时间的变化，然后折算成不同时刻的浓度值。

二、基元反应和复杂反应

1. 基元反应与复杂反应的概念 常见的化学反应方程式绝大多数并不代表反应的真正历程，而仅是代表反应的总结果。对于化学动力学的研究目的而言，仅仅知道化学反应计量式是不够的。例如，HI气体的合成反应，化学计量关系式为

$$H_2 + I_2 \longrightarrow 2HI$$

但它并不表示一个氢气分子和一个碘蒸气分子在碰撞中直接作用生成两个 HI 分子，只是表示反应的总结果。实验证实反应由以下两步构成的。

（1）$I_2 \longrightarrow 2I\cdot$

（2）$H_2 + 2I\cdot \longrightarrow 2HI$

又如：

$$H_2 + Cl_2 \longrightarrow 2HCl$$

该反应化学计量式与上一反应相同，但反应历程大不相同，它是由下列四个步骤构成的。

（3）$Cl_2 \longrightarrow 2Cl\cdot$

（4）$Cl\cdot + H_2 \longrightarrow HCl + H\cdot$

（5）$H\cdot + Cl_2 \longrightarrow HCl + Cl\cdot$

（6）$2Cl\cdot + M \longrightarrow Cl_2 + M$

式中，M 指反应器壁或者其他第三体分子，它是惰性物质，只起能量传递作用。如果一个化学反应在进行时，反应物分子之间发生相互作用一步生成了产物分子，其间不经过任何中间步骤，则该反应就称为基元反应。反应(1)~(6)都是基元反应，仅由一个基元反应组成的反应称为简单反应。由两个或两个以上基元反应组成的反应称为复杂反应或总（包）反应，绝大多数宏观反应都是复杂反应。一个复杂反应要经历若干个基元反应才能完成，这些基元反应代表了反应经过的途径，称为反应机制或反应历程。反应(3)~(6)代表了 H_2与 Cl_2反应的历程。

2. 反应分子数 在基元反应中，直接参加反应的反应物的粒子（包括原子、分子、自由基或离子）的数目称为反应分子数。基元反应按照反应分子数划分，可分为三类：单分子反应、双分子反应和三分子反应。因此，反应分子数的取值只可能是1、2或3。绝大多数的基元反应为双分子反应；在分解反应或异构化反应中，可能出现单分子反应；三分子反应数目更少，一般只出现在原子复合或自由基复合反应中。四个分子同时碰撞在一起的机会极少，所以还没有发现有大于三个分子的基元反应。

3. 基元反应的质量作用定律 19 世纪后半叶，挪威化学家瓦格（Peter Waage）和数学家古德伯格（Cato Maximilian Guldberg）在总结大量实验数据的基础上，提出了质量作用定律。质量作用定律指出，基元反应的反应速率正比于各反应物的浓度以其计量系数为指数的幂的乘积。例如，对于基元反应

$$A + 2B \longrightarrow Z$$

根据质量作用定律，其反应速率为

$$v = kc_A c_B^2 \tag{7-6}$$

质量作用定律只适用于基元反应。对于复杂反应，只有分解为若干个基元反应时，才能逐个运用质

量作用定律。要注意的是，对于真正的基元反应，其反应速率满足质量作用定律，反过来，速率方程形式上满足质量作用定律的化学反应并不一定是基元反应。例如复杂反应

$$H_2 + I_2 \longrightarrow 2HI$$

虽其反应速率经实验测定为

$$v = kc_{H_2}c_{I_2}$$

然而，我们不能仅由此就说 $H_2 + I_2 \longrightarrow 2HI$ 是基元反应。

三、反应速率方程

表示化学反应速率与各物质浓度之间关系，或者浓度与时间关系的方程式称为化学反应的速率方程，通常也称为动力学方程。速率方程可表达为微分式或积分式，其具体表达形式随不同的化学反应而异。基元反应的速率方程根据质量作用定律直接写出，具有简单的幂函数形式。对于复杂反应其速率方程必须由实验来确定。

1. 反应级数的概念　以计量式为 $aA + bB \longrightarrow zZ$ 的化学反应为例，实验测得其速率方程为 $v = kc_A^{\alpha}c_B^{\beta}$。式中，浓度项的指数 α、β 分别称为组分 A、B 的分级数，而各指数之和 n 称为反应的总级数，即 $n = \alpha + \beta$。例如反应 $H_2 + I_2 \longrightarrow 2HI$，其速率公式为 $v = kc_{H_2}c_{I_2}$，此反应为二级反应，而对 H_2 和 I_2 来说均为一级。对于反应 $H_2 + Cl_2 \longrightarrow 2HCl$，其速率公式为 $v = kc_{H_2}c_{Cl_2}^{1/2}$，则反应对 H_2 为一级，对 Cl_2 为 0.5 级，总反应级数为 1.5 级。反应级数可以是整数或分数，也可以是正数、零或负数。其中 α、β 均由实验确定。凡是速率公式不符合 $v = kc_A^{\alpha}c_B^{\beta}\cdots$ 这种形式的，如反应 $H_2 + Br_2 \longrightarrow 2HBr$，其速率方程为 $\dfrac{dc_{HBr}}{dt} = \dfrac{kc_{H_2}c_{HBr}^{1/2}}{1 + k'c_{HBr}/c_{Br_2}}$，这时反应级数的概念就不适用了。

当反应的级数是简单的正整数时，称之为简单级数反应，如零级反应、一级反应、二级反应、三级反应等。

应当注意的是，反应分子数和反应级数是两个不同的概念。反应级数是反应速率与反应物浓度之间关系式中的参数，是一个宏观物理量，既适用于基元反应，也适用于复杂反应；而反应分子数是根据化学反应进行的实际机制确定的，数值上等于基元反应中反应物计量系数的总和，这是一个微观意义上的概念，因此只能用于基元反应。反应级数可以是整数、分数、零或负数等各种不同的形式，有时甚至无法用简单数字来表示，而反应分子数只能是 1、2 或 3。

2. 反应速率常数　在速率公式 $v = kc_A^{\alpha}c_B^{\beta}$ 中，与浓度无关的比例系数 k 称为反应的速率常数。它在数值上等于参加反应的物质都处于单位浓度时的反应速率。不同反应有不同的速率常数，速率常数与反应温度、反应介质（溶剂）、催化剂等有关，甚至随反应器的形状、性质而异。

速率常数 k 是化学动力学中一个重要的物理量，它的大小直接反映了速率的快慢，它不受浓度的影响，体现了反应系统的速率特征。反应速率常数 k 的量纲和反应的级数有关，可以从 k 的量纲推知反应的级数。

第二节　具有简单级数的反应

速率方程是一个微分方程，积分后得到浓度随时间变化的关系式，即速率方程的积分式。以下讨论的是具有简单级数的反应，介绍其速率方程的微分式、积分式以及它们的速率常数 k 和半衰期等动力学特征。

一、一级反应

凡是反应速率与反应物浓度的一次方成正比的反应称为一级反应。例如，放射性元素的蜕变反应、一些分子的重排及异构化反应，复杂反应过氧化氢催化分解，药物在体内的吸收与排除、某些药物的水解反应，N_2O_5的气相分解等都属于一级反应。一级反应的速率公式可表示为

$$v_A = -\frac{dc_A}{dt} = kc_A$$

设有某一级反应

$$\begin{array}{llll} & A & \xrightarrow{k} & P \\ t=0 & c_{A,0}=a & & c_{P,0}=0 \\ t=t & c_A = a-x & & c_P = x \end{array}$$

反应速率方程的微分式为

$$v_A = -\frac{dc_A}{dt} = kc_A$$

将速率公式进行分离变量定积分

$$\int_{c_{A,0}}^{c_A} -\frac{dc_A}{c_A} = \int_0^t k\,dt$$

$$\ln\frac{c_{A,0}}{c_A} = kt \quad 或 \quad \ln c_A = \ln c_{A,0} - kt \tag{7-7}$$

$$c_A = c_{A,0}\exp(-kt) \tag{7-8}$$

上式也可写成

$$k = \frac{1}{t}\ln\frac{a}{a-x} = \frac{1}{t}\ln\frac{c_{A,0}}{c_A} \tag{7-9}$$

式（7-7）至式（7-9）即为一级反应速率公式的积分形式。

从式（7-7）至式（7-9）可以看出一级反应具有以下特征。

（1）速率常数 k 的数值与所用的浓度单位无关，其量纲[时间]$^{-1}$，其单位可用秒$^{-1}$（s^{-1}）、分$^{-1}$（min^{-1}）、时$^{-1}$（h^{-1}）等表示。

（2）据式（7-7）可知，用 $\ln c$ 对 t 作图应得一直线，其斜率为 $-k$，截距为 $\ln c_{A,0}$或 $\ln a$。

（3）当反应恰好完成一半，即反应物浓度由 a 消耗到 $c=\frac{1}{2}a$ 所需的反应时间，称为反应的半衰期，以 $t_{1/2}$表示，则

$$t_{1/2} = \frac{1}{k}\ln\frac{a}{1/2a} = \frac{\ln 2}{k} = \frac{0.693}{k} \tag{7-10}$$

从式（7-10）可知，当温度一定时，k 值一定，$t_{1/2}$也就一定，即半衰期与反应物起始浓度 a 无关。

一级反应在药物有效期预测方面应用很广。因药物浓度衰减到 90% 时就认为药物已失效，故常将药物浓度衰减到 90% 的时间称为贮存期限，用 t_{90} 表示。由式（7-9）可得

$$k = \frac{1}{t}\ln\frac{a}{c} = \frac{1}{t}\ln\frac{a}{0.9a} = \frac{0.1055}{t} \quad 即 \quad t_{90} = \frac{0.1055}{k} \tag{7-11}$$

故已知 k 值，即可求得它的有效期。由式（7-11）可见，对一级反应，药物贮存期限与反应物的初始浓度无关。

一级反应在制订合理的给药方案中也有应用。现在已知，许多药物注射后血药浓度随时间变化的规律符

合一级反应，因此可利用一级反应公式推断经过 n 次注射后血药浓度在体内的最高含量和最低含量。

由式（7-8）可知，当 t 为定值时，$\exp(-kt)$ = 常数（γ），因此在相同的时间间隔内，注射相同剂量，$c_i/a_i=\gamma$。在第一次注射经 t 小时后，血液中含量为 $c_1=a\gamma$，第二次注射完毕后，血药浓度在原来 c_1 水平上又增加了一个 a，为

$$a_2=a+c_1=a+a\gamma$$

第二次注射经 t 小时后，血液中的含量为

$$c_2=a_2\gamma=(a+a\gamma)\gamma$$

第三次注射后血液中的含量为

$$a_3=a+c_2=a+(a+a\gamma)\gamma=a+a\gamma+a\gamma^2$$

第三次注射经 t 小时后，血液中的含量为

$$c_3=a_3\gamma=(a+a\gamma+a\gamma^2)\gamma$$

在进行第 n 次注射（注射相同剂量）血液中含量为

$$a_n=a+a\gamma+a\gamma^2+\cdots+a\gamma^{n-1}=a(1+\gamma+\gamma^2+\cdots+\gamma^{n-1}) \tag{7-12}$$

第 n 次注射经 t 小时后，血液中含量为

$$c_n=a_n\gamma=a(\gamma+\gamma^2+\gamma^3+\cdots+\gamma^n) \tag{7-13}$$

由式（7-12）减式（7-13）得

$$a_n-a_n\gamma=a-a\gamma^n$$

或

$$a_n=\frac{a-a\gamma^n}{1-\gamma}$$

当 $\gamma<1$，当 $n\to\infty$，$\gamma^n\to0$，即可求得 n 次注射后血液中的最高含量 $a_{\max}$ 为

$$a_{\max}=\frac{a}{1-\gamma}$$

n 次注射后，血液中的最低含量为

$$c_{\min}=a_{\max}\gamma=\frac{a\gamma}{1-\gamma}$$

【例 7-1】^{210}Po 经 α 衰变生成稳定的 ^{206}Po：$^{210}Po \longrightarrow {}^{206}Po+{}^{4}He$，实验测得 14 天后放射性降低了 6.85%。试求 ^{210}Po 的衰变速率常数和半衰期，并计算它衰变掉 90% 时所需要的时间。

解：钋的衰变符合一级反应的规律，当 14 天后放射性降低了 6.85%，即有 6.85% 的钋发生了衰变，据式（7-9），有

$$k=\frac{1}{t}\ln\frac{a}{a-x}=\frac{1}{t}\ln\frac{c_{A,0}}{c_A}=\frac{1}{14\text{d}}\ln\frac{1}{1-0.0685}=5.07\times10^{-3}\text{d}^{-1}$$

代入式（7-10），有

$$t_{1/2}=\frac{\ln2}{k}=\frac{0.693}{5.07\times10^{-3}}=136.7\text{d}$$

当钋衰变掉 90% 时，有 $t=\frac{1}{k}\ln\frac{1}{1-y}=\frac{1}{5.07\times10^{-3}}\ln\frac{1}{1-0.90}=454.2\text{d}$

【例 7-2】四环素进入人体后，一方面在血液中与体液建立平衡，另一方面由肾排除。达平衡时，四环素由血液移出的速率符合一级反应规律。在人体内注射 0.5g 四环素，然后在不同时刻测定其在血液中的浓度，得如表 7-1 所示数据。求：

（1）四环素在血液中的半衰期。

（2）欲使血液中四环素浓度不低于 3.7mg/L，需间隔几小时注射第二次。

表 7-1 血药浓度数据

t (h)	4	8	12	16
c (mg/L)	4.8	3.1	2.4	1.5

解：(1) 以 $\ln c$ 对 t 作图得一直线（图 7-1），其斜率为 $-0.0936/\text{h}$，则

$$k=0.0936\text{h}^{-1},\ t_{1/2}=\frac{\ln 2}{k}=7.4\text{h}$$

(2) 由直线的截距得初始浓度 $c_0=6.9\text{mg/L}$。血液中四环素浓度降为 3.7mg/L 所需时间为

$$t=\frac{1}{k}\ln\frac{c_0}{c}=\frac{1}{0.0936}\ln\frac{6.9}{3.7}=6.7\text{h}$$

也可从图 7-1 中直接查得 $\ln c=\ln 3.7=1.308$ 所对应的时间为 6.7 小时。因此，为使血液中四环素浓度不低于 3.7mg/L，应在约 6 小时后进行第二次注射。 微课

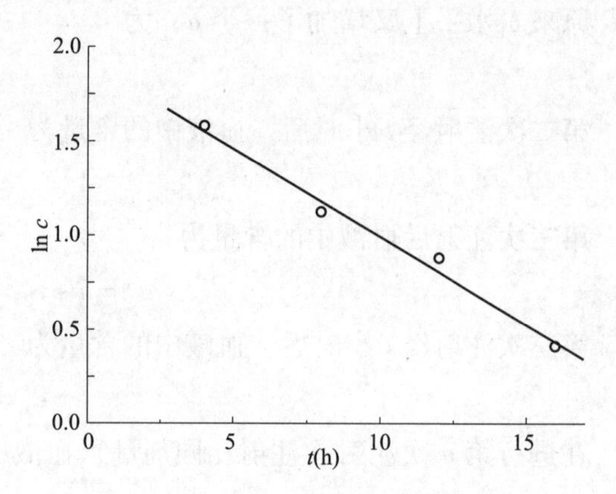

图 7-1 四环素血药浓度与时间的关系

二、二级反应

凡是反应速率与一种反应物浓度的平方成正比，或与两种反应物浓度的乘积成正比的反应称为二级反应。许多反应的速率符合二级反应，例如自由基复合为双原子（或双原子团）分子的反应，乙酸乙酯皂化反应、碘化氢分解反应、甲醛分解反应等均是二级反应。二级反应两种可能情况的化学计量关系式如下所示。

(1) $$a\text{A}\longrightarrow \text{产物}$$

(2) $$a\text{A}+b\text{B}\longrightarrow \text{产物}$$

首先对第 (2) 种类型的反应进行讨论，其速率方程为

$$v_{\text{A}}=-\frac{\text{d}c_{\text{A}}}{\text{d}t}=kc_{\text{A}}c_{\text{B}}$$

当 A 和 B 的起始浓度与计量式系数 a 和 b 成正比时，即

$$c_{\text{A},0}/c_{\text{B},0}=a/b$$

因为 A 与 B 必然同样比例起反应，所以，每一瞬间二者的浓度比例保持不变，即

$$c_{\text{A}}/c_{\text{B}}=a/b$$

则其反应速率公式可写成

$$v_{\text{A}}=-\frac{\text{d}c_{\text{A}}}{\text{d}t}=kc_{\text{A}}(b/a)c_{\text{A}}=k'c_{\text{A}}^2$$

对第 (1) 种类型的反应来说，其速率公式与上式相同，将上式分离变量后积分，得

$$\frac{1}{c_{\text{A}}}=kt+\frac{1}{c_{\text{A},0}}\text{或}\ t=\frac{1}{k}\left(\frac{1}{c_{\text{A}}}-\frac{1}{c_{\text{A},0}}\right) \qquad (7-14)$$

由上面几个公式可看出，二级反应有以下特征。

(1) 速率常数 k 的量纲为[浓度]$^{-1}$·[时间]$^{-1}$，当浓度单位用 mol/L，时间单位用 s（秒）时，k 的单位为 L/(mol·s)，说明 k 的单位与浓度和时间有关。

(2) 由式 (7-14) 可知，以 $1/c_{\text{A}}$ 对 t 作图应得一直线，其斜率为速率常数 k。

(3) 半衰期 $t_{1/2}=\frac{1}{k}\left(\frac{1}{0.5c_{\text{A},0}}-\frac{1}{c_{\text{A},0}}\right)=\frac{1}{kc_{\text{A},0}}$，说明二级反应的半衰期与反应物初始浓度成反比，此特

征可作为判定二级反应的依据。

【例 7-3】设有反应 $A+2B \xrightarrow{k} Z$，反应对 A、B 均为一级，反应开始时按化学计量比投料，试推求反应物 A 的半衰期。

解：按题意，设反应物 A 的初始浓度为 a，则 B 的初始浓度为 $b=2a$，设 t 时刻消耗掉 A 的浓度为 x，则此刻消耗掉的 B 为 $2x$，因反应对 A、B 均为一级，故有

$$\begin{array}{lcccc} & A & + & 2B & \xrightarrow{k} & Z \\ t=0 & a & & 2a & & 0 \\ t=t & a-x & & 2a-2x & & x \end{array}$$

$$v=-\frac{dc_A}{dt}=\frac{dx}{dt}=k(a-x)2(a-x)=2k(a-x)^2$$

对上式进行分离变量作定积分，带入边界条件 $t=0$，$x=0$，$t=t$，$x=x$，得

$$\frac{x}{a(a-x)}=2kt$$

把 $x=a/2$ 代入上式得

$$t_{1/2}=\frac{1}{2k}\cdot\frac{a/2}{a(a-a/2)}=\frac{1}{2ka}=\frac{1}{kb}$$

三、零级反应

反应速率与反应物浓度无关的反应称为零级反应。许多光化学反应、电解反应、表面催化反应等都符合零级反应规律。在一定的条件下，这些反应的速率分别只与光的强度、电流和表面状态有关，而与反应物浓度无关。有些难溶固体药物与水形成混悬剂，等温下这些药物在水中的浓度为一常数（溶解度），因此这些药物在水中的降解反应，都表现为零级反应。零级反应的速率方程可表示为

$$v=-\frac{dc_A}{dt}=k \tag{7-15}$$

上式积分即得

$$c_A=-kt+c_{A,0} \tag{7-16}$$

由上面公式可看出，零级反应有以下特征。

（1）速率常数 k 的量纲为[浓度]·[时间]$^{-1}$，当浓度单位用 mol/L，时间单位用 s 时，k 的单位是 mol/(L·s)。

（2）若以 c_A 对 t 作图，可得一直线，其斜率为 $-k$。

（3）半衰期 $t_{1/2}=\frac{1/2c_{A,0}}{k}=\frac{c_{A,0}}{2k}$，零级反应的半衰期与反应物初始浓度成正比。

一些典型的简单反应的微分及积分速率方程及其特征见表 7-2，人们常用这些特征来判别反应的级数。

表 7-2　符合通式 $-\frac{dc_A}{dt}=kc_A^n$ 的各级反应及其特征

反应级数	微分式	积分式	半衰期	线性关系	k 的量纲
0	$-\frac{dc_A}{dt}=k$	$c_A=-kt+c_{A,0}$	$\frac{c_{A,0}}{2k}$	c_A-t	[浓度]·[时间]$^{-1}$
1	$-\frac{dc_A}{dt}=kc_A$	$\ln c_A=\ln c_{A,0}-kt$	$\frac{\ln 2}{k}$	$\ln c_A-t$	[时间]$^{-1}$
2	$-\frac{dc_A}{dt}=kc_A^2$	$\frac{1}{c_A}=kt+\frac{1}{c_{A,0}}$	$\frac{1}{kc_{A,0}}$	$\frac{1}{c_A}-t$	[浓度]$^{-1}$·[时间]$^{-1}$

续表

反应级数	微分式	积分式	半衰期	线性关系	k 的量纲
3	$-\frac{dc_A}{dt}=kc_A^3$	$\frac{1}{c_A^2}-\frac{1}{c_{A,0}^2}=2kt$	$\frac{3}{2kc_{A,0}^2}$	$\frac{1}{c_A^2}-t$	[浓度]$^{-2}$·[时间]$^{-1}$
n	$-\frac{dc_A}{dt}=kc_A^n$	$\frac{1}{c_A^{n-1}}-\frac{1}{c_{A,0}^{n-1}}=(n-1)kt$	$\frac{2^{n-1}-1}{(n-1)kc_{A,0}^{n-1}}$	$\frac{1}{c_A^{n-1}}-t$	[浓度]$^{1-n}$·[时间]$^{-1}$

第三节　速率方程的建立

宏观化学动力学的主要任务是建立动力学方程，确定反应级数、速率常数等动力学参数。如上所述，速率方程一般可近似归纳为式（7－17）的幂乘积形式。

$$v_A=-\frac{dc_A}{dt}=kc_A^{\alpha}c_B^{\beta}\cdots \tag{7-17}$$

$$n=\alpha+\beta+\cdots$$

基元反应因符合质量作用定律，所以其速率方程必然具有这种形式；非基元反应的机制方程往往也能化简为这样形式，有些反应虽不具备这样的形式，但在一定范围内也可以近似按这样的形式处理，上式即为经验速率方程。

在这类速率方程中，动力学参数只有速率常数 k 和反应级数 n，因此所谓方程的确定，就是确定这两种参数。下面介绍几种常用的确定反应级数 n 和反应速率常数 k 的方法。

一、微分法

1884 年范特霍夫（Van't Hoff）首先提出了微分法。如对化学计量式为 A→Z 的反应，若反应微分速率方程具有如下的简单形式

$$v=-\frac{dc_A}{dt}=kc_A^n \tag{7-18}$$

将等式两边取对数，得

$$\ln v=\ln\left(-\frac{dc_A}{dt}\right)=n\ln c_A+\ln k \tag{7-19}$$

实验测出不同时刻 t 反应物 A 的浓度 c_A，浓度 c_A 对时间 t 作图，然后在不同的浓度 c_1、c_2……各点上，求曲线的斜率即为 v_1、v_2……再以 $\ln v$ 对 $\ln c_A$ 作图得一直线，该直线的斜率 n 即为反应级数，由截距可计算出速率常数 k。不仅可处理级数为整数的反应，也可处理级数为分数的反应。

也可以由实验测出（v_1，c_1）和（v_2，c_2）两组数据，代入式（7－19）得

$$\ln v_1=n\ln c_1+\ln k$$

$$\ln v_2=n\ln c_2+\ln k$$

两式相减，得

$$n=\frac{\ln v_1-\ln v_2}{\ln c_1-\ln c_2} \tag{7-20}$$

将一系列（v_i，c_i）代入上式，求出若干个 n 值，然后取平均值。

如果用 $\ln v$ 对 $\ln c_A$ 作图得不到一条直线，或将一系列数据代入式（7－20）计算得 n 值不是一个常数，说明该反应的速率不能用 $v=-\frac{dc_A}{dt}=kc_A^n$ 来描述。

由于在作图和计算中采用的是速率方程的微分形式，故称为微分法。微分法不仅可处理级数为整数的反应，也可处理级数为分数的反应。

在实际采用微分法分析实验数据时，可采用两种不同的做法。第一种做法为初始浓度法：取若干个不同的初始浓度 $c_{A,0}$，测出若干套 $c_A - t$ 数据，绘出若干条 $c_A - t$ 曲线。在每条曲线的初始浓度处，求出相应的斜率 $(-dc_{A,0}/dt)$，以上述方法求得 $\ln(-dc_{A,0}/dt) - \ln c_{A,0}$ 直线的斜率，即为组分 A 的级数。采用初始浓度法的优点是可以避免反应产物的干扰。第二种做法为过量浓度法：如果有两种或两种以上的物质参加反应，而各反应的起始浓度又不相同，其速率公式为

$$v = kc_A^{\alpha}c_B^{\beta}\cdots$$

不论用上述哪种方法，都比较麻烦，这时可用过量浓度法（或称孤立法）。若想求取某一反应物 A 的分级数，则可以保持除 A 以外的其他反应物大大过量，则反应过程中只有 A 的浓度有变化，而 B 等物质的浓度基本保持不变，或者在各次实验中用相同的 B 等物质的起始浓度而只改变 A 的起始浓度，这时速率公式就转化为

$$v = k'c_A^{\alpha} \tag{7-21}$$

然后用上述积分法或微分法中任何一种方法求出 α。再在另一组实验中保持除 B 以外的物质过量，或除 B 以外的物质起始浓度均相同而只改变 B 的起始浓度，求出 β。以此类推，则反应级数应为

$$n = \alpha + \beta + \cdots\cdots \tag{7-22}$$

二、积分法

积分法又称为尝试法，1850 年由威廉米（Wilhelmy）首先提出，其后哈库特（Harcourt）和艾逊（Esson）作了进一步推广。积分法就是利用速率公式的积分形式来确定反应级数的方法，可分为以下几种。

1. 代入尝试法　是直接将实验数据中各个不同的时间 t 和相应的浓度 c（或 x）代入各级反应动力学方程，计算速率常数 k 值，若在一定误差范围内 k 值相同，则该积分式的级数就是该反应的级数，速率常数就是这些 k 的平均值。这种方法一般对反应级数是简单的整数时，结果较好。当级数是分数时，很难尝试成功。

2. 作图尝试法　采用作图的方法求出反应级数，根据不同级数反应的速率方程积分式，把浓度的某种函数对时间 t 作图，看哪一种函数对时间 t 作图呈直线关系，该函数关系对应的级数就是该反应的级数。如

对一级反应，以 $\ln c$ 对 t 作图应得直线；

对二级反应，以 $\dfrac{1}{a-x}$ 对 t 作图应得直线；

对零级反应，以 x 对 t 作图应得直线。

作图尝试法的优点是若选准级数，则直线关系较好，而且直接可求出 k 值；缺点是若试不准，则需要多次试，方法繁杂，而且数据范围不大时，不同级数往往难以区分。

3. 半衰期法　由表 7-2 可以看出，不同级数的反应，其半衰期与反应物起始浓度的关系不同，则归纳出半衰期与起始浓度 a 有如下关系。

$$t_{1/2} = \frac{2^{n-1}-1}{(n-1)ka^{n-1}} = A\frac{1}{a^{n-1}} \tag{7-23}$$

对于指定条件下的某个 n 级反应（$n \neq 1$），A 为常数，将上式取对数可得

$$\lg t_{1/2} = (1-n)\lg a + \lg A \tag{7-24}$$

由式（7-24）可以看出，如果采用不同的起始浓度，并找出对应的 $t_{1/2}$ 之值，则以 $\lg t_{1/2}$ 对 $\lg a$ 作图应为一直线，由其斜率可以得到反应级数 n。

另外，由式（7-24）不难导出

$$\frac{t_{1/2}}{t'_{1/2}}=\left(\frac{a'}{a}\right)^{n-1} \quad 或 \quad n=1+\frac{\lg\left(\frac{t_{1/2}}{t'_{1/2}}\right)}{\lg\left(\frac{a'}{a}\right)} \tag{7-25}$$

因此也可以由两组数据求出 n。

利用半衰期法求反应级数比上述两种方法要可靠些。半衰期法并不限于半衰期 $t_{1/2}$，也可用反应物反应了1/3、2/3、3/4等的时间代替半衰期。

第四节　典型复杂反应的动力学分析

所谓复杂反应是两个或两个以上基元反应的组合。前面讨论的都是具有简单级数的反应，适用于最简单的复合反应或基元反应。基元反应或具有简单级数的复合反应，还可以进一步组合成更为复杂的反应。典型的组合方式有三种：对峙反应（opposing reaction）、平行反应（parallel reaction）和连续反应（consecutive reaction）。

一、对峙反应

正、逆两个方向都能进行的反应称为对峙反应，又称可逆反应。严格地说，任何反应都不能进行到底，都是可逆反应。最简单的对峙反应，其正、逆反应都是一级，称为1-1级对峙反应。

$$\begin{array}{lccc} & A & \underset{k_{-1}}{\overset{k_1}{\rightleftharpoons}} & B \\ t=0 & a & & 0 \\ t=t & a-x & & x \\ \text{平衡} & a-x_e & & x_e \end{array}$$

正向反应：A的消耗速率 $=k_1(a-x)$

逆向反应：A的生成速率 $=k_{-1}x$

总的反应速率取决于正向及逆向反应速率的总结果，即

$$v=\frac{dx}{dt}=v_{正}-v_{逆}=k_1(a-x)-k_{-1}x \tag{7-26}$$

反应达平衡时，正向进行的净速率为零，所以

$$k_1(a-x_e)=k_{-1}x_e \tag{7-27}$$

$$K=\frac{k_1}{k_{-1}}=\frac{x_e}{a-x_e} \tag{7-28}$$

$$k_{-1}=k_1\frac{a-x_e}{x_e} \tag{7-29}$$

式（7-28）中，K 为对峙反应的平衡常数。

将式（7-29）代入式（7-26）得

$$v=\frac{dx}{dt}=k_1(a-x)-k_1\frac{a-x_e}{x_e}\cdot x=k_1 a\frac{x_e-x}{x_e} \tag{7-30}$$

移项定积分得

$$k_1 = \frac{x_e}{ta} \ln \frac{x_e}{x_e - x} \tag{7-31}$$

根据式（7－31），测定产物 B 在不同反应时间 t 下的浓度 x 和平衡时的浓度 x_e，用$\frac{x_e}{a}\ln\frac{x_e}{x_e-x}$对 t 作图应为一直线，直线的斜率就是 k_1。同时，该系统的平衡常数 K 可由实验测定或由热力学方法计算求出，故由 $K = k_1/k_{-1}$可求出 k_{-1}。

将式（7－29）整理得

$$\frac{x_e}{a} = \frac{k_1}{k_1 + k_{-1}} \tag{7-32}$$

将式（7－32）代入式（7－31）并整理得

$$\ln \frac{x_e}{x_e - x} = (k_1 + k_{-1})t \tag{7-33}$$

此式即为 1－1 级对峙反应的积分速率方程，与简单一级反应的积分速率方程在表达形式上类似。

以 $\ln\frac{x_e}{x_e-x}$对 t 作图应得一直线，直线的斜率为$(k_1 + k_{-1})$。

一级对峙反应的 $c-t$ 关系如图 7－2 所示。对峙反应的特点是经过足够长的时间，反应物和产物都要分别趋近它们的平衡浓度，反应达平衡时 $K = \frac{k_1}{k_{-1}}$，这是对峙反应的动力学特征。与前述单向一级反应的半衰期相类似，当对峙一级反应完成了距平衡浓度差一半所需的时间即为其半衰期，与初始浓度无关。

$$t_{1/2} = \frac{\ln 2}{k_1 + k_{-1}}$$

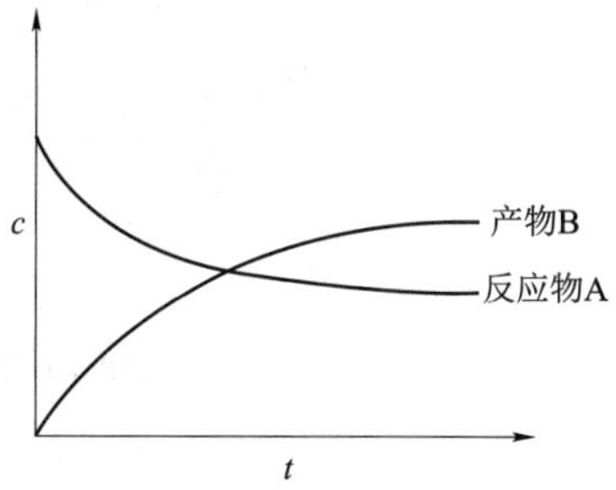

图 7－2　对峙反应中物质浓度和时间的关系

属于上述最简单可逆反应的例子有分子重排和异构化反应等。对于比较复杂的对峙反应，其速率公式的求解可仿照上述方法具体处理。

【例 7－4】 某 1－1 级对峙反应 $A \underset{k_{-1}}{\overset{k_1}{\rightleftharpoons}} G$，已知 $k_1 = 10^{-4}s^{-1}$，$k_{-1} = 2.5 \times 10^{-5}s^{-1}$，反应开始时只有反应物 A。求：

（1）A 和 G 浓度相等时所需的时间。

（2）经过 6000 秒后 A 和 G 的浓度。

解：（1）先求出 x_e，再求反应至 $c_A = c_G = a/2$ 所需的时间 t。

由 $K = \frac{k_1}{k_{-1}} = \frac{x_e}{a - x_e} = 4$，得 $x_e = 4a/5$

将 $x_e = 4a/5$ 和 $c_A = a/2$ 代入式（7－33），得

$$\ln \frac{4a/5}{(4a/5) - (1/2a)} = (k_1 + k_{-1})t$$

解之得 $t = 7847s$。

（2）在指定时间后 A 和 G 的浓度都与反应物初浓度有关。将 $x_e = 4a/5$ 和 $t = 6000s$ 代入式（7－33），得

$$c_G = 0.422a \qquad c_A = a - c_G = 0.578a$$

二、平行反应

反应物同时进行不同的、又相互独立的反应，如此组合的反应称为平行反应，也称竞争反应。平行进行的几个反应中，生成主要产物的反应称为主反应，其余的称为副反应。在化工生产中，经常遇到平行反应，例如乙醇的脱水和脱氢反应。

$$C_2H_5OH \begin{cases} \xrightarrow{k_1} C_2H_4+H_2O \\ \xrightarrow{k_2} CH_3CHO+H_2 \end{cases}$$

组成平行反应的几个反应的级数可以相同，也可以不同，前者数学处理较为简单。考虑最简单的两个都是一级反应的平行反应，它的一般式为

$$A \begin{cases} \xrightarrow{k_1} B \\ \xrightarrow{k_2} C \end{cases}$$

式中，k_1和k_2分别为生成B和C的速率常数。

两个支反应的速率分别为

$$\frac{dc_B}{dt}=k_1c_A \tag{7-34}$$

$$\frac{dc_C}{dt}=k_2c_A \tag{7-35}$$

A消耗的总反应速率为两者之和

$$-\frac{dc_A}{dt}=\frac{dc_B}{dt}+\frac{dc_C}{dt}=k_1c_A+k_2c_A=(k_1+k_2)c_A \tag{7-36}$$

对上式进行分离变量积分，得

$$c_A=c_{A,0}e^{-(k_1+k_2)t} \tag{7-37}$$

将式（7-37）分别代入式（7-34）和式（7-35），整理后定积分，得

$$c_B=\frac{k_1c_{A,0}}{k_1+k_2}[1-e^{-(k_1+k_2)t}] \tag{7-38}$$

$$c_C=\frac{k_2c_{A,0}}{k_1+k_2}[1-e^{-(k_1+k_2)t}] \tag{7-39}$$

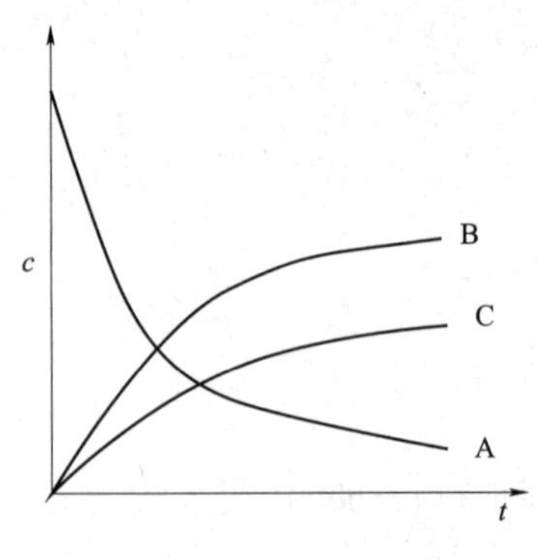

图7-3 平行反应中浓度与时间的关系

将式（7-37）、式（7-38）、式（7-39）绘成浓度-时间曲线，如图7-3所示，将式（7-38）与式（7-39）相除，即得

$$\frac{c_B}{c_C}=\frac{k_1}{k_2} \tag{7-40}$$

该式表明，当产物的初浓度为零时，在任一时刻，各反应产物的浓度之比等于各支反应的速率常数之比，亦即在反应过程中各产物数量之比保持恒定，这是平行反应的特征。如果我们希望多获得某一种产品，就要设法改变k_1/k_2的比值。一种方法是选择适当的催化剂，提高催化剂对某一反应的选择性以改变k_1/k_2的比值。另一种方法是通过改变温度来改变k_1/k_2的值。

三、连续反应

一个反应要经历几个连续的中间步骤才能生成最终产物，并且前一步的产物为后一步的反应物，则该反应称为连续反应，又称为连串反应。例如丙酮的热分解

$$(CH_3)_2CO \longrightarrow CH_2=CO+CH_4$$

$$CH_2=CO \longrightarrow \frac{1}{2}C_2H_4+CO$$

就是连续反应。

最简单的连续反应是两个单向连续的一级反应。哈古特（Harcourt）和艾逊（Esson）最先推出了这类反应各物质浓度随时间变化的方程式。

$$\begin{array}{cccc} & A \xrightarrow{k_1} & B \xrightarrow{k_2} & C \\ t=0 & c_{A,0} & 0 & 0 \\ t=t & c_A & c_B & c_C \end{array}$$

A、B、C 三种物质的反应速率方程如下。

$$\frac{-dc_A}{dt}=k_1c_A \tag{7-41}$$

$$\frac{dc_B}{dt}=k_1c_A-k_2c_B \tag{7-42}$$

$$\frac{dc_C}{dt}=k_2c_B \tag{7-43}$$

积分式（7－41）可得到

$$c_A=c_{A,0}\exp(-k_1t) \tag{7-44}$$

将上式代入式（7－42），得到

$$\frac{dc_B}{dt}=k_1c_{A,0}\exp(-k_1t)-k_2c_B$$

解此一阶常系数线性微分方程，得

$$c_B=\frac{k_1c_{A,0}}{k_2-k_1}[\exp(-k_1t)-\exp(-k_2t)] \tag{7-45}$$

按照化学反应式 $c_C=c_{A,0}-c_A-c_B$，将式（7－44）、式（7－45）代入，得到

$$c_C=c_{A,0}\left[1-\frac{k_2}{k_2-k_1}\exp(-k_1t)+\frac{k_1}{k_2-k_1}\exp(-k_2t)\right] \tag{7-46}$$

图 7－4 给出了由上述方程描述的各物质浓度随时间的变化情况。从图中可见，随着反应的进行，反应物 A 的浓度呈指数下降，中间物 B 的浓度随时间增长出现一个极大值。C 的浓度一开始很小，当中间物 B 的浓度达到最大值时，生成 C 的速率达最大值。

中间产物 B 的浓度在反应过程中出现极大值是连续反应的最突出的特征。原因在于，反应前期反应物 A 的浓度较大，因而生成 B 的速率较快，B 的数量不断增长。但是随着反应继续进行，A 的浓度逐渐减少，相应地使生成 B 的速率减慢。而另一方面，由于 B 的浓度增大，进一步生成最终产物的速率不断加快，使 B 大量消耗，因而 B 的数量反而下降。当生成 B 的速率与消耗 B 的速率相等时，就出现极大点。这是连续反应中间产物的一个特征。

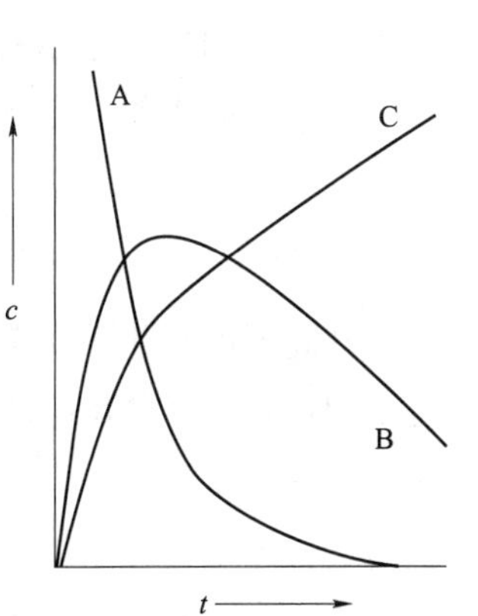

图 7－4 连续反应中浓度与时间的关系

对于一般的反应来讲，反应时间长些，得到的最终产物总是多一些，但对于连续反应，若中间产物B为目标产物，则c_B达到极大点的时间，称为中间产物的最佳时间t_m。反应达到最佳时间就必须立即终止反应，否则，目标产物的产率就要下降。将式（7－45）对t求一阶导数并令其为零，得

$$\frac{dc_B}{dt}=\frac{k_1c_{A,0}}{k_2-k_1}(k_2e^{-k_2t}-k_1e^{-k_1t})=0$$

解得

$$t_m=\frac{\ln(k_2/k_1)}{k_2-k_1} \tag{7-47}$$

$$c_{B,m}=c_{A,0}\left(\frac{k_1}{k_2}\right)^{k_2/(k_2-k_1)} \tag{7-48}$$

【例7－5】某一级连续反应$A\xrightarrow{k_1}B\xrightarrow{k_2}C$，在反应温度下$k_1=1\times10^{-3}s^{-1}$，$k_2=2\times10^{-3}s^{-1}$，开始时反应物A的浓度为1mol/L，B和C的浓度均为零。求：

（1）中间产物B的浓度达极大值的时间t_m。

（2）此时A、B和C的浓度。

解：（1）由式（7－47）可求得t_m。

$$t_m=\frac{\ln(k_2/k_1)}{k_2-k_1}=\left(\frac{\ln\frac{2\times10^{-3}}{1\times10^{-3}}}{2\times10^{-3}-1\times10^{-3}}\right)=693s$$

（2）由式（7－44）、式（7－45）和式（7－46）可分别求得时间为t_m时A、B和C的浓度。

$$c_A=c_{A,0}e^{-k_1t}=(1\times e^{-1\times10^{-3}\times693})=0.50mol/L$$

$$\begin{aligned}c_B&=\frac{k_1c_{A,0}}{k_2-k_1}(e^{-k_1t}-e^{-k_2t})\\&=\left[\frac{1\times10^{-3}}{2\times10^{-3}-1\times10^{-3}}\times1\times(e^{-1\times10^{-3}\times693}-e^{-2\times10^{-3}\times693})\right]\\&=0.25mol/L\end{aligned}$$

$$c_C=c_{A,0}-c_A-c_B=0.25mol/L$$

第五节　温度对反应速率的影响

以上我们讨论的重点是恒温下的速率方程，其中的速率常数k在一定温度下为一常数，温度改变，k就要随之而变。要研究温度对反应速率的影响，就是要研究温度对速率常数k的影响，也就是要找出k随温度变化的函数关系。对多数反应而言，温度升高，速率常数增加，反应速率加快。如常温下，氧气与氢气生成水的反应极慢，温度为400℃时，约需80天能完全化合，在600℃则瞬间完成。

一、范特霍夫规则

升高温度则化学反应的速率通常会增大，这是共知的事实。范特霍夫曾根据实验事实总结出一条经验规则：对大多数反应，温度每升高10K，反应速率增加2～4倍，这规则可用于粗略估计升高温度后反应速率的变化。

$$\frac{k_{T+10}}{k_T}=2\sim4 \tag{7-49}$$

式中，k_T是温度为TK时反应的速率常数；k_{T+10}是温度为$(T+10)$K时反应的速率常数。范特霍夫规则

虽然不很精确，但当手边的数据不全时，用它粗略地估算也是有益的。

二、阿仑尼乌斯经验公式

阿仑尼乌斯（Arrhenius）研究了许多气相反应和蔗糖在水溶液中的转化反应的速率，根据大量实验数据，提出了活化能的概念和速率常数与温度之间的关系式，即著名的阿仑尼乌斯经验公式。

$$k = A\mathrm{e}^{-E_a/RT} \tag{7-50}$$

式中，A 为一常数，通常称为指前因子或频率因子，具有与 k 相同的量纲。不同的反应，A 有不同的数值；E_a称为活化能，单位为 J/mol。上式也可以表达为对数形式，即

$$\ln k = -\frac{E_a}{RT} + \ln A \tag{7-51}$$

由上式看出，$\ln k$ 与 $1/T$ 有线性关系，直线的斜率为 $-E_a/R$，截距为 $\ln A$。

将式（7-51）微分，可得到

$$\frac{\mathrm{d}\ln k}{\mathrm{d}T} = \frac{E_a}{RT^2} \tag{7-52}$$

此式表明 $\ln k$ 随 T 的变化率与活化能成正比，就是说活化能越高，则反应速率对温度越敏感。

将上式分离变量，由 T_1积分到 T_2，则得到

$$\ln\frac{k_2}{k_1} = -\frac{E_a}{R}\left(\frac{1}{T_2} - \frac{1}{T_1}\right) \tag{7-53}$$

由上式若已知两个温度时的速率常数，即可求出活化能。

阿仑尼乌斯公式的适用面相当广，不仅适用于气相反应，也能适用于液相反应和复相催化反应。

【例7-6】 一般化学反应的活化能在 40～400kJ/mol 范围内，多数在 50～250kJ/mol。

（1）现有某反应活化能为 100kJ/mol，试估算：①温度由 300K 上升 10K；②由 400K 上升 10K，速率常数 k 各增大几倍？

（2）如活化能为 150kJ/mol 再做同样计算，比较两者增大的倍数，说明原因。再对比活化能不同会产生什么效果？

解：（1）$E_a = 100$kJ/mol，设 k_T代表温度 T 下的速率常数，则

$$\ln\frac{k_{310}}{k_{300}} = -\frac{E_a}{R}\left(\frac{1}{310} - \frac{1}{300}\right) = -\frac{100000}{8.314}\left(\frac{1}{310} - \frac{1}{300}\right)$$

$$\frac{k_{310}}{k_{300}} = \mathrm{e}^{-\frac{100000}{8.314}\left(\frac{1}{310} - \frac{1}{300}\right)} \approx 3.6$$

同理，$\frac{k_{410}}{k_{400}} = \mathrm{e}^{-\frac{100000}{8.314}\left(\frac{1}{410} - \frac{1}{400}\right)} \approx 2.1$

可见，同是上升 10K，原始温度高的 k 上升得少，这是因为根据式（7-52），$\ln k$ 随 T 的变化率与 T^2 成反比。

（2）$E_a = 150$kJ/mol，则有

$$\frac{k_{310}}{k_{300}} = \mathrm{e}^{-\frac{150000}{8.314}\left(\frac{1}{310} - \frac{1}{300}\right)} \approx 7$$

$$\frac{k_{410}}{k_{400}} = \mathrm{e}^{-\frac{150000}{8.314}\left(\frac{1}{410} - \frac{1}{400}\right)} \approx 3$$

同是上升 10K，原始温度高的 k 仍然上升得少。但与（1）对比，（2）的活化能高，所以 k 上升的倍数更多，即活化能高的反应对温度更敏感一些。可以看出：范特霍夫的经验规则是相当粗略的。

三、活化能

1. 活化分子和活化能的概念 阿仑尼乌斯在解释式（7－50）时，首先提出了活化能的概念。他认为：在反应系统中，并非反应物分子之间的所有碰撞都能导致发生反应而生成产物分子，只有那些具有较高能量的反应物分子间碰撞才对反应有效。在直接作用中能发生反应的、能量较高的分子称为活化分子。活化能即活化分子平均能量比普通反应物分子平均能量高出的值。活化分子与普通分子间存在一个平衡，即活化分子在反应物分子总数中所占比例为 $e^{-\frac{E_a}{RT}}$。因此随温度升高，分子的平均能量增大，活化分子分数也将提高，对反应有效的碰撞次数增加，反应速率常数将呈指数增加。后来，托尔曼曾用统计力学证明对基元反应来说，活化能是活化分子的平均能量与所有分子平均能量之差，即

$$E=\overline{E}^{*}-\overline{E} \tag{7-54}$$

式中，$\overline{E}^{*}$ 表示能发生反应分子的平均能量；$\overline{E}$ 表示反应物分子的平均能量。

活化能也可看作是化学反应所必须克服的能峰。如图 7－5 所示，反应要能正向进行，反应物分子必须获得能量 E_1（正反应的活化能）成为活化状态分子，才能越过能垒转变为产物分子。反之，产物分子也必须获得能量 E_2（逆反应的活化能）才能越过能垒转变为反应物分子。因此，活化能的大小代表了能峰的高低。在一定温度下，活化能越小，达到活化状态所克服的能峰就越低，反应阻力就越小，反应速率就越快。

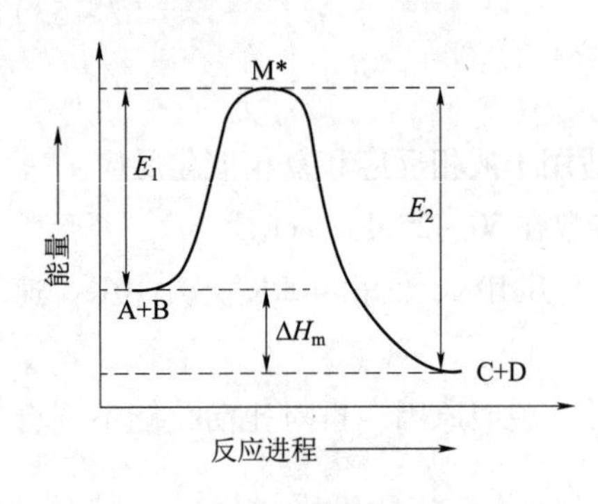

图 7－5 活化能与反应热的关系示意图

2. 活化能和反应热的关系 对于一个可逆反应

$$A+B \underset{k_{-1}}{\overset{k_1}{\rightleftharpoons}} C+D$$

如图 7－5 所示，反应物 A＋B 只有爬上 E_1 的能峰才能达到活化状态，变成产物 C＋D，E_1 为正反应的活化能。如果产物 C＋D 要变成反应物 A＋B，就必须爬越 E_2 这么高的能峰，E_2 称为逆反应的活化能。正逆反应的活化能之差即反应热 Q。对等压和等容反应，此能量分别为 ΔH 或 ΔU。

由阿仑尼乌斯公式

$$\frac{\mathrm{dln}k_1}{\mathrm{d}T}-\frac{\mathrm{dln}k_2}{\mathrm{d}T}=\frac{E_{a_1}}{RT^2}-\frac{E_{a_2}}{RT^2}$$

即

$$\frac{\mathrm{dln}(k_1/k_2)}{\mathrm{d}T}=(E_{a_1}-E_{a_2})/RT^2 \tag{7-55}$$

反应平衡时，平衡常数 $K_c=k_1/k_2$，上式可写成

$$\frac{\mathrm{dln}K_c}{\mathrm{d}T}=\frac{E_1-E_2}{RT^2}$$

而化学平衡的等压方程式为

$$\frac{\mathrm{dln}K_c}{\mathrm{d}T}=\frac{\Delta H_m}{RT^2}$$

比较两式得

$$\Delta H_m=E_1-E_2 \tag{7-56}$$

即表示正、逆反应活化能之差为反应的等压反应热。如 $E_1>E_2$，则 ΔH_m 为正，反应为吸热反应；如 $E_1<E_2$，则 ΔH_m 为负，反应为放热反应。

四、药物贮存期预测

药物在贮存过程中常因发生水解、氧化等反应而使含量逐渐降低，乃至失效。预测药物贮存期是应用化学动力学的原理，在较高的温度下进行试验，使药物降解反应加速进行，经数学处理后外推得出药物在室温下的贮存期。加速试验的方法可分为恒温法（isothermal prediction）和变温法（nonisothermal prediction）两大类。

1. 恒温法　在经典的恒温法中，根据不同药物的稳定程度选取几个较高的试验温度，测定各温度下药物浓度随时间的变化，求得药物降解反应级数及在各试验温度下的反应速率常数 k，然后依据阿仑尼乌斯公式，以 $\ln k$ 对 $1/T$ 作图（或作直线回归），外推求得药物在室温下的速率常数 k_{298}，并由此算出在室温下药物含量降低至合格限所需的时间，即贮存期。经典恒温法的优点是结果准确、计算简单，但试验工作量和药品消耗量大，试验周期长。为了克服这些缺点，恒温法又衍生出一些改进方法。

2. 变温法　变温法是在一定温度范围内，连续改变温度，通过一次试验即可获得所需的动力学参数（活化能、速率常数及贮存期等）的方法。与经典恒温法相比，变温法可节省时间和样品，减少试验工作时间。变温法又分为程序升温法（programmable heating）和自由升温法（flexible heating）两大类。前者按一定的升温程序连续改变温度，采用的升温规律有倒数升温、线性升温和对数升温；后者则没有固定的升温规律，而是用计算机自动记录试验温度代替恒温法和程序升温法的控制温度。初期的变温法存在着一些缺点和局限，其预测结果的准确度与恒温法相比有较大的差距。20 世纪 90 年代以来，变温法的控温装置、计算方法及升温规律都得到了改进，出现了更为科学的指数程度升温法及程序升降温法，大大提高了预测结果的准确度，并将程序升温法和自由升温法相结合，即在控制温度的同时也自动记录温度，使变温法的优点得到了更充分的发挥。由于篇幅有限，此处对这些方法不作具体介绍。

第六节　化学反应速率理论

化学反应的速率千差万别，有的快到瞬间完成，如火药的爆炸、胶片的感光、离子间的反应等；有的则很慢，以致难以觉察，如常温、常压下氢气和氧气生成水的反应，地层深处煤和石油的形成等。为了说明这些问题，从理论上计算速率常数，在阿仑尼乌斯公式的基础上发展了两个理论——碰撞理论和过渡状态理论。本节简要介绍这两个理论。

一、碰撞理论

碰撞理论（collision theory）是在 20 世纪初建立起来的气相双分子反应理论。托兹（M. Trautz）和路易斯（W. C. M. Lewis）分别于 1916 年和 1918 年用碰撞动力学理论处理化学反应速率问题。他们把反应分子视为刚性球体，认为反应速率与分子之间的碰撞频率、能量分布等有关。路易斯用该方法对反应 $2HI \longrightarrow H_2 + I_2$ 进行了计算，当温度为 556K 时，其速率常数中的指前因子为 $3.5\times10^{-7}dm^3/(mol\cdot s)$，与实验值 $3.52\times10^{-7}dm^3/(mol\cdot s)$ 极为一致。该理论的基本思想及推导如下。

假设气体分子为没有内部结构的刚性球体，分子之间必须经过碰撞才能发生反应，因此反应速率正比于单位时间、单位体积内分子间的碰撞次数，即碰撞频率。该理论还认为，并不是分子间的每一次碰撞都能导致反应发生，只有那些在分子连心线方向上的相对移动能超过一定临界值 ε_c 的分子间的碰撞才能导致化学反应发生，这种碰撞称为有效碰撞或反应碰撞。

以双分子气相反应为例

$$A + B \longrightarrow Z$$

将单位时间、单位体积内分子 A 和 B 的碰撞总次数称为碰撞频率（collision frequency）Z_{AB}，其中有效碰撞次数所占的比例等于活化分子数 N_i 在总分子数 N 中所占的比值 N_i/N。则反应速率可表达为

$$-\frac{dN_A}{dt} = Z_{AB}\frac{N_i}{N} \tag{7-57}$$

碰撞理论就是要由气体分子运动论计算出 Z_{AB} 和 N_i/N，从而求出反应速率和速率常数。

由于分子的热运动，反应物分子发生相互碰撞，假定反应物分子 A、B 均视为刚性球体，A、B 的直径分别是 d_A 和 d_B，单位体积内 A、B 分子数分别为 N_A、N_B。首先假定 B 静止不动，如图 7-6 所示，当 A 分子以平均运动速率 u_A 向静止的 B 运动时，只要 B 分子的质心落在图中圆柱体内，A 就能碰上 B，故把面积为 $\pi(r_A + r_B)^2$ 的圆称为碰撞截面。碰撞截面在单位时间扫过的体积为 $\pi(r_A + r_B)^2 u_A$，1 个 A 分子单位时间、单位体积能碰到 B 分子的次数，即碰撞频率 Z_{AB} 为

$$Z_{AB} = \pi(r_A + r_B)^2 u_A N_B$$

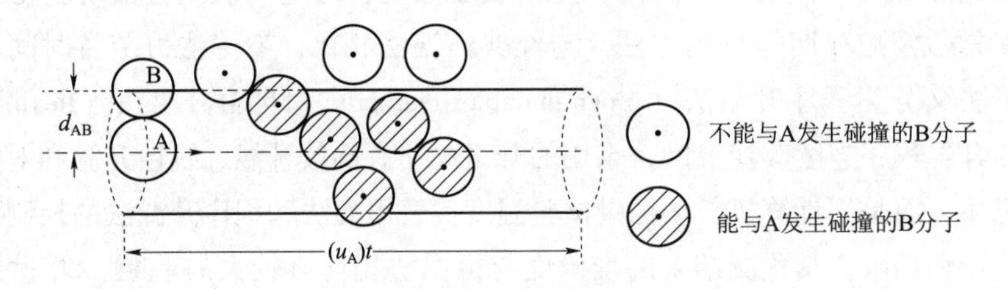

图 7-6　A、B 分子碰撞示意

故单位时间、单位体积内所有 A 分子、B 分子发生碰撞的总次数为

$$Z_{AB} = \pi(r_A + r_B)^2 u_A N_A N_B \tag{7-58}$$

根据气体分子运动论，在热运动中，A、B 分子的相对运动方向受统计规律的支配，用 A、B 分子的平均相对运动速率 u_r 代替式（7-58）中的 u_A，得

$$\begin{aligned} Z_{AB} &= \pi(r_A + r_B)^2 u_r N_A N_B = \pi(r_A + r_B)^2\sqrt{\frac{8RT}{\pi\mu}}N_A N_B \\ &= N_A N_B (r_A + r_B)^2\sqrt{\frac{8\pi RT}{\mu}} \end{aligned} \tag{7-59a}$$

式中，$u_r = \sqrt{\frac{8RT}{\pi\mu}}$；$\mu = \frac{M_A M_B}{M_A + M_B}$；$M_A$、$M_B$ 分别为 A、B 分子的摩尔质量；T 为热力学温度。

如果是同一种物质分子，则 $M_A = M_B$。同一种物质分子之间的碰撞频率为

$$Z_{AB} = 16N_A^2 r_A^2\sqrt{\frac{\pi RT}{M_A}} \tag{7-59b}$$

按照麦克斯韦-玻尔兹曼分布规律，能量超过 e_c 的分子在全部分子中所占的分数为

$$\frac{N_i}{N} = e^{\left(-\frac{E_c}{RT}\right)} \tag{7-60}$$

式中，$E_c = L\varepsilon_c$，称为临界（活化）能。

将式（7-59a）、式（7-60）代入式（7-57）得到异种双分子反应的速率方程，并将式（7-57）中单位体积气体分子数 N 改用摩尔浓度 c，$c = N/L$，L 为阿伏伽德罗常数，得

$$-\frac{dc_A}{dt} = Lc_A c_B (r_A + r_B)^2\sqrt{\frac{8\pi RT}{\mu}}e^{-\frac{E_c}{RT}} \tag{7-61}$$

式（7-61）就是按碰撞理论推导出的双分子反应的速率方程。

与质量作用定律所得的双分子反应速率方程相对比，双分子反应速率常数为

$$k = L(r_A + r_B)^2 \sqrt{\frac{8\pi RT}{\mu}} e^{-\frac{E_c}{RT}} \tag{7-62}$$

对于特定的反应，等温条件下 $L(r_A + r_B)^2 \sqrt{\frac{8\pi RT}{\mu}}$ 为一常数，令其为 $Z_{AB}^{\ominus}$，与式（7－59a）比较，得

$$Z_{AB}^{\ominus} = \frac{Z_{AB}}{Lc_A c_B}$$

则式（7－62）可写为

$$k = Z_{AB}^{\ominus} e^{-\frac{E_C}{RT}} \tag{7-63}$$

式中，$Z_{AB}^{\ominus}$称为频率因子，其物理意义是当反应物为单位浓度时，在单位时间、单位体积内以物质的量表示的A、B分子相互碰撞次数。

将式（7－63）与阿仑尼乌斯公式 $k = Ae^{-E_a/RT}$进行对比，发现 E_c相当于阿仑尼乌斯公式中的活化能 E_a；频率因子 $Z_{AB}^{\ominus}$相对于阿仑尼乌斯公式中的指前因子 A。这样，阿仑尼乌斯公式中的经验常数 A 在这里找到了物理意义，即可看作当反应物为单位浓度时，在单位时间、单位体积内以物质的量表示的A、B分子相互碰撞的次数。但是，严格来讲，A 和 $Z_{AB}^{\ominus}$的物理意义并非完全一致，在阿仑尼乌斯公式中，A 为与温度无关的常数；而在碰撞理论中，$Z_{AB}^{\ominus}$正比于温度的平方根。

根据阿仑尼乌斯公式（7－52）$\frac{\mathrm{d}\ln k}{\mathrm{d}T} = \frac{E_a}{RT^2}$，

将式（7－62）代入，得

$$E_a = RT^2\left(\frac{1}{2T} + \frac{E_c}{RT^2}\right) = E_c + \frac{1}{2}RT \tag{7-64}$$

可见，活化能 E_a与 T 有关。但大多数反应的温度不太高时 $E_c \gg \frac{1}{2}RT$，故$\frac{1}{2}RT$ 项可忽略，则

$$E_a = E_c$$

所以一般认为 E_a与 T 无关。因此碰撞理论指出了较高温度时可能出现偏差的原因，这是碰撞理论成功之处。

二、过渡状态理论

过渡状态理论（transition state theory）又称活化络合物理论，是1935年由艾林（E. Eyring）、伊文斯（M. G. Evans）和鲍兰义（M. Polanyi）首先提出，后经发展而逐渐完善的。其在理论上的重要性在于：从原则上讲，即使是复杂反应，也可根据反应物分子的某些性质，如分子的体积、质量、振动频率等求出反应速率常数，对定性认识化学反应速率提供了一个理论框架。因此，该理论也称为绝对反应速率理论。

过渡状态理论是建立在统计力学和量子力学的理论基础上的。该理论认为：当两个具有足够能量的反应物分子相互接近时，分子的价键要经过重排，能量要经过重新分配，方能变成产物分子。在此过程中必须要经过一个由反应物分子以一定的构型存在的过渡状态，形成这个过渡状态需要一定的活化能，故过渡状态的系统又称活化络合物。反应物通过过渡状态的速度，也就是活化络合物分解的速度，就是反应速度。

1. 基本假设

(1) 反应中反应物分子不只是通过简单的分子碰撞就生成产物，在生成产物前要经过一个中间过渡态——即形成活化络合物，这种活化络合物具有较高的能量而不稳定，一方面，它与反应物保持热力学平衡，另一方面又极易分解生成产物，整个过程可表示为

$$A+B-C \underset{}{\overset{k_{\neq}}{\rightleftharpoons}} [A\cdots B\cdots C]^{\neq} \xrightarrow{k_1} A-B+C$$

A与BC相接近　　A与B发生一定程度作用　　A、B结合生成AB

B－C键被消弱　　B－C键完全断裂

(2) 活化络合物和普通分子一样，具有内部结构和各种形式的运动，即平动、转动和振动等。但其中有一个振动与其他振动不同，它可以与其他运动形式分离，该振动无回复力，振动发生后活化络合物将分解为产物。

(3) 反应物分子和活化络合物分子的能量分布服从麦克斯韦－玻尔兹曼分布。

2. 过渡状态理论的物理模型——势能面　1914年，法国物理化学家马赛兰（R. Marcelin）首先提出势能面（potential energy surface）的概念。势能面就是系统的势能随键长、键角变化的图像。对于由A、B、C三个原子组成的反应系统，其势能E需要三个参数来描述，这三个参数可以选择为A－B、B－C及A－C键长，则函数关系为

$$E=E(r_{AB},r_{BC},r_{AC})$$

也可以选择两个键长、一个键角，如E是r_{AB}、r_{BC}和AB、BC之间的夹角q的函数，则有

$$E=E(r_{AB},r_{BC},\theta)$$

要描述以上两种三个变量变化时系统势能的变化情况，需要一个四维空间。因为四维空间中的图像无法绘出来，通常固定其中某一变量，在三维空间中作出一系列势能随另外两个变量的变化情况。

一般规定θ为常数，当∠ABC为180°时，即为通常所称的迎头碰撞，活化络合物为线型分子，系统的势能为A－B间距及B－C间距的函数，即

$$E=E(r_{AB},r_{BC})$$

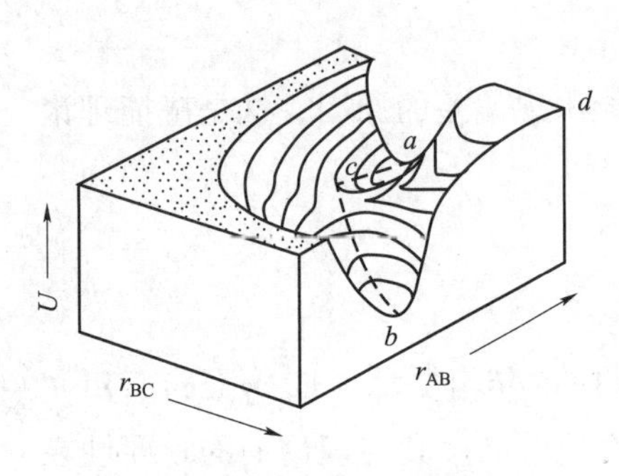

图7－7　势能面的立体示意

这样E与r_{AB}、r_{BC}之间的关系就可以用一个三维立体图来表达。理论计算可得系统的势能面如图7－7所示。

对于上述双分子反应，A原子沿双原子分子B－C连心线方向从B原子侧（即$\theta=180°$）与BC分子碰撞时，对反应最为有利。图7－7为此过程中系统的势能E与原子间距离r_{AB}、r_{BC}之间的关系。每给定一个r_{AB}、r_{BC}系统就有一个确定的势能，在空间中就有一个相应的点来描述这一状态。随着r_{AB}、r_{BC}的不同，反应系统的势能也不同，这些高低不同的点，在空间中就构成一个高低不平的曲面，r_{AB}、r_{BC}平面上所有各点的高度汇集成一个马鞍形的曲面，称为势能面。

为了方便起见，我们将这种立体的势能面投影到r_{AB}、r_{BC}所在的平面上，凡势能相同处，用一条曲线表示，此曲线称等势能线（图7－8）。图中等势能线旁标有数值，数值越大，表示系统的势能越高；数值越低，表示系统的势能越低。图中a点处于深谷中，代表A远离B－C分子的状态，即反应的始态（A+BC）；b点处于另一侧的深谷中，代表C远离A－B分子的状态，即反应的终态（AB+C）；位于高峰上的d点，代表A、B、C三个原子完全分离的高势能状态。从反应物到产物，可以有许多途径，但只有图中用虚线表示的那条途径$a\rightarrow c\rightarrow b$所需爬越的能峰（或称势垒）最低，因而是最有可能实现的途径，$a\rightarrow c\rightarrow b$称反应坐标或反应途径，即沿$a$点附近的深谷翻过$c$点附近的马鞍峰地区，然后直下$b$处的深谷。$c$点处代表过渡态——活化络合物A⋯B⋯C所处的状态。

如果用图 7－8 中虚线所示的反应途径代表反应进度，并用它作为横坐标，以势能作为纵坐标，则得图 7－9，由该图我们会很容易得出结论，过渡状态理论活化能的物理意义为活化络合物的势能与普通的反应物分子的势能之差。

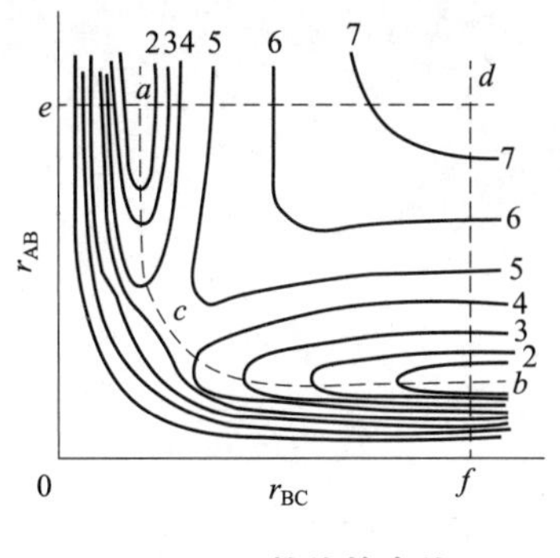

图 7－8　势能等高线

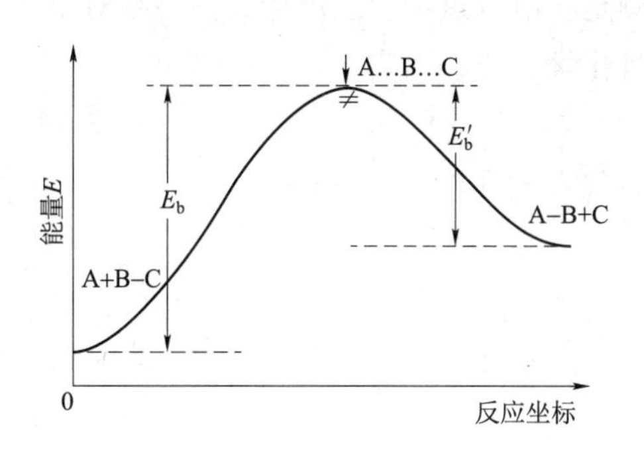

图 7－9　沿反应坐标的势能曲线

3. 过渡状态理论基本公式　根据过渡状态理论的假定，反应物 A 与 BC 反应生成产物时要经历活化络合物 A…B…C 后再转化为产物，且反应物 A、BC 与活化络合物之间存在快速化学平衡，这意味着由反应物变成活化络合物及由活化络合物变回去成为反应物的速度都是很快的，而由活化络合物变成产物的速度却是比较缓慢的。

既然活化络合物与反应物之间存在快速平衡，根据热力学理论，则有

$$K_{\neq}=\frac{c_{\neq}}{c_{A}c_{BC}} \tag{7-65}$$

式中，$K_{\neq}$表示反应物和活化络合物之间反应的平衡常数；$c_{\neq}$、c_A和c_{BC}分别表示活化络合物、反应物 A 和 BC 的浓度。

反应总速率决定于慢步骤的速率，即活化络合物变成产物的速度。过渡状态理论认为在活化络合物中要断裂而生成产物的那个键很松弛，只要振动一次即可断裂而生成产物。因此，反应速度一方面与活化络合物的浓度有关，另一方面与该松弛键的振动频率 v 有关。所以反应速率可表示为

$$v=vc_{\neq} \tag{7-66}$$

因反应物与活化络合物之间存在快速平衡，即 $c_{\neq}=K_{\neq}c_{A}c_{BC}$，代入上式，得

$$v=vK_{\neq}c_{A}c_{BC} \tag{7-67}$$

根据量子理论，一个振动自由度的能量为 hv，h 为普朗克常数；又根据能量均分原理，一个振动自由度的能量为（R/L）T，因此，

$$hv=\frac{R}{L}T$$

$$v=\frac{RT}{hL}$$

将此式代入式（7－67）得

$$v=\frac{RT}{hL}K_{\neq}c_{A}c_{BC} \tag{7-68}$$

根据质量作用定律，上述双分子反应的速率方程为

$$v=kc_{A}c_{BC}$$

将此式与式（7－68）比较，得

$$k=\frac{RT}{hL}K_{\neq} \tag{7-69}$$

这就是过渡状态理论的基本公式。其中$\frac{RT}{hL}$在一定温度下时为一常数。根据统计力学和量子力学的结果可以计算出$K_{\neq}$。原则上，只要知道有关分子的结构，就可求得$K_{\neq}$，算出速率常数k，而不必作动力学实验测定。所以过渡状态理论又称为绝对反应速率理论。

将化学反应等温式

$$-RT\ln K_{\neq}=\Delta G_{\neq}=\Delta H_{\neq}-T\Delta S_{\neq}$$

整理后代入式（7－69），得

$$k=\frac{RT}{Lh}\exp\left(\frac{\Delta S_{\neq}}{R}\right)\exp\left(-\frac{\Delta H_{\neq}}{RT}\right)$$

对一般化学反应来说，在温度不太高时，$\Delta H_{\neq}\approx E_{a}$，上式可改写为

$$k=\frac{RT}{Lh}\exp\left(\frac{\Delta S_{\neq}}{R}\right)\exp\left(-\frac{E_{a}}{RT}\right) \tag{7-70}$$

此式说明，一个化学反应的速率是由活化焓和活化熵两个因素共同决定的，这是从过渡态理论得到的一个重要概念。

将式（7－70）与阿仑尼乌斯经验式相比，有

$$A=\frac{RT}{Lh}\exp\left(\frac{\Delta S_{\neq}}{R}\right) \tag{7-71}$$

从式（7－71）看出，指前因子A与形成过渡状态的熵变有关。除了单分子反应外，在由反应物形成活化络合物时，由几个分子合成一个分子，分子总数总是减少的，混乱程度减少，$\Delta S_{\neq}$应为负值，$\exp(\Delta S_{\neq}/R)$应小于1。由于速率常数k与$\Delta S_{\neq}$呈指数关系，所以活化熵的数值只要有较小的改变，对k就会有显著的影响。

第七节　溶液中的反应

溶液中的溶质分子，也如同气相分子一样，须经碰撞接近才能发生反应，然而溶质分子却不像气体分子那样能够在空间自由运动、自由碰撞。因此溶液中进行的反应由于溶剂的存在比气相反应复杂得多。溶剂是反应的场所，它不仅可以作为“环境”对反应施加物理影响，如对反应物的解离、传能作用和反应物之间的相互作用等。在电解质溶液中，还有离子与离子、离子与溶剂分子间的相互作用等的影响，这些都属于溶剂的物理效应，溶剂也可以对反应起催化作用，甚至溶剂本身也可以参加反应，这些属于溶剂的化学效应，现在已逐渐形成专门研究在溶液中进行反应的一个分支——溶液反应动力学。但溶剂对反应速率影响的原因比较复杂，至今尚未清楚。本节仅对溶剂的影响中的笼效应、原盐效应、溶剂的极性以及溶剂的介电常数的影响作定性的介绍。

一、笼效应

液体分子间平均距离比气体的近很多，液体中每个分子实际上都被周围分子所包围，就好像关在周围分子构成的笼子当中。同样，溶液中每个溶质分子，也都处于周围溶剂分子所构成的笼子之中。在溶液中起反应的分子要通过扩散穿过周围的溶剂分子之后，才能彼此接近而发生接触，反应后生成物分子也要穿过周围的溶剂分子

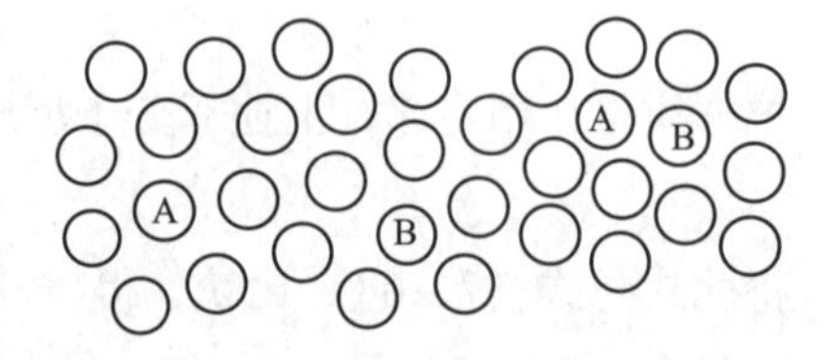

图7－10　笼效应示意

通过扩散而离开。这里扩散，就是对周围溶剂分子的反复挤撞，从微观的角度，可以把周围溶剂分子看成是形成了一个笼，而反应分子则处于笼中，如图 7-10 所示。

若反应物分子 A、B 通过扩散进入同一笼中，在笼中持续时间比气体分子互相碰撞的持续时间大 10～100 倍，这相当于它们在笼中可以经过反复的多次碰撞，这被称为一次遭遇。两个反应物分子只有扩散到同一笼中发生遭遇才能反应，然后产物分子或原来分子“逃”出这个笼子经扩散又进入另一个笼，这种扩散跳转完全是随机的。因此，所谓笼效应（cage effect）就是指反应分子在溶剂分子形成的笼中多次碰撞（或振动）。这种连续重复碰撞一直持续到反应分子从笼中挤出，所以溶剂分子的存在虽然限制了反应分子作长距离的移动，减少了与远距离分子的碰撞机会，但却增加了近距离的反应分子的重复碰撞。总的碰撞频率并未减少。可见溶液中分子的碰撞与气体中分子的碰撞不同，后者的碰撞是连续进行的，而前者则是分批进行的，一次遭遇相当于一批碰撞，它包含着多次的碰撞。而就单位时间内的总碰撞次数而论，大致相同，不会有数量级上的变化。

如果溶剂分子仅作为惰性介质存在，溶剂分子与反应物分子间没有特殊的相互作用，溶剂分子的存在，不会明显改变反应物分子间的碰撞频率，这时笼效应对反应没有特殊的影响。

二、原盐效应

稀溶液中，离子强度对反应速率的影响称为原盐效应（primary salt effect）。可以证明，在稀溶液中，离子反应的速率常数与溶液离子强度之间的关系如下。

$$\lg k = \lg k_0 + 2Z_A Z_B A\sqrt{I}$$

或

$$\lg\frac{k}{k_0} = 2Z_A Z_B A\sqrt{I} \tag{7-72}$$

式中，Z_A、Z_B分别为反应物 A、B 的离子电荷数；I 为离子强度；k_0为离子强度为零时（无限稀释时）的速率常数；A 为与溶剂和温度有关的常数，对 25℃的水溶液而言，$A=0.509$。

从上式可知，如果作用物之一是非电解质，则 $Z_A Z_B=0$，即原盐效应等于零。也就是说，非电解质之间的反应以及非电解质与电解质之间反应的速率与溶液中的离子强度无关。对同种电荷离子之间的反应，溶液的离子强度越大，反应速率也越大；对异种电荷离子之间的反应，溶液的离子强度越大，反应速率越小。

例如反应

$$CH_2ICOOH + SCN^- \longrightarrow CH_2(SCN)COOH + I^-$$

其反应速率不受溶液离子强度的影响。对于反应

$$CH_2BrCOO^- + S_2O_3^{2-} \longrightarrow CH_2(S_2O_3)COO^{2-} + Br^-$$

$Z_A Z_B = +2$，产生正的原盐效应，即反应的速率随离子强度 I 的增加而增大。对于反应

$$[CO(NH_3)_5Br]^{2+} + OH^- \longrightarrow [CO(NH_3)_5OH]^{2+} + Br^-$$

$Z_A Z_B = -2$，产生负的原盐效应，即反应的速率随离子强度 I 的增加而减小。

三、溶剂的极性和溶剂化对反应速率的影响

实验表明，如果产物的极性大于反应物的极性，则在极性溶剂中反应速率比较大；反之，如果产物的极性小于反应物的极性，则在极性溶剂中的反应速率必变小。例如下列反应

$$C_2H_5I + (C_2H_5)_3N \longrightarrow (C_2H_5)_4NI$$

$$(CH_3CO)_2O + C_2H_5OH \longrightarrow C_2H_3COOC_2H_5 + CH_3COOH$$

前一反应产物为季铵盐，极性大于反应物，所以随着溶剂极性增加，反应速率加快；后一反应两种产物的极性比反应物的极性小，所以随着溶剂极性增加，反应速率减慢。结果见表7－3。

表7－3　溶剂极性对反应速率的影响

溶剂	三乙基胺和碘化乙烷反应（373.15K）	乙酐和乙醇反应（323.15K）
正己烷	0.00018	0.0119
苯	0.0058	0.00462
氯苯	0.023	0.00433
对甲氧基苯	0.04	0.00293
硝基苯	70.1	0.00245

这种影响也可以通过溶剂化来解释。溶液中的反应有很多为离子反应，极性物质常能使离子溶剂化。一般说来，若在某溶剂中，活化络合物的溶剂化比反应物的大，则该溶剂将能降低反应的活化能而加速反应的进行；反之，若活化络合物的溶剂化不如反应物大，则要升高活化能而不利于反应。如图7－11、图7－12所示。

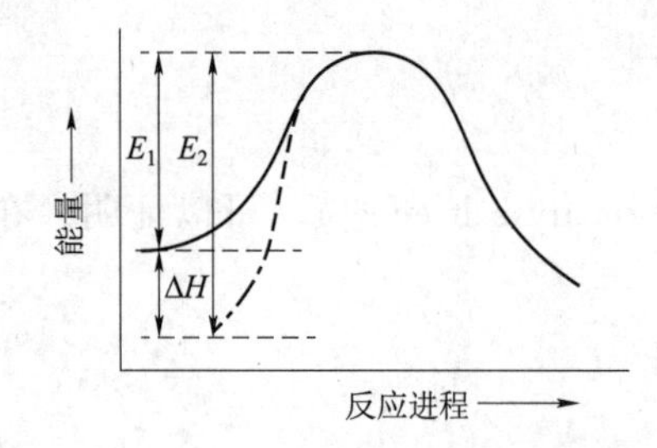

图7－11　反应物溶剂化使反应活化能升高

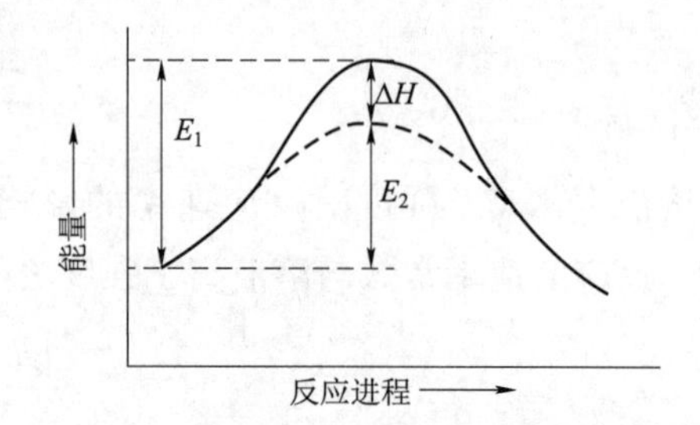

图7－12　活化络合物溶剂化使活化能降低

四、溶剂的介电常数对反应速率的影响

溶剂的介电常数将影响离子或极性分子之间的引力或斥力，从而影响离子或极性分子之间反应的速率。

1. 异号离子间（或离子和极性分子）的反应　溶剂介电常数越大，异号离子间的作用力越小，反应速率越慢。因此，对异种电荷离子之间、离子与极性分子之间的反应，溶剂的介电常数越大，反应速率越小。

例如，对于苄基溴的水解，OH^-离子有催化作用，这是一个正负离子间的反应。

$$C_6H_5CH_2^+ + H_2O \xrightarrow{OH^-} C_6H_5CH_2OH + H^+$$

该反应在介电常数较小的溶剂中，异号离子容易相互吸引，故反应速率较大。加入介电常数比水小的物质，如甘油、乙醇、丙二醇等，能加快该反应的进行。

2. 同号离子间的反应　对同种电荷离子之间的反应，溶剂的介电常数越大，反应速率也越大，因异种电荷作用力小，同种电荷相遇机会增大。

例如，OH^-离子催化巴比妥类药物在水溶液中的水解反应，是同种电荷离子间的反应，加入甘油、乙醇等，将使反应速率减小。

$$\underset{\text{巴比妥钠}}{RR'C(CONH)_2CO^-Na^+} + H_2O \xrightarrow{OH^-} \underset{\text{乙酰脲}}{RR'C(H)CONHCONH_2} + NaHCO_3$$

第八节　催化反应动力学

这部分要讨论催化作用的通性和几类催化反应的特征，主要介绍催化剂对反应速率的影响，提供催化作用的初步知识。

一、催化作用的通性

如果把某种物质（可以是一种到几种）加到化学反应系统中，通过参加反应来改变反应的速率，而本身在反应前后没有数量的变化和化学性质的改变，则该物质称为催化剂（catalysts），这种作用称为催化作用（catalysis）。能加快反应速率的物质称正催化剂，能减慢反应速率的物质称负催化剂（或阻化剂）。有时，某些反应的产物也具有加速反应的作用，则称为自动催化作用。通常的化学反应，都是开始时反应速率最大，以后逐渐变慢；而自动催化反应，却随产物的增加而加快，以后由于反应物太少，才逐渐慢下来。例如，在有硫酸时，高锰酸钾和草酸反应，开始较慢，后来越来越快，就是由于产物 Mn^{2+} 离子所产生的自动催化作用。

催化反应可分为单相催化和多相催化。催化剂与反应物处在同一个相中为单相催化，或称均相催化。例如酯的水解在加入酸或碱后，速率即加快，属于单相催化。多相催化或称非均相催化：催化剂在反应系统中自成一相。如固相催化剂来加速液相或气相反应，就是多相催化。多相催化中，以气固相催化应用最广。如用铁催化剂将氢和氮合成氨，或用铂催化剂将氨氧化制硝酸，就是气固相催化反应。

催化剂在现代工业中作用是毋庸赘述。尤其是在化工、医药、农药、染料等工业中，80% 以上的产品在生产过程中都需要催化剂。许多熟知的工业反应如 SO_2（g）氧化制 SO_3（g）、尿素的合成、合成橡胶、高分子的聚合反应等，都是采用催化剂的。在生命现象中大量存在着催化作用，例如植物对 CO_2（g）的光合作用，有机体内的新陈代谢，蛋白质、糖类和脂肪的分解作用等基本上都是酶催化作用。在人体内酶催化作用的终止意味着生命的终止。

二、催化剂的基本特征

1. 催化剂参与了催化反应，但在反应终了时，催化剂的化学性质和数量均不变　催化剂的物理性质在反应前后可发生变化，例如外观、晶形等的改变。

2. 催化剂只能缩短达到平衡的时间，而不能改变平衡状态　任何自发的化学反应都有一定的推动力，在恒温、恒压下，该反应的推动力就是吉布斯自由能 ΔG。催化剂既然在反应前后没有变化，所以从热力学上看，催化剂的存在与否不会改变反应系统的始、末状态，当然不会改变 ΔG。所以，催化剂只能使 $\Delta G<0$ 的反应加速进行，直到 $\Delta G=0$，即反应达到平衡为止。但是不能改变平衡状态，不能使已达平衡的反应，继续进行以致超过平衡转化率。

这一特征还告诉我们，催化剂不能改变平衡常数 K，而 $K=k_1/k_{-1}$，所以能增大正反应速率 k_1 的催化剂，也必定能增大逆反应速率 k_{-1}。

3. 催化剂不改变反应系统的始、终状态，当然也不会改变反应热　这一特点可以方便地用来在低温下测定反应热。许多非催化反应常需在高温下进行量热测定，在有适当催化剂时，则可在接近常温下进行测定，这显然比高温下测定容易得多。

4. 催化剂对反应的加速作用具有选择性　同一反应物选择不同的催化剂，可得到不同的产品，选择适当的催化剂可使反应朝着需要的方向进行。例如，250℃下乙烯氧化，如果选择银催化剂，主要产物是环氧乙烷；若用钯催化剂，主要得到乙醛。另外，不同类型的反应需要选择不同性质的催化剂。例如，氧化反应的催化剂和脱氢反应的催化剂是不同的。

同样，对于连串反应，选用适当的催化剂，可使反应停留在某步或某几步上，而得到所希望的产品。

可见催化剂的选择性在实际应用上是很可贵的，它是化学反应在动力学上竞争的重要手段。工业上常用下式来定义选择性。

$$选择性=\frac{转化为目的产品的原料量}{原料总的转化量}=\times 100\%$$

5. 许多催化剂对杂质很敏感 有时少量的杂质就能显著影响催化剂的效能。有些物质能使催化剂的活性、选择性、稳定性增强，这种称为助催化剂或促进剂，而能使催化剂的上述性质减弱者称为阻化剂或抑制剂。而极微量加入就能严重阻碍催化反应进行的这些物质称为催化剂的毒物，这种现象称催化剂中毒。

三、催化机制

为什么加入催化剂，反应速率会加快呢？这主要是催化剂和反应物生成了不稳定的中间化合物，改变了反应途径，降低了反应的活化能而加快了反应速率。

加入催化剂 K 能加速反应 $A+B \longrightarrow AB$，若其机制为

$$A+K \underset{k_{-1}}{\overset{k_1}{\rightleftharpoons}} AK \qquad (1)$$

$$AK+B \xrightarrow{k_2} AB+K \qquad (2)$$

式中，AK 为反应物与催化剂生成的中间产物。若反应（1）能快速达到平衡，中间产物在反应（2）中消耗的速率很小，不至于破坏反应（1）的平衡，则从反应（1）得出

$$K_c=\frac{k_1}{k_{-1}}=\frac{c_{AK}}{c_A c_K}$$

即

$$c_{AK}=\frac{k_1}{k_{-1}}c_A c_K$$

这样的简化处理称为平衡假设近似法。最终产物的生产速率为

$$v=k_2 c_{AK} c_B=k_2\frac{k_1}{k_{-1}}c_B c_A c_K=k' c_A c_B$$

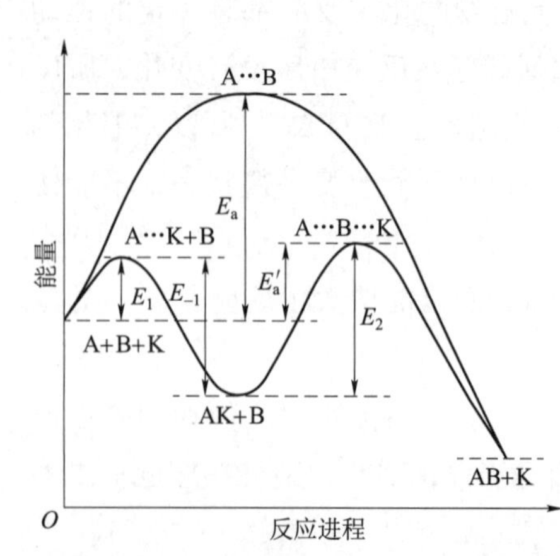

图 7-13 活化能与反应途径示意

式中，k'称为表观速率常数，$k'=k_2\frac{k_1}{k_{-1}}c_K$。上述各基元反应的速率常数可以用阿仑尼乌斯公式表示，于是

$$k'=\frac{A_1A_2}{A_{-1}}c_K\exp\left(-\frac{E_1+E_2-E_{-1}}{RT}\right)$$

反应的表观活化能为：$E_a'=E_1+E_2-E_{-1}$。能峰的示意图如图 7-13 所示。图中 E_a 为非催化反应的活化能，E_a' 为催化反应的活化能。可见，在催化剂的存在下，反应的途径改变，只要克服两个较小的能峰就能完成反应。

以碘化氢分解为碘和氢的反应为例，未使用催化剂时活化能为 184.1kJ/mol，用 Au 作为催化剂，活化能降到 104.6kJ/mol，若反应在 503K 进行，由于活化能下降使反应速率增加的倍数可计算如下。

$$\frac{\exp\left(-\frac{104600}{RT}\right)}{\exp\left(-\frac{184100}{RT}\right)}=1.8\times10^{8}(\text{倍})$$

可见活化能下降的作用比温度升高作用大得多。

四、均相酸碱催化

酸碱催化可分为均相与多相两种。均相的酸碱催化研究得较多，多相酸碱催化由于对表面吸附态以及表面的活性中心研究得很不充分，所以其理论没有前者成熟。但均相催化的某些机制，也可供多相催化参考，因此这部分只介绍均相的酸碱催化。

酸碱催化反应通常是离子型反应，其本质在于质子的转移。酸碱催化可分为专属酸碱催化和广义酸碱催化。前者指 H^+ 和 OH^- 为催化剂的反应。后者是根据布朗斯台（Bronsted）定义的质子酸碱为催化剂的反应。

酸催化的一般机制是：反应物 S 接受质子 H^+ 首先形成质子化物 SH^+，然后不稳定的 SH^+ 再放出质子 H^+ 而得到产物，同时酸复原，即在广义酸催化反应中，催化剂是酸，能给出质子，反应物则是碱，能接受质子，酸催化剂的催化能力取决于它给出质子的能力，酸性越强。催化能力也越强。碱催化的一般机制是：首先反应物 HS 将质子给碱，生成中间产物 S^-，然后进一步反应得产物，同时使碱复原，在广义碱催化反应中，催化剂是碱，能接受质子，反应物则是酸，能给出质子，碱催化剂的催化能力取决于它接受质子的能力，碱性越强，催化能力也越强。

广义酸催化反应的机制可用以下通式表达。

$$S + HA \longrightarrow SH^+ + A^-$$

$$SH^+ + A^- \longrightarrow \text{产物} + HA$$

广义碱催化反应的机制可用以下通式表达。

$$HS + B \longrightarrow S^- + HB^+$$

$$S^- + HB^+ \longrightarrow \text{产物} + B$$

有的反应，例如许多药物水解反应，既可被酸催化，又可为碱催化。其总的反应速率可表示为

$$v = k_0 c_S + k_{H^+} c_{H^+} c_S + k_{OH^-} c_{OH^-} c_S$$

式中，k_0代表溶剂参与反应自身的速率常数；k_{H^+} 和 k_{OH^-} 分别代表被酸、碱催化的速率常数，称为酸碱催化系数；c_S代表反应物的浓度；c_{H^+} 和 c_{OH^-} 分别代表氢离子和氢氧根离子的浓度。

令 k 为上述反应的总速率常数，则

$$k = k_0 + k_{H^+} c_{H^+} + k_{OH^-} c_{OH^-} \quad (7-73)$$

$$k = k_0 + k_{H^+} c_{H^+} + \frac{K_w}{c_{H^+}} k_{OH^-} \quad (7-74)$$

因为在通常温度下，$K_w = 10^{-14}$，如果 $k_{H^+} \approx k_{OH^-}$，则如果在 0.1mol/L 的强酸溶液中，式（7－74）右方第三项比第二项小 10^{12}，可略去第三项（除非 k_{OH^-} 比 k_{H^+} 大很多倍）。当酸溶液的浓度足够高时，第一项也可略去，故上式可简化为 $k = k_{H^+} c_{H^+}$，表示反应以酸催化为主，形成图 7－14 中曲线的左段；同理，在强碱溶液中，可忽略第一、二项，得 $k = k_{OH^-} c_{OH^-}$，表示反应以碱催化为主，形成图 7－14 中曲线的右段；当溶液酸度适中时，酸或碱催化作用都不大，$k \approx k_0$，形成曲线的中段。图 7－14 中 a、d、c 线的水平段，在这段区域内，H^+ 和 OH^- 对反应速率影响都很小，k_0相对较大，则 k 与 pH 无关。

图 7－15 中的曲线表示阿托品水解时 pH 与速率常数 $\lg k$ 的关系。在 pH＝3.7 时 k 最小，此时为阿托品最稳定的 pH，以 $(pH)_{st}$ 表示。寻找药物溶液最稳定的 pH 可以用以下方法。将式（7－74）对 c_{H^+}

微分，并令其为零

$$\frac{dk}{dc_{H^+}}=k_{H^+}-\frac{k_{OH^-}K_w}{c_{H^+}^2}=0 \tag{7-75}$$

$$k_{H^+}=\frac{k_{OH^-}K_w}{c_{H^+}^2}$$

$$c_{H^+}=\left[\frac{k_{OH^-}K_w}{k_{H^+}}\right]^{1/2} \tag{7-76}$$

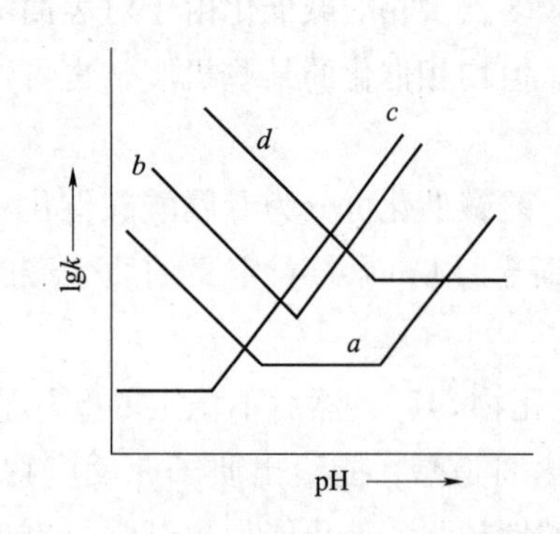

图 7-14 pH 与反应速率常数的关系

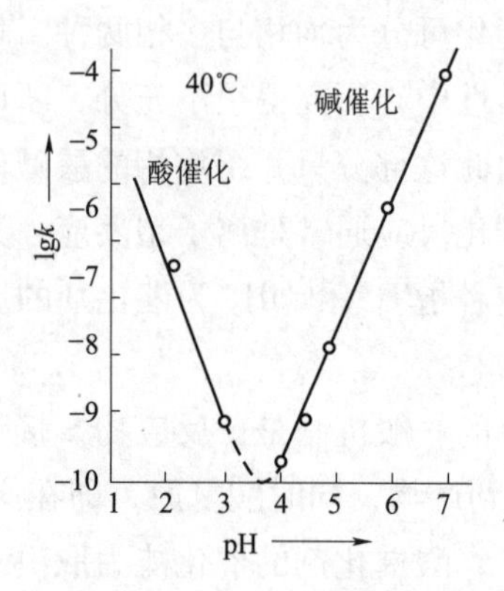

图 7-15 300K 时阿托品水解反应 k 与 pH 的关系

两边取负对数，得

$$(pH)_{st}=-\frac{1}{2}[\lg k_{OH^-}+\lg K_w-\lg k_{H^+}] \tag{7-77}$$

若已知某药物溶液的酸催化常数和碱催化常数，便可计算出该药物的$(pH)_{st}$。

五、酶催化

在生物体进行的各种复杂的反应，如蛋白质、脂肪、糖类的合成、分解等基本上都是酶催化作用（enzyme catalysis）。绝大部分已知的酶本身也是一种蛋白质，其质点的直径范围在 10～100nm 之间。因此酶催化作用可被看作是介于均相与非均相催化之间，既可以看成是反应物与酶形成了中间化合物，也可以看成是在酶的表面上首先吸附了底物（在讨论酶催化作用时常将反应物叫作底物），而后再进行反应。

实验证明，酶催化作用的速率与酶、底物、温度、pH 以及其他干扰物质有关。

1. 酶催化反应历程——米恰利－门顿（Michaelis－Menten）机制 米恰利和门顿先后研究了酶催化反应动力学，提出了酶催化反应的历程，指出酶（E）与底物（S）先形成不稳定中间络合物 ES，然后中间络合物 ES 再进一步分解为产物，并释放出酶（E）。

$$E+S \underset{k_2}{\overset{k_1}{\rightleftharpoons}} ES \xrightarrow{k_3} E+P$$

中间产物 ES 分解为产物 P 的速率很小，为控速步骤，总反应的速率方程为

$$v=\frac{dc_P}{dt}=k_3c_{ES} \tag{7-78}$$

中间络合物 ES 的浓度变化率为

$$\frac{dc_{ES}}{dt}=k_1c_Ec_S-k_2c_{ES}-k_3c_{ES} \tag{7-79}$$

当反应稳定进行时，中间产物 ES 可按稳态近似法处理，可得

$$\frac{dc_{ES}}{dt}=k_1c_Ec_S-k_2c_{ES}-k_3c_{ES}=0$$

即 $$k_1c_Ec_S - k_2c_{ES} - k_3c_{ES} = 0$$

若 $c_{E,0}$ 为 E 的初始浓度，则 $c_E = c_{E,0} - c_{ES}$，代入上式得

$$k_1(c_{E,0} - c_{ES})c_S = (k_2 + k_3)c_{ES}$$

展开整理后，得

$$c_{ES} = \frac{k_1c_{E,0}c_S}{k_1c_S + k_2 + k_3} = \frac{c_{E,0}c_S}{c_S + \frac{k_2 + k_3}{k_1}} \tag{7-80}$$

将式（7－80）代入式（7－78），得

$$\frac{dc_P}{dt} = k_3c_{ES} = \frac{k_3c_{E,0}c_S}{c_S + \frac{k_2 + k_3}{k_1}} \tag{7-81}$$

式中，$K_M = \frac{k_2 + k_3}{k_1}$ 称为米氏常数，则

$$\frac{dc_P}{dt} = \frac{k_3c_{E,0}c_S}{c_S + K_M} \tag{7-82}$$

此式即为酶催化反应的速率方程。当底物浓度很大时，$c_S \gg K_M$，根据式（7－82），则有

$$\frac{dc_P}{dt} = k_3c_{E,0} \tag{7-83}$$

即反应速率与酶的总浓度成正比，与底物浓度无关，对底物为零级反应。

当底物浓度很小时，$K_M \gg c_S$，则式（7－82）可简化为

$$\frac{dc_P}{dt} = \frac{k_3}{K_M}c_{E,0}c_S \tag{7-84}$$

对底物为一级反应。

图 7－16 为反应速率 v 与底物浓度 c_S 的关系。

对式（7－82）两边取导数，得

$$\frac{dt}{dc_P} = \frac{1}{k_3c_{E,0}} + \frac{K_M}{k_3c_{E,0}c_S}$$

由 $\frac{dt}{dc_P}$ 对 $\frac{1}{c_S}$ 作图，可得一直线，如图 7－17 所示。由直线斜率可求得 K_M。K_M 是酶催化反应的特性常数，不同的酶 K_M 不同，同一种酶催化不同的反应时 K_M 也不同。大多数纯酶的 K_M 值在 $10^{-1} \sim 10^{-4}$ mol/L 之间，其大小与酶的浓度无关。

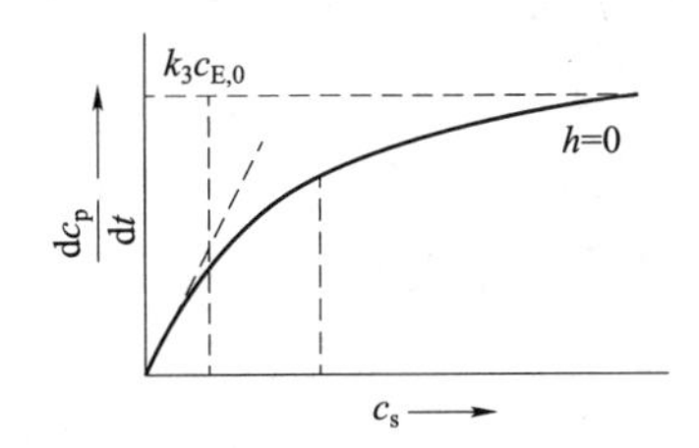

图 7－16　酶催化速率的典型曲线

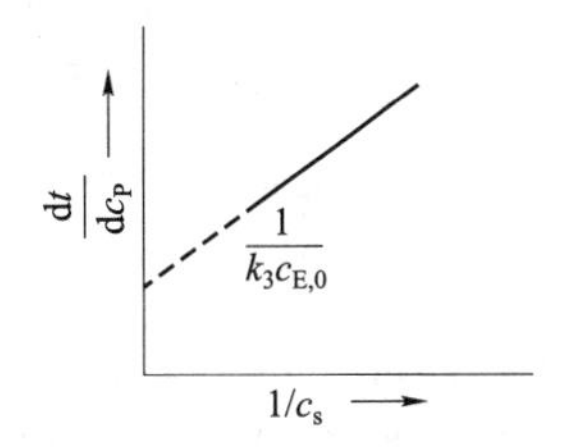

图 7－17　dt/dc_p 与 $1/c_s$ 的关系

2. 酶催化的特点

（1）具有高度选择性和单一性。一种酶通常只能催化一种反应，而对其他反应不具有活性。如淀粉酶只能催化淀粉的水解，蛋白质及脂肪的水解则需由相应的蛋白酶及脂肪酶来进行催化。

（2）酶催化反应的催化效率非常高，比一般的无机或有机催化剂可高出 $10^8 \sim 10^{12}$ 倍。例如 1mol 醇

脱氢酶在室温下1秒钟内，可以使720mol醇变为乙醛，而同样的工业过程，用铜催化，在200℃下每秒钟内1mol催化剂仅能转变0.1～1mol的醇。

（3）酶催化反应所需条件温和，一般在常温常压下即可进行，不像其他人工催化剂，不需要高温、高压及耐腐蚀设备等。

（4）酶催化反应同时具有均相反应和多相反应的特点，酶本身呈胶体状态而又分散的，接近于均相，但是酶催化反应的过程是反应物聚集（或被吸附）在酶的表面上进行的，这又与多相反应类似。

（5）酶催化反应的历程复杂，酶反应受pH、温度以及离子强度的影响较大。酶本身的结构也极其复杂，而且酶的活性也是可以调节的，如此等等，就增加了研究酶催化反应的难度。

酶催化反应越来越多地受到人们的重视，不仅仅是由于发酵化工生产及污染水处理等过程中需要借助酶来完成，更重要的是它在生物学中的重要性，没有酶的存在，几乎所有的生理反应和生命过程均将停止，许多疾病的发生也源于酶反应的失调。人们需要深入研究酶反应的机制，以解决许多疑难病症，为人类造福。

第九节　光化学反应

只有在光的作用下才能进行的反应或由于化学反应产生的激发态粒子在跃迁到基态时能放出光辐射的反应都称为光化学反应（photochemical reaction）。所说的光包括紫外线（150～400nm）、可见光（400～750nm）和近红外线（750～2500nm）。在光化学中，人们关注的波长在100～1000nm之间的光波。

光化反应的现象早已为人们所熟悉。例如植物的光合作用，胶片的感光作用，染料的褪色，药物在光照下的分解、变质等都是光化学反应。

一、光化学反应与热化学反应的区别

相对于光化学反应来讲，平常的那些反应可称为热化学反应。光化学反应与热化学反应有许多不同的地方。

（1）在恒温、恒压下，热反应总是向系统的吉布斯自由能降低的方向进行。但许多光化学反应（并不是所有的光化学反应）却能使系统的吉布斯自由能增加，如在光的作用下氧转变为臭氧、氨的分解，植物中CO_2（g）与H_2O合成糖类并放出氧气等，都是吉布斯自由能增加的例子。但如果把辐射的光源切断，则该反应仍旧向吉布斯自由能减少的方向进行。

（2）热化学反应的活化能来源于分子碰撞，而光化学反应的活化能来源于光子的能量。热化学反应的反应速率受温度影响大，而光化学反应的温度系数较小。

（3）光作用下的反应是激发态分子的反应，而在非光作用下的化学反应通常是基态分子的反应。

（4）热化学反应的反应速率大多数与反应物浓度有关，而光反应的反应速率与反应物浓度无关，仅取决于辐射能的强度，因此光化学反应为零级反应。光化学反应通常比热反应有更高的选择性，即不同频率的光可以有选择地引发不同的化学反应。

此外，光化学反应还有自身的特点和规律，以下作一简要介绍。

二、光化学反应的初级过程和次级过程

光化学反应是从物质（即反应物）吸收光子开始的，此过程称为光化学反应的初级过程，它使反应物分子或原子中的电子能态由基态跃迁到较高能量的激发态，形成自由基等高能量的质点。

例如HI在波长为250nm的光照下分解

$$HI + 光子 \longrightarrow H\cdot + I\cdot$$

这个过程就是一个初级过程。次级反应是系统在吸收光能后继续进行的一系列过程，如发生淬灭、荧光或磷光等，也包括激发态分子与其他分子碰撞，可能将过剩的能量传给被碰撞分子，使其激发至解离，也可能与相撞的分子发生化学反应。如

$$H\cdot + HI \longrightarrow H_2 + I\cdot$$

$$M + I\cdot + I\cdot \longrightarrow M + I_2$$

在极短的时间内（10^{-8}秒），高能量的质点与一般分子发生反应。这两个阶段是连续进行并难以区分。

三、光化学基本定律

1. 光化学第一定律　只有被分子吸收的光才能引起分子的光化学反应，这是19世纪由格罗特斯（Grotthus）和德拉波（Draper）总结出来的，故称为格罗特斯-德拉波定律，又称光化学第一定律。根据这个定律在进行光化学反应研究时要注意光源、反应器材及溶剂的选择。

2. 光化学第二定律　在光化学反应的初级阶段，一个反应物分子吸收一个光子而被活化。这是20世纪初由斯塔克（Stark）和爱因斯坦（Einstein）提出来的，称为爱因斯坦光化学当量定律，又称为光化学第二定律。根据该定律，在光化学反应的初级过程，要活化1mol分子则需要1mol光子。1mol光子的能量为1个爱因斯坦，也称为摩尔光量子能量，用符号E_m表示，则

$$E_m = Lh\nu = Lh\frac{c}{\lambda}$$

$$= 6.022 \times 10^{23} \times 6.626 \times 10^{-34} \times \frac{2.998 \times 10^8}{\lambda}$$

$$= \frac{0.1196}{\lambda} \text{J/mol}$$

式中，L为阿伏伽德罗常数；λ的单位为m；h为普朗克常数。

四、量子产率

光化学反应的第一步是反应物分子吸收光子被活化，活化分子有可能直接变为产物，也可能和低能量分子相撞而失活，或者引起其他次级反应。为了衡量光化学反应的效率，引入量子产率的概念，用Φ表示。对一指定反应，有

$$\Phi = \frac{反应物分子消失的数目}{吸收光子的数目} = \frac{反应物消失的物质的量}{吸收光子的物质的量} \qquad (7-85)$$

注意式（7-85）中分子为反应物分子消失数目而不是吸收了光子的反应物分子数，也可根据产物的生成量来定义量子产率

$$\Phi' = \frac{产物分子生成数目}{吸收光子的数目} = \frac{产物生成的物质的量}{吸收光子的物质的量} \qquad (7-86)$$

由于受化学反应中计量系数的影响，Φ和Φ'的数值很可能不等。

根据光化学定律，对初级过程，吸收一个光子就活化一个分子，所以$\Phi = 1$。但若考虑到整个光化学反应，则还包括次级过程，Φ很少等于1，它可能小于1，也可能大于1。若引发了一个链反应，则Φ值甚至可达10^6。

五、光化学反应动力学

光化学反应的速率公式较热反应复杂一些，它的初级反应与入射光的频率、强度有关。因此首先要

了解其初级反应，然后还要知道哪几步次级反应。要确定反应历程，仍然要依靠实验数据，测定某些物质的生成速率或某些物质的消耗速率。各种分子光谱在确定初级反应时常是有力的实验工具。

举简单反应光化学反应 $A_2 \xrightarrow{h\nu} 2A$ 为例，设其反应历程如下。

（1）$A_2 + h\nu \xrightarrow{k_1} A_2^*$　　（激发活化）　　初级过程

（2）$A_2^* \xrightarrow{k_2} 2A$　　（解离）　　次级过程

（3）$A_2^* + A_2 \xrightarrow{k_3} 2A_2$　　（能量转移而失活）　　次级过程

产物 A 的生成速率为

$$\frac{dc_A}{dt} = 2k_2 c_{A_2^*} \tag{7-87}$$

式中，速率常数写作 $2k_2$ 是因为 k_2 是以 A_2^* 的浓度变化表示的速率常数。

反应（1）为零级反应，其速率仅取决于吸收光子的速率 I_a（单位时间、单位体积中吸收光子的数目），即 A_2^* 的生成速率为 $k_1 I_a$，A_2^* 的消耗速率由反应（2）（3）决定。对 A_2^* 作稳态近似处理

$$\frac{dc_{A_2}^*}{dt} = k_1 I_a - k_2 c_{A_2^*} - k_3 c_{A_2^*} c_{A_2} = 0$$

$$k_1 I_a = k_2 c_{A_2^*} + k_3 c_{A_2^*} c_{A_2}$$

$$c_{A_2^*} = \frac{k_1 I_a}{k_2 + k_3 c_{A_2}}$$

将此式代入式（7-87）得

$$\frac{dc_A}{dt} = \frac{2k_2 k_1 I_a}{k_2 + k_3 c_{A_2}}$$

六、光对药物稳定性的影响

许多药物在光线的作用下会分解、变质，药物效价降低甚至失效，有的还会分解成为对人体有剧毒的物质。因此，新原料药和新药制剂要进行光稳定性考查，研究光对药物内在质量的影响，探究光引起的降解程度与途径，从而指定处方选择、生产工艺、包装储藏的策略。同时，考查药物的光解速率，以确定药物是否需要避光，并结合其他稳定性研究，最终确定药物的贮存期。

在光源一定时，药物在光照射下的含量下降的程度与入射光的照度 E 和时间 t 的乘积 Et（累积光量）有关。研究药物在光照射下的稳定性和预测其贮存期，就需要在较高的照度下测定药物含量的变化，找出药物含量 c 与累积光量 Et 的关系，由此算得在自然贮存条件下的较低照度下，药物含量下降至合格限度所需的时间，即贮存期。由于药物在光照射下的降解速率除了与光的照度有关外，还与光源的波长密切相关，要预测药物在室内自然光照射下的贮存期，就应以自然光为光源。但自然光因照度不稳定，其累积光量需用照度时间积分值 $\int_0^t E dt$ 表达。测定这一积分值的方法目前有化学法和脉冲计数法。前者操作较繁且持续测定的时间很短；后者采用仪器将光转换成频率与照度成正比的电脉冲，再对这些脉冲进行累加计数并直接显示出累积光量，避免了前一方法的缺点。

知识链接

光疗法

光疗（PT）为患者局部暴露于光下以治疗疾病，包括光热疗法（PTT）和光动力疗法（PDT），它们可以消除肿瘤细胞而不损害正常组织。PTT是一种基于具有高光热转化效率的光热剂（PTA）的微创高效的抗肿瘤方法。PTA可以利用靶向识别技术在肿瘤组织附近聚集，并将光能转化为热能，杀死癌症细胞，因为癌症细胞比正常细胞对高温更敏感。PDT是一种用光敏剂（PS）和光激活治疗肿瘤疾病的微创技术。选择性积聚在肿瘤组织中的PS可以被特定非热波长的光激活，产生活性氧（ROS），即单线态氧，它可以与肿瘤细胞中附近的生物大分子氧化，从而导致细胞毒性和细胞死亡。

PDT的光化学过程和作用机制可以描述如下。在激光激发时，PS被激活，并通过吸收光子从基态转变为单线态。单线态PS通过改变电子的自旋态转化为三线态PS。然后，三重态PS将其能量转移到周围环境或分子O_2，导致大量ROS的产生，产生的ROS可诱导内源性生物分子的氧化损伤，并最终通过细胞凋亡、坏死或自噬相关机制导致细胞死亡。

答案解析

目标测试

1. 298K时N_2O_5（g）分解反应其半衰期$t_{1/2}$为5.7小时，此值与N_2O_5的起始浓度无关，试求：(1)该反应的速率常数；(2)作用完成90%时所需的时间。

（$k=0.122$小时$^{-1}$，$t=18.9$小时）

2. 某抗生素在人体血液中呈现简单级数的反应，如果给患者在上午8点注射一针抗生素，然后在不同时刻t测定抗生素在血液中的浓度c（以mg/100cm^{3}表示），得到如下数据。

t/h	4	8	12	16
c/（mg/100cm^3）	0.480	0.326	0.222	0.151

（1）确定反应级数；

（2）求反应的速率常数k和半衰期$t_{1/2}$；

（3）若抗生素在血液中的浓度不低于0.37mg/100cm^{3}才为有效，问大约何时该注射第二针？

（一级反应；$k=0.0962$小时$^{-1}$，$t_{1/2}$ = =7.20小时）

3. 环氧乙烷的分解是一级反应，380℃的半衰期为363分钟，反应的活化能为217.57kJ/mol。试求该反应在450℃条件下完成75%所需时间。

（15分钟）

4. 金霉素在310K、pH 5.5时水解1325分钟后，测得金霉素浓度为6.19×10^{-4} mol/L，初浓度为6.33×10^{-4} mol/L，求有效期。

（6243分钟）

5. 氰酸铵的水溶液在一定条件下转化为尿素的反应为

$$NH_4OCN \longrightarrow CO(NH_2)_2$$

测得下列实验数据

起始浓度 a（mol/L）	0.05	0.10	0.20
半衰期 $t_{1/2}$（小时）	37.03	19.15	9.45

试确定此反应的级数。

（$n\approx2$）

6. 已知CO(CHCOOH)在水溶液中的分解反应速率常数在333K和283K时分别为5.48×10^{-2}秒$^{-1}$和1.080×10^{-4}秒$^{-1}$。求（1）该反应的活化能；（2）该反应在303K时进行了1000秒，问转化率为多少？

（$E_a=97614$J/mol，$x_A=81.2\%$）

7. 人体吸入的氧气与血液中的血红蛋白（Hb）反应，生成氧化血红蛋白（HbO_2）。

$$Hb+O_2\longrightarrow HbO_2$$

此反应对Hb和O_2均为一级。在体温下的速率常数$k=2.1\times10^6$L/(mol·s)。为保持血液中Hb的正常浓度8.0×10^{-6}mol/L，血液中氧的浓度必须保持1.6×10^{-6}mol/L。求：

（1）正常情况下HbO_2的生成速率。

（2）在某种疾病中，HbO_2的生成速率达到1.1×10^{-4}L/(mol·s)，导致Hb的浓度过高。为保持Hb的正常浓度需输氧。血液中的氧气浓度需要多大？

[2.7×10^{-5}mol/（L·s），6.5×10^{-6}mol/L]

8. 二级反应A+D⟶G的活化能为92.05kJ/mol。A和D的初始浓度为1mol/L，在293.15K 30分钟后，两者各消耗一半。求：（1）在293.15K 1小时后两者各剩多少；（2）313.15K温度下的速率常数。

[$C_A=C_D=\frac{1}{3}$mol/L，22.32 L/（mol·h）]

9. 在H_2和Cl_2的光化学反应中，波长为480nm时的量子效率为10^6，试估计每吸收4.184J辐射能将产生HCl（g）多少摩尔？

（$n_{HCl}=33.5$mol）

10. 普鲁卡因水溶液在pH为2.3~9.0范围内，主要以离子型存在，它既发生酸催化，又发生碱催化。在50℃时k（H^+）$=3.1\times10^{-6}$L/（mol·s）；k（OH^-）$=2.78$ $dm^{-3}\cdot mol^{-1}\cdot s^{-1}$；$K_w=1.4\times10^{-13}$。求普鲁卡因水溶液最稳定的pH。

[$(pH)_{st}=3.40$]

11. 对峙反应$A\underset{k_{-1}}{\overset{k_1}{\rightleftharpoons}}G$，在298K，$k_1=2.0\times10^{-2}min^{-1}$，$k_{-1}=5.0\times10^{-3}min^{-1}$，温度增加到310K时，$k_1$增加为原来的4倍，$k_{-1}$增加为原来的2倍，计算：

（1）298K时的平衡常数。

（2）若反应由纯A开始，问经过多长时间后，A和G浓度相等？

（3）正、逆反应的活化能E_{a1}、E_{a2}。

（4；39.2分钟；88.7kJ/mol，44.4kJ/mol）

12. 某连续反应$A\xrightarrow{k_1}B\xrightarrow{k_2}C$，其中$k_1=0.1min^{-1}$，$k_2=0.2min^{-1}$。在开始时A的浓度为1mol/L，B和C的浓度均为0。

（1）试求当B的浓度达最大值时的时间t_m。

（2）该时刻A、B、C的浓度各为多少？

（6.93分钟；0.5mol/L，0.25mol/L，0.25mol/L）

13. 某药物在一恒温度下分解的速率常数与温度的关系为

$$\ln k = \frac{8938}{T} + 20.40$$

k 的单位为 h^{-1}，T 用绝对温标。求：（1）30℃时每小时分解百分之几？（2）若此药物分解 30% 即失效，30℃下保存的有效期为多长？（3）若要求此药物有效期达到 2 年，保存温度不能超过多少？

（0.0114%；3129 小时；286K）

14. 已知某平行反应 $A \begin{cases} \xrightarrow{k_1} B \\ \xrightarrow{k_2} C \end{cases}$ 的主、副反应都是一级反应，其反应速率常数和温度的关系分别为 $\lg k_1 = 4.00 - \frac{2000}{T}$ 和 $\lg k_2 = 8.00 - \frac{4000}{T}$。问：

（1）若开始只有 A，且 $c_{A,0} = 0.1$mol/L，计算 400K 时，经 10 秒，A 的转化率为多少？B 和 C 的浓度各为多少？

（2）用具体计算说明，该反应在 500K 进行时，是否比在 400K 时更为有利？

（0.667，0.0606mol/L，0.00606mol/L；400K 时反应对主产物更有利。）

书网融合……

思政导航

本章小结

微课

题库

第八章 表面现象

学习目标

知识目标

1. 掌握 比表面吉布斯自由能和表面张力的物理意义；开尔文公式的计算；吉布斯方程的意义及运算。

2. 熟悉 发生在各种相界面上的界面现象、铺展系数、杨氏公式及其应用、拉普拉斯方程、弗劳因特立希公式、朗格缪尔公式的模型意义及运算。

3. 了解 表面活性剂的分类、应用。

能力目标 通过本章的学习，能够掌握表面现象最基础的运行规律，提高分析、解决医药行业有关表面现象问题的能力。

表面现象是自然界中普遍存在的基本现象，大到天空中云雾的形成和驱散，小到细胞膜的结构与功能，涉及生命科学、制药、催化、涂料、造纸、陶瓷、皮革、建材、环保及石油开发等众多领域。如生命科学中的生物膜模拟；材料科学中的纳米材料制备；药物制剂中的微胶囊技术；能源科学中的三次采油和水煤浆技术；膜科学中的L－B膜、BLM和自组装膜等。又如日常生活中常见的人工降雨；水在毛细管中会自动上升；固体表面能自动吸附其他物质；植物叶上水珠自动地呈球形；微小液滴易于蒸发等，所有这些在相界面上所发生的物理化学过程皆称为表面现象。

对于药学专业而言，表面现象更为重要，从药物的合成和中药有效成分的提取、分离、分析、制剂及体内的吸收、分布等均与表面现象有关。本章通过研究表面现象的本质和规律，以期解决药学领域中的相关问题，推动表面现象在药学领域更广泛的应用。

第一节 表面现象的物理本质

习惯上所讲的"表面"实际上都是"界面"。界面的类型形式上可以根据物质的三态——固态、液态和气态来划分，如气－液、气－固、液－液、液－固和固－固等（通常将气－液、气－固界面现象称为表面现象）。任意两相之间的界面，并非几何平面，而是约有几个分子厚度的一个薄层。从化学的角度而言，界面是从一个相到另一个相的过渡区，它的性质与相邻的两个相的性质都不同，因而是一个三维空间的界面相，其性质由两个相邻体相所含物质的性质所决定。因此将表面称为界面层更为准确。

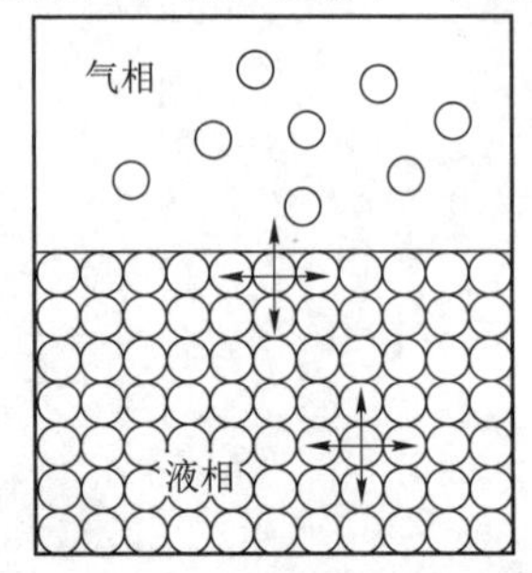

图8－1 气液两相界面示意

产生表面现象的主要原因是处在表面层中的分子与系统内部分子存在着力场上的差异。内部分子所受四周邻近相同分子的作用力是对称的，各个方向的力彼此抵消，但是表面层的分子则不同，一方面受到所处相内物质分子的作用，一方面又受到性质不同的另一相中物质分子的作用。最简单的情况是液体及其蒸气所组成的系统（图8－1），在气－液界面上的分子受到的合力为指向液体内部的拉力，所以液体表面有自动缩成最小的趋势，在任何两相界面上的表面层都具有某些特殊性质。对于单组分系统，这种特性主要来自于同一物质在不同相中的密度不同；而对于多组分系统，这种特性来自于表面层的组成和任一相的组成均不同。物质表面层的特性对于物质其他方面的性质也会有所影响，并且随着系统分散程度的增加，其影响更为显著。因此，当研究在表面层上发生的行为或者研究多相的高分散系统的性质时，就必须考虑到表面的特性。

表面现象与表面性质在现代科学技术研究中占有重要位置。

第二节　表面现象的概念

一、比表面

对一定量的物质而言，分散度越高，其表面积就越大。通常用比表面来表示物质的分散程度。其定义为：单位体积（或单位质量）的物质具有的表面积 a_S（或 a_W）。例如将一个体积为 $10^{-6}m^3$（即 $1cm^3$）、边长为 $10^{-2}m$ 的立方体分割为边长 $10^{-9}m$（1nm）的小立方体时，其表面积可增加1000万倍，如表8-1所示。

表8-1　粒子总表面积与比表面随粒子大小的变化

立方体的边长（m）	分割后立方体数	总表面积（m^2）	比表面（m^{-1}）
10^{-2}	1	6×10^{-4}	6×10^{2}
10^{-3}	10^{3}	6×10^{-3}	6×10^{3}
10^{-4}	10^{6}	6×10^{-2}	6×10^{4}
10^{-5}	10^{9}	6×10^{-1}	6×10^{5}
10^{-6}	10^{12}	6×10^{0}	6×10^{6}
10^{-7}	10^{15}	6×10^{1}	6×10^{7}
10^{-8}	10^{18}	6×10^{2}	6×10^{8}
10^{-9}	10^{21}	6×10^{3}	6×10^{9}

对于松散的聚集体或多孔性物质，其分散度常用单位质量的物质所具有的表面积 a_w 来表示。

$$a_S=\frac{A}{V}\quad 或\quad a_W=\frac{A}{m}\tag{8-1}$$

对于边长为 l 的立方体颗粒，比表面为

$$a_S=\frac{A}{V}=\frac{6l^2}{l^3}=\frac{6}{l}(m^{-1})\tag{8-2a}$$

$$a_W=\frac{A}{m}=\frac{6l^2}{\rho l^3}=\frac{6}{\rho l}m^2/kg\tag{8-2b}$$

它表示分散度与 l 成反比，式中，ρ 为物质的松密度，其单位为 kg/m^3。对球形粒子来说，比表面为

$$\alpha=\frac{A}{V}=\frac{4\pi r^2}{\frac{4}{3}\pi r^3}=\frac{6}{d}m^{-1}\tag{8-3}$$

由上述比表面表示式可知，对于一定量的物质，颗粒分割得越小，总表面积越大，系统分散度越高，而高分散的系统，往往产生明显的表面现象。

二、比表面吉布斯自由能和表面张力

（一）比表面吉布斯自由能

通过对表面现象本质的学习我们知道，处在液体表面层的分子，由于液体内部分子对它的吸引力大

于外部气体分子对它的吸引力，合力不等于零，因此，处于液体表面的分子受到一个指向液体内部并垂直于表面的吸引力，使表面分子自发地向液体内部运动，这就使液体有自动缩小表面积达到最小的性质。若要增大液体的表面积，必须把内部分子拉到表面上来，即环境必须对内部分子作功（称为表面功 W'_R）。内部分子的功达到表面，表面功就转变为表面层分子的位能，表面化学称之为表面能。从热力学角度来看，在定温定压条件下可逆地增加表面积 dA 所作的表面功，应等于系统吉布斯自由能值的增量（$dG=\delta W'_R$）。这种起因于形成系统新表面的吉布斯自由能值的增量，称为表面吉布斯自由能。

在热力学的学习中，认为吉布斯自由能的函数形式为 $G=f(T,p,n_1,n_2,\cdots)$，这是忽略了表面的变化，现在考虑表面性质的变化，因而

$$G=f(T,p,n_1,n_2,\cdots,A) \tag{8-4}$$

$$dG=\left(\frac{\partial G}{\partial T}\right)_{p,n_1,n_2,\cdots,A}dT+\left(\frac{\partial G}{\partial p}\right)_{T,n_1,n_2,\cdots,A}dp+\sum_B\mu_B dn_B+\left(\frac{\partial G}{\partial A}\right)_{T,p,n_1,n_2,\cdots}dA \tag{8-5}$$

令

$$\sigma=\left(\frac{\partial G}{\partial A}\right)_{T,p,n_1,n_2\cdots} \tag{8-6}$$

则

$$dG=-SdT+Vdp+\sum_B\mu_B dn_B+\sigma dA \tag{8-7}$$

式中，σ 称为比表面吉布斯自由能，其物理意义是在恒温恒压和恒组成的条件下，每增大单位表面积所增加的表面吉布斯自由能，其SI单位为J/m。

在恒温恒压和恒组成的条件下，上式可简化为

$$dG=\sigma dA \tag{8-8}$$

如果系统在恒温恒压及 σ 为定值的条件下，表面吉布斯自由能为

$$G(\text{表面})=\sigma A,$$

$$dG_{T,p}(\text{表面})=d(\sigma A)=\sigma dA+Ad\sigma \tag{8-9}$$

自发过程进行的条件是 $dG<0$，对于单组分系统，因 σ 为定值，自发进行的过程条件是 $dA<0$，即只有缩小表面积的过程才能自发进行，如常见的水滴、汞滴总是呈球形，即是自动缩小表面积的结果。对于多组分系统，S 随组分的变化而变化，自发进行的过程是朝着比表面吉布斯自由能和表面积减小的方向进行，若表面积不变，则过程只能朝着比表面吉布斯自由能减小的方向进行，如通过表面层的浓度变化或吸附来降低比表面吉布斯自由能。

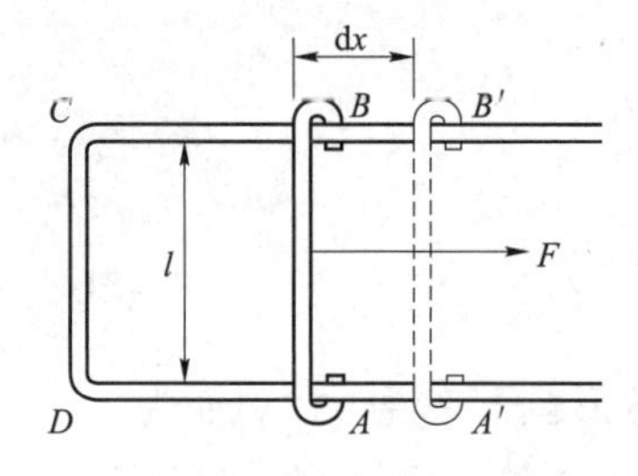

图8-2 表面张力示意图

（二）表面张力

在两相（特别是气-液）界面上，处处存在着一种张力，它垂直与表面的边界，指向液体方向并与表面相切，把作用于单位边界线上的这种力称为表面张力，用 σ 表示，单位是N/m。例如微小液滴呈球形，肥皂泡要用力吹才能变大，否则一放松就会自动缩小。又如图8-2所示，有一金属丝制成的框，框内是液膜，l 是金属丝框液膜的宽度。由于表面的收缩作用，液膜会自动移动 dx，以减小表面积，若欲使液膜再向右移动 dx 距离，就须施加一个外力 F 并对系统作功 $\delta W'=Fdx$，这个功就转化为表面能 σdA，即 $\sigma dA=Fdx$。

由于金属框中的液膜有正、反两个面，$dA=2ldx$

$$Fdx=S2ldx$$

$$\sigma=\frac{F}{2l} \tag{8-10}$$

因此，σ 也可理解为沿液体表面垂直作用于单位长度的紧缩力，称为表面张力，单位为N/m。对平液面来说，表面张力 σ 的方向与表面平行；对曲液面来说，表面张力 σ 方向与界面的切线方向一致。

表面张力、单位面积的表面功、单位面积的表面吉布斯自由能的数值和量纲是等价的，即

$$\sigma = \frac{F}{2l} = \frac{\delta W'_{R}}{dA} = \left(\frac{\partial G}{\partial A}\right)_{T,p,n_i} \quad (8-11)$$

比表面吉布斯自由能与表面张力数值上相等，量纲等价，但物理意义不同，这是对同一现象从两个不同角度看问题的结果。考虑界面性质的热力学问题时，通常用比表面吉布斯自由能（也称比表面能），而在各种界面相互作用的时候，采用表面张力较方便，这两个概念常交替使用，如降低比表面吉布斯自由能，通常说成降低表面张力，自发过程向着比表面吉布斯自由能减小的方向进行说成向着降低表面张力的方向进行。

1. 表面张力的影响因素　某纯液体的表面张力通常是指该液态物质与含该物质饱和蒸气的空气相接触而言。凡能影响液体性质的因素，对表面张力均有影响，现分别阐述如下。

（1）表面张力与物质本性有关　表面张力 σ 是一个强度量，其值与物质的本性有关，是分子之间相互作用的结果，故分子间作用力越大，σ 也越大。一般来说，极性大的液体，σ 较大，见表 8-2。

表 8-2　某些液态物质的表面张力

物质	t（℃）	s（N/m）
Cl_2	-30	2.556×10^{-2}
$(C_2H_5)_2O$	25	2.643×10^{-2}
棉籽油	20	3.54×10^{-2}
橄榄油	20	3.58×10^{-2}
蓖麻油	20	3.98×10^{-2}
甘油	20	6.3×10^{-2}
H_2O	20	7.288×10^{-2}
NaCl	803	1.138×10^{-1}
LiCl	614	1.378×10^{-1}
Na_2SiO_3（水玻璃）	1000	2.50×10^{-1}
汞	20	4.76×10^{-1}
FeO	1427	5.82×10^{-1}
Al_2O_3	2080	7.00×10^{-1}
Ag	1100	8.785×10^{-1}
Cu	1083	1.300
Pt	1773.5	1.800

（2）表面张力与接触相的性质有关　在一定的条件下，同一种物质与不同性质的其他物质接触时，由于表面层的分子所处的环境不同，因此表面张力也不同，见表 8-3。

表 8-3　20℃时水与不同液体接触时水的界面张力

与水接界的液体	水的表面张力（N/m）
辛醇	8.5×10^{-3}
乙醚	1.07×10^{-2}
苯	3.5×10^{-2}
CCl_4	4.5×10^{-2}
正辛烷	5.08×10^{-2}
汞	3.75×10^{-1}

（3）表面张力受温度的影响　对多数有机和无机液体，室温下其 σ 在 15～50N/m 范围内。考虑一个与其蒸气平衡的液体，当温度升高，两相越来越相似，直到临界温度 T_c时，气-液界面消失，只存在

一相。因此在 T_c时，σ 必定变为零。所以，通常表面张力随温度升高而降低（表 8－4）。

表 8－4 不同温度时液体的表面张力 $\sigma \times 10^3$（N/m）

液体	0℃	20℃	40℃	60℃	80℃	100℃
水	75.64	72.75	69.56	66.18	62.61	58.85
乙醇	24.05	22.27	20.60	19.01		
甲醇	24.5	2.6	20.9			15.7
丙酮	26.2	23.7	21.2	18.6	16.2	
甲苯	30.74	28.43	26.13	23.81	21.53	19.39
苯	31.6	28.9	26.3	23.7	21.3	

当温度升高至临界温度 T_c时，气液两相密度相等，气－液界面趋于消失，任何物质的表面张力都趋近于零。但也有少数物质，如镉、铁、铜及其合金、钢液及某些硅酸盐等液态物质的表面张力都是随着温度上升而增加，这种“反常”现象目前还没有一致的解释。

不仅液体具有表面张力，固体也有表面张力，构成固体的物质粒子间的作用力远大于液体的，所以固体物质的表面张力一般比液体物质大得多（表 8－5）。

表 8－5 一些固体的表面张力

物质	t（℃）	$s \times 10^3$（N/m）	气氛
铜	1050	1670	铜蒸气
银	750	1140	
锡	215	685	真空
苯	5.5	52 ± 7	
冰	0	120 ± 10	
氧化镁	25	1000	真空
氧化铝	1850	905	
云母	20	4500	真空

一般说，在温度、表面积一定时，高压下液体的表面张力比常压下要大，但压力对表面张力的影响很小，一般情况下可忽略这种影响。例如，人们用水做实验发现，293.15K、100kPa 时 σ 为 72.88×10^{-3}N/m，当压力增加到 1000kPa 时，σ 变为 71.88×10^{-3}N/m。

2. 表面张力的测定方法

（1）最大气泡压力法　该法的精确度可达千分之几，并且不依赖于接触角的大小（所用毛细管的半径或内半径已限定的情况除外），又只需知道液体密度的约略值，并且测定速度也很快，适当的出泡速度约每秒钟一个，故此法是一种涉及刚刚形成的空气－液体界面的准静态法。原理公式为：$\sigma = K\Delta h$。式中，K 为毛细管常数，可用已知表面张力的液体，如水进行标定；Δh 为气泡刚好脱离毛细管口时的最大压力差。

（2）滴重法　这是一个很精确的方法，同时可能是实验室中测气－液或液－液界面张力最方便的一种方法。在实验中，实际得到的重量 W' 比理想的 W 值要低些。在使用此法时，重要的是毛细管尖必须磨平，而且不能有任何缺口。原理公式为：$\sigma = mg/2\pi rf$。式中，mg 为液滴质量；r 为毛细管口半径；f 为校正因子。

（3）环法　此法的精密度很高。可采用链码天平测定最大拉力，但也可用普通简化了的所谓张力计，其所用金属环一般是铂制成的，实验前应将环在火焰中烧过；并需知干环的重量。实验时环应保持水平，并要求接触角为零或接近于零，否则结果偏低。原理公式为：$W_{总} = W_{环} + 4\pi r\sigma$。

（4）吊片法　此法操作简便，其准确度可达0.1%，所以在数据处理中不需引入校正因子。基本的观测是：用一个显微镜盖片支持一个弯月面，此弯月面的重量可用静法或脱离法测定。原理公式为：$W_{总} = W_{片} + \sigma p$。式中，p 为周长。

3. 研究表面现象的热力学准则　在考虑到系统作非体积功——表面功时，多组分系统的热力学函数基本关系式可以表示为

$$dU = TdS - pdV + \sum_B \mu_B dn_B + \sigma dA \quad (8-12)$$

$$dH = TdS + Vdp + \sum_B \mu_B dn_B + \sigma dA \quad (8-13)$$

$$dF = -SdT - pdV + \sum_B \mu_B dn_B + \sigma dA \quad (8-14)$$

$$dG = -SdT + Vdp + \sum_B \mu_B dn_B + \sigma dA \quad (8-15)$$

则

$$\sigma = \left(\frac{\partial G}{\partial A}\right)_{T,p,n_B} = \left(\frac{\partial U}{\partial A}\right)_{S,V,n_B} = \left(\frac{\partial H}{\partial A}\right)_{S,p,n_B} = \left(\frac{\partial F}{\partial A}\right)_{T,V,n_B} \quad (8-16)$$

从上式可以得出，比表面吉布斯自由能是在指定变量和组分不变的条件下，增加单位表面积时系统的内能、焓、亥姆霍兹自由能、吉布斯自由能的增量。

对于组成不变的恒容或恒压系统，式（8-14）和式（8-15）可分别表示为

$$(dF)_{V,n_B} = -SdT + \sigma dA \quad (8-17)$$

$$(dG)_{p,n_B} = -SdT + \sigma dA \quad (8-18)$$

根据 Maxwell 关系式，有

$$\left(\frac{\partial S}{\partial A}\right)_{T,V,n_B} = -\left(\frac{\partial \sigma}{\partial T}\right)_{A,V,n_B} \quad (8-19)$$

$$\left(\frac{\partial S}{\partial A}\right)_{T,p,n_B} = -\left(\frac{\partial \sigma}{\partial T}\right)_{A,p,n_B} \quad (8-20)$$

对于组成不变的恒容系统，式（8-12）可表示为

$$(dU)_{V,n_B} = TdS + \sigma dA$$

代入式（8-19）可得

$$\left(\frac{\partial U}{\partial A}\right)_{T,V,n_B} = \sigma - T\left(\frac{\partial \sigma}{\partial T}\right)_{A,V,n_B} \quad (8-21)$$

同理，对于不变的恒压系统，从式（8-13）到式（8-20）可以得到

$$\left(\frac{\partial H}{\partial A}\right)_{T,p,n_B} = \sigma - T\left(\frac{\partial \sigma}{\partial T}\right)_{A,p,n_B} \quad (8-22)$$

式（8-21）和式（8-22）被称为表面吉布斯-亥姆霍兹公式。$\left(\frac{\partial U}{\partial A}\right)_{T,V,n_B}$ 为系统的表面内能。系统在形成单位面积表面时所拥有的表面内能包括两个部分。

（1）为形成单位面积表面，环境对系统所作的功，即 σ；

（2）在形成单位面积表面时，系统从环境所吸收的热为 $-T\left(\frac{\partial \sigma}{\partial T}\right)_{A,V,n_B}$ 或 $-T\left(\frac{\partial S}{\partial A}\right)_{T,V,n_B}$ [式(8-19)]。由于表面积增加表面熵也增加，即 $\left(\frac{\partial S}{\partial A}\right)_{T,V,n_B}$ 总是正值。在恒温恒容的条件下形成新的表面时，系统从环境吸热。

第三节 铺展与润湿

一、铺展

一滴液体在另一不相溶的液体表面上自动形成一层薄膜的现象称为铺展。认识铺展过程的本质可从界面能观点着手。设一滴油滴在水面上铺展，水－气界面消失，同时新产生了一个油－水界面与一个油－气界面，若铺展后界面面积为 A，原来油滴的表面很小，可以忽略，过程的吉布斯自由能的变化为

$$\Delta G = (\sigma_{油,水} + \sigma_{油,气} - \sigma_{水,气})A$$

$$\Delta G/A = \sigma_{油,水} + \sigma_{油,气} - \sigma_{水,气}$$

由 ΔG 的判据可知，在定温定压条件下，只有 $dG<0$ 时，油滴才能铺展。哈金斯（Harkins）从另一角度来考虑铺展问题。如图 8－3 所示，设想将截面积为 $1m^2$ 的纯液体（油）液柱沿某一高度切割成两段，产生两个新界面，则所作的功为

$$W_c = 2\sigma_{油} \tag{8-23}$$

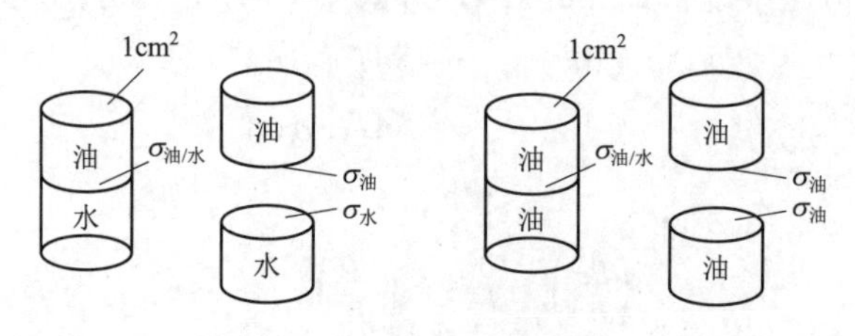

图 8－3 内聚功、黏附功示意图

式中，W_c称内聚功，是指克服同种液体分子间吸引力所作的可逆功。再设想此液柱为油水柱，从界面处将其切割成两段，即消失了一个油－水界面，而产生了一个油界面和一个水界面，所作的功为

$$W_a = \sigma_{油} + \sigma_{水} - \sigma_{油/水} \tag{8-24}$$

式中，W_a称为黏附功，是指克服异种液体分子间吸引力所作的可逆功。显然，当 $W_a > W_c$ 表明油本身分子间引力小于油－水分子间的引力，结果油就能在水面上铺开；反之，当 $W_a < W_c$，则油滴就不能在水面上铺展。实际应用中一般用铺展系数判断液体的铺展情况。定义铺展系数为

$$S_{油/水} = W_a - W_c = \sigma_{水} - \sigma_{油} - \sigma_{油,水} \tag{8-25}$$

显然只有当 S 为正值，相应地 $\Delta G<0$，铺展才可以发生；且 S 越大，铺展性能越好。

上面讨论的是两种液体开始接触时的情况，经过一段时间后，两种液体因自发进行部分互溶，最后两个液层彼此成为共轭溶液，引起表面张力的变化，$\sigma_{油,气}$、$\sigma_{水,气}$变成了 $\sigma'_{油,气}$、$\sigma'_{水,气}$，相应地铺展系数 $S_{油/水}$变成了终铺展系数 $S'_{油/水}$。

【例 8－1】 一滴油酸在 20℃，落在洁净的水面上，已知有关界面张力为 $\sigma_{水} = 73\times10^{-3}$ N/m，$\sigma_{油酸} = 32\times10^{-3}$ N/m，$\sigma_{油酸,水} = 12\times10^{-3}$ N/m，互相饱和后，$\sigma'_{油,酸} = \sigma_{油,酸}$，$\sigma'_{水} = 40\times10^{-3}$ N/m，请据此推测油酸在水面上开始与终了的形状。相反，如果把水滴在油酸表面上，它的形状又是如何？

解： $S_{油酸/水} = \sigma_{水} - \sigma_{油酸} - \sigma_{油酸,水} = (73-32-12)\times10^{-3} = 29\times10^{-3}$ N/m >0

$S'_{苯/水} = \sigma'_{水} - \sigma'_{油,酸} - \sigma_{油酸,水} = (40-32-12)\times10^{-3} = -4\times10^{-3}$ N/m

由计算结果可知，开始时油酸在水面上自动铺展成膜，但随后相互溶解而饱和，油酸又缩成椭圆球状，不能铺展。

如果将水滴到油酸上，则

$$S_{水/油酸}=\sigma_{油酸}-\sigma_{水}-\sigma_{水,油酸}=(32-73-12)\times10^{-3}=-53\times10^{-3}\mathrm{N/m}<0$$

$$S'_{水/油酸}=\sigma'_{油酸}-\sigma'_{水}-\sigma_{水,油酸}=(32-40-12)\times10^{-3}=-20\times10^{-3}\mathrm{N/m}<0$$

可以肯定水在油酸中始终呈椭圆球状，不能铺展。

以上讨论可推广至液体在固体表面上的铺展。如果以 $S_{液/固}$ 表示液体在固体表面上的铺展系数，推理如上，则

$$S_{液/固}=\sigma_{固,气}-\sigma_{液,气}-\sigma_{固,液}=\sigma_{固}-\sigma_{液}-\sigma_{固,液} \tag{8-26}$$

当 $S_{液/固}>0$ 时，表示液滴在固体表面上能铺展；当 $S_{液/固}<0$ 时，表示液滴在固体表面上收缩呈球形。

二、润湿

润湿是固体（或液体）表面上气体被液体取代的过程。凡液、固两相接触后可使系统表面张力降低者即能润湿，表面张力降低得越多，则越易润湿。

润湿程度可通过测定固体与液体的接触角来衡量。在一个水平放置的光滑固体表面上，滴上一滴液体，并达到平衡，如图 8－4 所示。此图为过液滴中心，且垂直于固体表面的剖面图，图中 O 点为气、液、固三相会合点，过此会合点，作液面的切线，则此切线和固液界面之间的夹角 θ 称为接触角（或润湿角）。有三种力同时作用于 O 点处的液体分子上：$\sigma_{固,气}$ 力图把液体分子拉向左方，以覆盖更多的气－固界面；$\sigma_{气,液}$ 则力图把 O 点处的液体分子拉向液面的切线方向，以缩小气－液界面；$\sigma_{固,液}$ 则力图把 O 点处的液体分子拉向右方，以缩小固－液界面。当上述三种力处于平衡状态时，则存在下列关系。

$$\sigma_{固,气}=\sigma_{固,液}+\sigma_{气,液}\cos\theta \tag{8-27}$$

或

$$\cos\theta=\frac{\sigma_{固,气}-\sigma_{固,液}}{\sigma_{气,液}} \tag{8-28}$$

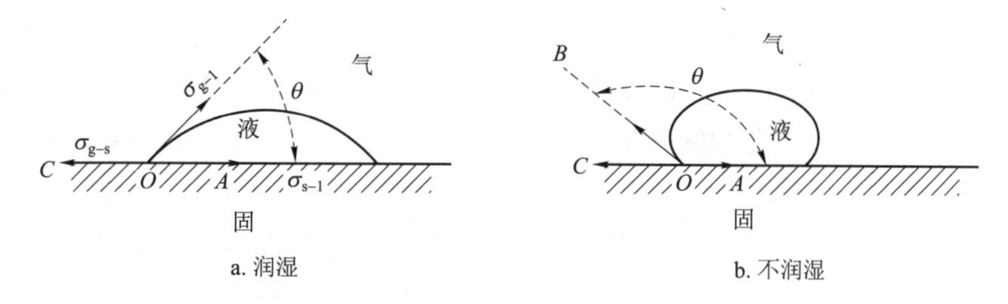

图 8－4　液体在固体表面的润湿情况

1805 年杨氏（T. Young）曾得到上式，故称其为杨氏方程。由上式可知，在一定温度压力下，有

（1）当 $\theta=90°$ 时，$\cos\theta=0$，$\sigma_{固,气}=\sigma_{固,液}$，液滴处于润湿与否的分界线。

（2）当 $\theta>90°$，$\cos\theta<0$，$\sigma_{固,气}<\sigma_{气,液}$，液滴趋于缩小固－液界面，称为不润湿。

（3）当 $\theta<90°$，$\cos\theta>0$，$\sigma_{固,气}>\sigma_{气,液}$，液滴趋于自动地扩大固－液界面，故称润湿。

（4）当 θ 角趋近于 0°，$\cos\theta$ 趋于 1，$\sigma_{固,气}\approx\sigma_{固,液}+\sigma_{气,液}$，液滴将尽力覆盖更多的固－气界面，称为完全润湿。

（5）当 θ 趋于 180°，$\cos\theta$ 趋于 -1，$\sigma_{固,气}+\sigma_{气,液}\approx\sigma_{固,液}$，称为完全不润湿。

由于 $\sigma_{固,气}$ 及 $\sigma_{固,液}$ 难以测定，所以，在杨氏方程适用的条件下，只需测出 θ 角及 $\theta_{气,液}$ 即可鉴别润湿的类型。故接触角 θ 是衡量润湿性能的一个很有用的物理量。

第四节　高分散度对物理性质的影响

一、弯曲液面的附加压力

将一毛细管插入液体内，有的液体（例如汞）在毛细管中呈凸形的弯曲表面，并下降到低于管外平面汞的液面（图 8－5），其原因为由于表面张力是沿弯曲表面的切线方向作用的，因此产生一个指向液体内部而参与系统力平衡的附加压力，致使毛细管中的汞液面总是停留在低于管外平面汞液面之处。有的液体（例如水）却在毛细管中呈凹形的弯曲表面，并升高至高于管外平面水的表面（图 8－6）。同样的原因，由于沿弯曲表面的切线方向作用的表面张力合力向上，使水的凹形弯曲表面也受到了一个指向曲面的曲率中心一边的附加压力，因此毛细管中的水表面上升到力平衡处。这种由于液面的弯曲所产生的额外压力称为附加压力，用 p_s 表示。

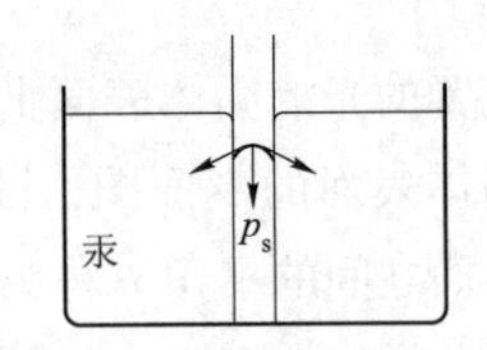

图 8－5　毛细管中汞的液面

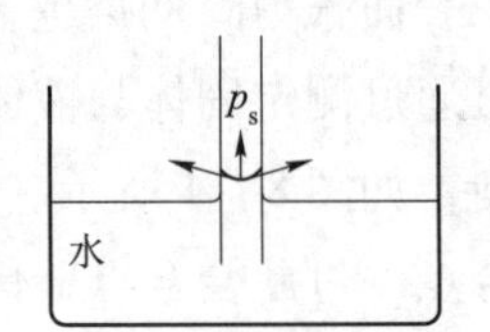

图 8－6　毛细管中水的液面

二、拉普拉斯方程

附加压力的大小究竟与哪些因素有关？1805 年前后 Young 和 Laplace 分别独立导出了附加压力、表面张力与曲率半径之间的定量关系公式，即拉普拉斯方程。为了简便起见，这里只考虑特殊曲面即球面，当曲面为球面时，两个曲率半径都等于球的半径，如图 8－7 所示。

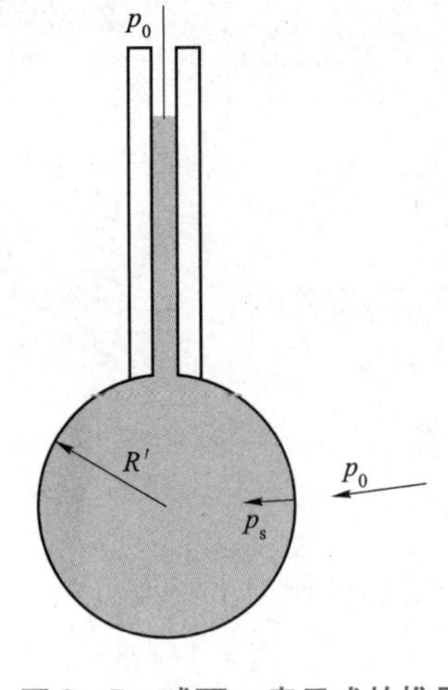

图 8－7　球面 p_s 表示式的推导

在毛细管的下端悬有一个半径为 R' 的球形液滴，毛细管内充满液体。达到平衡时，蒸气压为 p_0，球面产生的附加压力为 p_s，液滴所受的总压力为 p_0+p_s。对毛细管中的活塞稍加压力（这时所要克服的压力仅为 p_s，因为活塞上也有 p_0 存在），将毛细管中的液滴稍挤出一点，使液滴半径增大 $\mathrm{d}r$，相应体积增加 $\mathrm{d}V$，这样需作的体积功为 $p_s\mathrm{d}V$，这个功就转化成液滴的表面能。因液滴体积增加了 $\mathrm{d}V$，其表面积则增加了 $\mathrm{d}A$，表面能增加了 $\sigma\mathrm{d}A$，设想这个过程是在等温、等压下可逆地进行，则

$$p_s\mathrm{d}V=\sigma\mathrm{d}A \tag{8-29}$$

对于球面

$$\mathrm{d}V=4\pi r^2\mathrm{d}r$$

$$\mathrm{d}A=8\pi r\mathrm{d}r$$

代入式（8－29）整理得

$$p_s=\frac{2\sigma}{r} \tag{8-30}$$

式（8－30）就是著名的拉普拉斯（Laplace）方程，但只是拉普拉斯方程的特殊形式，只适用于曲率半径处处相等的球形液面。由式（8－30）可见，附加压力的数值与液体的表面张力成正比，与曲面的曲率半径成反比，曲率半径越小，附加压力越大。同时，对于凹液面曲率半径取负值，凸液面的曲率半径

取正值。一般地说，描述一个曲面需要两个曲率半径，只有曲面为球面时，两个曲率半径才等同。对于主曲率半径为 r_1 和 r_2 的弯曲液面而言，可以证明，液面的附加压力与曲率半径的关系是

$$p_s = \sigma\left(\frac{1}{r_1} + \frac{1}{r_2}\right) \tag{8-31}$$

此式是拉普拉斯（Laplace）方程的一般形式，是研究弯曲表面上附加压力的基本公式。当两个曲率半径相等时，曲面成为一个球面，则 $r_1 = r_2 = r$，即为式（8-30）的形式。

对于平液面，两个曲率半径都为无限大，$p_s = 0$，表示跨过平液面不存在压差。

对于膜内气泡，例如肥皂泡，由于液膜与内、外气相有两个界面，而这两个曲面的曲率半径近似地相等，都使 p_s 指向泡中心，可以认为其表面积为液体中气泡的 2 倍，所以气泡内外的压力差为

$$p_s = \frac{4\sigma}{r}$$

对于液体中的气泡，设与蒸气达平衡的平面液体中有一半径为 r 的气泡，平面上液体的饱和蒸气压是 p^*，气泡的液面虽为凹面，但气泡离平面很近，凹面处液体的压力与平面液体实际上相同，化学势不变，因而蒸气压相同，$p_r^* = p^* = p_1$。气泡受到附加压力 $p_s = \frac{2\sigma}{r}$ 应为气液两相压力之差，故气泡内的总压应为

$$p_g = p_1 + \frac{2\sigma}{r}$$

而气泡中除饱和蒸气的压力为 p^* 外，应有其他气体的压力为 $\frac{2\sigma}{r}$，如无其他气体，则气泡不能稳定存在。

三、毛细现象

将毛细管插入液体中，管中的液面会上升或下降，这种现象就属于毛细现象。如前图 8-5 和图 8-6 所示。产生这类毛细现象的实质是弯曲液面上有附加压力存在，使毛细管内的液体自发地流动，以达到新的力的平衡。在毛细管中产生的这种附加压力称为毛细压力，当毛细管的半径很小时，这种毛细压力是很可观的。除了毛细管中存在这种压力外，石油在地层中流动、血液在血管中流动、粉尘之间的黏附和泡沫之间都有毛细现象存在。当两片玻璃板之间存在很小缝隙，纤维之间、土壤的团粒结构之间或洁净沙子之间存在细缝时，都会产生很大的毛细压力。所以，受潮的平板玻璃很难被分开，疏松的泥土雨后会下陷，新的布料会缩水等，都与毛细压力有关。当多孔材料的毛细孔道在吸附液体的蒸气时也会显示出毛细凝聚等现象，所以毛细现象与人类的科学研究、生产和生活有密切的关系。

在所用毛细管相同的情况下，管中液体是上升或下降以及上升或下降的高度主要取决于液体的性质。在图 8-5 中，由于汞的表面张力极大，不能润湿玻璃毛细管表面，所以汞在管内呈凸面，在附加压力的作用下，管内液面下降，直到下降的液柱所对应的净压力等于附加压力为止；在图 8-6 中因为水能润湿玻璃毛细管表面，所以在毛细管内形成弯月曲面，在附加压力的作用下，管内液面上升，直到上升的液柱所对应的净压力等于附加压力为止。

在毛细管中形成曲面时，最简单的情况是凸面或凹面都呈半个球面，则曲率半径就等于毛细管半径。但一般情况下，所形成的曲面不一定是球面，则其曲率半径与毛细管半径之间的关系可用以下方法求得。

以凹液面为例，液面上升至平衡时，有

$$p_s = 2\sigma / r_1 = \rho g h$$

式中，液面曲率半径 r_1 与毛细管半径 r 及接触角 θ 间的关系为：$\cos\theta = r/r_1$。

$$h_r = \frac{2\sigma\cos\theta}{\rho g}$$

式中，σ 为液体表面张力；ρ 为液体密度；g 为重力加速度；h_r 为毛细常数。毛细常数是表面化学中常用的参数，其值的大小取决于毛细管中液体的性质。利用在毛细管中附加压力的计算公式，可以用实验测定毛细管中液面上升（或下降）的高度，从而计算液体的表面张力，或者在已知表面张力的情况下，根据毛细管半径的大小来预测液面可能上升（或下降）的高度。

四、高分散度对蒸气压的影响 微课

在一定温度和压力下，纯液态物质有一定的饱和蒸气压，这只是对平液面而言，它没有考虑到液体的分散度对饱和蒸气压的影响。实验表明，微小液滴的蒸气压，不仅与物质的本性、温度及外压有关，而且还与液滴的大小有关。如将水喷成微小液滴，洒在玻璃板上，水滴有大有小，用玻璃罩罩上，并维持恒温，经过一段时间后，发现小液滴变得更小，而大液滴则逐渐长大。此现象说明，小液滴的蒸气压大于大液滴的蒸气压，小液滴的水蒸发成蒸气而凝结在大液滴表面上。

对于弯曲液面，由于液体曲面两边存在压力差（附加压力），根据热力学气、液平衡原理，物质的饱和蒸气压与液滴曲率半径的关系推导如下。

设在一定温度下，纯液体与其蒸气成如下的平衡。

$$\mu_l(T,p) = \mu_g(T,p^*) \tag{8-32}$$

式中，p 为液体所受的压力；p^* 为纯液体在温度 T 时的饱和蒸气压。

$$\mu_l(T,p) = \mu_g(T,p^*) = \mu_g^{\ominus}(T) + RT\ln\frac{p^*}{p^{\ominus}}$$

在定温定压下，如果液体由平液面分散成半径为 r 的微小液滴，弯曲液面产生附加压力 p_s，相应的小液滴饱和蒸气压 p^* 也将发生变化，当重新建立平衡时，化学势的变化为

$$\mathrm{d}\mu_l(T,p) = \mathrm{d}\mu_g(T,p^*)$$

式（8－32）左边为定温下由于压力改变而引起的液体化学势的改变，因为是纯液体

$$\mathrm{d}\mu_l(T,p) = \mathrm{d}G_{l,m}^* = -S_{l,m}^*\mathrm{d}T + V_{l,m}^*\mathrm{d}p = V_{l,m}^*\mathrm{d}p$$

式（8－32）右边为定温下气体化学势的变化

$$\mathrm{d}\mu_g(T,p^*) = RT\mathrm{d}\ln p^*$$

则式（8－32）为

$$V_{l,m}^*\mathrm{d}p = RT\mathrm{d}\ln p^*$$

当液体由平液面分散成半径为 r 的微小液滴，液滴所受的压力由 p 变为 $p+p_s$，与其成平衡的饱和蒸气压由 p_0^* 变为 p_r^*，积分上式有

$$V_{l,m}^*\int_p^{p+p_s}\mathrm{d}p = \int_{p_0^*}^{p_r^*}RT\mathrm{d}\ln p^*$$

$$V_{l,m}^*p_s = RT\ln\frac{p_r^*}{p_0^*} \tag{8-33}$$

式中，$V_{l,m}^*$ 代表纯液体的摩尔体积；$V_{l,m}^* = \frac{M}{\rho}$，$M$ 为相对分子质量；ρ 为液体的密度；p_s 为液滴的附加压力。

$$p_s = \frac{2\sigma}{r}$$

代入得

$$\frac{M}{\rho}\cdot\frac{2\sigma}{r}=RT\ln\frac{p_r^*}{p_0^*} \tag{8-34}$$

或

$$\ln\frac{p_r^*}{p_0^*}=\frac{2\sigma M}{RT\rho r} \tag{8-35}$$

这就是著名的开尔文（Kelvin）公式，它表明液滴的半径越小，它的蒸气压就越大。

【例8-2】298.15K时，水的饱和蒸气压为2337.8Pa，密度$\rho=998.2kg/m^3$，表面张力$\sigma=72.75\times10^{-3}N/m$。试分别计算圆球形小水滴及在水中的小气泡的半径在$10^{-5}\sim10^{-9}m$的不同值下，饱和蒸气压之比值$p_r^*/p_0^*$各为若干？

解：$M(H_2O)=18.015\times10^{-3}kg/mol$。小水滴的半径取正值，如$r=10^{-5}m$时

$$\ln\frac{p_r^*}{p_0^*}=\frac{2\sigma M}{RT\rho r}=\frac{2\times72.75\times10^{-3}\times18.015\times10^{-3}}{8.314\times298.15\times998.2\times(10^{-5})}=1.059\times10^{-4}$$

所以

$$\frac{p_r^*}{p_0^*}=1.0001$$

对于水中的小气泡，半径取负值，$r=10^{-5}m$，可计算出

$$\ln\frac{p_r^*}{p_0^*}=\frac{2\sigma M}{RT\rho r}=\frac{2\times72.75\times10^{-3}\times18.015\times10^{-3}}{8.314\times298.15\times998.2\times(-10^{-5})}=-1.059\times10^{-4}$$

所以

$$\frac{p_r^*}{p_0^*}=0.9999$$

298.15K时，不同半径下的小水滴或水中的小气泡内的饱和蒸气压与平液面的饱和蒸气压$\frac{p_r^*}{p_0^*}$之比，计算结果如表8-6所示。表8-6是以小水滴和小气泡为例的半径与蒸气压关系的计算结果。由表8-6中的数据可见，在一定温度下，液滴越小，其饱和蒸气压越大；气泡越小，泡内液体的饱和蒸气压越小。

表8-6　水滴（或气泡）半径与蒸气压$\frac{p_r^*}{p_0^*}$之比

r (m)	10^{-5}	10^{-6}	10^{-7}	10^{-8}	10^{-9}
小水滴	1.0001	1.001	1.011	1.114	2.937
小气泡	0.9999	0.9989	0.9897	0.8977	0.3405

上列数据表明，在一定温度下，液滴越小，饱和蒸气压越大，当半径减小到$10^{-9}m$时，其饱和蒸气压几乎为平液面的3倍，这时相应蒸发速度也越快，这就是制药工业常用的喷雾干燥法的理论基础。在不考虑液体静压力的情况下，水中半径为$10^{-9}m$的小气泡内，水的饱和蒸气压却仅为平液面的1/3。

五、高分散度对熔点的影响

在开尔文公式的推导过程中，将液体的化学势变为固体的化学势，开尔文公式同样成立，因此式（8-35）也可用于计算微小晶体的饱和蒸气压，即微小晶体的饱和蒸气压大于同温度下一般晶体的饱和蒸气压。对微小晶粒，随粒径的减小，蒸气压不断升高，与液态蒸气压相等（液-固平衡）的温度也相应下降，即微小晶粒熔点下降。金的正常熔点为1064℃，而直径为4nm时，金的熔点降至727℃，当直径减小到2nm时，熔点仅为327℃左右。

六、高分散度对溶解度的影响

开尔文公式也可应用于晶体物质，即微小晶体的饱和蒸气压恒大于普通晶体的饱和蒸气压。在一定温度下，正常溶解度为一常数，而在沉淀的陈化过程中，可看到大小不同的晶体经过一段时间后，小晶粒溶解，大晶粒逐渐长大，说明小粒子具有较大的溶解度，当大粒子的溶解度已达到饱和时，小粒子尚未饱和，还能继续溶解。其定量关系可由式（8－35）变化得到。

根据亨利定律溶液中溶质的分压与溶解度的关系

$$p_r = kx_r \quad p_0 = kx_0 \tag{8-36}$$

式中，x_r为小粒子的溶解度；x_0为大粒子的溶解度；p_r为小粒子的饱和蒸气压；p_0为大粒子的饱和蒸气压，由于微小晶体的饱和蒸气压大于同温度下一般晶体的饱和蒸气压，因而小粒子具有较大的溶解度，代入式（8－35）得到定量关系

$$\ln\frac{x_r}{x_0} = \frac{2\sigma M}{RT\rho r} \tag{8-37}$$

七、介稳状态——开尔文公式的应用

在科学研究和日常生活中，都会遇到许多处于亚稳状态的过饱和现象，如过饱和蒸气、过热液体、过冷液体和过饱和溶液等。由于系统的比表面增大，所引起液体的饱和蒸气压加大、晶体的溶解度增加等一系列表面现象，只有在颗粒半径很小时，才能达到可以觉察的程度。在通常情况下，这些表面效应是完全可以忽略不计的。但在蒸气的冷凝、液体的凝固和溶液的结晶等过程中，由于最初生成新相的颗粒是极其微小的，其比表面和比表面能都很大，物系处于不稳定状态。因此，在系统中要产生一个新相是比较困难的。由于新相难以生成，而引起各种过饱和现象。为什么会出现这种过饱和现象而使新的相状态难以形成呢？用 Kelvin 公式可以对这些过饱和现象进行定性解释。

1. 过饱和蒸气 在高空中如果没有灰尘，水蒸气可达到相当高的过饱和程度而不致凝结成水。此时高空中的水蒸气压力虽然对水平液面的水来说已经是过饱和状态，但对将要形成的微小水滴来说则尚未饱和，小水滴难以形成。过饱和蒸气的化学势虽比同温度的平面液体的高，但比欲生成的半径很小的小液滴的化学势低，故能稳定存在，处于亚稳状态。当蒸气中有灰尘存在或容器的内表面粗糙时，这些物质可以成为蒸气的凝结中心，使液滴核心易于生成及长大，在蒸气的过饱和程度较小的情况下，蒸气就可开始凝结。人工增雨的原理就是当云层中的水蒸气达到饱和或过饱和的状态时，在云层中用飞机喷撒微小的 AgI 颗粒，此时 AgI 颗粒就成为水的凝结中心，使新相（水滴）生成时所需要的过饱和程度大大降低，云层中的水蒸气就容易凝结成水滴而落向大地。

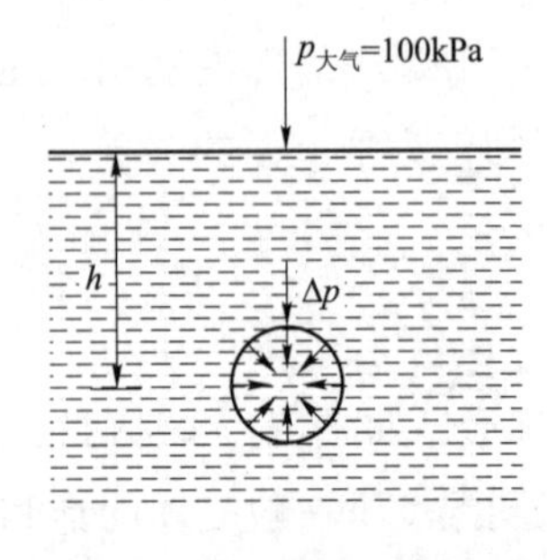

图 8－8 产生过热液体示意

2. 过热液体 在表面光洁的容器中加热纯净的液体，如果在液体中没有可提供新相种子（气泡）的物质存在时，当温度升至沸点时液体将难以沸腾。这主要是因为液体在沸腾时，不仅在液体表面上进行气化，而且在液体内部要自动地生成极微小的气泡（新相）。但由于弯曲液面的附加压力，使气泡难以生成。如图 8－8 所示，在 100kPa，100℃纯水中，在离液面 0. 02m 的深处，假设存在一个半径为 10nm 的小气泡。在上述条件下，纯水的表面张力为 58.85×10^3N/m，密度为 958. 1kg/m^3，由 $p_s=\frac{2\sigma}{r}$可以算出。

弯曲液面对小气泡的附加压力：$p_s = 11.77\times10^3$kPa

小气泡所受的静压力：$p_{静} = \rho gh = 0.1878$kPa

小气泡存在时内部气体的压力：$p_g = p_{大气} + p_{静} + p_s = 11.87 \times 10^3 kPa$

通过以上计算可知，小气泡内气体的压力远高于100℃时水的饱和蒸气压，所以小气泡不可能存在。若要使小气泡存在，必须继续加热，使小气泡内水蒸气的压力达到气泡存在所需要的压力时，小气泡才可能产生，并不断长大，液体才开始沸腾。此时液体的温度必然高于该液体的正常沸点。这种按照相平衡条件，应当沸腾而不沸腾的液体，称为过热液体。

3. 过冷液体　在恒定的外压下冷却液体，若温度低于该压力下的凝固点 T_f 仍不发生凝结，这种液体就称为过冷液体。产生过冷现象是因为液体凝固时刚出现的固体必然是微小晶体，它的饱和蒸气压大于同温度下一般晶体的饱和蒸气压，因而新相微小晶体的熔点低于普通晶体的熔点。在正常凝固点 T_f 时，液体的饱和蒸气压或化学势等于大块晶体的饱和蒸气压或化学势，但小于微小晶体的饱和蒸气压或化学势，故微小晶体不可能存在，凝固不能发生。温度下降时，液体与固体的蒸气压都减小，但固体减小得更多。在温度降低为 T_f' 时，微小晶体与液体的蒸气压相等，微小晶体就能够产生，凝固就能发生。温度为 $T_f \sim T_f'$ 之间的过冷液体就处于亚稳状态。过冷液体也很常见，很纯的水冷到 -40℃仍可呈液态而不结冰。

4. 过饱和溶液　将某固体的不饱和溶液不断加热蒸发（或降低温度），当达到饱和溶液浓度时，固体仍没结晶出来，这就是过饱和现象。微小晶体的溶解度大于正常溶解度，如有一杯热溶液，任其自然冷却，当温度降到饱和点时，本应有晶体开始析出，但因刚凝成的晶粒十分微细，普通晶体已达饱和溶液，微小晶体的溶解度较大，还远未饱和，此时，微小的晶粒即使出现，也会立即消失，导致溶液出现过饱和状态。过饱和溶液处于亚稳状态，只要稍受外界干扰，如加入晶种、加以搅拌或摩擦容器壁等都能促进新相种子的生成，使晶体尽快析出。在结晶操作中，如过饱和程度太大，生成的晶体就很细小，不利于过滤和洗涤。为获得大颗粒晶体，可在过饱和程度不太大时投入晶种。从溶液中结晶出来的晶体往往大小不均，此时溶液对小晶体是不饱和的，对大晶体是过饱和的，采用延长时间的方法可使微小晶体不断溶解而消失，大晶体则不断长大，粒子逐渐趋向均匀，称为陈化。

第五节　溶液表面的吸附

一、溶液表面的吸附现象

溶液的表面层对溶质可产生吸附作用，使其表面张力发生变化。例如在一定温度的纯水中，分别加入不同种类的溶质，溶质的浓度对溶液表面张力的影响大致可分为三种类型，如图 8-9。

曲线Ⅰ表明，随着溶液浓度的增加，溶液的表面张力稍有升高。对于水溶液而言，属于此类的溶质有无机盐类（如 NaCl）、非挥发酸（如 H_2SO_4）、碱（如 KOH）和含有多个—OH 的有机化合物（如蔗糖、甘油等）物质。曲线Ⅱ表明，随着溶质浓度的增加，水溶液的表面张力缓慢地下降，大部分的低级脂肪酸、醇、醛等可溶性有机物质作溶质的水溶液皆属此类；曲线Ⅲ表明，在水加入少量溶质却可使表面张力立刻急剧下降，至某一浓度之后，溶液的表面张力几乎不再随浓度的上升而变化，属于此类的化合物可以表示为 RX，其中 R 代表含有 10 个或 10 个以上碳原子的烷基；X 则代表极性基团，一般可以是—OH、—COOH、—CN、—$CONH_2$、—COOR，也可以是离子基团，如—SO_3^-、—NH_3^+、—COO^- 等。这类曲线有时会出现如图所示的虚线部分，这可能是由于某种杂质的存在而引起的。

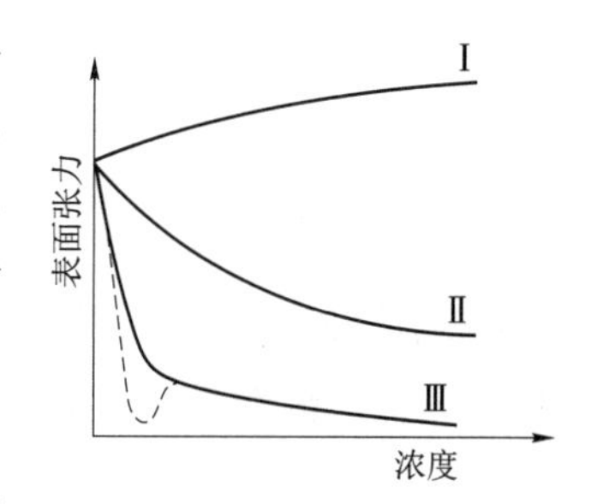

图 8-9　表面张力等温线

实验事实表明，溶质在溶液表面层的浓度和溶液内部不同，这种不同称为在溶液表面发生了吸附现象。若溶质在表面层中的浓度大于它在溶液本体（内部）中的浓度，即为正吸附；反之，则为负吸附。

溶液表面的吸附现象可用定温、定压下溶液的表面吉布斯自由能自动减小的趋势来说明。在定温、定压下，一定量的溶液，当其表面积一定时，降低系统表面吉布斯自由能的惟一途径是尽可能减小溶液的表面张力。

如果加入能降低表面张力的溶质，则溶质会从溶液本体中自动地富集到溶液表面，增大表面浓度，使溶液的表面张力降低得更多，形成的系统更稳定，这就形成了正吸附；但表面与本体之间的浓度差又必然引起溶质分子由表面向本体扩散，促使浓度趋于均匀一致，当两种趋势达到平衡时，在表面层就形成了正吸附的平衡浓度。

如果加入的溶质会使表面张力增加，则表面上的溶质会自动地离开表面层而进入溶液本体之中，与均匀分布相比，这样也会使表面吉布斯自由能降低，这就是负吸附。显然由于扩散的影响而使表面层中溶质的分子不可能都进入溶液本体，达到平衡时，在表面层则形成负吸附的平衡浓度。一般说来，凡是能使溶液表面张力增加的物质，都称为表面惰性物质；反之，凡是能使溶液表面张力降低的物质，从广义上讲，都称为表面活性物质。但习惯上，只把那些加入少量就能显著降低溶液表面张力的物质，称为表面活性物质或表面活性剂。表面活性的大小可用 $-\left(\frac{\partial\sigma}{\partial c}\right)_T$ 来表示，其值愈大，表示溶质的浓度对溶液表面张力的影响愈大。溶质吸附量的大小，可用吉布斯吸附等温式来计算。

二、吉布斯吸附等温式及其应用

吉布斯用热力学的方法推导出，在一定温度下，溶液的浓度、表面张力和吸附量之间的定量关系式，通常称为吉布斯吸附等温式。

$$\Gamma=-\frac{c}{RT}\left(\frac{\mathrm{d}\sigma}{\mathrm{d}c}\right)_T \tag{8-38}$$

式中，c 为溶质在溶液本体中的平衡浓度；σ 为溶液的表面张力；Γ 为溶质在单位面积表面层中的吸附量。其定义为：在单位面积的表面层中，所含溶质的物质的量与同量溶剂在溶液本体中所含溶质物质的量的差值，称为溶质的表面吸附量或表面过剩。

吉布斯吸附等温式的证明：设某二元溶液，在一定温度下，达到吸附平衡后，溶剂在溶液本体及表面层中的物质的量分别为 n_1 和 n_1^s，溶质在溶液本体及表面层中的物质的量分别为 n_2 及 n_2^s，溶液的表面积为 A，表面张力为 σ。对于一个热力学系统，考虑到表面积 A 对系统性质的影响，若系统发生了一微小变化，按式（8-7）系统的吉布斯自由能变应表示为

$$\mathrm{d}G=-S\mathrm{d}T+V\mathrm{d}p+\sum_{\mathrm{B}}\mu_{\mathrm{B}}\mathrm{d}n_{\mathrm{B}}+\sigma\mathrm{d}A$$

在恒温恒压下，将上式用于二元溶液的表面层，则

$$\mathrm{d}G_s=\sigma\mathrm{d}A+\mu_1^s\mathrm{d}n_1^s+\mu_2^s\mathrm{d}n_2^s \tag{8-39}$$

式中，μ_1^s 及 μ_2^s 分别为表面层中溶剂及溶质的化学势；n_1^s 及 n_2^s 分别为溶剂及溶质在表面层中的物质的量，在各强度性质（即 T、p、σ 及 μ）恒定的情况下，对式（8-38）进行积分，可得

$$G_s=\sigma A+\mu_1^s n_1^s+\mu_2^s n_2^s$$

表面吉布斯自由能是状态函数，它具有全微分的性质。

所以
$$\mathrm{d}G_s=\sigma\mathrm{d}A+A\mathrm{d}\sigma+\mu_1^s\mathrm{d}n_1^s+n_1^s\mathrm{d}\mu_1^s+\mu_2^s\mathrm{d}n_2^s+n_2^s\mathrm{d}\mu_2^s \tag{8-40}$$

式（8-39）与式（8-40）相比较，可得适用于表面层的吉布斯-杜亥姆方程，即

$$A\mathrm{d}\sigma=-(n_1^s\mathrm{d}\mu_1^s+n_2^s\mathrm{d}\mu_2^s) \tag{8-41}$$

溶液本体的吉布斯－杜亥姆方程应为

$$n_1 d\mu_1 + n_2 d\mu_2 = 0 \tag{8-42}$$

也可写成

$$d\mu_1 = -\left(\frac{n_2}{n_1}\right) d\mu_2 \tag{8-43}$$

当吸附达到平衡后，同一种物质在表面层及溶液本体中的化学势应相等。

所以

$$d\mu_1^s = d\mu_1 = -\left(\frac{n_2}{n_1}\right) d\mu_2$$

$$d\mu_2^s = d\mu_2$$

将上述二等式代入式（8－41），整理可得

$$A d\sigma = -\left(n_2^s - \frac{n_1^s}{n_1} n_2\right) d\mu_2 \tag{8-44}$$

令 $\Gamma_2 = \left(n_2^s - \frac{n_1^s}{n_1} n_2\right) A$，此式即为溶质吸附量的定义式，将其代入式（8－44）可得

$$\Gamma_2 = -\frac{d\sigma}{d\mu_2} \tag{8-45}$$

因为 $d\mu_2 = RT d\ln a_2 = \left(\frac{RT}{a_2}\right) da_2$，所以

$$\Gamma_2 = -\left(\frac{a_2}{RT}\right)\left(\frac{d\sigma}{da_2}\right) \tag{8-46}$$

对于理想溶液或理想稀溶液，可用溶质的浓度 c_2 代替其活度 a_2，并略去代表溶质的 c_2 及 Γ_2 的下标 2，式（8－46）变为

$$\Gamma = -\left(\frac{c}{RT}\right)\left(\frac{d\sigma}{dc}\right) \tag{8-47}$$

此式即为吉布斯吸附等温式，由此可知，在一定温度下，当溶液的表面张力随浓度的变化率 $d\sigma/dc < 0$ 时，$\Gamma > 0$，表明凡是增加浓度，能使溶液表面张力降低的溶质，在表面层必然发生正吸附，即溶质在表面层中的浓度大于它在溶液本体（内部）中的浓度；当 $d\sigma/dc > 0$ 时，$\Gamma < 0$，表明凡增加浓度，使溶液表面张力上升的溶质，在溶液的表面层必然发生负吸附，即溶质在表面层中的浓度小于它在溶液本体（内部）中的浓度。

若用吉布斯吸附等温式计算某溶质的吸附量，必须预先知道 $d\sigma/dc$ 的大小。为求得 $d\sigma/dc$ 的值，在一定温度下，可先测出不同浓度 c 时的表面张力，以 σ 对 c 作图，再求出 $\sigma \sim c$ 曲线上各指定浓度 c 的斜率，该斜率即为该浓度 c 时 $d\sigma/dc$ 的数值。

【例 8－3】 288K 时，0.125mol/L 和 2.25mol/L 丁酸溶液的表面张力分别为 5.71×10^{-2} N/m 和 3.91×10^{-2} N/m，求当丁酸平衡浓度为 1.187mol/L 时溶液表面吸附丁酸的吸附量。

解： 由

$$\frac{d\sigma}{dc} = \frac{\sigma_2 - \sigma_1}{c_2 - c_1}$$

代入吉布斯吸附等温式，得

$$\Gamma = -\frac{c(\sigma_2 - \sigma_1)}{RT(c_2 - c_1)} = -\frac{1.187 \times (3.91 - 5.71) \times 10^{-2}}{8.314 \times 288 \times (2.25 - 0.125)}$$

$$= 4.2 \times 10^{-6} \text{mol/m}^2$$

【例 8－4】 291.15K 时丁酸水溶液的表面张力可表示为 $\sigma = \sigma_0 - a\ln(1 + bc)$，式中，$\sigma_0$ 为纯水的表面张力，a、b 为常数，c 为丁酸在水中的浓度。

（1）试求该溶液中丁酸的表面吸附量（Γ）和浓度（c）间的关系。

（2）若已知 $a=0.0131\text{N/m}$，$b=19.62\text{L/mol}$，试计算当 $c=0.20\text{mol/L}$ 时 Γ 为多少？

（3）计算当浓度达到 $bc \gg 1$ 时的饱和吸附量 Γ_∞ 为多少？设此时表面层上丁酸呈单分子层吸附，计算在液面上丁酸分子的截面积为多大？

解：（1）已知 $\sigma=\sigma_0-a\ln(1+bc)$

微分上式得
$$\frac{\mathrm{d}\sigma}{\mathrm{d}c}=-\frac{ab}{1+bc}$$

将其代入吉布斯吸附等温式，得
$$\Gamma=\frac{abc}{RT(1+bc)}$$

（2）将已知数据代入上式，得

$$\Gamma=\frac{0.0131\times19.62\times0.2}{8.314\times291.15\times(1+19.62\times0.2)}=4.31\times10^{-6}\text{mol/m}^2$$

（3）若 $bc \gg 1$ 时，则 $1+bc\approx bc$

$$\Gamma_\infty=\frac{abc}{RT(1+bc)}=\frac{a}{RT}=\frac{0.0131}{8.314\times291.5}=5.411\times10^{-6}\text{mol/m}^2$$

Γ_∞ 为吸附达饱和时每单位面积上吸附溶质的摩尔数，1m^2 表面上吸附的分子数为 $\Gamma_\infty L$，设每个丁酸的截面积为 S，则

$$S=\frac{1}{\Gamma_\infty L}=\frac{1}{5.411\times10^{-6}\times6.022\times10^{23}}=3.07\times10^{-19}\text{m}^2$$

第六节　表面活性剂

一、表面活性剂的分类

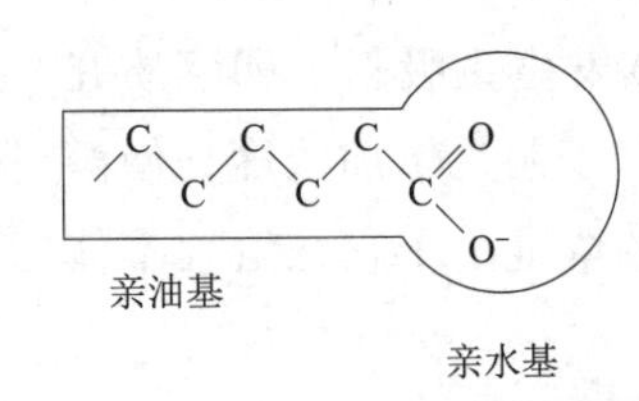

图 8－10　表面活性剂示意

凡溶解少量就能显著减小溶液表面张力的物质，称为表面活性剂。表面活性剂的分子具有“双亲结构”，即由极性的亲水基和非极性的亲油基两部分组成。通常用“○”表示亲水基，用“□”表示亲油基（憎水基），类似于火柴棒，如图 8－10 所示。以肥皂 $C_{17}H_{35}COONa$（硬脂酸钠）为例，它的分子中有 17 个碳的长链憎水（亲油）基团，也含有亲水的羧基基团，因此是有两亲结构的表面活性剂。

表面活性剂的亲油基部分结构变化主要是长链结构的不同，对表面活性剂性质影响不大；而它的极性部分变化较大，分类主要据此进行。根据表面活性剂分子溶于水后是否电离，可将它分为离子型和非离子型两类。

（一）离子型表面活性剂

能在水中电离为大小不同、电性相反的两部分离子的表面活性剂为离子型表面活性剂。根据电离后大分子所带电荷不同，又可分为阴离子型、阳离子型、两性型。

1. 阴离子型　大离子中亲水基部分为亲水性的阴离子，主要有羧酸盐、磺酸盐、硫酸酯盐、磷酸酯盐等，如肥皂（硬脂酸钠 $C_{17}H_{35}COONa$）、洗涤剂（十二烷基磺酸钠 $C_{12}H_{25}SO_3Na$）。

2. 阳离子型　大离子中亲水基部分为亲水性的阳离子（亲水基），称为阳离子型表面活性剂。主要为胺盐，因伯、仲、叔胺盐溶解度太小，不适宜做活性剂，故以季铵盐为主，如苯扎溴铵、杜米芬等。此类化合物对细胞膜有特殊吸附能力，能杀菌，常作为杀菌剂，不受 pH 影响，但不宜与阴离子表面活

性剂配合使用，因可发生相互结合而失效。

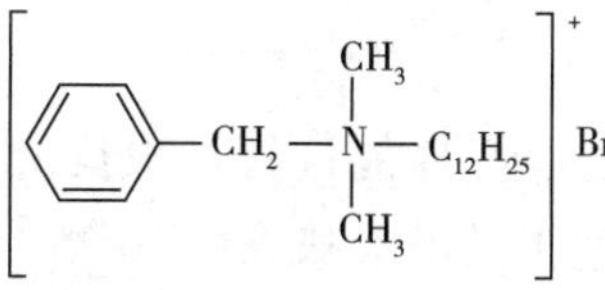

$$\left[\text{C}_6\text{H}_5-\text{CH}_2-\overset{\text{CH}_3}{\underset{\text{CH}_3}{\text{N}}}-\text{C}_{12}\text{H}_{25}\right]^+\text{Br}^-$$

苯扎溴铵

$$\left[\text{C}_6\text{H}_5-\text{OCH}_2\text{CH}_2-\overset{\text{CH}_3}{\underset{\text{CH}_3}{\text{N}}}-\text{C}_{12}\text{H}_{25}\right]^+\text{Br}^-$$

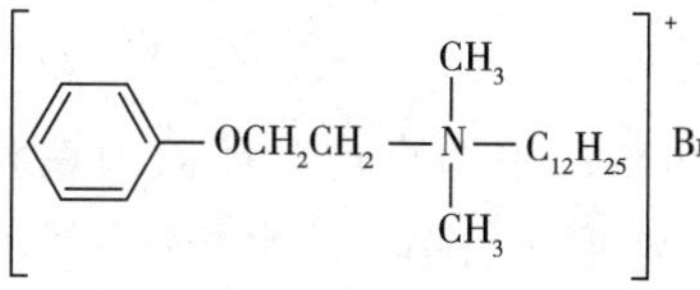

杜米芬

3. 两性型　亲水基由电性相反的两个基团构成，这样的表面活性剂为两性型表面活性剂，如氨基酸型 $R—NHCH_2—CH_2COOH$ 和甜菜碱型 $R—N^+(CH_3)_2—CH_2COO^-$。

（二）非离子型表面活性剂

在水中不能电离为离子的表面活性剂，称为非离子型表面活性剂。因在溶液中并非呈离子状态，故稳定性高，不怕硬水，也不受 pH、无机盐、酸和碱的影响，并可和离子型表面活性剂同时使用，也不易在一般固体上强烈吸附，所以非离子型表面活性剂在某些方面比离子型表面活性剂性能优越，也能与各种药物配合，故在药剂学上获得广泛应用，发展很快。

非离子型表面活性剂主要分为两大类：含有在水中不电离的羟基（—OH）和醚键（—O—），并以它们作为亲水基。由于—OH 和—O—的亲水性弱，只靠一个羟基或醚键这样的弱亲水基团不能将很大的憎水基溶于水中，必须有几个这样的亲水基才能发挥出亲水性。这与只有一个亲水基就能发挥亲水性的阳离子和阴离子表面活性剂是大不相同的。

非离子型表面活性剂按亲水基分类，有聚氧乙烯型和多元醇型。两者性能和用途有较大的差异。如前者易溶于水，后者大多不溶于水。

1. 聚氧乙烯型非离子表面活性剂　聚氧乙烯型非离子表面活性剂是以含活泼氢原子的憎水性基团同环氧乙烷进行加成反应制成的。所谓含活泼氢原子的化合物，可以是含羟基（—OH）、羧基（—COOH）、氨基（$—NH_2$）和酰氨基（$—CONH_2$）等基团的化合物，这些基团中氢原子有很强的化学活性，容易与环氧乙烷发生反应，生成聚氧乙烯型表面活性剂，即有易溶于水的聚氧乙烯基$—(CH_2CH_2O)_n—$长链（聚氧乙烯基链），结构可参见后面的聚山梨酯（吐温）类表面活性剂。例如：

（1）高级脂肪醇与环氧乙烷加成物

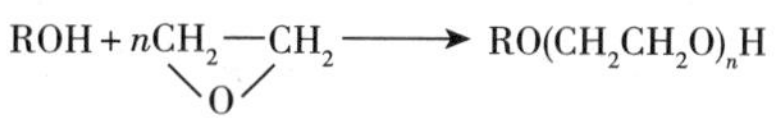

$$\text{ROH}+n\,\underset{\diagdown\ \text{O}\ \diagup}{\text{CH}_2—\text{CH}_2}\longrightarrow \text{RO(CH}_2\text{CH}_2\text{O)}_n\text{H}$$

所用高级脂肪醇主要有月桂醇、十六醇、油醇、鲸腊醇等。

（2）烷基酚和环氧乙烷的加成物

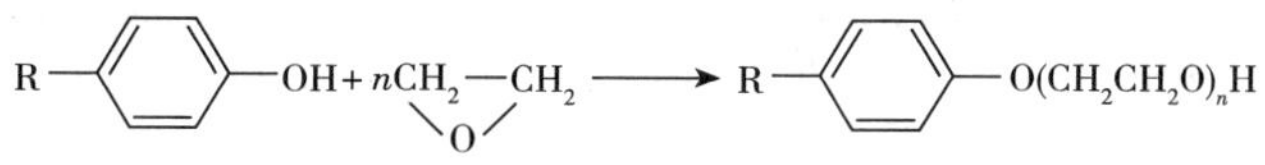

$$\text{R}-\text{C}_6\text{H}_4-\text{OH}+n\,\underset{\diagdown\ \text{O}\ \diagup}{\text{CH}_2—\text{CH}_2}\longrightarrow \text{R}-\text{C}_6\text{H}_4-\text{O(CH}_2\text{CH}_2\text{O)}_n\text{H}$$

所用烷基酚主要有壬基酚、辛基酚和辛基甲酚等。

（3）脂肪酸与环氧乙烷的加成物

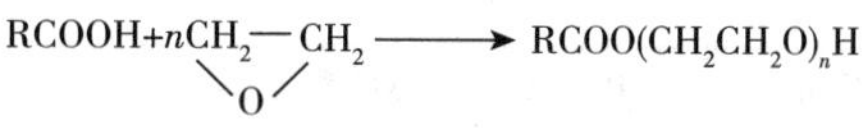

$$\text{RCOOH}+n\,\underset{\diagdown\ \text{O}\ \diagup}{\text{CH}_2—\text{CH}_2}\longrightarrow \text{RCOO(CH}_2\text{CH}_2\text{O)}_n\text{H}$$

所用脂肪酸可为硬脂酸、月桂酸、油酸等。

（4）高级脂肪胺和脂肪酰胺的环氧乙烷加成

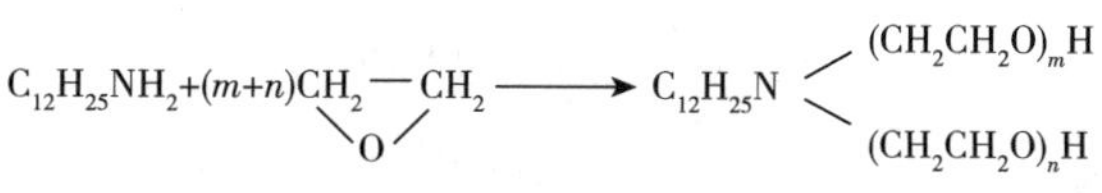

$$\text{C}_{12}\text{H}_{25}\text{NH}_2+(m+n)\,\underset{\diagdown\ \text{O}\ \diagup}{\text{CH}_2—\text{CH}_2}\longrightarrow \text{C}_{12}\text{H}_{25}\text{N}\begin{cases}(\text{CH}_2\text{CH}_2\text{O})_m\text{H}\\(\text{CH}_2\text{CH}_2\text{O})_n\text{H}\end{cases}$$

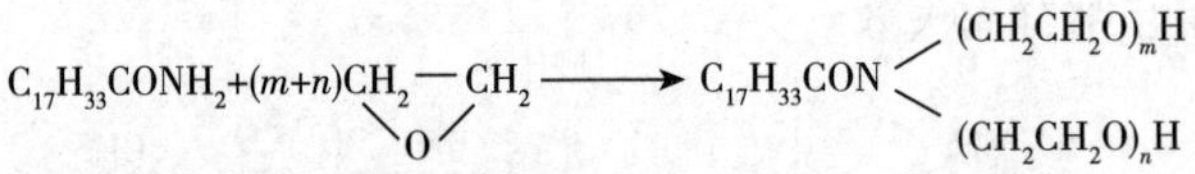

$$C_{17}H_{33}CONH_2+(m+n)\underset{\diagdown O \diagup}{CH_2-CH_2} \longrightarrow C_{17}H_{33}CON\begin{cases}(CH_2CH_2O)_mH\\(CH_2CH_2O)_nH\end{cases}$$

（5）聚丙二醇的环氧乙烷加成物　环氧丙烷和环氧乙烷一样能进行加成反应，形成聚氧丙烯链，但因甲基空间障碍，不易形成氢键，故水溶性很小，反而适于做憎水基原料。

2. 多元醇型非离子表面活性剂　多元醇型非离子表面活性剂的主要亲水基是多元醇类、氨基醇类、糖类等。常用亲水基原料见表8－7，所用的憎水基原料主要是脂肪酸。

表8－7　多元醇型非离子表面活性剂的亲水基原料

类型	名称	化学式	脂肪酸酯或酰胺的水溶性
多元醇类	甘油 羟基数＝3	CH_2-OH $CH-OH$ CH_2-OH	不溶，有自乳化性
	季戊四醇 羟基数＝4	CH_2OH $HOCH_2-C-CH_2OH$ CH_2OH	不溶，有自乳化性
	山梨醇① 羟基数＝6	CH_2OH $CH-OH$ $HO-CH$ $CH-OH$ $CH-OH$ CH_2-OH	不溶或难溶，有自乳化性
	失水山梨醇 羟基数＝4	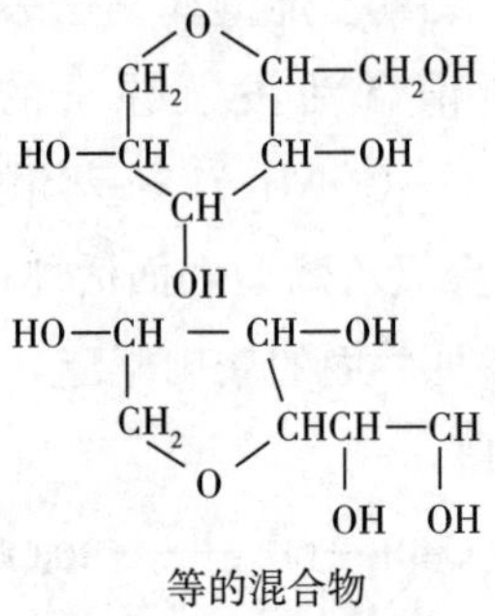 O CH_2　$CH-CH_2OH$ $HO-CH$　$CH-OH$ CH OH $HO-CH-CH-OH$ CH_2　$CHCH-CH$ O　OH　OH 等的混合物	不溶，有自乳化性
氨基醇类	一乙醇胺 二乙醇胺	$H_2NCH_2CH_2OH$ $HN(CH_2CH_2OH)_2$	不溶 1∶2摩尔型可溶② 1∶1摩尔型难溶②
糖类	蔗糖 羟基数＝8	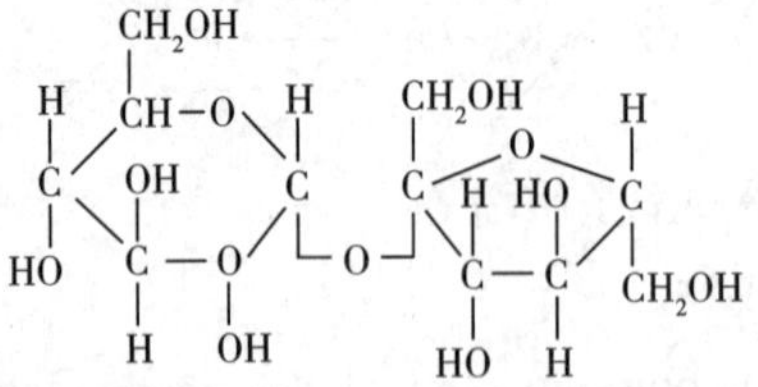 CH_2OH H　CH－O　H　CH_2OH　H C　OH　C　C　H　HO　O　C HO　C－O　O　C－C　CH_2OH H　OH　HO　H	可溶或难溶

①从旋光异构体来看，有左旋和右旋，市场上出售的山梨醇是由左旋葡萄糖还原而得，故都是左旋体。

②1∶2摩尔型：

$$C_{11}H_{23}CON\begin{cases}CH_2CH_2OH\\CH_2CH_2OH\end{cases}\qquad HN\begin{cases}CH_2CH_2OH\\CH_2CH_2OH\end{cases}$$

1∶1摩尔型：

$$C_{11}H_{23}CON\begin{cases}CH_2CH_2OH\\CH_2CH_2OH\end{cases}$$

甘油和季戊四醇是最常用的多元醇，与脂肪酸和月桂酸或棕榈酸酯化，可生成非离子表面活性剂，用作乳化剂或纤维油剂。因对人体无害，可广泛使用于食品和化妆品。

蔗糖有 8 个羟基，是理想的亲水基原料。由于蔗糖和天然油脂中的脂肪酸为百分之百天然产物，具有安全、无毒、无刺激、无污染、可生物分解等优点，因此是非常理想的非离子型表面活性剂，在轻化工、食品、医药等工业部门有广泛应用。

山梨醇是葡萄糖加氢制得的六元醇，有 6 个羟基，在适当的条件下，分子内脱去 1 分子水，成为失水山梨醇。失水山梨醇是各种异构体的混合物，失水山梨醇再脱 1 分子水则成为二失水山梨醇。

失水山梨醇与高级脂肪酸酯化（先 1，5 失水，然后酯化）得到的非离子型表面活性剂商品名为“司盘”（Span，失水山梨醇脂肪酸酯）。根据酯化所用的脂肪酸不同，编成各种型号，见表 8－8。

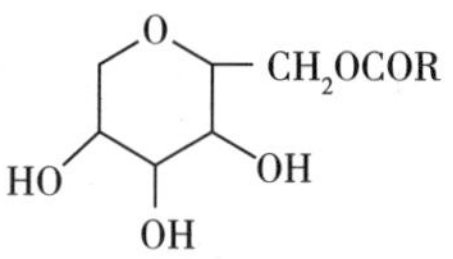

O　CH_2OCOR　HO　OH　OH　司盘类

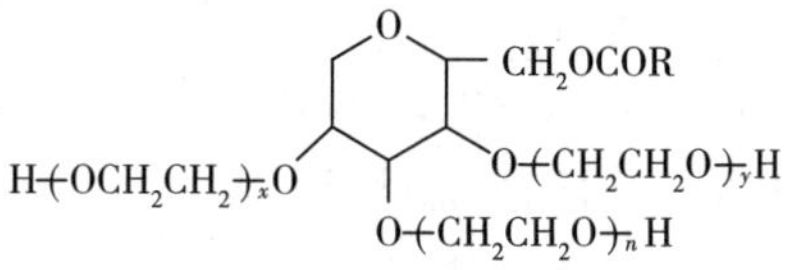

O　CH_2OCOR　$H\!+\!OCH_2CH_2\!+_{\!x}O$　$O\!+\!CH_2CH_2O\!+_{\!y}H$　$O\!+\!CH_2CH_2O\!+_{\!n}H$　聚山梨酯（吐温）

表 8－8　失水山梨醇与聚氧乙烯失水山梨醇的酯类

酯化用酸	月桂酸（$R=C_{11}H_{23}$）	棕榈酸（$R=C_{15}H_{31}$）	硬脂酸（$R=C_{17}H_{35}$）	油酸（$R=C_{17}H_{33}$）
失水山梨醇	司盘 20	司盘 40	司盘 60	司盘 80
聚氧乙烯失水山梨醇	聚山梨酯 20	聚山梨酯 40	聚山梨酯 60	聚山梨酯 80

司盘类主要用作乳化剂，但因自身不溶于水，很少单独使用。如与其他水溶性表面活性剂混合使用，可发挥它良好的乳化力。

聚山梨酯（吐温）类是司盘的二级醇基通过醚键与亲水基团——聚氧乙烯基 $(CH_2CH_2O)_nCH_2CH_2OH$ 相连的一类化合物（司盘与环氧乙烷加成制得），和司盘一样，也编成不同的型号，见表 8－8。

聚山梨酯化合物属于聚氧乙烯型非离子表面活性剂，因此亲水性比司盘类强，并随聚氧乙烯基量的增加而变大，这是由于醚键的氧原子与水中的氢结合形成氢键，增大了在水中的溶解度。当它溶于水后，亲水基由锯齿型变为曲折型，亲水性的氧原子处于链的外侧，憎水性的—CH_2—位于里面，因而链周围就变得易与水结合。示意如下。

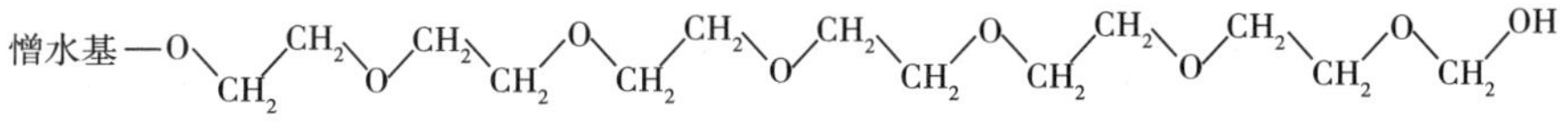

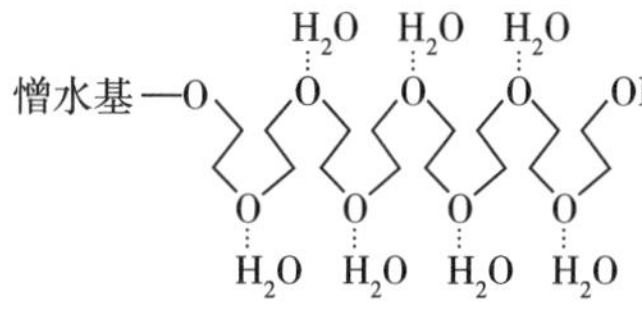

憎水基—O　CH_2　CH_2　O　CH_2　CH_2　O　CH_2　CH_2　O　CH_2　CH_2　O　CH_2　CH_2　O　CH_2　CH_2　O　CH_2　CH_2　OH

憎水基—O　H_2O　H_2O　H_2O　O　O　O　OH　O　O　O　O　H_2O　H_2O　H_2O　H_2O

这种结合力对温度极为敏感，温度升高，氢键即被拆开，起脱水作用。非水合物溶解度比水合物的溶解度要小，故当温度升高时，非离子型表面活性剂即出现浑浊或沉淀。这种由澄清变浑浊的现象称为“起昙现象”，出现浑浊时的温度称为昙点（浊点）。例如，聚山梨酯 80 的昙点为 93℃。起昙现象一般来说是可逆的，当温度降低后，仍可恢复澄清。这种现象对所有聚氧乙烯型非离子表面活性剂都是一样的。

二、亲水－亲油平衡值

表面活性剂的亲水基的亲水性代表溶于水的能力，亲油基的亲油性代表溶于油的能力，若亲水性太强，则完全进入水相；若亲油性太强，则完全进入油相；亲水性和亲油性的强弱对表面活性剂的表面活性有很大的影响。格里芬（Griffn）提出了亲水－亲油平衡值——*HLB* 值（hydrophile lipophile balance）来表示表面活性剂的亲水性。*HLB* 值越大，表示该表面活性剂的亲水性越强；*HLB* 值越小，表示该表面活性剂的亲水性越差或亲油性越强。亲油性与亲油基的摩尔质量有关，亲油基越长，摩尔质量越大，亲油性越强而水溶性越差。例如含十八烷基的化合物就比含十二烷基的同类化合物难溶于水，因此亲油性的强弱可用亲油基的摩尔质量来表示。而亲水性，只有非离子型表面活性剂的亲水性可用亲水基的摩尔质量来表示。如聚氧乙烯型非离子表面活性剂，摩尔质量愈大，亲水性也愈大。非离子型表面活性剂的 HLB 值可用下式计算。

$$\text{非离子型表面活性剂的}\ HLB\ \text{值} = \frac{\text{亲水基质量}}{\text{亲水基质量} + \text{亲油基质量}} \times \frac{100}{5}$$
$$= \text{亲水基质量分数} \times 20 \qquad (8-48)$$

石蜡完全没有亲水基，所以 *HLB* 值 =0。完全是亲水基的聚乙二醇 *HLB* 值 =20。这样，非离子型表面活性剂的 *HLB* 值就可用 0 ~20 之间的数值来表示。

对于大多数多元醇脂肪酸酯的值可按下式计算。

$$HLB = 20\left(1 - \frac{S}{A}\right) \qquad (8-49)$$

式中，S 为酯的皂化价，1×10^{-3}kg 油脂完全皂化时所需 KOH 的毫克数；A 为脂肪酸的酸价，中和 1×10^{-3}kg 有机物的酸性成分所需 KOH 的毫克数。

例如单硬脂酸甘油酯，$S=161, A=198, HLB = 20\left(1-\frac{161}{198}\right) = 3.74$

阴离子和阳离子型表面活性剂的 *HLB* 值不能用上述方法计算。因为这些物质亲水基的单位质量的亲水性比起非离子型表面活性剂要大得多，而且随着种类不同而不同，因此要用官能团 *HLB* 法来确定。各官能团的 *HLB* 值见表 8－9，要计算某一表面活性剂的值，只要把该化合物中各官能团的 *HLB* 值的代数和再加上 7 就是。

表 8－9 各官能团 *HLB* 值

亲水官能团	*HLB* 值	憎水官能团	*HLB* 值
—SO_3Na	38.7		
—COOK	21.1	—CH—	
—COONa	19.1	—CH_2—	−0.475
磺酸盐	约 11.0	—CH_3	
—N（叔胺 R_3N）	9.4	—CH=	
酯（山梨糖醇酐环）	6.8		
酯（自由的）	2.4		
—COOH	2.1		
—OH（自由的）	1.9	—（CH_2—CH_2—CH_2—O）—	−0.15
—O—	1.3		
—OH（山梨糖醇酐环）	0.5		

例如求十二烷基硫酸钠的 *HLB* 值为 38.7 + 12 ×（−0.475）+7 =40.0。官能团 *HLB* 法的优点是它有加和性。

混合表面活性剂的 *HLB* 值可根据下式求得。

$$HLB = \frac{[HLB]_A \times m_A + [HLB]_B \times m_B}{m_A + m_B} \qquad (8-50)$$

式中，$[HLB]_A$表示A活性剂的HLB值；$[HLB]_B$表示B活性剂的HLB值；m_A表示A活性剂的质量；m_B表示B活性剂的质量。

例如，以40%的司盘20（HLB值=8.6）和60%的聚山梨酯60（HLB值=14.9）相混合，其混合HLB值$=8.6\times0.4+14.9\times0.6=12.3$。但是，并不是所有表面活性剂都能用此算式计算，必须用实验方法验证。HLB值与表面活性剂在水中的溶解性及作用的关系见表8-10及表8-11。

表8-10　*HLB*值与其在水中的分散性

*HLB*值	在水中的分散情况
1~3	不分散
3~6	分散不好
6~8	不稳定乳状分散
8~10	稳定乳状分散
10~13	半透明至透明分散
>13	透明溶液

表8-11　*HLB*值及其适当用途

*HLB*值	应用	实例
1~3	消泡剂	石蜡（0）、油酸（1）、司盘65（2.1）
3~6	W/O乳化剂	司盘80（4.7）、司盘40（6.7）、司盘20（8.6）、阿拉伯胶（8.0）
7~9	润湿剂	阿拉伯胶（8.0）、明胶（9.8）
8~18	O/W乳化剂	阿拉伯胶（8.0）、明胶（9.8）、聚山梨酯80（15）、聚山梨酯20（16.7）
13~15	洗涤剂	油酸三乙醇胺（12）
15~18	增溶剂	聚山梨酯20（16.7）、油酸钠（18）、油酸钾（20）

三、表面活性剂的作用

表面活性剂通过在界面的定向排列可极大地降低表面张力，同时还可以通过自组装形成胶束，在许多生产、科研和日常生活中被广泛地使用，被誉为“工业味精”。概括地说，表面活性剂具有增溶、乳化、破乳、润湿、助磨、助悬（分散）、发泡和消泡以及匀染、防锈、杀菌、消除静电等作用，因此在许多生产、科研和日常生活中被广泛地使用，这里仅介绍与医药行业有关的一些知识。

（一）增溶作用

1. 胶束的形成　表面活性剂加入水中后，它不但定向吸附在水溶液表面，而且在溶液中发生定向排列而形成一种聚集体，即所谓胶束，又称胶团。这是因为表面活性剂为使自己成为溶液中的稳定成分，而不得不采取两种方法：一是尽可能把亲水基留在水中，憎水基伸向空气，这样，表面活性分子便吸附在液-气界面上，降低了表面张力，形成定向排列在表面上的单分子膜（图8-11）；二是使表面活性分子的憎水基互相靠在一起，以减小憎水基与水的接触面积，这样就形成了胶束（图8-12）。

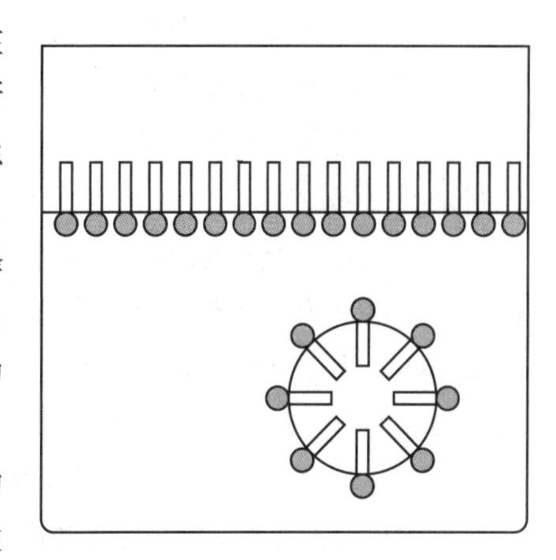

图8-11　胶束的形成

一般胶束大约由几十个到几百个双亲分子组成，平均半径大约几个纳米。形成胶束所需的表面活性剂的最低浓度称为临界胶束浓度（critical micelle concentration，CMC）。CMC一般有一个极窄的范围，在CMC以下，不能形成胶束，但也可有少数（10个以下）的表面活性剂的分子聚集成缔合体，称为小型胶束。随着浓度增大，胶束的尺寸增大，当达到CMC时，形成球状胶束。浓度再继续增大时，依据X线的衍射实验结果，胶束为层状结构，亲水基向外，而非极性的亲油基则定向地向内排列。浓度更浓时，根据光散射实验结果，认为胶束是棒状结构。

CMC随表面活性剂的种类和外部条件的不同而异，若亲油基的碳氢链长而直，分子间引力就大，有利于胶束形成，临界胶束浓度就较低；相反，碳氢链短而支链多，则分子间的几何障碍大，不利于形成胶束，临界胶束浓度就高。一般形成胶束的临界浓度为0.001～0.02mol/L，相当于0.02%～0.4%。如在298K的水溶液中，用电导测得的十二烷基苯磺酸钠的CMC为1.2×10^{-3}mol/L。

在临界胶束浓度附近，由于胶束形成前后水中的双亲分子排列情况以及总粒子数目发生了剧烈变化，反映在宏观上就出现了表面活性剂溶液的理化性质，如表面张力、溶解度、渗透压、电导率、去污能力等性质都发生改变，见图8－13。

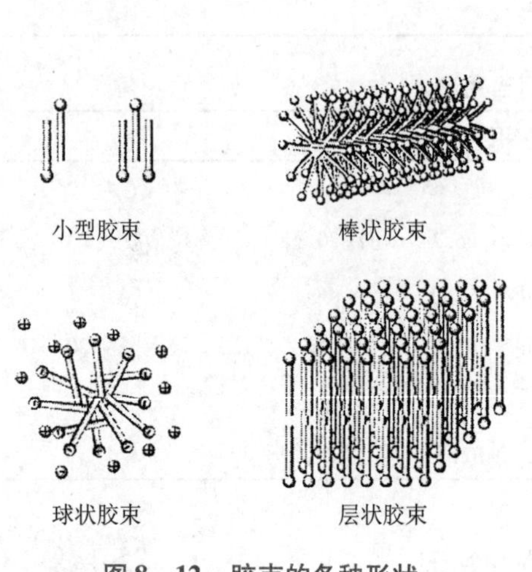

图8－12 胶束的各种形状

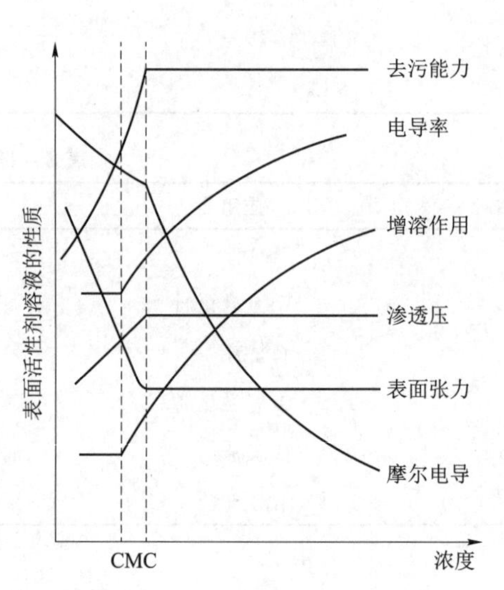

图8－13 浓度对系统性质的影响

利用表面活性剂溶液某些理化性质的突变，可测定胶束的临界胶束浓度。在实际的操作中：核磁共振法、表面张力法、染料吸附法、紫外吸收光谱法、电导法、溶解度法、光散射法、蒸气压法和膜渗透法等均可用来测定临界胶束浓度（CMC）。在中药制剂的生产工艺过程中，考虑到实用效果和仪器设备的普及率尤以表面张力法、紫外吸收光谱法、电导法、溶解度法等效果更好。

2. 增溶机制 溶解度很小的药物，加入到形成胶团的表面活性剂的溶液中，药物分子可以钻进胶团内部，分布在胶团的中心和夹缝中，使溶解度明显提高，这种现象称为增溶作用。增溶作用与表面活性剂在水溶液中形成胶束有关，只有当表面活性剂的浓度达到或超过CMC，才有增溶作用。用X线衍射、紫外光谱和核磁共振谱等研究胶束在增溶过程中的变化，发现对于不同的溶质和胶束，它们增溶的机制是不同的。

下面以非离子型表面活性剂聚山梨酯类化合物为例，说明对各种物质的增溶情况，见图8－14。若被增溶的物质为非极性分子，如苯、甲苯等，则“溶解”在胶束的烃基中心区域；若为弱极性分子，如水杨酸，则“溶解”时在胶束中定向排列；如果是强极性分子，如对羟基苯甲酸“溶解”时，则完全分布在栅状层区域（即聚氧乙烯链之间）。由此可见，不溶物分子首先被吸附或“溶解”在胶束中，然后再分散到水中，从不溶解的聚集状态变为胶体分散状态而“溶解”了。

增溶作用不是溶解作用，溶解过程是溶质以分子或离子状态分散在溶液中，因而溶剂的依数性有明显的变化。而增溶过程是很多溶质分子一起进入胶团中，因而溶液的依数性（如沸点升高、渗透压等）

无明显的变化。增溶与乳化也不相同，增溶过程系统的自由能降低，形成稳定的系统，而乳状液是多相不稳定系统。

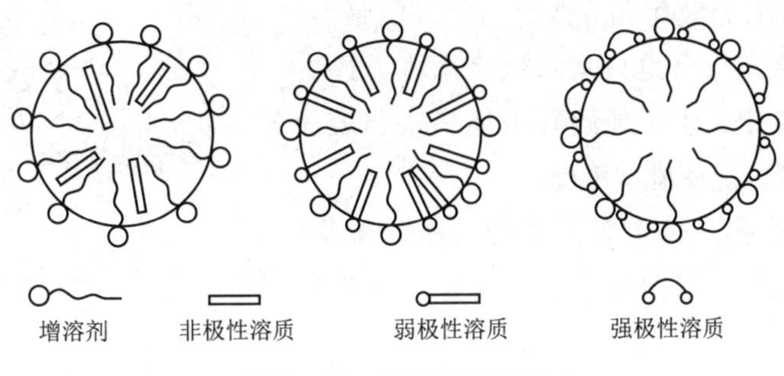

图 8-14　增溶机制示意

（二）乳化作用

1. 乳化作用的概念　一种液体分散在另一种不互溶（或部分互溶）的液体中，形成高度分散系统的过程称为乳化作用，得到的分散系统称为乳状液。分散相液滴大小在 1～50mm 之间，乳状液可分为两类：一是油（O）（泛指不溶于水的液态有机化合物）分散在水（W）中，称水包油型，以 O/W 符号表示；另一类是水分散在油中，称为油包水型，以符号 W/O 表示。

乳状液的制备一般采用机械分散法，如机械搅拌、超声波分散等方法。不管何法，制得的乳状液都是一种高度分散系统，其相界面很大，具有很高的表面吉布斯自由能，属热力学不稳定系统。因此，要想制得较稳定的乳状液，必须加入乳化剂。

制备乳状液时先将适量的乳化剂加入分散介质中，然后将分散相少量而缓慢地加入到介质中，同时不断地强烈搅拌，即可得到乳状液。

2. 乳状液的类型　制得的乳状液属何种类型，可用下法鉴别。

（1）稀释法　将乳状液加入水中，如不分层，说明可被水稀释，为 O/W 型乳状液；如分层，说明不能被水稀释，则为 W/O 型乳状液。

（2）染色法　将高锰酸钾等亲水性染料加到乳状液中，如果色素分布是连续的，则为 O/W 型，如不连续，则是 W/O 型；如将亲油染料（珠红或苏丹Ⅲ）加入到乳状液中，则结果和上面相反。

（3）电导法　在乳状液中插入两根电极，导电性大的为 O/W 型，导电性小的为 W/O 型。

要想得到稳定的乳状液，必须加入乳化剂。乳化剂可分成两类：一类是亲水性乳化剂，它易溶于水而难溶于油，可使 O/W 型乳状液稳定，如水溶性皂类（一价皂，钠、钾、锂皂，银皂除外）、合成皂类（$ROSO_3Na$、RSO_3Na 等）、蛋黄、酪蛋白、植物胶、淀粉、硅胶、碱式碳酸镁、陶土等都能稳定 O/W 型乳状液；另一类是亲油性乳化剂，易溶于油而难溶于水，可使 W/O 型乳状液稳定，如二、三价金属皂类（钙、铝皂）、高级醇、高级酯类、石墨、炭黑、松香、羊毛脂等均可稳定 W/O 型乳状液。因此，欲制备 O/W 乳状液必须加入亲水性乳化剂，欲制备 W/O 型乳状液必须加入亲油性乳化剂。

为什么加入亲水性乳化剂可制得 O/W 型乳状液，亲油性乳化剂可制得 W/O 型乳状液呢？这是因为一个界面膜有两个界面，存在 $\sigma_{水}$ 和 $\sigma_{油}$ 两个界面张力，这两个界面张力大小不同，因而膜总是向界面张力大的那面弯曲，因这样可减少这个面的面积，使系统趋于稳定，结果在界面张力大的一边的液体就被包围起来，成了分散相。亲水性的乳化剂能较大地降低水的表面张力，使水相的表面张力小于油相的表面张力，结果膜就向油这边弯曲，把油包围，油相就成了分散相，因而成了 O/W 型乳状液，而亲油性的乳化剂使油的表面张力降低更多，使油相的表面张力小于水相的表面张力，结果膜就向水这边弯曲，把水包围，成为 W/O 型乳状液。（图 8-15）

3. 乳化剂使乳状液稳定的原因

（1）降低表面张力　乳化剂大多是表面活性物质，能吸附在两相的界面上，降低分散相和分散介质的表面张力，减少聚结倾向而使系统稳定。但是只是降低表面张力还不足以使乳状液长期保持稳定，也不能解释为何一些非表面活性的物质如固体粉末等也能使乳状液稳定。

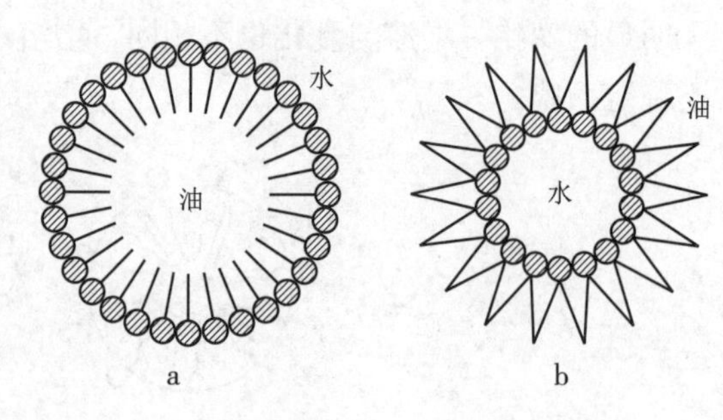

图 8－15　一价金属皂膜（a）和高价金属皂膜（b）

（2）生成坚固的保护膜　保护膜能阻碍液滴的聚集，大大提高了乳状液的稳定性，这是使乳状液稳定的最重要原因。

保护膜有表面膜、固体粉末粒子膜和定向楔薄膜三种。

①表面膜　乳化剂的极性端总是与水接触，非极性端总是与油接触，故能定向地排列在油－水界面上，形成单分子吸附膜。乳化剂足够时，排列紧密，形成的表面膜也较牢固。表面膜可分为以下两种。

a. 不溶性单分子膜：难溶于水的表面活性剂的两亲分子在溶液表面紧密排列，但分子层，亲水基团向下，疏水基团向上，表面层中疏水基团的密度几乎与液态烃类似，这种膜称为不溶性的单分子膜。将这种不溶性的单分子膜从溶液的表面转移到固体基质表面，并进行不同类型的叠加，可形成各种多分子层的膜，称为 L－B 膜。这种膜排列规整，具有各向异性的层状结构。有可能制备成纳米级有实用功能的分子电子器件。

b. 生物双分子层膜：生物膜是由含双亲基团的类脂分子定向排列形成的双分子层膜，亲水基团一面对着细胞外，另一面对着细胞内，分别插在含有电解质的溶液中。双分子层的中间是由两排碳氢链组成的疏水区，双分子膜上有镶嵌的蛋白质，对通过膜层的物质加以选择，调控离子与小分子的运送，使离子在膜内外浓度保持一定的梯度，从而保持一定的电势差，确保细胞的正常功能。研究生物膜的结构与功能不但对生命科学有意义，还对合成具有各种功能的人工膜有指导意义。

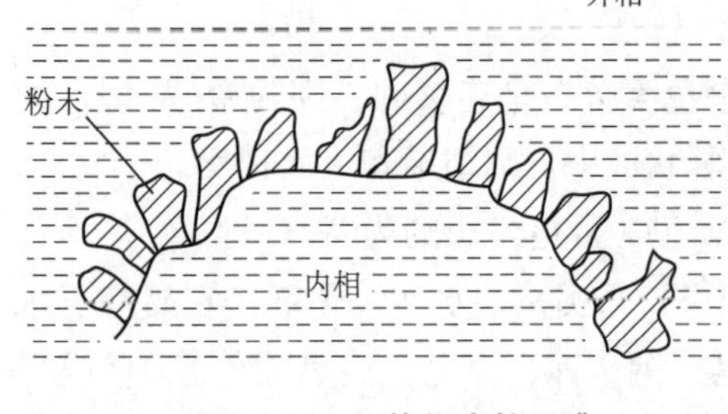

图 8－16　固体粉末粒子膜

② 固体粉末粒子膜　对于非表面活性物质，如各种粉末及各种胶所生成的薄膜（如图 8－16），稳定性主要取决于膜的机械强度。能稳定何种乳状液，则决定于固体粉末的润湿作用，如能被水润湿，就能稳定 O/W 型乳状液；如能被油润湿，则能稳定 W/O 型乳状液。

③定向楔薄膜　如 Cs、K、Na 等一价金属皂。朝向水的是金属离子，朝向油的是碳氢链，金属离子亲水性强，易水化生成水化层，增大了这一端占有的空间，这样，极性基部分的横切面积比非极性基部分的横切面积大，较大的极性基被拉入水层，将油滴包住，形成了 O/W 型乳状液；这类分子的外形像楔子，故称定向楔，如图 8－16。而 Ca，Mg、Al、Zn 等高价金属皂，分子形状呈"V"形，两个碳氢链同在一侧，互相排斥形成空间角，占有的空间较大，分子大部分进入油层将水滴包住，形成了 W/O 型乳状液，见图 8－16。

（3）液滴带有电荷　对于 O/W 型乳状液，如用皂类乳化（如钠皂 RCOONa），亲水一端的羧基会离解成 $RCOO^-$，所以液滴界面为负电荷所包围，异号离子 Na^+ 分布在其周围。在 W/O 型乳状液中，液滴带电是由于液滴与介质之间的摩擦，犹如玻璃棒与毛皮摩擦生电一样，带电符号可用柯恩（Coehn）经验规则确定，即当两物体接触时，介电常数较高的物质带正电，水的介电常数大于常见的液态有机化合物，故在 O/W 型乳状液中，油滴带负电，而在 W/O 型乳状液中，水滴带正电。由于膜外电荷，液滴彼此排斥，可防止因碰撞而发生聚结，从而增加了乳状液的稳定性。

两相体积的比例也会影响乳状液的类型。同一半径的圆球，有六方和立方两种最紧密堆积方式，无论用哪一方式，圆球皆占总体积的74.02%，孔隙率是25.98%。若分散相的体积超过74%，会导致乳状液的变形或破坏。对于一定系统，相体积占总体积的0.26～0.74时，O/W型与W/O型皆可形成，在0.26以下或0.74以上，只能有一种类型存在。这一理论有一定的实验基础，但不能解释所有的变形现象。

破乳：在药物生产过程中往往会形成不必要的乳状液，引起操作困难，所以要加以破坏。这可以从破坏乳化液着手。破坏乳状液主要是破坏乳化剂的保护作用，最终使水和油两相分离。常用的有物理法和化学法，物理法包括加温、加压、离心、电破乳等方法；化学法是加入破坏乳化剂的试剂，或加入起相反作用的乳化剂破乳等。

（三）润湿作用和去润湿作用

在生产和日常生活中，人们常需要改进某些液体对某些固体的润湿程度，有时需将不润湿的变为润湿，有时则刚刚相反。这些都可以借助表面活性剂，人为地改变接触角以达到预期的目的。

润湿剂和疏水剂在医药、石油三次开采、矿石浮选、电焊、电镀及运输诸方面有很大的作用。例如将放置液体药物的安瓿以及针剂管的玻璃内壁进行疏水化（即去润湿），以保证药物能全部被利用，否则有部分药物黏附在玻璃内壁，会造成药物浪费，又可能造成剂量不准。在医药的外用软膏中，加入能润湿皮肤的表面活性剂，既不污染衣物、容易清洗，又能很好地润湿皮肤，使药物铺展均匀。

石油开采一般分为三个阶段；第一阶段是石油在地层压力的作用下自喷或自流；第二阶段是注水采油，利用水和油的相对密度不同用水将石油置换出来；第三阶段是用活性水驱油，将留在岩砂和石缝中的石油驱赶出来。不要小看这部分石油，第三阶段油的含量占整个油田储量的60%。由于这部分石油长期与岩砂接触，石油本身含有的表面活性分子会吸附在岩砂表面，使原来亲水的岩石表面变成亲油表面，油与岩石之间的接触角小于90°，石油能很好地润湿岩砂的表面，处于岩石或岩砂形成的毛细管中的石油表面呈凹形弯月面，这种石油用简单的灌水方法是不可能采出来的。如果灌入的是含有表面活性剂的水，例如将石油磺酸盐加在采油的注水液中形成活性水，石油磺酸盐可以吸附在岩石表面，使岩石表面变成超低表面张力，油与岩石之间的接触角大于90°，这样处于毛细管中的石油表面变成凸形弯月面，容易将石油与岩砂表面剥离将石油驱赶出来。此外，将输油管的内壁亲水化，使石油与管壁的接触角大于90°，以降低输运阻力，节约动力能源。将热交换器的内壁疏水化，使水与管壁的接触角大于90°，既可以降低流动阻力，又可以提高热效。在电焊、电镀、印刷和涂料中都要加一定的润湿剂，以保证界面之间结合得比较牢固。

蚊子等昆虫腿上有许多不被水润湿的绒毛，在水面上形成的接触角大于90°，所以它们可以凭借水的表面张力站立在水面上，并能快速在水面上滑行，甚至连虫卵也下在水面上。要消灭这种昆虫很容易，只要在水面上喷洒0.1%～0.25%（质量分数）的肥皂水，就可以让它们遭受灭顶之灾。因为肥皂水减小了水的表面张力，同时也减小了接触角，使水可以润湿它们的腿，所以它们无法在水面立足。

（四）发泡与消泡

1. 发泡　不溶性气体高度分散在液体中所形成的分散系称为泡沫，属热力学不稳定系统。要得到稳定的泡沫必须加入作为发泡剂的表面活性剂，如皂素类、蛋白质类、合成洗涤剂、固体粉末如石墨等。发泡剂分子定向地吸附在液膜表面，降低表面张力，同时形成具有一定机械强度的膜，保护泡沫不因碰撞而扑灭。使泡沫稳定的另一因素是使液膜有适当的黏度，否则，泡与泡之间的液体将因流失太快而使液壁迅速变薄，以致气泡容易破裂，通常，加入少量添加剂（如甘油）即可达到调节液膜黏度的目的。发泡剂分子链愈长，其分子间引力也愈大，膜的机械强度就越高，泡沫就越稳定。固体粉末能稳定泡沫的原因和稳定乳状液的原因相同。

2. 消泡 在医药工业中消沫远较发泡更为重要。特别是发酵、中草药提取、蒸发过程中大量泡沫存在带来危害很大，故需加入消泡剂破坏泡沫。常用消泡剂有以下三种。

（1）天然油脂类 如玉米油、豆油、米糠油、棉籽油等，亲水性差，在水中难以铺展，消沫活性较低，但无毒性，故仍广为应用。

（2）醇、醚、酯类 一般指含有5~8个碳原子碳链的醇、醚、酯类（如辛醇、磷酸三丁酯等），因其表面活性较大，能顶替原起泡剂，但本身碳氢链较短，无法形成牢固薄膜，致使泡沫破裂，适用于小规模快速破沫。

（3）聚醚类（泡敌） 如聚氧乙烯氧丙烯丙二醇，这类新型高效消泡剂的分子结构为

$$H—(OC_3H_6)_m—(OC_2H_4)_n—(C_3H_6O)_m—(C_2H_4O)_n—(C_3H_6O)_m—H$$

疏水基聚氧丙烯链与亲水基聚氧乙烯链重复间隔出现，消沫作用是靠分子中的疏水链，而亲水作用是靠亲水链与水形成氢键。

（五）助磨作用

在固体物料的粉碎过程中，若加入表面活性物质（称为助磨剂），可增加粉碎程度，提高粉碎的效率。若不加任何助磨剂，当磨细到颗粒度达几十微米以下时，颗粒很小，比表面很大，系统具有很大的表面吉布斯自由能，处于热力学的高度不稳定状态。在一定的温度和压力下，表面吉布斯自由能有自动减少的趋势，在没有表面活性物质存在的情况下，只能靠表面积自动地变小，即颗粒度变大，以降低系统的表面吉布斯自由能。因此，若想提高粉碎效率，得到更细的颗粒，必须加入适量的助磨剂。在固体的粉碎过程中，助磨剂能很快的、定向排列在固体颗粒的表面上，使固体颗粒的表面张力明显降低，而且还可自动地渗入到微细裂缝中去并能向深处扩展，如同在裂缝中打入一个“楔子”，起着一种劈裂作用，如图8－17a所示，在外力的作用下加大裂缝或分裂成更小的颗粒。多余的表面活性物质的分子很快地吸附在这些新产生的表面上，以防止新裂缝的愈合或颗粒相互间的聚黏。另外，由于表面活性物质定向排列在颗粒的表面上，而非极性的碳氢基朝外，如图8－17b所示，使颗粒不易接触、表面光滑、易于滚动，这些因素都有利于粉碎效率的提高。

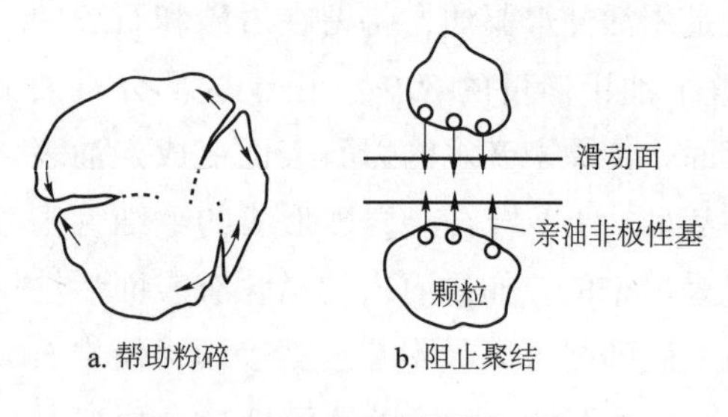

图8－17 表面活性剂的助磨作用

（六）助悬作用

由不溶性的固体粒子（半径>100nm）分散在液体中所形成的系统称为混悬液。混悬液和乳状液一样，属于热力学不稳定系统，固体粒子有自动合并聚结及由于粒子自身重力作用而迅速沉降的倾向，要得到较稳定的混悬液必须加入稳定剂。稳定剂主要是表面活性剂和大分子化合物。大分子化合物（例如蛋白质、琼脂、淀粉等）加入混悬液后，大分子粒子吸附在悬浮粒子的周围，形成水化膜而妨碍它们的相互聚结；表面活性剂主要是通过降低界面张力形成水化膜，使混悬液稳定。一般磺胺类药物、硫粉等疏水性物质，接触角$\theta>90°$，不易被水润湿，且θ角越大，疏水性越强，加入表面活性剂后，可使疏水性物质转变为亲水性物质，从而增加混悬液的稳定性。

（七）荷花效应

宋朝文人杨万里曾诗曰：“毕竟西湖六月中，风光不与四时同。接天莲叶无穷碧，映日荷花别样红。”称赞水中荷花是清水出芙蓉，出淤泥而不染，有自我保洁能力。而他的另一首词“咏荷上雨”则更生动地描述了雨滴落在莲叶上的情形：“午梦扁舟花底，香洒西湖烟水。急雨打蓬声，梦初惊。却是池荷跳雨，散了真珠还聚。聚作水银窝，泛清波。”说明水滴在莲叶表面总是呈球珠状。其实除荷花外，

大部分植物都有类似的功能，只是荷花表现得更为突出而已。近十几年来，随着纳米技术的飞速发展，人们才真正了解植物具有这种自洁能力的原因，并设法模仿，制造出具有自洁能力的人造织物。目前，莲叶效应的概念主要应用在防污、防尘上，通过人工合成的方式，将特殊的化学成分加入涂料、建材及衣料内等，使其具有一定的自洁功能，以实现疏水、防尘和免洗的目的，以减少对环境的污染。

>>> 知识链接

表面活性剂

表面活性剂是洗护产品中一种重要成分。《礼记·玉藻》记载“沐稷而靧粱”（淘米水可以用来洗头洗脸），《礼己·内则》记载“冠带垢，和灰请漱；衣裳垢，和灰请浣”（冠带衣裳脏了，就蘸着草木灰汁洗涤）。这里的淘米水及草木灰汁，就是古人所使用的洗涤用品，可见，我们的祖先很早就已经发现了自然界中的表面活性物质并进行了应用。各类中药典籍也有不少本草植物制备洗涤用品的记录，唐朝孙思邈《千金翼方》中就详细记载了澡豆的制作方法，他们在研磨猪胰时加入砂糖，又用草木灰代替豆粉，并加以融化的猪脂，混合均匀，最后制作成球状或块状，就形成了初期的肥皂。《备急千金要方》中介绍了一个修护面部肌肤的“治外膏”，就是“以皂荚汤洗面，敷之”，就是先用皂荚汤好好洗脸，然后再涂上用皂荚做的药膏，每天重复三次。再比如皂荚汤可以止头痒、去头屑，也是“沐头发际，更别做皂荚汤濯之，然后敷膏”，同样是使用皂荚水清洗头发，然后敷上药膏，就可以去屑止痒。还有木槿叶、芝麻叶、柏枝、桃叶等草本配方制作洗涤用品，都可以在古籍上找到记载，但囿于生产力有限，未能形成大规模的产业。

作为重要的精细化工产品，表面活性剂在全球范围内均有生产，发达国家研发生产表面活性剂已近百年时间，在技术和规模上已经形成了明显的优势，成就了一批国际表面活性剂知名企业。虽然目前中国已发展成为全球表面活性剂的重要生产国之一，但与国际知名企业相比，我国表面活性剂产品在品质和技术水平上仍存在一定的差距。现代工业生产的表面活性剂应用于护肤品都或多或少含有人工化学成分，如香料、表面活性剂、防腐剂、乳化剂、焦油系列色素、光剂等，这些化学成分可能会对人体皮肤产生一定的刺激，从而影响皮肤正常的生态系统。此外，现代工业生产的表面活性剂大多来源于石化产品，不可再生自排放且难以被降解，容易造成环境污染。因此，研发低刺激、无毒副作用、安全性能高、易生物降解、配伍性能好的中草药天然分子表面活性剂，是我国表面活性剂研究的一个重要发展方向。

第七节　固－气表面上的吸附

当气体与固体表面相接触时，该气体能自动富集停留在固体表面的现象，称为吸附。被吸附的气体称吸附质，具有吸附作用的固体物质称吸附剂。如在充满溴蒸气的玻璃瓶中，加入一些活性炭，可看到瓶中的红棕色气体逐渐消失，这就是溴的气体分子被活性炭吸附的结果。

由于固体表面的分子处于力的不平衡状态，具有很大的比表面吉布斯自由能，又由于固体不具流动性，不能自动减小表面积来降低系统的比表面吉布斯自由能，因而只能以固体表面分子的剩余力场对气体进行吸附，使气体分子在固体表面上发生相对聚集，从而降低固体的比表面吉布斯自由能，使系统变得比较稳定。

显然，在一定的温度和压力下，当吸附剂和吸附质的种类一定时，被吸附气体的量将随吸附表面的增加而加大。因此，为提高吸附剂的吸附能力，必须尽可能增大吸附剂的表面。只有那些比表面很大的物质，才是良好的吸附剂。

吸附按作用力的性质可分物理吸附和化学吸附两类。

一、物理吸附和化学吸附

物理吸附是由于分子间作用力引起的，作用力较弱，无选择性。一般来说，易液化的气体容易被吸附，如同气体被冷凝于固体表面一样，吸附放出的热与气体的液化热相近，为20～40kJ/mol。在物理吸附中被吸附的分子可形成单分子层，也可形成多分子层吸附，吸附速度和解吸速度都较快，易达平衡，在低温下进行的吸附多为物理吸附。

化学吸附中，吸附剂和吸附质之间有电子的转移、原子的重排、化学键的破坏与形成等，因此有选择性，即某一吸附剂只对某些吸附质发生化学吸附，如氢能在钨或镍的表面上进行化学吸附，但与铝或铜则不能发生化学吸附。化学吸附放出的热很大，为40～400kJ/mol，接近于化学反应热。由于化学吸附生成化学键，所以只能是单分子层吸附，且不易吸附和解吸，平衡慢，如生成表面化合物，就不可能解吸。化学吸附常在较高温度下进行。

物理吸附和化学吸附两类吸附并非不相容，在指定条件下二者可同时发生，例如 O_2 在金属钨上的吸附有三种情况：有些以原子状态被吸附，有些以分子状态被吸附，还有一些氧分子被吸附在已被吸附的氧原子上面，形成多分子层吸附。

二、固－气表面吸附等温线

定量研究吸附情况，必须先测量吸附量。吸附量是指在吸附达平衡时，单位质量固体吸附剂所吸附气体的物质的量（mol）或体积（STP）。如质量为 $m$kg 的吸附剂，吸附气体 $x$mol，则吸附量为 $\Gamma=\frac{x}{m}$ 或 $\Gamma=\frac{V}{m}$。对一定量固体吸附剂，吸附达平衡时，其吸附量与温度及气体的压力有关，$\frac{x}{m}=f(T, p)$，实际上常固定一个变数，求出其他两个变数之间的关系。在恒压下，测定不同温度下的吸附量，得到的曲线称为吸附等压线。恒温下测定不同压力下的吸附量所得的曲线称为吸附等温线。如图8－18所示即为氨在木炭上的吸附等温线，由图可知，在低压部分，压力的影响很显著，吸附量与气体压力呈直线关系，当压力升高时，吸附量的增加渐趋缓慢，当压力足够高时，曲线接近于一条平行于横轴的直线（－23.5℃最为明显）。由图还可知，当压力一定时，温度升高，吸附量下降。从实验测定的大量吸附等温线中，可归纳为五种类型的曲线，如图8－19所示。

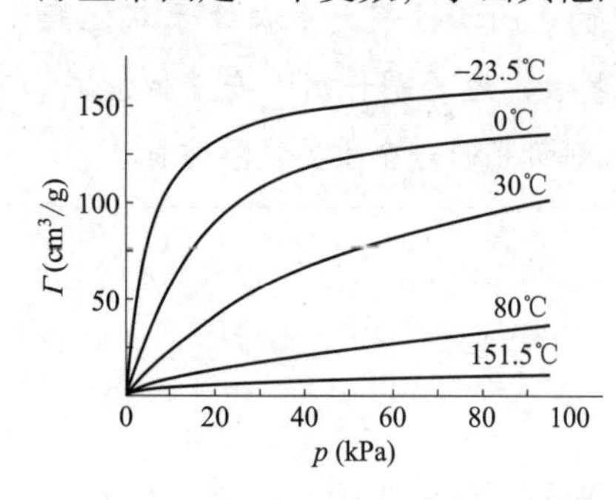

图8－18 氨在木炭上的吸附等温线

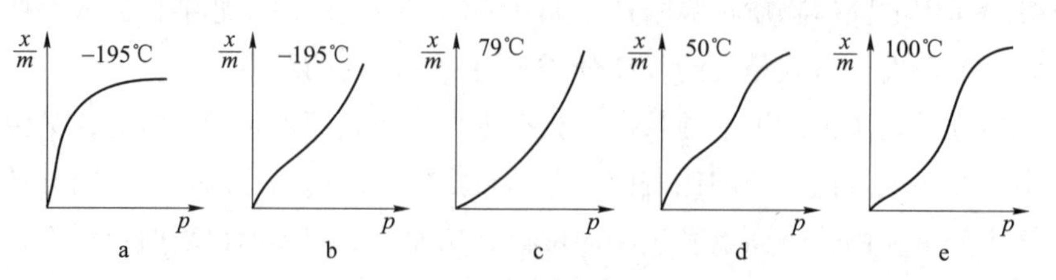

图8－19 五种类型的吸附等温线

a. 氮气在活性炭上的吸附；b. 氮气在硅胶上的吸附；c. 溴气在硅胶上的吸附；d. 苯在氧化铁凝胶上的吸附；e. 水气在活性炭上的吸附

三、弗劳因特立希经验式

由于固体表面情况的复杂性，因此在处理固体表面吸附时，多使用经验公式。下面介绍比较常用的弗劳因特立希（Freundlish）经验式，其等温式为

$$\frac{x}{m}=kp^{1/n} \tag{8-51}$$

式中，p 是吸附平衡时气体的压力（以 Pa 为单位）；k 和 n 是与吸附剂、吸附质种类以及温度等有关的经验常数；k 值可看作是单位压力（$p=100\text{kPa}$）时的吸附量，k 值随温度升高而减小。

将上式取对数，得

$$\lg\frac{x}{m}=\lg k+\frac{1}{n}\lg p \tag{8-52}$$

以 $\lg\frac{x}{m}$ 对 $\lg p$ 作图应得一直线，由直线的截距与斜率可求出 k 和 n 的值。斜率$\frac{1}{n}$的值在 0 ~ 1 之间，其值愈大，吸附量随压力变化也愈大。

弗劳因特立希经验式只适用于中等压力范围，当应用于高压或低压范围则有较大的偏差。因为它是经验式，不能从该式推测吸附机制。

四、单分子层吸附理论——朗格缪尔吸附等温式

朗格缪尔（Langmuir）在研究低压下气体在金属上的吸附时，根据实验数据发现了一些规律，然后又从动力学的观点提出了一个吸附等温式，总结出了朗格缪尔单分子层吸附理论。这一理论的基本假定如下。

（1）固体具有吸附能力是因为吸附剂表面的分子存在剩余力场，当气体分子只有碰撞到固体表面上时，其中一部分就被吸附并放出吸附热，但是气体分子只有碰撞到尚未被吸附的空白表面才能发生吸附作用。当固体表面上已盖满一层吸附分子之后，这种力场得到了饱和，因此吸附是单分子层的。

（2）吸附为动态平衡，在一定温度下，吸附质在吸附剂表面上的“蒸发”（解吸）速率等于它“凝结”（吸附）于空白处的速率。

（3）已被吸附的分子之间无作用力。

（4）固体表面是均匀的。设某一瞬间，固体表面已被吸附分子占据的面积分数为 q，则未被吸附分子占据的面积分数应为 $1-\theta$。按气体分子运动论，每秒钟碰撞单位面积的气体分子数与气体压力 p 成正比，因此气体在表面上的“凝结”（吸附）速度 v_2 为

$$v_2=k_2p(1-\theta) \tag{8-53}$$

式中，k_2 为比例常数。另一方面，气体从表面上“蒸发”（解吸）速度 v_1 应为

$$v_1=k_1\theta \tag{8-54}$$

式中，k_1 为另一比例常数。当吸附达动态平衡时，有

$$k_2p(1-q)=k_1\theta \tag{8-55}$$

$$\theta=\frac{k_2p}{k_1+k_2p} \tag{8-56}$$

令 $b=\frac{k_2}{k_1}$，上式变为

$$\theta=\frac{bp}{1+bp} \tag{8-57}$$

式中，b 叫作吸附系数，也就是吸附作用的平衡常数，其大小与吸附剂、吸附质的本性及温度的高低有关，b 值越大，表示吸附能力越强。一般高温不利于吸附，有利于解吸，b 值较小。

设 Γ 表示在压力 p 时，一定量吸附剂的吸附量，显然在较低的压力下，θ 应随平衡压力的上升而增加，在压力足够大后，θ 应趋于 1，这时吸附量不再随压力的增加而增加，以 Γ_∞ 表示最大吸附量，即当吸附剂表面全部被一层吸附质分子覆盖满时的饱和吸附量，对任意时刻 θ 应满足

$$\theta = \frac{\Gamma}{\Gamma_\infty} \tag{8-58}$$

$$\frac{\Gamma}{\Gamma_\infty} = \frac{bp}{1+bp} \tag{8-59}$$

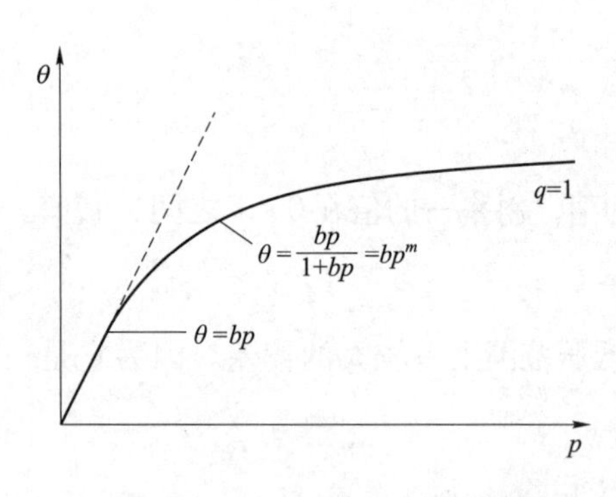

图 8－20　朗格缪尔吸附等温式示意

此式即为朗格缪尔吸附等温式，它能较好地说明图 8－20 的吸附等温线，在低压、高温情况下，$bp \ll 1$，$1+bp \approx 1$，$\Gamma = \Gamma_\infty bp$，因 $\Gamma_\infty b$ 为常数，故 G 与 p 成正比。在高压、低温情况下，$bp \gg 1$，$1+bp \approx bp$，则 $\Gamma = \Gamma_\infty$，相当于吸附剂表面已全部被单分子层的吸附质分子覆盖，所以压力增加，吸附量不再增加。在中压范围符合保持曲线形式。

$$\Gamma = \Gamma_\infty \frac{bp}{1+bp}$$

式（8－59）两边除以 Γb，整理后得

$$\frac{p}{\Gamma} = \frac{1}{\Gamma_\infty b} + \frac{p}{\Gamma_\infty} \tag{8-60}$$

以 $\frac{p}{\Gamma}$ 对 p 作图应得一条直线，斜率为 $\frac{1}{\Gamma_\infty}$，截距为 $\frac{1}{\Gamma_\infty b}$，故可由斜率及截距求得 Γ_∞ 及 b。根据在中压范围内的大量实验数据，朗格缪尔等温式符合单分子层吸附情况，并能较完满地解释图 8－19 中 a 类吸附等温线，对多分子层吸附的 b 至 e 类吸附等温线则不能解释，但它仍不失为吸附理论中一个重要的基本公式。

五、多分子层吸附理论——BET 吸附等温式

1938 年布鲁瑙尔（Brunauer）、埃米特（Emmett）和特勒（Teller）三人提出了多分子层吸附理论，该理论认为分子吸附主要靠范德瓦尔斯力，不仅是吸附剂与气体分子之间，而且气体分子之间均有范德瓦尔斯力，因此气体中分子若撞在一个已被吸附的分子上也有被吸附的可能。也就是说，吸附是多分子层的。各相邻吸附层之间存在着动态平衡，并不一定等一层完全吸附满后才开始吸附下一层。吸附平衡在各层分别建立。第一层吸附是靠固体表面分子与吸附质分子之间的分子间引力，第二层以上的吸附则靠吸附质分子间的引力，由于两者作用力不同，所以吸附热也不同。如图 8－21 所示的 BET 模型，设裸露的固体表面积为 S_0，吸附了单分子层的表面积为 S_1，第二层面积为 S_2……S_0 吸附了气体分子则成为单分子层，S_1 吸附的气体分子脱附则又成为裸露表面，平衡时裸露表面的吸附速度和单分子层的脱附速度相等，同样，单分子层再吸附气体分子形成二分子层，二分子层脱附形成单分子层，平衡时单分子层的吸附速度与二分子层的脱附速度相等，以此类推……假定吸附层为无限层，经数学处理后可得到如下的 BET 吸附等温式。

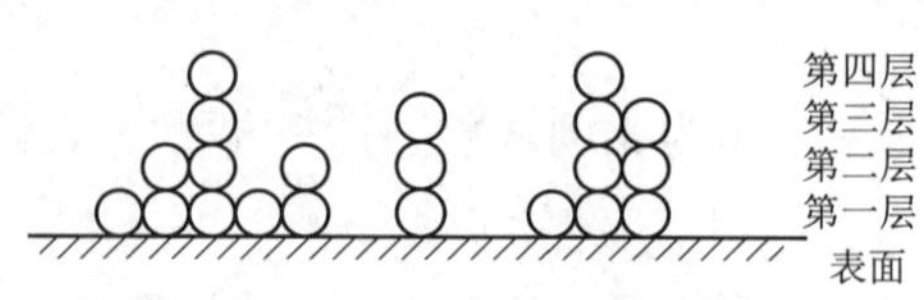

图 8－21　BET 多分子层吸附模型

$$\frac{p}{\Gamma(p_0-p)}=\frac{1}{\Gamma_\infty C}+\frac{C-1}{\Gamma_\infty C}\cdot\frac{p}{p_0} \tag{8-61}$$

式（8-61）称为BET二常数（Γ_∞和C）公式。式中，p表示被吸附气体的气相平衡分压；p_0表示被吸附气体在该温度下的饱和蒸气压；C表示与温度及性质有关的常数；Γ_∞表示每1kg固体吸附剂表面全部被一单分子层吸附质分子覆盖满时的吸附量。

由式（8-61）可知，以$p/(p_0-p)$对p/p_0作图，可得一直线，其斜率为$(C-1)/\Gamma_\infty C$，截距为$1/\Gamma_\infty C$。从斜率和截距的值可求出，即$\Gamma_\infty=1/$(斜率+截距)。

BET式只适合于相对压力（p/p_0）在0.05~0.35范围内，超出此范围则误差较大，其原因主要是没有考虑表面的不均匀性以及同一层上被吸附分子之间的相互作用力。还有人认为误差主要是未考虑毛细管凝结现象等。所谓毛细管凝结，是指被吸附的气体在多孔性吸附剂的孔隙中凝结为液体的现象。这样，吸附量将随压力增加而迅速增加，这就是图8-20中b类吸附等温线在p/p_0达0.4以上时曲线向上弯曲的原因。

第八节　固-液界面上的吸附

固体自溶液中的吸附是最常见的吸附现象之一。固-液界面上的吸附作用不同于气-固吸附。首先，吸附剂既可吸附溶质也可吸附溶剂，也就是说，在固体表面上溶质分子和溶剂分子互相制约；其次，固体吸附剂大多数是多孔性物质，孔洞有大小，表面结构较复杂，溶质分子进入较难，速度慢，故达平衡所需时间较长；再次，被吸附的物质可以是中性分子，也可以是离子，故固-液界面上的吸附，可以是分子吸附，也可以是离子吸附。

一、分子吸附

分子吸附就是非电解质及弱电解质溶液中的吸附。将一定量的吸附剂m（kg）与一定体积V（L）、已知质量浓度ρ_{B_1}（单位kg/L）的溶液放在锥形瓶内充分振摇，建成吸附平衡后，过滤，分析滤液的浓度ρ_{B_2}，即可计算得到表观吸附量$\Gamma_{表观}$（每1kg吸附剂所吸附溶质B的质量）。

$$\Gamma_{表观}=V\frac{\rho_{B_1}-\rho_{B_2}}{m} \tag{8-62}$$

由于在计算中未考虑溶剂的吸附，而实际上也有一部分溶剂被吸附，因此式（8-62）的计算结果，吸附量的计算值低于实验值，称为表观吸附量Γ表观。

固体在稀溶液中的吸附等温线有四种主要类型，如图8-22所示，最常见的是L型（即朗格缪尔型）和S型，Ln型（直线型）和HA型（强吸附型）则比较少见。S型等温线表示溶质在低浓度时不易吸附，到一定浓度后就明显地易于进行。L型吸附等温线表明溶质被吸附的能力较强，并易于取代吸附剂表面上所吸附的溶剂。如对溶质的吸附能力很强而对溶剂的吸附能力很弱，即便在稀溶液中溶质也能被完全吸附，则为HA型吸附。当溶质进入吸附剂结构，并使之肿胀时发生的吸附属于Ln型。

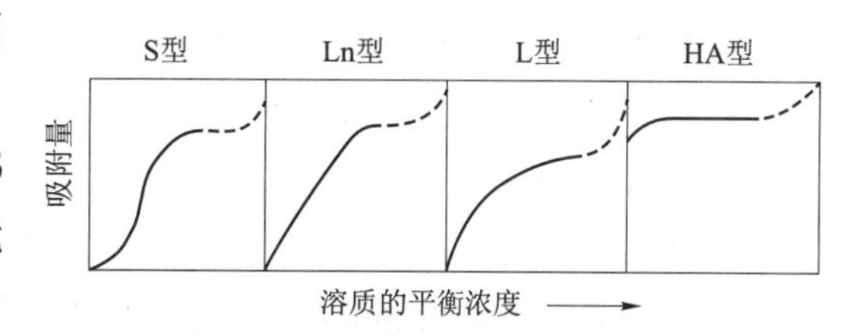

图8-22　固体在稀溶液中的吸附等温线

固-液界面吸附等温式，也可分别用弗劳因特立希、朗格缪尔、BET等温式来表示，只要将溶液的浓度c代替以上各式中的p即可，从式（8-51）可得

$$\frac{x}{m} = kc^{1/n} \tag{8-63}$$

从式（8－59）可得

$$\Gamma = \Gamma_{\infty} \frac{bc}{1+bc} \tag{8-64}$$

但应指出，这是纯经验性的，各项常数并无明确的含义。

由于固－液吸附比较复杂，影响固－液吸附的因素较多，其理论尚未能完全阐明，只是据实践总结出一些经验规律。

（1）使固体表面吉布斯自由能降低最多的溶质吸附量最大。

（2）极性吸附剂容易吸附极性的溶质，非极性吸附剂容易吸附非极性的溶质。例如活性炭是非极性的，硅胶是极性的，前者吸水能力差，后者吸水能力强，故在水溶液中活性炭是吸附有机物的良好吸附剂，而硅胶适宜于吸附有机溶剂中的极性溶质。

（3）溶解度愈小的溶质愈易被吸附。

（4）温度的影响：吸附为放热反应，温度越高，吸附量越低。

二、离子吸附

离子吸附是指强电解质溶液中的吸附，包括专属吸附和离子交换吸附。

1. 专属吸附 离子吸附有选择性，吸附剂往往能优先吸附其中某种正离子或负离子，被吸附的离子因静电引力的作用，吸引一部分带异性电荷的离子，形成了紧密层，这部分带异性电荷的离子以扩散的形式包围在紧密层的周围，形成了扩散层，这种吸附现象称为专属吸附。

2. 离子交换吸附 如果吸附剂吸附一种离子的同时，吸附剂本身又释放出另一种带相同符号电荷的离子到溶液中去，进行了同号离子的交换，这种现象称为离子交换吸附。进行离子交换的吸附剂称为离子交换剂，常用的离子交换剂是人工合成的树脂，又称离子交换树脂。因为它们在合成树脂的母体中引进了极性基团，如—SO_3H、—COOH、—$CH_2N(CH_3)_2OH$、—$CH_2N(CH_3)_2$等，成为离子交换树脂结构的一部分作为带极性基团的固体骨架（如R—SO_3），另一部分是可活动的带有相反电荷的一般离子（如H^+）。

一般来说，强碱性溶质应选用弱酸性树脂，若用强酸性树脂，则解吸困难。弱碱性溶质应选用强酸性树脂，若用弱酸性树脂，则不易吸附。

三、固体吸附剂

在药剂制备和中药制剂研究中，经常要用到吸附剂。下面扼要介绍几种常用的固体吸附剂。

1. 活性炭 活性炭在药物生产中常用于脱色、精制、吸附、提取某些药理活性成分，例如提取硫酸阿托品及辅酶A等。

活性炭是一种具有多孔结构并对气体等有很强吸附能力的碳。几乎所有含碳物质都可制成活性炭，其中有植物炭、动物炭和矿物炭三类。药用以植物炭为主，一般以木屑、竹屑、稻壳在600℃左右高温炭化，即可制得活性炭，必要时在炭化之前加入少量氧化硅或氧化锌等无机物作为炭粉沉积的多孔骨架。无论何种炭都需经过活化才能成为活性炭，活化的目的在于净化表面，去除杂质，畅通孔隙，增加比表面积，使固体表面晶格发生缺陷、错位，以增加晶格不完整性。活化的最常用方法是加热活化，温度一般控制在500～1000℃。1kg木炭经活化后，297.15K吸附CCl_4的量可从0.011kg增加到1.48kg。

活性炭是非极性吸附剂，它能优先从水溶液中吸附非极性溶质，一般来说，溶解度小的溶质容易被吸附。如果活性炭的含水量增加，则吸附能力下降。

2. 硅胶 硅胶又称硅胶凝胶，是透明或乳白色固体。分子式 $xSiO_2 \cdot yH_2O$，含水分 3% ~7%。吸湿量可达 40% 左右，硅胶是多孔性极性吸附剂，表面上有很多硅羟基，将适当的水玻璃（Na_2SiO_3）溶液与硫酸溶液混合，经喷嘴喷出成小球状，凝固成型后进行老化（使网状结构坚固），并洗去所含的盐，升温加热至 300℃进行 4 小时干燥，即得小球状的硅胶。使用时，需在 120℃加热 24 小时进行活化。

硅胶的吸附能力随含水量的增加而下降。硅胶按含水量的多少分为五级，即含水 0% 为Ⅰ级，5% 为Ⅱ级，15% 为Ⅲ级，25% 为Ⅳ级，35% 为Ⅴ级。

硅胶主要用于气体的干燥、色谱分析等。在中药研究中常用来提取强心苷、生物碱、甾体类药物。

3. 氧化铝 氧化铝也称活性矾土，是多孔性、吸附能力较强的吸附剂。制备时先制得氢氧化铝，再将氢氧化铝直接加热至 400℃脱水即可得碱性氧化铝。用二倍量 5% HCl 处理碱性氧化铝，煮沸，用水洗至中性，加热活化可得中性氧化铝。中性氧化铝用乙酸处理后，加热活化即得酸性氧化铝。

氧化铝和硅胶一样是极性吸附剂，随着含水量增加，吸附活性不断下降。按含水量的不同可将氧化铝的活性分为Ⅰ ~ Ⅴ级。含水 0% 为Ⅰ级，3% 为Ⅱ级，6% 为Ⅲ级，10% 为Ⅳ级，15% 为Ⅴ级。饱和吸附后，可经 275 ~315℃加热去水复活。氧化铝常用作干燥剂、催化剂或催化剂的载体、色谱分析中的吸附剂，适用于色谱分离中药的某些有效成分。

4. 分子筛 分子筛是以 SiO_2 和 Al_2O_3 为主要成分的结晶硅铝酸盐。有天然和合成两种，其化学组成的经验式为：$M_{2/n} \cdot Al_2O_3 \cdot xSiO_2 \cdot yH_2O$（式中的 M 为金属）。分子筛中 SiO_2 和 Al_2O_3 的摩尔比称为硅铝比，其数值越大，耐酸性和热稳定性就越好。分子筛的种类很多，它基本结构单元是硅原子与 4 个氧原子形成的硅氧四面体和铝与氧原子形成的铝氧四面体，根据硅、铝的含量以及合成条件的不同，两种四面体按不同的方式排列，形成分布均匀但大小、形状不同的孔穴和孔道，从而得到不同型号的分子筛。因为在铝氧四面体中，铝与氧的价态不平衡，于是在结构中又存在平衡价态的阳离子，如 Na^+、K^+、Ca^{2+} 等，这样同一型号的分子筛又可以细分出若干不同的种类。对于同一型号的分子筛，其孔腔大小是均匀的，可以吸附与孔径匹配的或更小的分子，而直径大于孔径的分子不可能被该分子筛吸附，从而起到筛分分子的作用，故取名分子筛。至 2004 年，人工合成的分子筛就有 150 多种，其中最常用的有 A 型、X 型、Y 型、M 型和 ZSM 型等。A 型（分为 3A、4A、5A）的孔径最小，而 ZSM－5 型的硅铝比大于 40 是目前分子筛热稳定性最高、应用前景最好的分子筛催化剂之一。此外，天然的泡沸石就是铝硅酸盐的多水化合物，具有蜂窝状结构，孔穴占总体积 50% 以上。

分子筛和其他吸附剂比较，有下面几个显著的优点。

（1）选择性好 分子筛能使比筛孔小的分子通过，吸附到空穴内部，而把比筛孔大的物质的分子排斥在外面，从而使分子大小不同的混合物分开，起到筛分各种分子的作用。例如用型号 5A 的分子筛（孔径约 0.5nm）来分离正丁烷、异丁烷和苯的混合液，其中正丁烷分子的直径小于 0.5nm，而异丁烷和苯分子的直径都大于 0.5nm，故用此分子筛只能吸附正丁烷而不能吸附异丁烷和苯。由于分子筛具有按分子大小选择吸附的优点，所以常用它来分离混合物。

（2）在低浓度下仍然保持较高的吸附能力 普通的吸附剂在吸附质浓度很低时，吸附能力显著下降。而分子筛不同，只要吸附质分子的直径小于分子筛的孔径，仍然具有较高吸附能力。

（3）在高温度下仍具有较高的吸附能力 普通吸附剂随着温度的升高，吸附量迅速下降，而分子筛在较高温度下仍然保持较高的吸附能力，在 800℃高温下仍很稳定。

5. 大孔吸附树脂 大孔吸附树脂是一类不含交换基团的大孔结构的高分子吸附剂，主要是以苯乙烯、二乙烯苯为原料，在 0.5% 的明胶、水混悬液中，加入一定比例的致孔剂聚合而成。一般为白色球形颗粒，粒度多为 20 ~60 目，孔径 5 ~300nm，具有良好的网状结构和很高的比表面积，可以通过物理吸附从水溶液中有选择地吸附有机物质，从而达到分离提纯的目的，是继离子交换树脂之后发展起来的一类新型的树脂类分离介质。大孔吸附树脂结构多为苯乙烯型、2-甲基丙烯酸酯型、丙烯腈及二乙烯苯等，由于其骨架的不同，且有带功能基的，也有不带功能基的，可以分为非极性、弱极性与极性吸附树脂三类。其孔径可在制备时根据需要加以控制。

大孔吸附树脂理化性质稳定，不溶于酸、碱及有机溶剂。大孔吸附树脂本身具有吸附性和筛选性，其吸附性是由于范德华引力或产生氢键的结果，筛选性是由于树脂本身具有多孔性结构所决定的。大孔吸附树脂分离技术具有快速、高效、方便、灵敏、选择性好等优点。对于那些相对分子质量比较大的天然化合物，由于不能用经典方法使之分离，而大孔吸附树脂的特性使得这些有机化合物尤其是水溶性化合物的提纯得以大大简化。近几年来由于大孔吸附树脂新技术的引进，使中草药有效单体成分或复方中某一单体成分的指标得到提高，因而发展速度很快，应用面很广。

由于大孔吸附树脂的孔度、孔径、比表面积及构成类型不同而被分为许多型号，故性质各异，在应用时必须根据情况加以选择。

第九节　粉体的性质

一、粉体的比表面

以粉末状微粒形式存在的物质称为粉体。粉体中，微粒的大小和形状不一，粒径可小到10^{-7}m，比表面很大，故有很高的表面吉布斯自由能，表现出很强的吸附作用。

粉体的表面积常用吸附法测定。按朗格缪尔或BET吸附等温式，以粉体为吸附剂，先求出单分子层饱和吸附量，然后按下式算出粉体的比表面（A）

$$A=\frac{\Gamma_{\infty}L}{22.4}\times S \tag{8-65}$$

式中，A为粉体的比表面；S为每个吸附物分子的横截面积；L为阿伏伽德罗常数。

【例8-5】 某粉体表面上吸附氮气，已知饱和吸附量为129L/kg，每一氮分子的横截面积为$16.2\times10^{-20}\text{m}^2$，求此粉体的比表面。

解：

$$A=\frac{129\times6.02\times10^{23}}{22.4}\times16.2\times10^{-20}=5.62\times10^{5}\text{m}^2/\text{kg}$$

二、粉体的微粒数

所谓微粒数是指每1kg粉体的微粒数。设微粒是球形，其直径为d，每一微粒体积为$\pi d^3/6$，粉体的密度为ρ，则每一个微粒的质量$=\pi d^3\rho/6$kg，每1kg粉体中的微粒数n即为

$$n=\frac{6}{\pi d^3\rho} \tag{8-66}$$

三、粉体的密度

由于粒子的表面是粗糙的，粒子与粒子之间必然存在着空隙；另外，粒子本身内部还有裂缝、空隙。因此，粉体的总体积是由微粒间空隙体积（V_e），微粒本身内部的空隙体积（V_g）和微粒本身的体积（V_t）三者加和而成。根据这三种不同的体积可求得粉体的三种不同的密度，即真密度、粒密度和松密度。

（1）真密度　粉体的质量（m）除以微粒本身体积 V_t 而得的密度。

$$\rho_t = \frac{m}{V_t} \tag{8-67}$$

（2）粒密度　粉体的质量（m）除以粉体微粒本身体积 V_t 与微粒本身内部体积 V_g 的和所得的密度。

$$\rho_g = \frac{m}{V_t + V_g} \tag{8-68}$$

（3）松密度　粉体的质量（m）除以粉体的总体积所得的密度。

$$\rho_b = \frac{m}{V_t + V_g + V_e} \tag{8-69}$$

四、粉体的空隙率

粉体的总体积又称松容积（V_b）。微粒间空隙和微粒本身内部的空隙体积之和与松容积之比称为粉体的空隙率（e）。

$$e = \frac{V_e + V_g}{V_b} = \frac{V_b - V_t}{V_b} = 1 - \frac{V_t}{V_b} = 1 - \frac{\rho_b}{\rho_t} \tag{8-70}$$

【例 8-6】 氧化钙粉体样品重 0.1313kg，真密度为 3203kg/m^3，将它放在 100ml 量筒中，测得其松容积为 82.0ml，试计算其空隙率。

解：氧化钙微粒本身的体积

$$V_t = 0.1313/3203 = 0.000041\text{m}^3 = 41\text{ml}$$

粒子间空隙为 $V_b - V_t = 82 - 41 = 41\text{ml}$

$$e = 41/82 = 0.5 \quad 或 \quad 50\%$$

粉体的空隙率与颗粒的形状和大小有关，颗粒一致性较差的粉体空隙率较小。因此在粉体压制过程中，为得到密实的整体，必须掺和一定比例大小不同的各种颗粒。施加压力可促进不规则颗粒间的配合，例如，使一个颗粒的凸面嵌入另一颗粒的凹面；较小颗粒充填入较大颗粒间的空隙。实验证明，结晶性粉末经过 7038kg/cm 的压力压缩以后，其空隙率可能小于 1%。

五、粉体的吸湿性

粉体药物在保存过程中常因吸湿而降低其流动性，甚至使药物润湿、结块而变质。在一定温度下，药物表面吸收水分和水分蒸发达到平衡时称为吸湿平衡。如果测定药物在不同湿度吸收水分的增加量或减少量，将所得实验数据作图，可得到药物的吸湿平衡图。从图 8-23 可知，水溶性药物如葡萄糖，在某一相对湿度之前几乎不吸湿，而在此以后，即迅速吸收大量水分，使吸湿曲线笔直向上。这一开始吸湿时的相对湿度称为临界相对湿度（critical relative humidity，CRH），CRH 值高的药物表示在较高的湿度下才易大量吸水，CRH 值低的药物表示在较低的湿度下即能大量吸水。从 CRH 值可衡量药物吸水的难易。

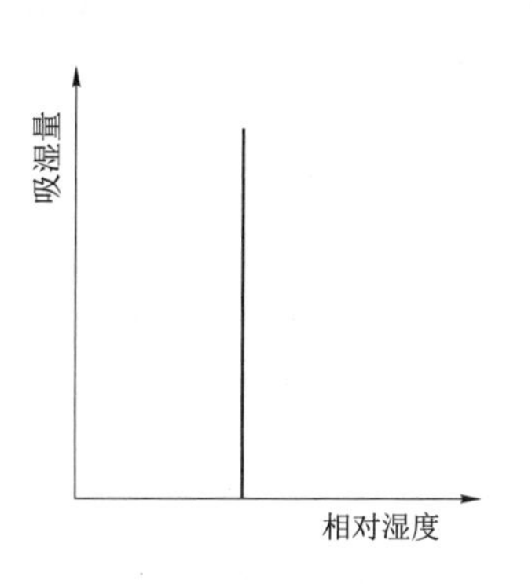

图 8-23　葡萄糖吸湿量示意图

相互不起反应的粉体药品混合物，若其中含有非水溶性物质，例如水溶性药品和不溶性防湿性药品的粉体混合物，此混合物的吸湿平衡值（CRH）增大，混合物吸湿性降低。如果混合物中都是水溶性药品，则大多数混合物的 CRH 值低于其中各成分的 CRH 值，混合物的吸湿性增加。

关于水溶性粉体混合物 CRH 值的降低，爱尔特（Elder）提出这样的假说：粉体混合物的 CRH 值

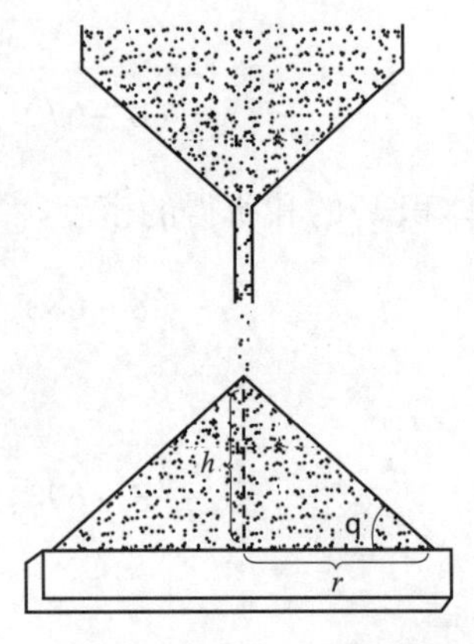

图8-24 休止角示意图

等于各组分CRH值的乘积，即$CRH_{AB} = CRH_A \times CRH_B$。爱尔特假设成立的条件是混合物中没有相同的离子，而且化合物相互不影响溶解度，否则试验值与理论值将产生较大偏差。

六、粉体的流动性

测定粉体流动性的大小，可用粉体通过如图8-24所示的装置，测定休止角的大小来完成。所谓休止角，是指一堆粉体的表面与平面之间可能存在的最大角度。如果在一堆粉体上加更多的粉体，粉体将沿侧面滑下来，直到粉体微粒间的相互摩擦力与重力达到平衡为止，这时侧面与平面形成一个θ角即为休止角，因为$\tan\theta = h/r$，只要测量出h和r值，即可求得休止角的数据。休止角大，流动性小；休止角小，则流动性大。粉体中含小于10mm的微粒越多，其流动性越差，必须设法除去小颗粒。水分会使粉体产生一种黏结力，减小流动性，因此把粉体干燥可增加流动性。

答案解析

目标测试

1. 已知293K时水的表面张力为$7.28 \times 10^{-2} N \cdot m^{-1}$，汞的表面张力为$4.83 \times 10^{-1} N \cdot m^{-1}$，汞-水表面张力为$3.75 \times 10^{-1} N \cdot m^{-1}$，试判断水能否在汞的表面铺展。

（$S > 0$，水能在汞的表面铺展）

2. 有一杀虫剂粉末，使其分散在一适当的液体中以制成悬浮喷洒剂。今有三种液体；测得它们与药粉及虫体表皮之间的界面张力关系如下。

（1）$\sigma_{粉} > \sigma_{液Ⅲ-粉}$ $\sigma_{表皮} > \sigma_{表皮-液Ⅲ} + \sigma_{液Ⅲ}$

（2）$\sigma_{粉} < \sigma_{液Ⅱ-粉}$ $\sigma_{表皮} > \sigma_{表皮-液Ⅱ} + \sigma_{液Ⅱ}$

（3）$\sigma_{粉} > \sigma_{液Ⅰ-粉}$ $\sigma_{表皮} < \sigma_{表皮-液Ⅰ} + \sigma_{液Ⅰ}$

试考虑选择哪一种液体最合适？为什么？

［满足此二条件者为（1）］

3. 氧化铝瓷件上需覆盖银，当烧至1273K时，液态银能否润湿氧化铝瓷表面？已知在1273K时各物质的界面张力数据如下。

$\sigma_{气-Al_2O_3(s)} = 1N \cdot m^{-1}$，$\sigma_{气-Ag(l)} = 923 \times 10^{-3} N \cdot m^{-1}$，$\sigma_{Ag(l)-Al_2O_3(s)} = 1.770 N \cdot m^{-1}$

（能）

4. 以玻璃管蘸肥皂水吹一个半径为1cm大的肥皂泡，计算泡内外的压力差，肥皂水的σ为$0.040\ N \cdot m^{-1}$。

（16.0Pa）

5. 已知大颗粒$CaCO_3$在水中的溶解度为$15.33 \times 10^{-3} mol \cdot L^{-1}$，$r = 3 \times 10^{-7} m$的$CaCO_3$微粒的溶解度为$18.2 \times 10^{-3} mol \cdot L^{-1}$。固体$CaCO_3$的密度为$2.96 \times 10^3 kg/m^3$，试求固体$CaCO_3$与水的界面张力约为多少（此时温度为300K）？

（1.90N/m）

6. 设稀油酸钠水溶液的表面张力与溶质的浓度呈线性关系$\sigma = \sigma_0 - bc$，式中σ_0为纯水的表面张力。已知293K时$\sigma_0 = 7.288 \times 10^{-2} N \cdot m^{-1}$，$b$为常数，实验测得表面吸附油酸钠的表面吸附量$\Gamma = 4.33 \times 10^{-6} mol \cdot m^{-2}$，试计算该溶液的表面张力。

$(6.233\times10^{-2}N\cdot m^{-1})$

7. 溶液中某物质在硅胶上的吸附作用服从弗劳因特立希经验式，式中 $k=6.8$，$1/n=0.5$，吸附量的单位为 $mol\cdot kg^{-1}$，浓度单位为 $mol\cdot L^{-1}$。试问若把 0.01kg 硅胶加入 100ml 浓度为 $0.1mol\cdot L^{-1}$的该溶液中，在吸附达平衡后溶液的浓度为多少？

$(1.546\times10^{-2}mol\cdot L^{-1})$

8. 用活性炭吸附 $CHCl_3$时，在 273.15K 时的饱和吸附量为 $93.8\times10^{-3}m^3\cdot kg^{-1}$。已知 $CHCl_3$的分压为 13374.9Pa 时的平衡吸附量为 $82.5\times10^{-3}m^3\cdot kg^{-1}$。求（1）朗格茂公式中的 b 值；（2）$CHCl_3$的分压为 6667.2Pa 时的平衡吸附量为多少？

$(5.459\times10^{-4}Pa^{-1}$；$0.0736m^3\cdot kg^{-1})$

9. 某滑石粉样品的真密度为 $2700kg\cdot m^{-3}$，将 0.324kg 本品倾入量筒，测得其松容积为 200ml，计算其空隙率。

（0.4 或 40%）

10. 棕榈酸（$M=256\times10^{-3}kg\cdot mol^{-1}$）在苯溶液中的浓度为 $4.24\times10^{-3}kg\cdot L^{-1}$。将此溶液滴在水面上，苯蒸发后在水面上形成一连续的单分子薄膜。已知每一酸分子占面积 $0.21nm^2$，若欲以单分子层遮盖 $0.05m^2$的水面，该用多少体积的棕榈酸苯溶液？

$(2.388\times10^{-5}L)$

书网融合……

思政导航

本章小结

微课

题库

PPT

第九章　溶　胶

学习目标

知识目标

1. 掌握　溶胶的基本特征、溶胶的光学性质、动力学性质、电学性质、溶胶粒子带电的原因、胶团结构及表示式、溶胶的稳定性与聚沉。

2. 熟悉　布朗运动、渗透与渗透压、双电层理论。

3. 了解　分散系的概念和分类、溶胶的制备方法和净化原理。

能力目标　通过本章节的学习，学生能够掌握溶胶的基本知识，初步具备制备溶胶、净化溶胶的能力，帮助学生在科学探究中培养创新精神。

“胶体”这个名词是英国化学家格雷厄姆（T. Graham）在1861年提出来的。他比较不同物质在水中的扩散速度时发现，有些物质如蔗糖、食盐等在水中扩散很快，能透过半透膜；而另一类物质如明胶、蛋白质和氢氧化铝等在水中扩散很慢，不能透过半透膜。前者在溶剂蒸发后形成晶体析出，后者则不成晶体而成黏稠的胶状物质。格雷厄姆根据这些现象，将物质分成两类，前者称为晶体（crystal），后者称为胶体（colloid）。随着科学的发展，把物质分为晶体和胶体是不科学的，任何典型的晶体物质都可以通过降低其溶解度或选用适当分散介质而制成胶体。例如，NaCl可以形成晶体，但在乙醇中却能成胶体。所以，“胶体”这个名词的含义并不确切，现在是指具有高度分散特点的分散系统。

胶体分散系表现出与其他类型分散系不同的动力学性质、光学性质、电学性质、流变性质和稳定性等，其基本原理已广泛应用于石油、冶金、塑料、电子、食品等工业领域以及生物学、医学、地质学、气象学等其他学科。胶体分散系统的研究已经从胶体化学发展成为一门独立的学科。

第一节　分散系的分类和溶胶的基本特征

微课1

一、分散系的分类

一种或几种物质分散在另一种物质中所形成的系统称为分散系（dispersion system）。在分散系中，以非连续形式存在的被分散的物质称为分散相（disperse phase），承载分散相的连续物质称为分散介质（disperse medium）。

分散系的分类有多种方法。根据分散相粒子的大小，常把分散系分成三类：分子分散系、胶体分散系和粗分散系，其性质、特征见表9-1。

表9-1　按分散相粒子大小对分散系分类

分散系类型	分散相粒径	特性	实例
分子分散系	<1nm	能透过滤纸和半透膜，扩散快，超显微镜下不可见	氯化钠、蔗糖等水溶液
胶体分散系	1~100nm	能透过滤纸，但不能透过半透膜，扩散慢，超显微镜下可见	氢氧化铁溶胶、蛋白质溶液
粗分散系	>100nm	不能透过滤纸和半透膜，不扩散，普通显微镜下可见	泥沙、混悬液

根据分散相与分散介质的聚集状态，分散系可分为八类，见表9-2。

表9-2 按分散相和分散介质的聚集状态对分散系分类

分散介质	分散相	名称	实例
气	液	气溶胶	雾
气	固	气溶胶	烟、尘
液	气	液溶胶	泡沫
液	液	液溶胶	牛奶
液	固	液溶胶	泥浆、溶胶
固	气	固溶胶	沸石
固	液	固溶胶	珍珠
固	固	固溶胶	合金

根据分散相颗粒均匀程度，分散系分为单级分散系（也称为均分散系）和多级分散系。

二、胶体分散系

通过对胶体分散系稳定性和胶体粒子（colloid particle）结构的研究，胶体系统至少包含了性质颇不相同的以下几类。

1. 憎液胶体 由难溶物以1~100nm大小分散在液体介质中所形成的憎液胶体（lyophobic colloid），简称溶胶（sol），如金溶胶、硫化砷溶胶等。它是热力学不稳定的多相系统，无稳定剂时易聚集沉淀，一旦析出沉淀将不能重新分散得到溶胶，因此又称为不可逆胶体。

2. 亲液胶体 大分子化合物的溶液，例如琼脂、明胶等，其分子大小处于胶体的范围，具有胶体的一些特性（诸如扩散慢、不透过半透膜等），但大分子化合物是以分子形式自发溶解在溶剂中，与溶剂有很好的亲和力，没有相界面，属于热力学稳定系统，因此又称为亲液胶体（lyophilic colloid）。由于大分子化合物在实用上和理论上具有重要的意义，近几十年逐步形成了独立的学科。

3. 缔合胶体 此外，由表面活性物质缔合形成的胶束分散在介质中得到的外观均匀的溶液，或由缔合表面活性物质保护的微乳状液称为缔合胶体。胶束或微液滴的大小也为1~100nm，但它们在热力学上属于稳定系统。

三、溶胶的基本特征

溶胶与小分子溶液、大分子溶液及粗分散系统相比，具有高度分散性、多相性及聚结不稳定性三个基本特征。

1. 高度分散性 溶胶分散相粒子大小在1~100nm之间，具有高度的分散性，这是溶胶的根本特征。溶胶的许多性质，如不能透过半透膜、渗透压低等都与其高度分散性有关。

2. 多相性 形成溶胶的先决条件是分散相难溶于分散介质，每个分散相粒子自成一相，分散相粒子与分散介质之间存在明显的相界面，是多相系统。与溶胶相比，小分子溶液中的分散相粒子是单个的小分子和小离子，分散相和分散介质之间具有很好的亲和性，属均相系统。大分子溶液的分散相粒子与溶胶的分散相粒子大小相当，因而具有一些相同的性质，如扩散慢、不能透过半透膜，但大分子溶液仍属均相系统。

3. 聚结不稳定性 溶胶的高度分散性和相不均匀性使其具有很大的比表面（例如，粒径为5nm的物质其比表面达到180m^2/g）和巨大的表面吉布斯自由能，属于热力学不稳定系统，分散相粒子能自发聚集，减小表面积，以使系统能量降低，因此溶胶又具有聚结不稳定性。为防止溶胶聚结，在制备时常需一定的稳定剂，通常是一定量的电解质。

第二节　溶胶的制备和净化

一、溶胶的制备

溶胶的分散相粒子大小处于1～100nm，介于宏观和微观之间，因此制备溶胶可有两种途径：一是将大块固体粉碎成溶胶粒子，称为分散法；二是将小分子或离子凝聚成溶胶粒子，称为凝聚法。由于溶胶是高度分散的多相系统，是热力学的不稳定系统，因此制备时必须加入适当的稳定剂。

（一）分散法制备溶胶

分散法制备溶胶即采用机械设备将大块物质或粗分散物质在有稳定剂存在的情况下分散成溶胶。通常采用以下几种方法。

1. 机械法

（1）球磨法　球型研磨体在随旋转筒体转动时，因重力作用而下落，利用其下落的冲击动能使被研磨的物质破碎。球磨机仅能使粒子粉碎至2μm，且有可能使研磨球体的碎屑也混入成品中。

（2）胶体磨法　即用胶体磨将固体物质研磨成胶体大小的粒度制备溶胶。胶体磨的形式很多，其分散能力因构造和转速的不同而不同。图9－1是盘式胶体磨的示意图。胶体磨适用于脆性物质的粉碎，例如对活性炭进行研磨。

（3）气流粉碎法　利用压缩空气流将物料以接近或超过音速的速率喷入粉碎室，形成强旋转气流，在气流作用下，物料因物料间以及物料与器壁间的碰撞和摩擦作用被粉碎。

2. 电弧法　电弧法主要用于制备金属溶胶。如图9－2所示，将欲制备溶胶的金属（如金、银、铂、钯等）作为电极，通以直流电，两电极在介质中接近使形成电弧。在电弧的高温作用下金属气化，遇水冷却而凝聚成胶体大小的粒子。

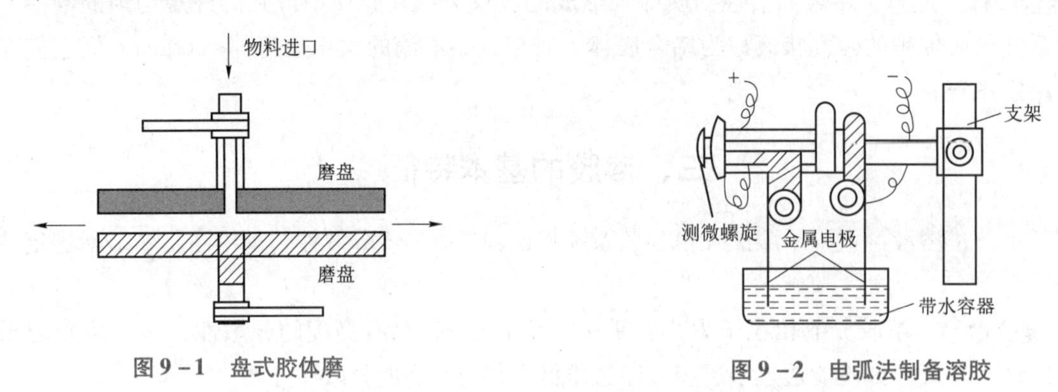

图9－1　盘式胶体磨　　　图9－2　电弧法制备溶胶

3. 超声波法　高频超声波对分散相产生很大的撕碎力，从而达到分散效果。超声波分散法也广泛用于乳状液的制备。

4. 胶溶法　胶溶法是把暂时聚集在一起的胶粒重新分散而形成溶胶。许多新鲜的沉淀皆因制备时缺少稳定剂，导致胶粒聚集而成的，因此若加入少量电解质，胶粒因吸附离子带电而变得稳定，在搅拌作用下沉淀会重新分散形成溶胶。有时因制备过程中电解质过多也会形成沉淀，若设法除去过量电解质也可促使沉淀转成溶胶。例如氢氧化铝的新鲜沉淀洗涤后加适量蒸馏水煮沸，然后加稀盐酸数滴即可形成氢氧化铝溶胶。

（二）凝聚法制备溶胶

凝聚法是使单个分子、原子或离子相互凝聚成溶胶粒子的方法。通常可分为物理凝聚法和化学凝聚法。

1. 物理凝聚法 利用适当的物理过程（如蒸气骤冷、改换溶剂等）将小分子凝聚成溶胶粒子的大小。

如将汞的蒸气通入冷水中就可得到汞溶胶，此时高温下的汞蒸气与水接触时生成的少量氧化物起稳定作用。将松香的乙醇溶液滴入水中，由于松香在水中的溶解度较小，松香就从溶液中析出胶粒，形成松香水溶胶。

2. 化学凝聚法 通过化学反应（如氧化还原反应、复分解反应、水解反应等）使生成物呈过饱和状态，控制析晶过程，使粒子达到胶粒大小，从而制备溶胶的方法，称为化学凝聚法。例如还原反应制备金溶胶，有

$$2HAuCl_4(\text{稀溶液}) + 3HCHO(\text{少量}) + 11KOH \xrightarrow{\triangle} 2Au(\text{溶胶}) + 3HCOOK + 8KCl + 8H_2O$$

复分解反应制备硫化砷溶胶：

$$As_2O_3 + 3H_2S \longrightarrow As_2S_3(\text{溶胶}) + 3H_2O$$

复分解反应制备氯化银溶胶：

$$AgNO_3 + KCl \longrightarrow AgCl(\text{溶胶}) + KNO_3$$

水解反应制备氢氧化铁溶胶：

$$FeCl_3 + 3H_2O(\text{热}) \longrightarrow Fe(OH)_3(\text{溶胶}) + 3HCl$$

>>> 知识链接

胶体金检测法

胶体金是由氯金酸（$HAuCl_4$）在还原剂作用下，聚合成一定大小（0.8～500nm）的带负电的疏水金溶胶。它在弱碱环境下很稳定，可与带正电的蛋白质分子形成牢固的静电结合，且不影响蛋白质的生物特性，因此胶体金被广泛地应用于免疫学、组织学、病理学和细胞生物学等领域。免疫金标记技术主要利用了金颗粒具有高电子密度的特性，在金标蛋白结合处，当这些标记物大量聚集时，肉眼可见红色或粉红色斑点，因而常被用于快速免疫检测方法中。

新冠病毒抗原胶体金检测法是一种定性检测方法，利用抗原抗体的特异性反应，即某种抗体专一性地识别并结合某种抗原。但抗原抗体的结合人的肉眼并不可见，因此将抗体与胶体金进行偶联。在碱性条件下，胶体金是红色的带负电的金颗粒悬浮液，可以与带正电的新冠病毒抗体相结合，并通过胶体金的红色进行呈现。检测时，形成“T线抗体－待测抗原－胶体金偶联抗体”的三元复合物，大量的胶体金在T线处固定，显示出红色条带，判断为阳性。

（三）均分散胶体的制备

通常条件下制备的溶胶粒子，其形状和尺寸都是不均匀的，尺寸分布范围较广，是多级分散系统。若严格控制条件，则有可能制备出形状相同、尺寸相差不大的溶胶粒子，由此形成的胶体称为均分散胶体（monodispersed colloid）。

制备均分散胶体的方法多种多样，诸如沉淀法、相转变法、微乳液法等。无论采用何种方法，均需控制晶核的形成及晶粒的生长，即短时间内迅速形成大量晶核，然后控制所有晶核同步生长。

二、溶胶的净化

由化学反应制得的溶胶中常含有多余的电解质，电解质的浓度过高会影响溶胶的稳定性，因此溶胶需要净化。常用渗析法和超过滤法净化溶胶。

1. 渗析法 半透膜能够阻止溶胶粒子和大分子通过，而允许小分子和小离子通过，因此可利用半透膜对溶胶进行净化，这种方法称为渗析法（dialysis method）。渗析时，通常把溶胶放到半透膜内，膜外放置纯溶剂，因膜内外浓度的差异，膜内的小分子和小离子会向半透膜外迁移，只要不断更换膜外溶剂，就可以使溶胶净化。在工业上为加快渗析速度，可在渗析器两侧加上电场，使被渗析离子迅速透过膜向两极移动，此法称电渗析（electrodialysis），如图 9－3 所示。

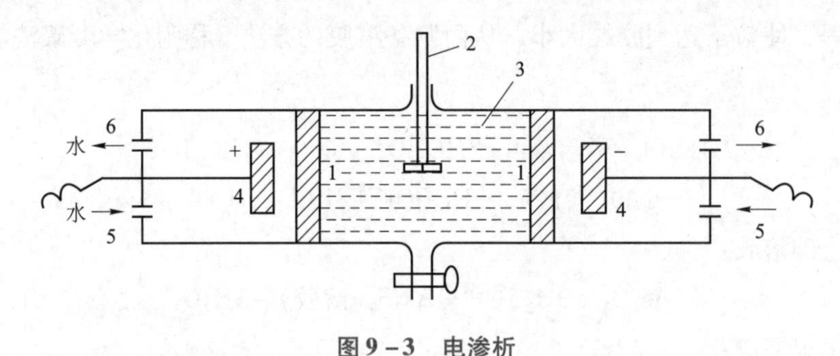

图 9－3 电渗析

1. 半透膜 2. 搅拌器 3. 溶胶 4. 铂电极 5. 进水管 6. 出水管

2. 超过滤法 将不同孔径的半透膜粘贴在布氏漏斗支架上，在加压或抽吸的情况下将胶粒和分散介质分开，这种方法称为超过滤法（ultrafiltration method）。可溶性杂质能透过滤膜而被除去，经超过滤得到的胶粒重新分散到合适的介质中，就得到净化的溶胶。

渗析和超过滤均是膜分离技术，具有简单、高效、绿色、节能等优点，在生物化学和医药学等方面得到广泛的应用。

第三节 溶胶的光学性质

可见光的波长一般为 400～800nm，小于 400nm 的紫外光和大于 800nm 的红外光人的肉眼是观察不到的。普通显微镜的分辨率在 200nm 以上，而胶粒的粒径在 100nm 以下，所以普通显微镜也无法观察到胶粒。由于溶胶的高分散性，其粒径远小于可见光波长，故显现出一系列特有的光学性质。

一、丁达尔效应

在暗室里将一束强光通过溶胶，在与光束的垂直方向上观察，可以看到明显的光径，这种现象称为丁达尔效应（Tyndall phenomenon）。

当光线射入分散系统时，只有一部分光线能通过，其余部分则被吸收、反射或散射。光的吸收主要决定于系统的化学组成，而光的反射和散射的强度则与分散系统的分散度有关。若分散相粒径大于入射光的波长，则主要发生光的反射。若分散相的粒径小于入射光的波长，则主要发生光的散射，此时光波绕过粒子而向各个方向散射出去（波长不发生变化），散射出来的光称为散射光或乳光。可见光的波长为 400～750nm，而溶胶粒子的粒径一般在 1～100nm，小于可见光的波长，因此溶胶丁达尔效应的光是散射光。

二、瑞利散射公式

英国科学家瑞利（Rayleigh）研究了大量的光散射现象，发现散射光强度 I 与单个溶胶粒子的体积 V、单位体积中粒子数目 v、分散相折射率 n_2、分散介质折射率 n_1、入射光波长 λ 及振幅 A 等因素有关，其计算公式为：

$$I=\frac{24\pi^2A^2vV^2}{\lambda^4}\left(\frac{n_2^2-n_1^2}{n_2^2+2n_1^2}\right)^2 \tag{9-1}$$

式（9－1）表明以下内容。

（1）散射光的强度与入射光波长的四次方成反比。入射光波长越短，散射光越强。若入射光为白光，其中蓝色光和紫色光散射最强，红色光散射最弱。由此可以想到，如果要观察散射光，应选择短波长光源为宜，如果要观察透射光，则应选用长波光源为好。这可以解释为什么警示信号采用红光，旋光仪中的光源用黄色的钠光。同样道理，因为波长较长的红外线和无线电短波具有很弱的散射作用，而穿透能力很强，所以在通讯及探测中用于定位和跟踪。晴朗的天空呈蓝色，这是散射光的贡献；朝霞和落日的余晖呈橙红色，则是观察到的透射光。

（2）分散相和分散介质的折射率相差越大，散射光越强，因此散射光是系统光学不均匀性的体现。折射率的差异也是产生散射的必要条件，当均相系统由于浓度的局部涨落而产生折射率的局部变化时，也会产生散射，这是用光散射法测定大分子摩尔质量的主要原理。海洋呈蔚蓝色，也是由于这种局部涨落引起的。

（3）散射光的强度与粒子体积的平方成正比，即与分散度有关。分子分散系的分子体积很小，散射光很微弱。粗分散系的粒径大于可见光波长，不产生散射光。因此，丁达尔现象是鉴别溶胶、分子分散系和粗分散系的简便方法。由于散射光强度与粒子体积有关，因此可通过测定散射光强度求算粒子半径。

（4）散射光强度与粒子浓度成正比，因此可通过散射光强度求算溶胶的浓度。在相同条件下，测量两个不同浓度溶胶的散射光强度，若已知其中一个的浓度，即可计算出另一个的浓度。浊度计就是根据这一原理设计的。

瑞利公式对非金属溶胶比较适用，而对于金属溶胶，由于它不仅有散射作用，还有光的吸收作用，因此关系较复杂。

三、超显微镜的原理

溶胶粒子直径在 1～100nm 之间，用普通的光学显微镜无法分辨，对其观察则要用超显微镜或扫描电子显微镜。

超显微镜是在普通显微镜的基础上，采用特殊的聚光器制成的，其原理是用普通显微镜观察丁达尔现象。在黑暗的背景下沿与入射光垂直的方向上用普通显微镜观察，避免了光直接照射物镜，也消除了光的干涉，可观察到粒子散射的光点，而不是粒子的像。因此在超显微镜下看整个系统，犹如黑夜里观察太空中的星光。超显微镜与普通显微镜的分辨率相当，但由于胶粒发出强烈的散射光信号，所以即使小至 5～10nm 的胶粒也能被观察到。

利用超显微镜对发光点计数，结合其他数据可计算溶胶粒子的平均大小。若测得的粒子数目为 n，粒子总质量为 m，密度为 ρ，体积为 V 的球形粒子的半径为 r，则关系式为

$$m=n\rho V=\frac{4}{3}\pi r^3\rho n \tag{9-2}$$

利用超显微镜观察发光点的不同表现可推断出溶胶粒子的形状。例如，根据超显微镜视野中光点亮度的强弱差别估计溶胶粒子的大小是否均匀；根据光点闪烁的特点，推测粒子的形状。若粒子形状不对称（如棒状、片状等），当大的一面向光时，光点就亮，当小的一面向光时，光点变暗，这就是闪光现象（flash phenomenon），若粒子形状是对称的（如球形、正四面体等），闪光现象不明显。

超显微镜在胶体化学的发展史上具有重要的作用，在研究胶体分散系统的性质方面是十分有用的工具。

第四节　溶胶的动力学性质

溶胶粒子大小为 1 ~ 100nm，这种特有的分散程度具有多种运动形式。在无外力场作用时只有热运动，其微观表现为布朗运动，宏观表现为扩散。在外力场作用下则作定向移动，例如在重力场和离心力场中的沉降。溶胶的动力学性质主要指胶粒的不规则的热运动以及由此产生的扩散、渗透压，在重力场中的沉降以及粒子数随高度的平衡分布等性质。

一、布朗运动

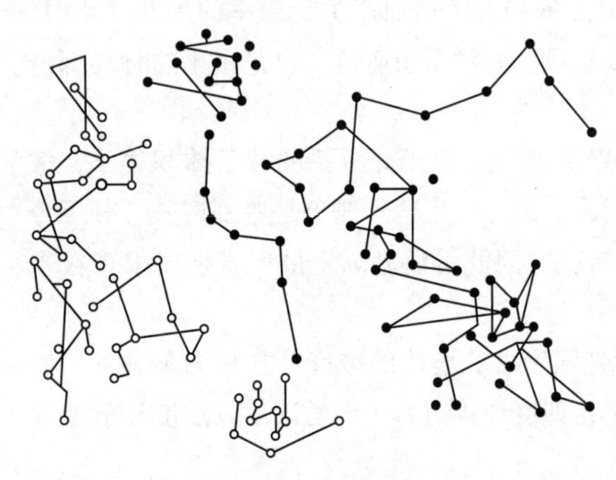

图 9－4　布朗运动轨迹

1827 年，英国植物学家布朗（Brown）用显微镜观察到悬浮在液面上的花粉不停地作不规则的折线运动，后来发现其他物质如煤、金属、矿石等的粉末也有类似的现象，人们把微粒的这种运动称为布朗运动（Brownian motion）。1903 年，超显微镜的出现，使粒子布朗运动的轨迹可被直观地观测到，图 9－4 是超显微镜下每隔相同时间观测到的粒子位置在平面上的投影。人们观察发现，粒子越小，温度越高，布朗运动越激烈。

1905 年爱因斯坦（Einstein）阐明了布朗运动的本质，认为布朗运动是周围介质分子热运动对微粒冲击的必然结果。在分散系统中，对于很小但又远远大于介质分子的微粒来说，由于不断受到不同方向、不同速度的介质分子的冲击，受到的力不平衡（图 9－5），所以时刻以不同速度朝不同的方向作不规则的运动。

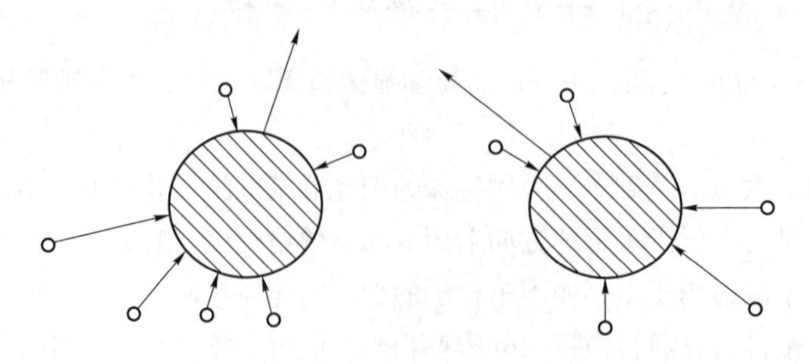

图 9－5　胶粒受介质冲击示意图

爱因斯坦运用分子运动论的基本观点，以球形粒子为模型推导出布朗运动平均位移的公式，即

$$\bar{x}=\sqrt{\frac{RT}{L}\cdot\frac{t}{3\pi\eta r}} \tag{9-3}$$

式中，$\bar{x}$ 是在观察时间 t 内粒子沿 x 轴方向的平均位移；r 为微粒半径；η 为介质的黏度；L 为阿伏伽德罗常数。

科学家用藤黄、金溶胶等进行实验，结果都佐证了式（9－3）的正确性，也使分子运动论得到直接的实验证据。由此分子运动论从假说上升为理论，这在科学发展史上具有重大的意义。

二、扩散与渗透压

1. 扩散　溶胶的分散相粒子在介质中自动从高浓度区向低浓度区迁移的现象称为扩散（diffusion）。扩散是分散相粒子布朗运动的必然结果和分子热运动的宏观体现。扩散是自发过程，物质自动从化学势高的区域向化学势低的区域转移，系统的吉布斯自由能降低；扩散的结果，系统趋于均态，无序性增加，熵值增大。

1885 年，费克（Fick）根据实验结果发现，粒子沿 x 轴方向扩散时，其扩散速度 $\mathrm{d}n/\mathrm{d}t$（单位时间内粒子的扩散量）与粒子通过的截面积 A 及浓度梯度 $\mathrm{d}c/\mathrm{d}x$ 成正比，其关系式为

$$\frac{\mathrm{d}n}{\mathrm{d}t}=-DA\frac{\mathrm{d}c}{\mathrm{d}x} \qquad (9-4)$$

这就是费克第一定律（Fick′s first law），它表明浓度梯度的存在是扩散发生的内在推动力。比例系数 D 称为扩散系数（diffusion coefficient），其物理意义是在单位浓度梯度、单位时间内通过单位截面积的粒子的量，单位为 $\mathrm{m^2/s}$，它表示粒子在介质中的扩散能力。式中负号表示扩散方向与浓度梯度方向相反，即扩散向着浓度降低的方向进行。

1905 年爱因斯坦假设分散相的粒子为球形，导出了扩散系数 D 的表达式

$$D=\frac{RT}{L}\cdot\frac{1}{6\pi\eta r} \qquad (9-5)$$

从布朗运动的实验值 $\bar{x}$，结合式（9－3）、式（9－5）可求得 D，并可计算出胶粒半径 r。

费克第一定律适用于浓度梯度不变的情况，此时的扩散称为稳态扩散，例如某些控释制剂可以很好地维持浓差恒定。通常情况下，随着扩散进行，浓度梯度不断减小，这是非稳态扩散。处理非稳态扩散要用费克第二定律，其关系式为

$$\frac{\mathrm{d}n}{\mathrm{d}t}=D\frac{\mathrm{d}^2c}{\mathrm{d}x^2} \qquad (9-6)$$

2. 渗透压　渗透与扩散密切相关，渗透压（osmotic pressure）是胶粒扩散作用的结果。由于胶粒不能透过半透膜，而介质分子及其他离子可以透过半透膜，在半透膜两边，胶粒和离子浓度存在差异，产生渗透压。渗透压的计算可借用稀溶液依数性中的渗透压计算公式，即

$$\Pi=\frac{n}{V}RT \quad 或 \quad \Pi=cRT \qquad (9-7)$$

对于溶胶而言，一个溶胶粒子产生的渗透压大小只相当于一个普通分子，因此溶胶的渗透压只是原来溶液的几千分之一。例如，一定温度下 0.001g/L 金溶胶的渗透压只有 4.9Pa，而相同浓度蔗糖溶液在同一温度下的渗透压为 6862Pa。溶胶中胶粒数目相对较低，加之杂质的干扰，致使溶胶的蒸气压下降、沸点升高和凝固点降低值均难以测准。

三、沉降与沉降平衡

在外力场作用下，分散相与分散介质发生定向移动的现象称为沉降（sedimentation）。沉降是扩散的逆过程，沉降使粒子富集，扩散则使粒子均匀分布。两者作用呈现三种结果：①当粒子较小、力场较弱时，主要表现为扩散；②粒子较大、力场较强时，主要表现为沉降；③两种作用相当，粒子的分布会达

到平衡，形成了一定的浓度梯度，则构成沉降平衡（sedimentation equilibrium）。

1. 重力场中的沉降作用 对于高度分散的溶胶系统，在重力场中，沉降力 $F_{沉}$ 是粒子的重力 $F_{重}$ 和它在介质中浮力 $F_{浮}$ 之差。假设粒子为球体，半径为 r，密度为 ρ，介质密度为 ρ_0，重力加速度为 g，则

$$F_{沉}=F_{重}-F_{浮}=\frac{4}{3}\pi r^3(\rho-\rho_0)g$$

粒子在介质中移动，就会有阻力，且移动速率越快，阻力越大。假设粒子位移速率为 u，介质黏度为 η，则阻力 $F_{阻}$ 为

$$F_{阻}=6\pi\eta ru$$

当 $F_{沉}=F_{阻}$，粒子匀速沉降，因此重力沉降速率为

$$u=\frac{2r^2(\rho-\rho_0)g}{9\eta} \tag{9-8}$$

当沉降速率与扩散速率相等时，溶胶粒子的分布达到平衡，即达沉降平衡，如图 9-6 所示。此时，一定高度上的粒子浓度不再随时间而变化，其浓度随高度分布的情况遵守高度分度定律。

$$n_2=n_1\exp\left[-\frac{4L\pi r^3}{3RT}(\rho-\rho_0)(x_2-x_1)g\right] \tag{9-9}$$

式中，n_1、n_2 分别为高度 x_1、x_2 处相同体积溶胶的粒子浓度；ρ、ρ_0 分别为胶粒和分散介质的密度；r 是粒子半径；L 为阿伏伽德罗常数；T 为绝对温度；g 为重力加速度常数。

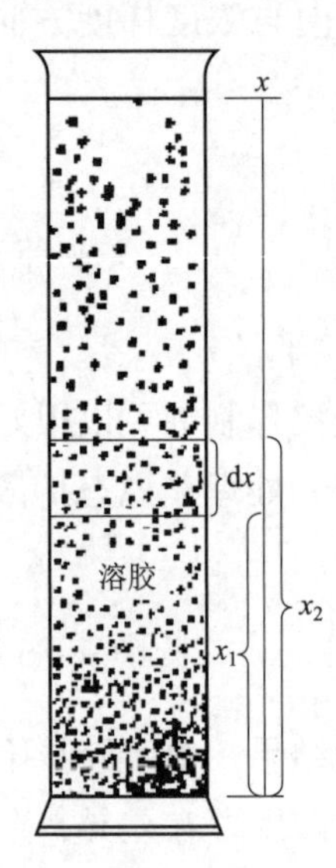

图 9-6 沉降平衡

由上式可见，粒子半径愈大，质量愈大，其浓度梯度也愈明显。此式也适用于空气中不同高度处微粒的分布。

溶胶系统达到沉降平衡时，溶胶粒子始终保持着分散状态而不向下沉降的稳定性，称为动力稳定性，它是溶胶粒子的扩散作用和重力作用相互抗衡的结果（图 9-6）。分散相粒子大小是分散系统动力稳定性的决定性因素，粒子越小，建立沉降平衡所需的时间越长，动力稳定性越强。粗分散系统，沉降作用强烈，扩散完全不起作用，是动力不稳定系统。分子分散系统，沉降完全消失，系统是均匀的。

2. 离心力场中的沉降作用 依靠惯性离心力的作用而实现的沉降过程称为离心力场中的沉降。重力场中的沉降只能用来研究粒子较大的粗分散系统，对于溶胶或大分子溶液因分散相的粒径较小，在重力场中沉降的速度极为缓慢，实际上无法观测其沉降速度，但在离心力场的作用下，这些系统仍能发生沉降现象。1923 年瑞典科学家斯韦德贝里（Svedberg）发明了离心机，把离心力提高到地心引力的 5000 倍。现在的高速离心机离心力已可达地心引力的 10^6 倍，这样就大大扩大了所能测定的范围。应用超离心机不仅可以测定溶胶胶团的摩尔质量或大分子物质的摩尔质量，还可以研究相对分子质量的分布。

第五节 溶胶的电学性质

溶胶具有较高的表面能，属于热力学不稳定系统，溶胶粒子有自动聚结变大的趋势。但很多溶胶系统实际上可以在相当长的时间内稳定存在而不聚沉，溶胶粒子带电是最主要的原因。胶粒带电不仅影响溶胶的稳定性，同时影响着溶胶的动力学性质、光学性质和流变性质等。

一、电动现象

电动现象（electrokinetic phenomena）是指溶胶粒子因带电而表现出来的一些行为，包括电泳、电渗、流动电势和沉降电势四种情况。电动现象是溶胶粒子带电的最好证明。

1. 电泳 在外加电场作用下分散相粒子在分散介质中的定向迁移的现象称为电泳（electrophoresis）。例如将电极插入水里通过水解法制得的 $Fe(OH)_3$溶胶中，通电之后 $Fe(OH)_3$溶胶粒子向负极方向移动，说明 $Fe(OH)_3$溶胶粒子带正电，如图 9－7 所示。不仅 $Fe(OH)_3$溶胶粒子，其他悬浮粒子也有类似现象，如金、银、铝、As_2S_3、硅酸等溶胶粒子向正极移动，而 $Al(OH)_3$溶胶粒子向负极方向移动等。

实验进一步证实，外加电场的电势梯度越大，胶粒所荷电量越多，胶粒越小，分散介质的黏度越小，则电泳速率越大。若在溶胶中加入电解质，则会对电泳产生显著影响。随着溶胶中外加电解质的增加，电泳速率会降低以致变为零，甚至改变胶粒的电泳方向。

在科学研究中，电泳已经成为常用的分析鉴定及分离方法，是研究溶胶、大分子溶液及生命科学的必备手段。对于溶胶常根据溶胶的量和性质的不同采用不同的电泳仪；对于生物胶体常采用区带电泳，包括纸上电泳、平板电泳和凝胶电泳等。凝胶电泳是指用聚丙烯酰胺凝胶、淀粉凝胶或醋酸纤维等代替滤纸进行电泳实验，其分离能力比滤纸强得多。如用聚丙烯酰胺凝胶做血清电泳实验，可以将血清分成25 个不同组分。

2. 电渗 在外加电场作用下分散介质通过多孔膜或极细的毛细管而移动的现象称为电渗（electroosmosis），如图 9－8 所示。电渗时带电的固相不动。随着电解质浓度的增加，电渗速率降低，甚至会改变液体流动的方向。电渗现象在工业上也有应用。例如，在电沉积法涂漆操作中，使漆膜内所含水分排到膜外以形成致密的漆膜，工业及工程中泥土或泥炭的脱水，都可借助电渗来实现。

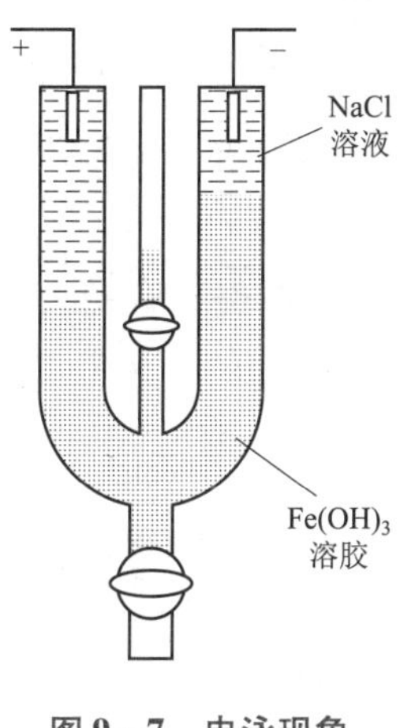

图 9－7 电泳现象

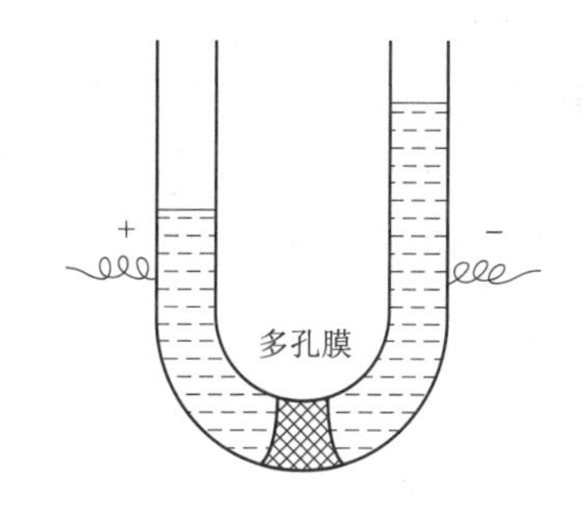

图 9－8 电渗现象

3. 流动电势 在外力作用下使液体流经毛细管或多孔膜时，在膜的两侧产生的电势差称为流动电势（streaming potential），它是电渗作用的逆过程。流动电势的大小随着介质的电导率增大而减小。在生产实际中要考虑到流动电势的存在。例如，当用油箱或输油管道运送液体燃料时，燃料沿管壁流动会产生很大的流动电势，这常常是引起火灾或爆炸的原因。为此常使油箱或输油管道接地以消除之，人们熟悉的运油车常带一接地铁链就是为此目的而设计。加入少量油溶性电解质，增加介质的电导，也可达此目的。

4. 沉降电势 在外力（主要是重力）作用下分散相粒子在分散介质中迅速沉降，液体的表面层与底层之间产生的电势差称为沉降电势（sedimentation potential），它是电泳作用的逆过程。储油罐中的油内常含有部分呈分散状态的水滴，这种水滴的表面带一定的电荷，在重力场作用下，水滴发生沉降会产生很高的沉降电势，给安全带来隐患。所以常在储油罐中加入有机电解质，增加其导电性能，加以防范。天空中雷电现象也与沉降电势有关。

二、胶粒带电的原因

电动现象证实了溶胶粒子是带电的，其表面电荷的来源主要有四种情况，即胶核界面的吸附、表面分子的电离、晶格取代和摩擦带电。

1. 胶核界面的吸附 溶胶粒子（胶核）是多分子聚集体，有很大的比表面和表面能，能吸附介质中的离子。若吸附了阳离子，胶粒就带正电；若吸附了阴离子，胶粒则带负电，大多数溶胶带电属于这类情况。吸附机制可分为选择性吸附和非选择性吸附。对于选择性吸附，实验表明，溶胶粒子会优先吸附和其组成相同或类似的离子，这一规律称为法金斯（Fajans）规则。利用该规则可以判断胶粒所带的电性。例如，由 $AgNO_3$ 和 KCl 制备 AgCl 溶胶，若 $AgNO_3$ 过量，溶胶粒子选择吸附 Ag^+ 而带正电；若 KCl 过量，溶胶粒子选择吸附 Cl^- 而带负电。若介质中没有与溶胶粒子组成相同或类似的离子存在，则吸附是非选择性的。非选择性吸附与离子的水化能力有关，水化能力强的离子往往留在溶液中，水化能力弱的离子易被吸附。通常阳离子的水化能力比阴离子强，因此通过非选择性吸附带电的溶胶一般带负电，这也是带负电的溶胶居多的原因所在。

2. 表面分子的电离 有些溶胶粒子本身含有可电离基团，表面分子会发生电离，其中一种离子进入液相，而使溶胶粒子带电。例如，硅溶胶为 SiO_2 的多分子聚集体，表面的 SiO_2 分子与水（分散介质）作用生成 H_2SiO_3，H_2SiO_3 是弱酸，电离可使硅溶胶粒子带电。

$$H_2SiO_3 \xrightarrow{H^+} HSiO_2^+ + OH^- \xrightarrow{H^+} HSiO_2^+ + H_2O \quad \text{酸性条件带正电}$$

$$H_2SiO_3 \xrightarrow{OH^-} HSiO_3^- + H^+ \xrightarrow{OH^-} HSiO_3^- + H_2O \quad \text{碱性条件带负电}$$

3. 晶格取代 天然黏土中 Al^{3+} 的（或 Si^{4+}）的晶格点往往被一部分 Mg^{2+} 或 Ca^{2+} 所取代，从而使黏土晶格带负电。为了维持电中性，黏土表面吸附一些正离子，而这些正离子在水中因水化而部分离开表面，于是黏土颗粒带负电。

4. 摩擦带电 在非水介质中，溶胶粒子电荷来源于粒子与介质间的摩擦，就像玻璃棒与毛皮摩擦可以带电一样。一般来说，在两种非导体构成的分散系统中，介电常数较大的一相带正电，另一相带负电。例如玻璃小球($\varepsilon=5\sim6$)在苯($\varepsilon=2$)中带正电，在水($\varepsilon=81$)中带负电。

三、双电层理论

溶胶是电中性的。当溶胶粒子表面带有电荷时，分散介质必然带电性相反的电荷。与电极－溶液界面相似，在溶胶粒子界面上必将形成双电层结构。对于双电层结构的认识，曾提出过不少模型，以下简要介绍亥姆霍兹平板双电层模型、古埃－查普曼扩散双电层模型和斯特恩吸附扩散双电层模型。

1. 亥姆霍兹平板双电层模型 1879 年亥姆霍兹（Helmholiz）首先提出了简单的平板双电层模型。他认为粒子表面因吸附等原因带有一定的电荷，与溶液中带有相反电荷的反离子（counter ions）因静电吸引平行而整齐排列在相界面上，构成双电层结构，形状与平行板电容器相似，如图 9－9 所示。两平板间的电势差称为表面电势 φ_0（surface potential）或热力学电势（thermodynamic potential），在双电层内电势从 φ_0 直线下降至零。平板间的距离 δ 约等于一个离子的大小。平板双电层模型对于早期的电动现象给予了一定的解释，但该模型忽略了介质中反离子由于热运动而产生的扩散，与溶胶真实情况相差较大。

2. 古埃－查普曼扩散双电层模型 为了克服平板双电层模型的不足，古埃（Gouy）和查普曼

(Chapmen) 在 1910 年左右提出了扩散双电层模型。如图 9－10 所示，设溶胶粒子表面吸附正离子，则介质中就有相同数量的负离子，由于静电引力和热运动两种相反作用的结果，负离子在溶胶粒子表面附近建立起内多外少的扩散状分布平衡。负离子的排布分为两部分，一部分紧密地排列在粒子表面（约为 1～2 个离子的厚度），称为吸附层或紧密层，即集中在 *AB* 线以左；另一部分则距粒子表面较远，按玻兹曼（Boltzmann）分布方式从紧密层直到离子浓度均匀的介质本体中，称为扩散层，即 *AB* 线以右。当溶胶粒子移动时，紧密层中的负离子跟随粒子一起移动，扩散层中的负离子滞留在原处，两者之间的分界面称为切动面或滑动面（即 *AB* 面），切动面与介质本体之间的电势差称为电动电势（electrokinetic potential）或称为 ζ 电势（Zeta－potential）。理解电动电势很重要，溶胶粒子在静态时，不显现切动面，只有在它运动时，才出现粒子与介质之间的电学界面，因此体现粒子有效电荷的是电动电势，而不是热力学电势，电动电势的大小是溶胶稳定性的主要因素。

扩散双电层模型说明了相反电荷离子呈扩散分布状态，区分了热力学电势 φ_0 和 ζ 电势。热力学电势往往是个定值，与介质中电解质浓度无关，ζ 电势则随电解质浓度增加而减小。

扩散双电层模型未能给出 ζ 电势更为明确的物理意义，无法解释 ζ 电势随外加电解质浓度变化而改变，甚至有时超过热力学电势或与热力学电势反号的现象。

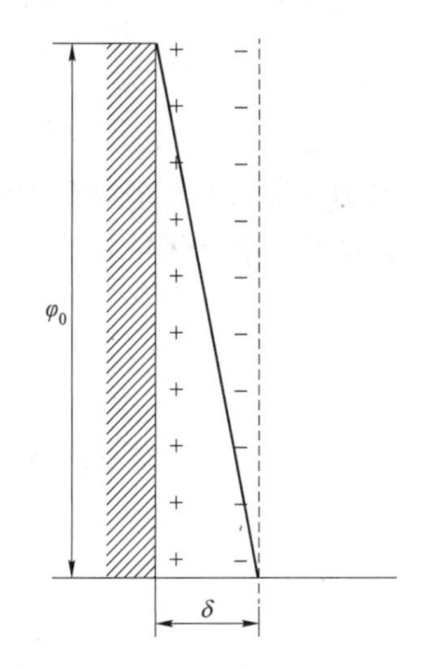

图 9－9　亥姆霍兹平板双电层模型

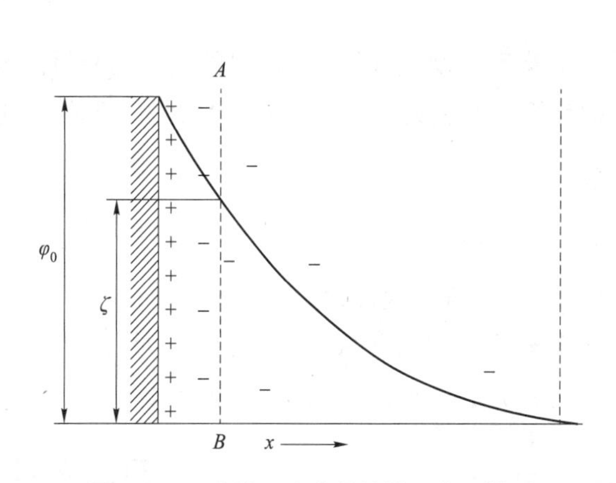

图 9－10　古埃－查普曼扩散双电层模型

3. 斯特恩吸附扩散双电层模型　1924 年，斯特恩（Stem）在亥姆霍兹平板双电层模型和古埃－查普曼扩散双电层模型的基础上进一步提出了吸附扩散双电层模型。他认为整个双电层也分为紧密层和扩散层两部分，见图 9－11。紧密层由吸附在粒子表面上的决定电性的离子和部分反离子构成。决定电性的离子决定着粒子的电性和热力学电势 φ_0 的大小，部分反离子由于静电引力的作用紧密排列在决定电性的离子附近，其厚度为 1～2 个分子大小，这部分反离子的中心位置称为斯特恩平面（此处电势称为斯特恩电势 φ_δ）。从斯特恩平面到粒子表面之间的区域称为斯特恩层，在此区域内电势由 φ_0 直线下降至 φ_δ，形状如同亥姆霍兹平板双电层结构。斯特恩面往外有一切动面，切动面处的电势即为 ζ 电势。因离子的溶剂化作用，紧密层结合了一定数量的溶剂分子，切动面内包含了这些溶剂分子，在电场作用下它们将与粒子作为一个整体一起移动。切动面的位置略在斯特恩层的外侧，呈不规则的曲面，ζ 电势就是这个不规则切动面与介质本体部分之间的电势差，ζ 电势的值略低于 φ_δ（若离子浓度不太高，则可以认为两者是相等的）。扩散层中反离子分布随距离而呈指数关系下降，符合玻兹曼分布公式。

斯特恩吸附扩散双电层模型明确了 ζ 电势的物理意义。从溶胶粒子表面到介质本体溶液间存在着热力学电势 φ_0、斯特恩电势 φ_δ 和 ζ 电势三种电势。φ_0 电势往往是个定值，与介质中电解质浓度无关，主要取决于溶胶粒子吸附决定电荷离子的量；而 ζ 电势是切动面与介质本体部分之间的电势差，仅为 φ_δ 电势的一部分。随着扩散层中电解质浓度的变化，进入切动面内反离子的量及扩散层的厚度将发生改变，ζ 电势亦将随之而变。若溶胶中电解质的量较适当，则扩散层分布较宽，ζ 电势较高，表明胶粒带电较多，其稳定性也较好；若加入足够多的电解质，扩散层厚度趋于零，ζ 电势则等于零，溶胶的稳定性最差。如果外加电解质中反离子的价数较高，或溶胶粒子对它的吸附能力较强，则紧密层中反离子过剩，ζ 电势将改变符号。

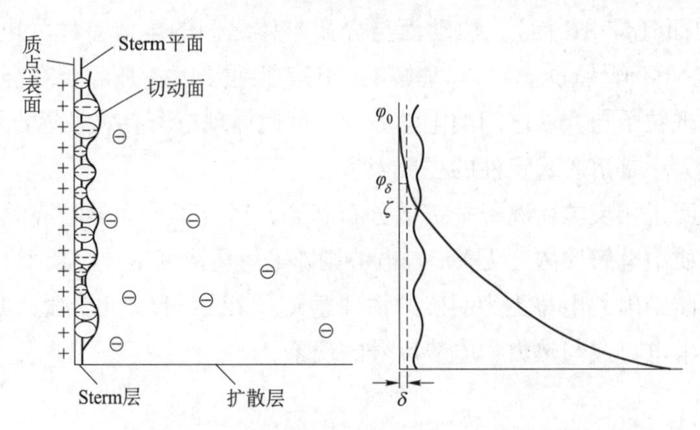

图 9-11 斯特恩吸附扩散双电层模型

4. 电动电势的计算 ζ 电势的大小是衡量溶胶稳定性的尺度，其值可通过测定溶胶粒子的电泳速度进行计算。溶胶粒子在电场中受到电场力和泳动阻力的作用，根据静电学相关知识可导出 ζ 电势的计算公式。

$$\zeta = \frac{K\pi\eta v}{\varepsilon_r E} \times (9 \times 10^9) \tag{9-10}$$

式中，v 是电泳的速度；E 是电场强度；ε_r 是介质的介电常数；η 是介质的黏度，K 是形状常数（球形粒子 $K=6$，棒状粒子 $K=4$）。各量的单位均为 SI 单位。

实验测定表明，大多溶胶的电动电势在 30~60mV 之间。

四、胶团的结构 微课 2

溶胶的电动现象和双电层理论可以帮助我们了解溶胶的胶团结构。

溶胶粒子的最内层是由多个（数千个左右）分子、原子或离子构成的聚集体，该聚集体称为胶核（colloidal nucleus）。胶核是溶胶粒子的核心，通常具有晶体的结构。胶核周围是由吸附在胶核表面上的决定电性的离子、部分反离子及溶剂化的介质分子构成的吸附层（紧密层）。胶核和吸附层组成胶粒（colloid particle），通常所说溶胶粒子带电是指胶粒带电，其所带电性取决于胶核吸附的决定电性的离子，而带电量的多少等于决定电性的离子与吸附层中部分反离子所带电量之差，在外加电场作用下胶粒进行定向移动。吸附层以外的剩余反离子称为扩散层，扩散层外缘的电势为零。胶核、吸附层和扩散层构成的整体称为胶团（micelle），它是电中性的。以 $AgNO_3$ 和 KI 溶液混合制备 AgI 溶胶为例，在 KI 过量的情况下，其胶团结构式见图 9-12，示意图见图 9-13。其中，m 是胶核中 AgI 的分子数；n 是胶核吸附的决定电性离子 I^- 的数目（$n<m$），m 和 n 对各个胶粒来说是不同的；x 是扩散层中反离子 K^+ 的数目；$(n-x)$ 是吸附层中的反离子的数目。胶团结构式只是对胶团结构的近似描述。

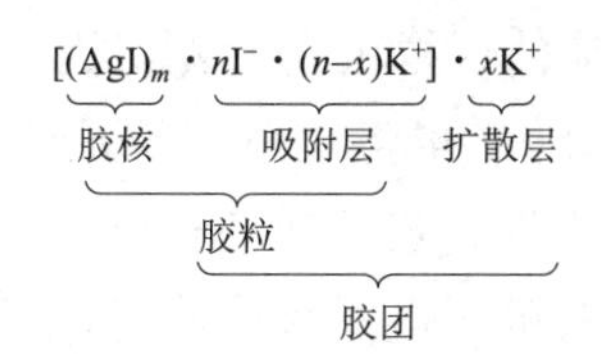

图9－12　AgI 溶胶的胶团结构式

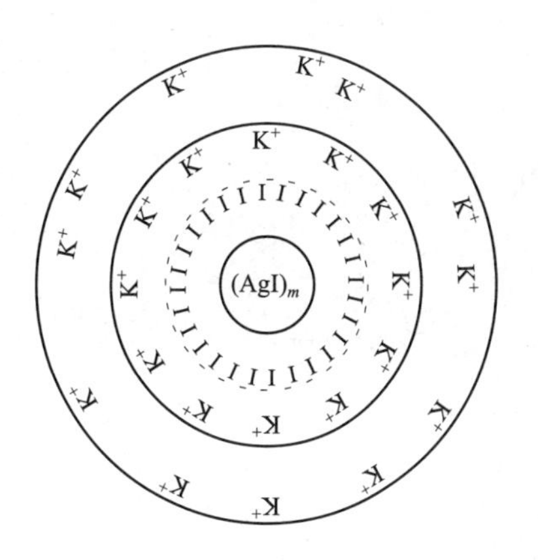

图9－13　AgI 溶胶胶团结构示意图

第六节　溶胶的稳定性和聚沉作用

一、溶胶的稳定性

溶胶是高度分散的多相系统，具有巨大的表面积和表面能，粒子间有相互聚结的自发倾向，是热力学不稳定系统。但是经过净化后的合格溶胶一定条件下能在相当长的时间内保持不聚结而稳定存在，其主要原因如下。

1. 布朗运动　由于溶胶粒子特有的分散程度，粒径处于 1～100nm，在介质分子的作用下，有较剧烈的布朗运动，因此在重力场中不易沉降，具有一定的动力稳定性。也正由于剧烈的布朗运动增加了粒子相互碰撞的机会，粒子一旦合并变大，就会抵抗不了重力作用而下沉，因此布朗运动不足以维持溶胶的稳定性。

2. ζ 电势　由于胶粒带电，有一定的 ζ 电势，当两个胶粒相互靠近到一定程度致使双电层部分重叠时，产生静电斥力，阻碍了胶粒间的聚集，保持了溶胶的稳定性。ζ 电势越大，溶胶的稳定性越强。因此，胶粒具有一定的 ζ 电势值是溶胶稳定的主要因素。

3. 溶剂化作用　胶团中的离子与溶剂分子产生溶剂化（若溶剂为水，则称为水化），一方面降低了胶核的表面能，另一方面在胶粒周围形成具有一定的弹性水化膜，且溶剂化的水比“自由水”黏度更大，成为胶粒接近时的机械阻力，防止了溶胶的聚结。

二、电解质对溶胶的聚沉作用

溶胶是热力学的不稳定系统，胶粒间会相互聚结变大，最后从介质中沉降下来。溶胶的这种聚结沉降现象称为聚沉（coagulation）。外加电解质是引起溶胶聚沉的主要因素。

1. DLVO 理论　20 世纪 40 年代原苏联科学家捷亚金（Deijaguin）、兰多（Landau）和荷兰科学家维韦（Verwey）、欧弗比克（Overbeek）分别提出了相似的关于带电胶粒在不同情况下的相互吸引能和排斥能的计算方法，从理论上阐明了溶胶的稳定性及外加电解质的影响，后称为 DLVO 理论。他们认为，两个带电胶粒之间同时存在引力和斥力两种作用力，相距较远时以范德华引力为主，当双电层发生重叠时因电性相同则以斥力为主，粒子之间引力势能 V_a、斥力势能 V_r 及总势能 V（$V = V_a + V_r$）与距离 H 的关系如图 9－14 所示。由图可见，要使粒子相互聚结在一起，必须克服一个势垒。计算表明，一般情况下溶胶粒子间势垒为 15～20kJ/mol，而布朗运动的平均动能常温下约为 3.7kJ/mol，不足以跨越势

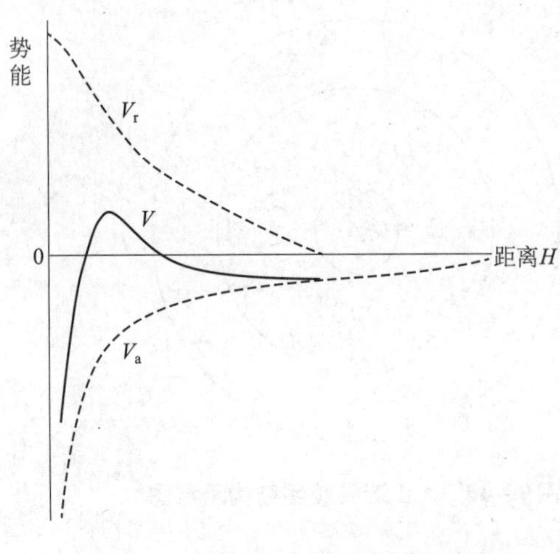

图 9-14 粒子之间势能与距离的关系

垒，因而溶胶在一定时间内稳定存在。

2. 电解质对溶胶稳定性的影响 电解质对溶胶稳定性的影响具有两重性。少量电解质是溶胶稳定的必要条件，它是溶胶带电、形成足够大ζ电势的物质基础；过量电解质则是引起溶胶不稳定的主要原因，它可以压缩胶粒周围的扩散层，使双电层变薄，ζ电势降低，稳定性变差。当ζ电势小于某一数值时，溶胶开始聚沉。ζ电势越小，聚沉速率越快。ζ电势等于零时，胶粒呈电中性，聚沉速率达到最大。在电解质作用下，溶胶开始聚沉时的ζ电势称为临界电势。多数溶胶的临界电势为25～30mV。

电解质是溶胶聚沉的主要因素，常用聚沉值（coagulation value）衡量不同电解质对溶胶的聚沉能力。使一定量溶胶在一定时间内完全聚沉所需外加电解质的最小浓度称为聚沉值，又称临界聚沉浓度。电解质的聚沉值越小，其聚沉能力越强。不同电解质对某些溶胶的聚沉值见表 9-3。

表 9-3 不同电解质对溶胶的聚沉值（mol/m³）

As_2S_3（负溶胶）		AgI（负溶胶）		Al_2O_3（正溶胶）	
电解质	聚沉值	电解质	聚沉值	电解质	聚沉值
LiCl	58	$LiNO_3$	165	NaCl	43.5
NaCl	51	$NaNO_3$	140	KCl	46
KCl	49.5	KNO_3	136	KNO_3	60
KNO_3	50	$RbNO_3$	126	KSCN	67
KAc	110	$Ca(NO_3)_2$	2.4	K_2SO_4	0.30
$CaCl_2$	0.65	$Mg(NO_3)_2$	2.6	$K_2Cr_2O_7$	0.63
$MgCl_2$	0.72	$Pb(NO_3)_2$	2.3	$K_2C_2O_4$	0.69
$MgSO_4$	0.81	$La(NO_3)_3$	0.069	$K_3[Fe(CN)_6]$	0.08
$AlCl_3$	0.093	$Al(NO_3)_3$	0.067	$K_4[Fe(CN)_6]$	0.05
$Al(NO_3)_3$	0.095				

电解质对溶胶的聚沉能力可采用 DLVO 理论进行定量讨论，但数学计算较为复杂，下面只介绍一些定性结果。

（1）聚沉能力主要取决于反离子的价数 反离子的价数越高，其聚沉值越小，聚沉能力越强。当反离子的价数分别为 1、2、3 价时，它们的聚沉值的比例为 100 : 1.6 : 0.14，相当于$\left(\frac{1}{1}\right)^6 : \left(\frac{1}{2}\right)^6 : \left(\frac{1}{3}\right)^6$，即聚沉值与反离子价数的六次方成反比，这一结论称为舒尔茨－哈代（Schulze－Hardy）规则。反离子的价数对聚沉影响极大，远远超过其因素的影响，因此在判断电解质聚沉能力时，反离子价数是首要考虑的因素。

（2）价数相同的反离子的聚沉能力依赖于反离子的大小 同族阳离子对负电性溶胶的聚沉能力随原子量或离子半径的增大而增强；同族阴离子对正电性溶胶的聚沉能力则随原子量或离子半径的增大而减弱。将同价离子按对溶胶的聚沉能力由大到小排成的序列称为感胶离子序（lyotropic series）。一价阳离子对带负电的溶胶感胶离子序为

$$H^+ > Cs^+ > Rb^+ > K^+ > Na^+ > Li^+$$

一价阴离子对带正电的溶胶感胶离子序为

$$F^- > Cl^- > Br^- > NO_3^- > I^-$$

（3）与溶胶具有相同电性的离子的聚沉能力取决于离子价数 与溶胶具有同种电荷离子的价数越高，则电解质的聚沉值越大，聚沉能力越弱。例如，胶粒带正电，反离子为SO_4^{2-}，则聚沉能力为 $Na_2SO_4 > MgSO_4$。

（4）不规则聚沉 在逐渐增加电解质浓度的过程中，溶胶发生聚沉、分散、再聚沉的现象称为不规则聚沉（irregular coagulation），如图 9－15 所示。不规则聚沉往往是胶粒对高价反离子强烈吸附的结果。少量电解质使溶胶聚沉，但吸附过多高价反离子后，胶粒改变电荷符号，形成带相反电荷的新双电层，溶胶又重新分散。再加入电解质，压缩新的双电层，重新发生聚沉。

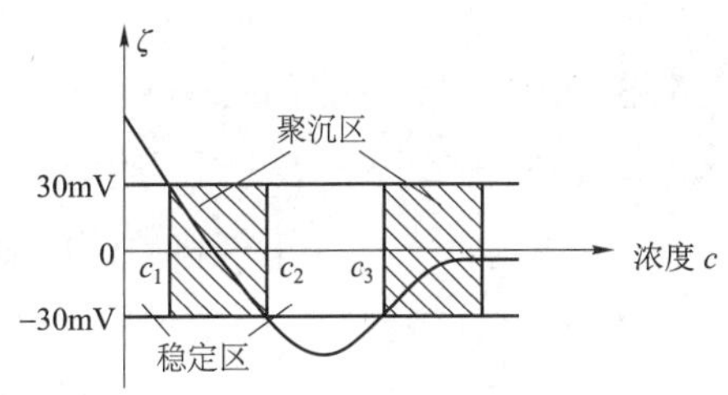

图 9－15 不规则聚沉

三、影响溶胶聚沉的其他因素

影响溶胶聚沉的因素很多。除电解质外，溶胶的浓度、温度、外力场、电性相反溶胶的混合、大分子化合物等也会影响溶胶聚沉。

1. 浓度、温度、外力场等物理因素的影响 增加溶胶的浓度会使胶粒相互碰撞的机会增多；升高溶胶的温度会使每次碰撞的强度增大，这都有可能促使溶胶聚沉。将溶胶置于高速离心机中，由于胶粒与介质的密度不同，产生的离心力有差异，也会使溶胶聚沉。

2. 溶胶间的相互聚沉 带相反电荷的溶胶相互混合也会发生聚沉。相互聚沉的程度与两者的相对量有关。当两种胶粒所带电荷全部中和时才会完全聚沉，否则可能聚沉不完全，甚至不聚沉。溶胶的相互聚沉作用有很多实际应用。例如，自来水厂或污水处理工程经常用明矾净水，因水中的悬浮物通常带负电，而明矾的水解产物 $Al(OH)_3$溶胶则带正电，两者相互作用能促使泥沙等悬浮粒子聚沉，并且 $Al(OH)_3$絮状物有吸附作用，所以能很快地将水中的杂质除净，达到净水的目的。

3. 大分子化合物的影响 大分子化合物对溶胶聚沉的影响与大分子浓度的高低有关。当在溶胶中加入少量大分子溶液时，会降低溶胶的稳定性，甚至发生聚沉，这种现象称为敏化作用（sensitization）。敏化作用产生的原因可能是在同一个大分子上吸附了许多胶粒，局部密度变大，在重力作用下发生沉降。当在溶胶中加入足够量的较高浓度大分子溶液时，会增加溶胶的稳定性，这种现象称为大分子化合物对溶胶的保护作用。这是由于多个大分子吸附在同一个溶胶粒子的表面，或环绕在粒子的周围，形成溶剂化保护膜，对溶胶起到保护作用。例如墨汁中加动物胶、颜料中加酪素、照相乳剂中加明胶、杀菌剂蛋白银（银溶胶）中加蛋白质等就是大分子化合物对溶胶保护作用的应用。

目标测试

答案解析

1. 胶体的基本特征是什么？

2. 胶粒带电的原因是什么？

3. 随着电解质的加入，胶粒的电泳速率由大变小，有时又由小变大但电泳方向相反，为什么？

4. 取同一种溶胶各 20ml，分别置于三只试管中，为使溶胶凝结，至少于第一只试管加 1mol/L KCl 溶液 2.1ml，向第二只试管加 0.005mol/L Na_2SO_4溶液 12.5ml，于第三只试管加 0.00033mol/L Na_3PO_4溶液 7.4ml，然后加蒸馏水使一、三试管中溶液的体积与第二只试管中相等。计算每种电解质的聚沉值和它们的聚沉能力之比，并判断胶粒所带电荷的类型。

[$c(KCl)=64.6mmol/L$；$c(Na_2SO_4)=1.92mmol/L$；$c(Na_3PO_4)=0.075mmol/L$；$F(KCl):F(Na_2SO_4):F(Na_3PO_4)=1:33.6:860$；溶胶带正电]

5. 用等体积的0.1mol/L KI和0.08mol/L $AgNO_3$溶液混合制得AgI溶胶，电泳时胶粒哪一个电极移动？写出胶团结构式及判断下述电解质对其聚沉能力的次序：NaCl、$AlCl_3$、Na_2SO_4、Na_3PO_4。

{正极移动；$[(AgI)_m\cdot nI^-\cdot(n-x)K^+]^{x-}\cdot xK^+$；$AlCl_3>NaCl>Na_2SO_4>Na_3PO_4$}

6. 在碱性溶液中用甲醛还原氯金酸制备金溶胶的反应为

$$HAuCl_4+5NaOH\longrightarrow NaAuO_2+4NaCl+3H_2O$$

$$2NaAuO_2+3HCHO+NaOH\longrightarrow 2Au+3HCOONa+2H_2O$$

此处$NaAuO_2$为稳定剂，写出胶团结构式。

{$[(Au)_m\cdot nAuO_2^-(n-x)Na^+]^{x-}\cdot xNa^+$}

7. 在热水中水解$FeCl_3$制备$Fe(OH)_3$溶胶。请写出该胶团的结构式，指明胶粒的电泳方向，比较电解质Na_3PO_4、Na_2SO_4、NaCl对该溶胶聚沉能力的大小。

{负极移动；$[[Fe(OH)_3]_m\cdot n\,FeO^+\cdot(n-x)Cl^-]^{x+}\cdot x\,Cl^-$；$Na_3PO_4>Na_2SO_4>NaCl$}

8. 293K时测定溶胶的ζ电位，所用电泳槽的两极相距40cm，两极上的电位差为200V。测得20分钟胶粒移动了24mm。水的介电常数为81，黏度为0.001Pa·s。计算ζ电位。设胶粒为棒形。

(5.58×10^{-2}V)

9. 用$15\times10^{-6}m^3$浓度为0.01mol/L的KI和$20\times10^{-6}m^3$浓度为0.1mol/L的$AgNO_3$溶液制备的AgI溶胶，通电后界面如何移动？请写出制备的AgI溶胶的胶团结构式，并判断$Fe(NO_3)_3$、Na_2SO_4、$MgSO_4$三种电解质中哪种对AgI溶胶的凝结值最小，哪种最大？

{正极下降负极上升；$[(AgI)_m\cdot nAg^+\cdot(n-x)NO_3^-]^{x+}\cdot xNO_3^-$；$Na_2SO_4>MgSO_4>Fe(NO_3)_3$；$Na_2SO_4$的凝结值最小，$Fe(NO_3)_3$的凝结值最大}

10. 把每毫升含0.0015g $Fe(OH)_3$的溶胶先稀释10000倍，再放在超显微镜下观察，在直径和深度各为0.04mm的视野内数得粒子的数目平均为4.1个。设粒子的密度为5.2g/ml，且粒子为球形，试计算其直径为多少？

(9.45×10^{-7}m)

11. 某一溶胶浓度为$\omega=2.0\times10^{-4}kg/m^3$，分散相密度$\rho=2.2\times10^3kg/m^3$。在超显微镜下，视野中可看到直径$d=4\times10^{-5}m$、深度为$h=3\times10^{-5}m$的一个小体积。数出此小体积中平均含有8.5个胶粒，试求胶粒半径和摩尔胶团质量M。

(4.58×10^{-8}m，5.33×10^5kg/mol)

12. 在26℃下做$Fe(OH)_3$水溶胶的电泳实验，当接通直流电源后，界面向哪个电极方向移动？为什么？5分钟后界面移动了5.0×10^{-3}m，求$Fe(OH)_3$水溶胶的动电势。已知26℃时水的黏度系数为8.737×10^{-4}Pa·s，介电常数为81，两极间的距离为0.232m，外加电压100V，设胶粒为棒形。

(负极；4.71×10^{-2}V)

13. 有一质量百分浓度为0.2%的金溶胶（$\rho=1.00g/ml$），黏度$\eta=1.0\times10^{-3}Pa\cdot s$，粒子半径$r=1.3\times10^{-7}cm$，金的密度为19.3g/ml，试计算此溶胶在25℃时的渗透压及扩散系数D。

(46.3Pa，$1.68\times10^{-10}m^2/s$)

14. 由电泳实验测得Sb_2S_3溶胶（设为球形粒子），在电压210V下（两极相距38.5cm），通电时间为36分钟12秒，引起溶液界面向正极移动3.20cm，该溶胶分散介质的相对介电常数$D=18.1$，黏度系数$\eta=1.03\times10^{-3}Pa\cdot s$，试计算溶胶的$\zeta$电势。

（0. 26V）

15. 某一金的水溶胶，受重力作用达平衡以后，测得在某高度的若干容积中有 386 个粒子（多次测定取平均值），比它高 0. 01cm 处的相等容积中有 193 个粒子，溶胶的温度为 19℃，粒子的比重为 19. 3，若粒子为球形，求其半径。

（3.34×10^{-8}m）

书网融合……

思政导航

本章小结

微课 1

微课 2

题库

第十章　大分子溶液

学习目标

知识目标

1. 掌握　大分子化合物、大分子溶液、大分子电解质溶液的一般性质；唐南平衡。

2. 熟悉　大分子溶液的溶解规律、大分子溶液的黏度特性、渗透压；用渗透压法和黏度法测定大分子化合物平均摩尔质量的方法；凝胶的结构和特性、凝胶与干胶及大分子溶液的相互转化；胶凝作用和影响因素。

3. 了解　大分子溶液、大分子电解质溶液在医药上的应用价值；大分子溶液与溶胶的相互作用、凝胶的性质。

能力目标　通过本章的学习，使学生能够应用大分子溶液以及渗透压、黏度等基本理论、基本原理和基本方法，分析和解决中药学、药学生产实践中的相关问题，使学生具备一定的创新能力、动手能力和实践应用能力。

大分子（macromolecule）化合物也称为高分子化合物，它是指平均摩尔质量约 1×10^4g/mol 以上的化合物，包括天然的淀粉、蛋白质、核酸、纤维素等，也有人工合成的橡胶、聚烯烃、树脂等。

许多大分子化合物能够溶解于适当的溶剂中形成大分子溶液，有一些性质与小分子溶液不同，如不能通过半透膜、扩散速度较慢、具有一定的黏度等。由于分子很大，单个大分子即已达到溶胶颗粒大小的范围（$10^{-9}\sim10^{-7}$m）。因此，研究大分子化合物的许多方法也和研究溶胶有相似之处，但因为大分子在溶液中是以单分子存在的，与胶粒的多分子聚集结构不同，所以它的性质又与溶胶有截然不同的地方。大分子溶液是真溶液，是热力学稳定系统。

人类的饮食、衣着、生命的维持以及生产的发展离不开大分子化合物，它不仅广泛应用于材料、化工、环境、农业等领域，在医药领域的应用也越来越广泛。比如明胶、葡萄糖聚合物、羟乙基淀粉等形成的大分子溶液可以维持血管内胶体渗透压及血容量，常作为血浆代用品。大分子化合物可以作为药物载体改善药物性质，或作为阻滞剂控制药物释放速度。

第一节　大分子化合物

一、大分子化合物的结构特征

大分子化合物的结构指由共价键连接而成的大分子的结构单元、原子或基团在空间的排布状态。绝大多数的大分子化合物是由许多重复结构单元所组成。这种结构单元单独存在时往往是小分子的形式，又称为单体。例如，天然橡胶分子是由许多个异戊二烯单体聚合而成的，其聚合度为 2000～20000，相应的摩尔质量一般在 $10^4\sim10^6$g/mol。

大分子化合物中重复出现的结构单元称为链节，链节数“n”即为聚合度。

大分子化合物的形状多种多样，从结构上看，主要分为线型、支链型、体型三种类型。天然橡胶和纤维素属于线型结构；支链淀粉大分子和糖原大分子属支链型结构；球状的卵白分子和长棒状的肌朊分子属体型结构。

以线型碳链为例，分子长链由许多个 C－C σ 单键相连组成，在键角不变的情况下，这些单键时刻都围绕其相邻的单键在空间作不同程度的圆锥形转动，这种转动称为分子的内旋转，如图 10－1 所示。这种内旋转导致大分子在空间的排布方式不断变更而出现许多不同的构象（conformation）。由于分子热运动，使得大分子各种构象之间转换速度极快，呈现出无规划线团、折叠链、螺旋链等构象。

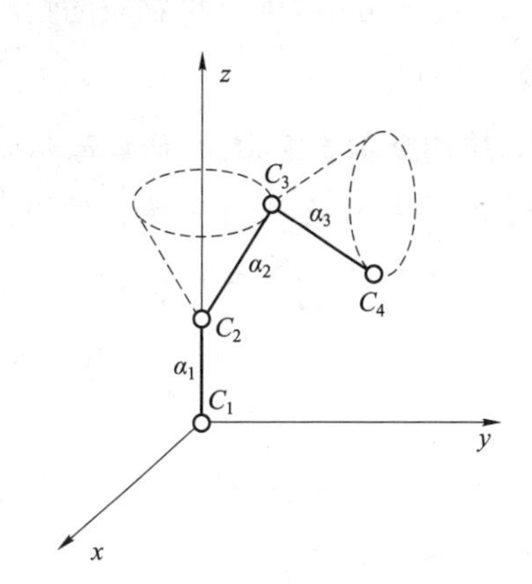

图 10－1　大分子碳链上各个碳原子的内旋转

由于大分子链中任何一个单键内旋转必然牵扯其毗邻的链节。这些受牵扯的链节可以被看作是大分子长链上能够独立运动的最小单元，称之为链段（segment）。链段是由一定数量相互影响的链节所组成的活动单元，而大分子就是由很多链段组成的活动整体。大分子本身的整体运动与其中链段的独立运动形成了大分子所特有的运动单元的多重性，并导致了大分子溶液的某些特殊的理化性质。大分子化合物一般不易挥发，而且沸点很高，往往在达到沸点以前即已分解。

链节的内旋转和链段的热运动，是大分子链产生柔顺性（flexibility）的原因。大分子链的柔顺性可用链段长短来表征，链段长度越短，数目越多，分子的柔顺性越强；反之，大分子的刚性越强。大分子链的柔顺性主要取决于结构因素，包括主链结构和取代基等。由单键或孤立双键组成的大分子有较大的柔顺性。主链若含有苯环、杂环或共轭双键，内旋转困难，这样的分子柔顺性差，刚性较强。取代基的数量和极性影响分子的柔顺性，只含碳氢链结构的大分子的柔顺性强。若主链上的取代基体积较大或极性较强，则链段间相互作用力较大，阻碍内旋转，这时大分子就表现出刚性。

影响大分子链的柔顺性的其他因素还有氢键、温度、溶剂等。氢键使得分子链的内旋转受到限制，降低了内旋转的柔顺性。温度越高，分子热运动越剧烈，分子链的内旋转更容易，柔顺性增加。

溶剂的溶剂化能力将对大分子链的柔顺性产生影响。如果溶剂分子对大分子链的溶剂化作用强，则溶剂会使大分子链充分松弛柔顺，这种溶剂称为良溶剂（good solvent）；反之，若溶剂分子对大分子链的溶剂化作用弱，则大分子链较为紧缩，难以表现出柔顺性，这种溶剂称为不良溶剂（poor solvent）。

二、大分子化合物的平均摩尔质量及其测定法

不论是天然的还是人工合成的化合物，每个分子的大小并不是一样的。大分子是由单体聚合而成，其聚合度 n 是不一定相同的，因而每种大分子化合物的摩尔质量都具有一定的分布。当提及大分子化合物的相对分子质量时，指的是平均值。由于平均的方法不同，得到的平均摩尔质量也不同。常用的平均摩尔质量表示方法有以下几种，每种平均摩尔质量可通过各种相应的物理或化学方法进行测定。

（一）大分子化合物的平均摩尔质量

1. 数均摩尔质量 $\overline{M}_n$　数均摩尔质量（number average molar weight，$\overline{M}_n$）定义为：假设大分子化合物样品中含有摩尔质量为 M_1、$M_2 \cdots M_i$ 的各组分的物质的分子数分别为 N_1、$N_2 \cdots N_i$，则数均摩尔质量为：

$$\overline{M}_n = \frac{N_1M_1 + N_2M_2 + \cdots + N_iM_i}{N_1 + N_2 + \cdots + N_i}$$

$$=\frac{\sum N_iM_i}{\sum N_i}=\frac{\sum c_iM_i}{\sum c_i}=\sum x_iM_i \quad (10-1)$$

式中，c_i 和 x_i 分别为第 i 种物质的物质的量浓度和摩尔分数。利用端基分析法或依数性测定法等可测得数均摩尔质量。

2. 质均摩尔质量 $\overline{M}_m$ 质均摩尔质量（mass average molar weight，$\overline{M}_m$）是按样品中各种分子所占质量进行统计平均的，其定义为：假设大分子化合物中含有摩尔质量为 M_1、M_2…M_i 的分子，其相应质量分别为 $m_1=N_1M_1$、$m_2=N_2M_2$、…、$m_i=N_iM_i$。

则
$$\overline{M}_m=\frac{m_1M_1+m_2M_2+\cdots+m_iM_i}{m_1+m_2+\cdots+m_i}=\frac{\sum m_iM_i}{\sum m_i}=\frac{\sum N_iM_i^2}{\sum N_iM_i} \quad (10-2)$$

利用光散射法可测得质均摩尔质量。

3. Z 均摩尔质量 $\overline{M}_z$ Z 均摩尔质量（Z-average molar weight，$\overline{M}_z$）是按 m_iM_i 进行统计平均，其定义为：

$$\overline{M}_z=\frac{\sum (m_iM_i)M_i}{\sum (m_iM_i)}=\frac{\sum Z_iM_i}{\sum Z_i} \quad (10-3)$$

式中，$Z_i=m_iM_i$，利用超离心沉降法可测得 Z 均摩尔质量。

4. 黏均摩尔质量 $\overline{M}_\eta$ 利用黏度法测出的平均摩尔质量叫作黏均摩尔质量（viscosity average molar weight，$\overline{M}_\eta$），其定义式为：

$$\overline{M}_\eta=\left(\frac{\sum N_iM_i^{(\alpha+1)}}{\sum N_iM_i}\right)^{1/\alpha} \quad (10-4)$$

式中，α 为经验常数，一般在 0.5～1.0 之间。黏均摩尔质量没有明确的统计学意义。

现将上述几种摩尔质量汇总于表 10-1。

表 10-1 四种平均摩尔质量

种类	数学表达式	测定方法
数均摩尔质量 $\overline{M}_n$	$\overline{M}_n=\frac{\sum N_iM_i}{\sum N_i}=\sum x_iM_i$	依数性测定法 端基分析法
质均摩尔质量 $\overline{M}_m$	$\overline{M}_m=\frac{\sum m_iM_i}{\sum m_i}=\frac{\sum N_iM_i^2}{\sum N_iM_i}$	光散射法
Z 均摩尔质量 $\overline{M}_z$	$\overline{M}_z=\frac{\sum (m_iM_i)M_i}{\sum (m_iM_i)}=\frac{\sum Z_iM_i}{\sum Z_i}$	超离心沉降法
黏均摩尔质量 $\overline{M}_\eta$	$\overline{M}_\eta=\left(\frac{\sum N_iM_i^{(\alpha+1)}}{\sum N_iM_i}\right)^{1/\alpha}$	黏度法

数均摩尔质量对大分子化合物中摩尔质量较低的部分比较敏感，而质均和 Z 均摩尔质量则对摩尔质量较高的部分比较敏感。

一般情况下，对同一种大分子样品，$\overline{M}_z>\overline{M}_m>\overline{M}_\eta>\overline{M}_n$，分子越不均匀，这几种平均值的差别就越大，习惯上用 $\overline{M}_m/\overline{M}_\eta$ 的比值来表示大分子化合物的不均匀情况。假如试样的分子大小是均匀的（单分散系统），则各种平均方法都一样，$\overline{M}_z=\overline{M}_m=\overline{M}_\eta=\overline{M}_n$。

大分子化合物的平均摩尔质量在一定程度上影响着大分子溶液的理化性质，一般来说，平均摩尔质

量在 7×10^4 g/mol 以上的大分子药物就不易从体内排泄代谢。所以，大分子的平均摩尔质量是一个重要的物理参数。

（二）大分子化合物的平均摩尔质量的测定方法

1. 渗透压法测定大分子化合物的数均摩尔质量 $\overline{M}_n$　利用溶液的一些依数性质如沸点升高、凝固点降低、蒸气压下降和渗透压等都可以测定大分子化合物的数均摩尔质量。大分子溶液的浓度一般很小，其中溶质的分子数不多，所以其依数性也很小。举例来说，当试样的平均摩尔质量为 5×10^4 g/mol，溶液中溶质的质量分数为 0.01 时，蒸气压降低约为 0.04Pa，凝固点降低约为 0.001K，沸点上升约为 5×10^{-4} K，溶剂渗透压约为 98Pa。相对来说，渗透压法是比较好的测定数均摩尔质量的方法。由于大分子化合物中的每个链段都能在依数性方面发挥作用，因此在相同浓度条件下，大分子溶液比小分子溶液的渗透压还是要大得多。

非电解质大分子溶液对理想溶液偏差较大，其渗透压要用 Virial 公式来描述。

$$\pi = RT(c/\overline{M}_n + A_2c^2 + A_3c^3 + \cdots) \tag{10-5}$$

式中，A_2、A_3 为维利系数，表示溶液的非理想程度；c 为大分子化合物的质量浓度（g/L）；$\overline{M}_n$ 为数均摩尔质量。

在稀溶液中，上式可简化为：

$$\pi/c = RT/\overline{M}_n + A_2RTc \tag{10-6}$$

式中，A_2 为第二维利系数，其值与溶液中大分子的形态及大分子与溶剂间的相互作用有关。

由式（10－6）可知，在一定温度下，通过实验测出不同浓度 c 时溶液的渗透压 π，然后以 π/c 对 c 作图可得一直线，由直线的截距可求出数均摩尔质量 $\overline{M}_n$。

从式（10－6）我们还可看出，$\overline{M}_n$ 越大，渗透压越小，测定误差就越大，所以只有大分子化合物的摩尔质量小于 10^5 g/mol 时，才能采用上述方法进行测定。

2. 黏度法测定大分子化合物的黏均摩尔质量 $\overline{M}_\eta$　黏度法测定大分子化合物的平均摩尔质量是目前最常用的方法，原因在于仪器简单、操作便利等。 微课 1

大分子溶液的特性黏度［η］描述的是在浓度极稀时，单个大分子对溶液黏度的贡献，其数值不随浓度而变化。

$$[\eta] = \lim_{c\to 0}\frac{\eta_{sp}}{c} = \lim_{c\to 0}\frac{\ln\eta_r}{c} \tag{10-7}$$

在 $c\to 0$ 时，大分子溶液的黏度与浓度的关系符合 Huggins 经验式和 Kraemer 经验式。

$$\eta_{sp}/c = [\eta] + k'[\eta]^2c \tag{10-8}$$

$$\ln\eta_r/c = [\eta] - \beta[\eta]^2c \tag{10-9}$$

式中，k' 和 β 均为常数。以上两式表明，测定不同浓度大分子溶液的黏度，作$(\eta_{sp}/c)-c$ 或 $\ln(\eta_r/c)-c$，可得两条直线，截距均为特性黏度$[\eta]$，如图 10－2 所示。

施陶丁格（Standinger）等经过研究，提出了大分子溶液的特性黏度与其黏均摩尔质量间的经验关系式，即

$$[\eta] = K\overline{M}_\eta^\alpha \tag{10-10}$$

式中，K 和 α 为与溶剂、大分子化合物及温度有关的经验常数，α 值一般在 0.5～1 之间。

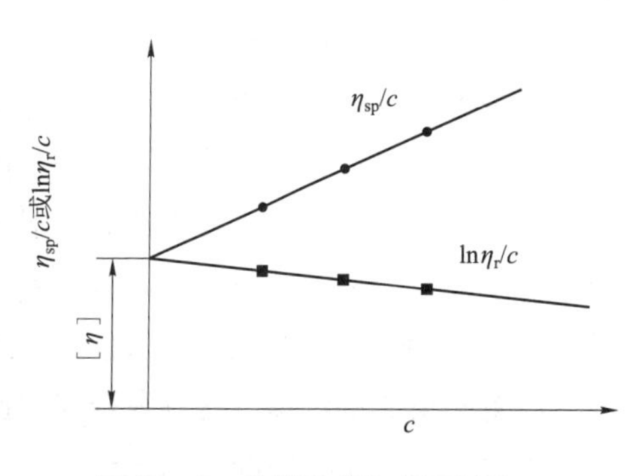

图 10－2　外推法求$[\eta]$示意图

将式（10－10）改写成对数形式，有

$$\ln[\eta] = \ln K + \alpha \ln \overline{M}_\eta \tag{10-11}$$

以 $\ln\overline{M}_\eta$ 为横坐标，$\ln[\eta]$ 为纵坐标作图，可得一直线，其斜率为 α，截距为 $\ln K$。通过测定溶液的黏度，并利用式（10－10）和式（10－11），可计算出大分子的黏均摩尔质量 $\overline{M}_\eta$。

第二节 大分子溶液的性质与特点

一、大分子溶液的基本性质

大分子化合物在溶剂中溶解形成的真溶液即大分子溶液（macromolecular solution）。大分子溶液中溶质分子的大小，恰好是在胶体范围之内，即 $10^{-7} \sim 10^{-9}$m。因此，在某些方面它们与溶胶有相似的性质，如分散相粒子质量不均一、扩散速度慢、不能透过半透膜等。但大分子溶液又不同于溶胶，如它有反常大的渗透压、有很大的结构黏度等。将大分子溶液和小分子溶液比较，二者都是热力学稳定系统，但大分子溶液又有其独特性质，如没有固定的溶解度等。为了便于比较，现将大分子溶液、溶胶以及小分子溶液在性质上的异同点列于表 10－2 中。

表 10－2　大分子溶液和溶胶性质的比较

特性	大分子溶液	溶胶	小分子溶液
分散相大小	$10^{-7} \sim 10^{-9}$m	$10^{-7} \sim 10^{-9}$m	$<10^{-9}$m
分散相存在的单元	单相	多相	单相
扩散速度	慢	慢	快
稳定性	稳定	不稳定	稳定
热力学性质	热力学稳定系统 遵守相律	热力学不稳定系统 不遵守相律	热力学稳定系统 遵守相律
能否透过半透膜	不能透过	不能透过	能透过
渗透压	大	小	小
黏度	大	小	小
对外加电解质的敏感程度	不太敏感，加入大量电解质会盐析	敏感，加入少量电解质就会聚沉	不敏感

二、大分子化合物的溶解规律

大分子化合物由于结构复杂、平均摩尔质量大、形状多样，溶解的影响因素很多，溶解过程较为复杂。

大分子化合物在溶解时首先必须要经过溶胀（swelling）过程。如图 10－3 所示，大分子化合物首先与溶剂分子发生溶剂化作用，溶剂小分子钻到卷曲的化合物分子链间的空隙中去，使大分子舒展开来，体积逐渐胀大，但缠结着的大分子仍能在相当时间内保持外形不变。溶胀所形成的系统叫凝胶。若溶胀进行到一定程度就不再继续进行下去，则称之为有限溶胀，例如明胶在冷水中的溶胀。若溶胀不断地进行下去，大分子链间距离不断增大，直至大分子链在溶剂中自由运动并充分伸展，完全溶解成大分子溶液，这种溶胀称为无限溶胀，例如明胶在热水中即可发生无限溶胀。溶胀可以看成是溶解的第一阶段，溶解是溶胀的继续，达到完全溶解也就是无限溶胀。大分子化合物先溶胀后溶解的特性使得大分子的溶解过程需要很长时间。

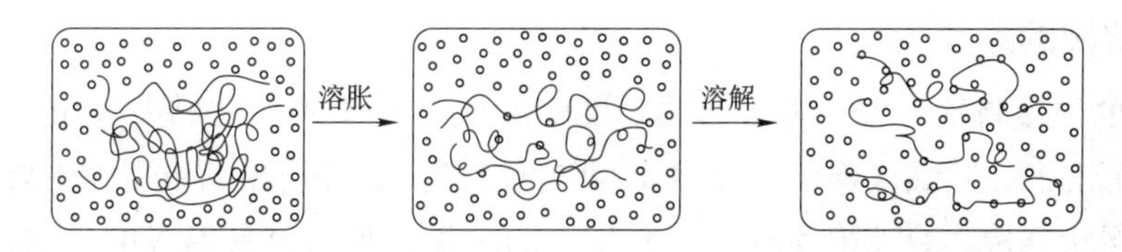

图 10－3　大分子溶解的两个阶段

大分子化合物在溶剂中的溶解同样遵从“相似相溶”的规则，首先就是极性相近原则，即大分子和溶剂的极性大小越接近，其溶解性越好，例如极性的聚乙烯醇能溶于水而不溶于汽油，非极性的天然橡胶能溶于汽油而不溶于极性溶剂中。还有就是溶剂化原则，就是说溶剂分子通过与大分子链的相互作用即溶剂化作用，使得大分子链逐渐分开，发生溶胀直至溶解，例如聚氯乙烯不能溶于二氯甲烷，原因就是二者间的溶剂化作用不足。

大分子化合物的溶解有很强的平均摩尔质量依赖性，即溶解度随平均摩尔质量的增大而减小。在分子大小不同的大分子化合物溶液中，加入沉淀剂，相对分子质量大的首先沉淀出来，随着沉淀剂用量的增加，各大分子化合物按分子量由大到小的顺序陆续沉淀出来。另外，如果把聚合物按照一定范围分级，就可能大体知道摩尔质量的分布情况。分级的方法可以利用大分子的溶解度与分子大小的依赖关系，如沉淀分级；利用大分子分子大小不同，动力学性质也不同，如超离心沉降法；根据大分子化合物分子大小不同的情况用凝胶色谱法进行分离。

三、大分子溶液的黏度特性

（一）流体的黏度

流体流动时产生内摩擦力的性质，称为流体的黏性。流体黏性越大，其流动性越小。例如水容易流动，油则不易流动。它们在流动能力上的差别在于它们内部对流动起阻碍作用的内摩擦力大小不同。

一般流体的流动可以看作是层状流动，运动着的流体内部各液层移动速度不同。如图 10－4 所示，若在两平行板间盛以某种液体，A 板是静止的，B 板以速度 v 向 x 方向作匀速运动，则两板之间液体也将随之移动。若将两板间的液体沿 y 方向分成无数平行的液层，则各液层向 x 方向的流速随 y 值的不同而变化，即层与层之间存在着速度差，相邻液层之间存在内摩擦力。为了维持稳定的流动，保持速度梯度不变，就要对上面的 B 板施加恒定的外力 F，称为切力（shearing force）。

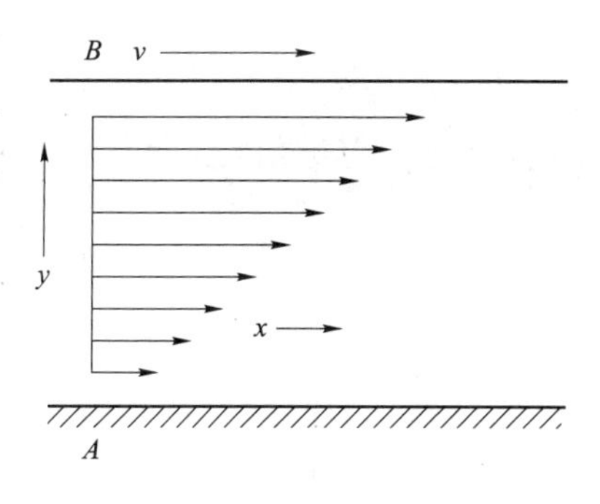

图 10－4　流体在两平行板间的流动

设相距 dy 的两液层的接触面积为 A，速度差为 dv，则有

$$F = \eta A \frac{dv}{dy} \quad (10-12)$$

式中，比例系数 η，称为黏度系数（viscosity coefficient），简称黏度，单位为 $N \cdot s/m^2$ 或 $Pa \cdot s$。在物理制（CGS 制）中，黏度的单位是泊，为 1g/(cm · s)，符号为 P，1P = 1/10Pa · s。

黏度的物理意义为：单位面积的液层保持速度梯度为 1 时所施加的外力。当温度确定后，流体的黏度不随切力和速度梯度的变化而改变。此式所示的关系，称为牛顿黏度定律。

凡符合牛顿黏度定律的液体均称为牛顿型流体（Newtonian fluid）。大多数纯液体（如水、乙醇等）以及稀的低分子化合物溶液及正常人的血清或血浆等，都属于牛顿型流体。凡不符合牛顿黏度定律的液体均称为非牛顿型流体（non－Newtonian fluid），如浓的大分子化合物溶液等。

（二）大分子溶液的黏度

1. 大分子溶液的黏度特性 大分子溶液的黏度一般比小分子溶液的黏度大很多，而且不遵守牛顿黏度定律，在一定范围内，其黏度随切力的增加而降低。产生这种现象的原因，主要是因为在溶液中形成了大分子长链的网状结构。溶液浓度越大，大分子链越长，则越容易形成网状结构，黏度也就越大。对大分子溶液施加切力，使之网状结构逐步被破坏，黏度也就随之逐渐减小。当切力增加到一定程度，网状结构完全被破坏，黏度不再受切力大小的影响，此时的黏度符合牛顿黏度定律。这种由于在溶液中形成某种结构而产生的黏度称为结构黏度（structural viscosity），其数值大小与大分子形状、溶液浓度、所用溶剂及温度等因素有关。

2. 黏度的几种表示方法 将大分子化合物加入纯溶剂中形成溶液，由于分散相粒子会对流体的流动产生干扰，从而消耗额外的能量，使得大分子溶液的黏度比纯溶剂的黏度大得多。下面是大分子溶液黏度的几种表示方法。

（1）相对黏度 η_r（relative viscosity） 相对黏度用溶液黏度与溶剂黏度的比值表示，无量纲，可表示为

$$\eta_r = \frac{\eta_{溶液}}{\eta_{溶剂}} \tag{10-13}$$

（2）增比黏度 η_{sp}（specific viscosity） 增比黏度是溶液黏度比溶剂黏度增加的相对值，无量纲，可表示为

$$\eta_{sp} = \frac{\eta_{溶液} - \eta_{溶剂}}{\eta_{溶剂}} \tag{10-14}$$

（3）比浓黏度 η_c（reduced viscosity） 比浓黏度是单位浓度的增比黏度，量纲为[浓度]$^{-1}$，可表示为

$$\eta_c = \frac{\eta_{sp}}{c} \tag{10-15}$$

（4）特性黏度[η]（intrinsic viscosity） 特性黏度又称结构黏度，用大分子溶液无限稀释时的比浓黏度来表示。其数值与浓度无关，只与大分子化合物在溶液中的结构、形态及摩尔质量大小有关，其定义为

$$\eta - \lim_{c \to 0} \frac{\eta_{sp}}{c} = \lim_{c \to 0} \frac{\ln \eta_r}{c} \tag{10-16}$$

黏度大是大分子溶液的一个重要特征。黏度法测量大分子化合物的平均摩尔质量是目前最常用的方法，当与其他方法配合，还可以研究大分子化合物在溶液中的形态、尺寸及其与溶剂的相互作用等。

第三节 大分子电解质溶液

一、大分子电解质溶液概述

大分子电解质是指具有可电离的基团，在水溶液中能电离出大离子的大分子物质，大分子电解质电离出来的大分子离子是每个链节都带有荷电基团的聚合体。根据电离后大离子的带电情况，大分子电解质可以分为三种类型：大离子带正电的称为阳离子型，大离子带负电的称为阴离子型，大离子上既带正电又带负电的称为两性型。一些常见大分子电解质见表 10-3。

表 10－3　某些常见大分子电解质

阳离子型	阴离子型	两性型
聚乙烯胺	果胶	明胶
聚 4－乙烯－正丁基－吡啶溴	阿拉伯胶	乳清蛋白
血红素	羧甲基纤维素钠	卵清蛋白
	肝素	鱼精蛋白
	聚丙烯酸钠	γ－球蛋白
	褐藻糖硫酸酯	胃蛋白酶
	西黄蓍胶	血纤维蛋白原

大分子电解质能溶于适当的溶剂中形成大分子电解质溶液。大分子电解质溶液中除了有大离子外，还有与大离子带相反电荷的普通小离子，如 H^+、OH^-、Br^-、Na^+等，称为反离子。这些反离子在溶液中均匀分布在大离子的周围，或被包围于大离子长链的网状结构中。由于大离子及反离子的存在，大分子电解质溶液除具有酸、碱、盐的性质外，还表现出电导和电泳等电学性质。

二、大分子电解质溶液的电学性质

大分子电解质溶液除了具有一般大分子溶液的通性外，还具有自身的特性。

1. 高电荷密度　在溶液中，大分子电解质电离出大离子，其链节上带有相同电荷，而且电荷密度较高，致使分子链上带电基团之间具有相互排斥作用。

2. 高度水化性　大分子电解质在水溶液中，长链上荷电的极性基团通过静电作用吸引水分子，使水分子紧密排列在基团周围，形成特殊的“电缩”水化层，加上部分疏水链结合水形成的疏水基水化层，使其具有高度水化性。

大分子电解质水溶液的高电荷密度和高度水化使大分子电解质在水溶液中分子链相互排斥，易于伸展，稳定性增加。但同时对外加小分子电解质也相当敏感，若加入酸、碱或盐，均可使大分子电解质分子长链上电性相互抵消，显示出非电解质大分子化合物的性质。

三、大分子电解质溶液的黏度

大分子电解质溶液的主要黏度特点是存在电黏效应。当大分子电解质溶液的浓度逐渐变稀时，电解质溶质在水中的电离度相应地增加，大分子链上电荷密度增大，链段间的斥力增加，分子链更加舒张伸展，使得溶液黏度迅速上升，这种现象称为电黏效应。反之，随着溶液浓度增加，电黏效应减弱，溶液黏度下降。如图 10－5 中 b 线表示的果胶酸钠水溶液的 $\eta_{sp}/c-c$ 的关系，就属于这种情况。如果往大分子电解质溶液中加入一定量的无机盐类（例如往果胶酸钠溶液中加入大量 NaCl），使大分子链周围有足够离子强度的小分子电解质存在，大分子的电离度就会降低，使分子链卷曲程度增大，电黏效应消除，黏度迅速下降，最终可使 η_{sp}/c 与 c 之间成线性关系，如图 10－5 中 c 线。

pH 对两性蛋白质溶液黏度的影响很明显。图 10－6 表示的是 0.2% 蛋白朊溶液的黏度与 pH 间的关系。在 pH 3 和 pH 11 左右电黏效应最明显，因此出现两个高峰。当 pH 达到 4.8 左右，即接近其等电点时，分子链上正负电荷数目相等，分子链因斥力减小而高度卷曲，溶液黏度出现极小值。

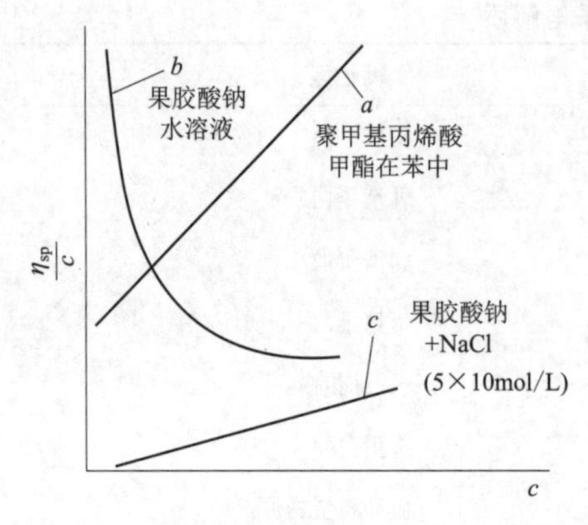

图 10－5 大分子溶液的（η_{sp}/c）－c 图

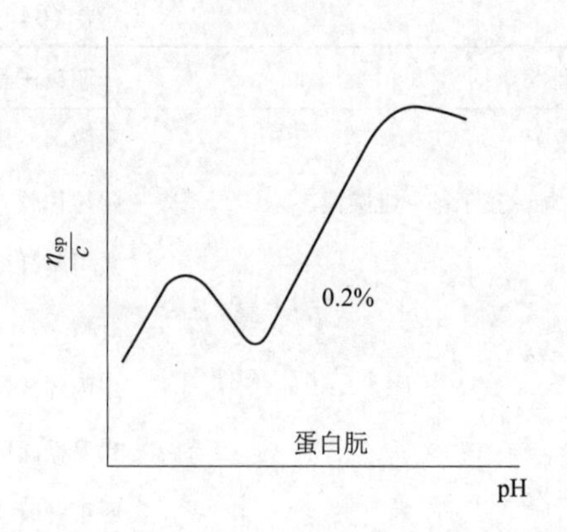

图 10－6 pH 对蛋白朊溶液黏度的影响

四、蛋白质水溶液的电泳

在电场作用下，大分子电解质溶液将产生电泳现象。大分子电解质溶液的电泳对医药实践具有极其重要的指导意义。下面将以蛋白质为例来探讨大分子电解质溶液的电泳现象。

（一）pH 对水溶液中蛋白质荷电的影响

以 — COOH 和 — NH_2分别代表蛋白质分子结构式中的全部羧基和氨基，R 代表除羧基和氨基外的其他部分，则蛋白质分子可简单表示为

$$R\begin{matrix}\diagup COOH \\ \diagdown NH_2\end{matrix}$$

由于蛋白质是两性大分子电解质，因此，在蛋白质溶液中，羧基可以作为有机弱酸电离，发生下述反应。

$$R\begin{matrix}\diagup COOH \\ \diagdown NH_2\end{matrix} \rightleftharpoons R\begin{matrix}\diagup COO^- \\ \diagdown NH_2\end{matrix} + H^+ \quad \text{平衡一}$$

此时大离子带负电荷，溶液呈酸性。

同时，氨基可以作为有机弱碱电离，发生下述反应。

$$R\begin{matrix}\diagup COOH \\ \diagdown NH_2\end{matrix} + H^+ \rightleftharpoons R\begin{matrix}\diagup COOH \\ \diagdown NH_3^+\end{matrix} \quad \text{平衡二}$$

此时大离子带正电荷，溶液显碱性。

蛋白质分子链上—NH_3^+ 与—COO^- 数目的多少受溶液 pH 的影响。

当溶液 pH 高时因发生下述反应而使 COO^- 数目增加。

$$R\begin{matrix}\diagup COOH \\ \diagdown NH_2\end{matrix} + OH^- \rightleftharpoons R\begin{matrix}\diagup COO^- \\ \diagdown NH_2\end{matrix} + H_2O$$

当溶液 pH 低时，由于发生下述反应而使—NH_3数目增加。

$$R\begin{matrix}\diagup COOH \\ \diagdown NH_2\end{matrix} + H^+ \rightleftharpoons R\begin{matrix}\diagup COOH \\ \diagdown NH_3^+\end{matrix}$$

当溶液 pH 调至某一数值，使大分子蛋白质链上的—$NH_3{}^+$ 基与—COO^- 基数目相等，这样，蛋白质将以电中性两性离子存在，蛋白质处于等电状态，此时溶液的 pH 称为蛋白质的等电点，以 pI 表示。当

溶液的 pH 大于等电点时，蛋白质分子上—COO^-数目多于—NH_3^+数目，蛋白质带负电；当溶液的 pH 小于等电点时，蛋白质分子上—NH_3^+数目多于 —COO^-数目，蛋白质带正电。只有把蛋白质保持在 pH = pI 的缓冲溶液中，才能使蛋白质处于等电状态。蛋白质的等电点受其结构决定，蛋白质的结构不同，其等电点也不同。

在等电点时，蛋白质溶液的性质会发生明显变化，其黏度、溶解度、电导、渗透压以及稳定性都降到最低，如图 10－7 所示。

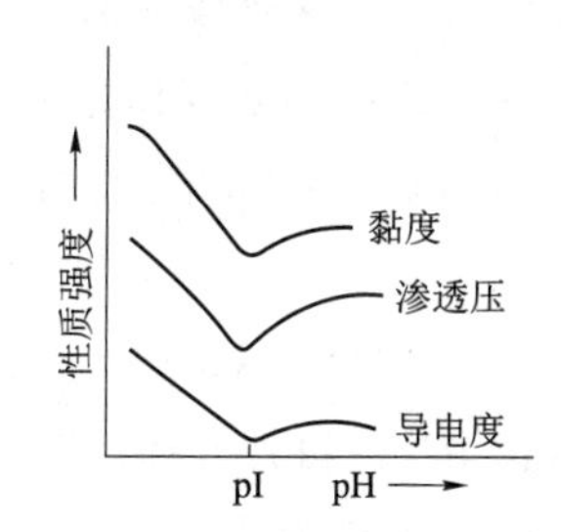

图 10－7 pH 对蛋白质溶液性质的影响

（二）电泳

在电场中，大分子电解质溶液中的大离子朝电性相反的电极定向迁移的现象，称为大分子电解质的电泳。电泳速度除了与大离子所带电荷多少、分子大小和形状结构外，还与溶液的 pH、离子强度等有关。因此，不同的大分子电解质一般具有不同的电泳速率，利用这一原理，可将混合大分子电解质分离开来。例如人的血清蛋白中含有白蛋白、α_1－球蛋白、α_2－球蛋白、β－球蛋白和γ－球蛋白，让其在一定 pH 的缓冲溶液中和一定电场下进行电泳，利用各种蛋白质电泳速度不同（表 10－4），将样品中各组分蛋白质分离出来。

表 10－4 人的血清蛋白质中各组分的相对摩尔质量和电泳淌度

组分名	平均相对摩尔质量	电泳淌度 $cm^2/(s \cdot V)$
白蛋白	6.9×10^4	5.9×10^{-5}
α_1－球蛋白	2×10^5	5.1×10^{-5}
α_2－球蛋白	3×10^5	4.1×10^{-5}
β－球蛋白	$(1.5\sim90)\times10^5$	2.8×10^{-5}
γ－球蛋白	$(1.56\sim3)\times10^5$	1.0×10^{-5}

蛋白质电泳是在一定的缓冲溶液中进行的，所选用的缓冲溶液的 pH 应小于或大于所有组分蛋白质的等电点，这样才能使各组分蛋白质都带同种电荷，以保证电泳时各组分蛋白质朝同一方向移动，并使各种大离子有较大差距，以便获得较好的分离效果。

（三）蛋白质电泳分离的常用方法

1. 区域电泳法 即将惰性的固体或凝胶作支持物，两端接正、负电极，在其上面进行电泳。

2. 等电聚焦电泳 利用蛋白质分子或其他两性大分子的等电点的不同，蛋白质样品会在电场作用下，分别自动向它们各自的等电点 pH 区集中，最终达到分离提纯的目的。

>>> 知识链接

电泳

带电颗粒在外电场的作用下向着与其所带电荷相反方向流动的现象称为电泳。自 Tiselius 于 1937 年提出改良的移动界面仪器以来，随着仪器本身和方法学的进展，电泳技术的应用范围概括了从最大的蛋白质分子，直到如氨基酸、抗生素、糖、嘌呤、嘧啶甚至简单的无机离子等整个领域。许多中药的有效成分或杂质，如：带电荷的蛋白质、生物碱或有机酸等均可进行电泳分析。由于电泳方法的温和性，可以认为由电泳方法研究所获得的结论是最为可靠的。例如，以凝胶作电泳分离的支持介质，可大大地扩大电泳技术的使用范围，尤其是聚丙烯酰胺一类凝胶的孔径可以根据不同的样品进行选择，以促使带有相同电荷，但具有不同大小和形状的分子的分离；而等电聚焦和等速电泳由于能得到很高的分辨率，并且在分离结束后能回收被分离的样品物质，同时由于采用高压电泳法，分离样品物质所需时间最短，分子扩散作用较小，故在中药成分分析及中药材真伪鉴别上有广泛而良好的应用前途。

五、唐南平衡与渗透压

（一）唐南平衡 微课2

大分子电解质溶液除了有不能通过半透膜的大离子外，还有可以通过半透膜，但又受大分子离子影响的小离子。唐南平衡（Donnan equilibrium）是指因大分子离子的存在而导致在达到渗透平衡时小分子离子在半透膜两边分布不均匀的现象。这种平衡作用对生物学中研究电解质在体液中的分配有很大意义。

1911 年英国科学家唐南（Donnan）曾做过这样一个实验，用半透膜把一种大分子电解质溶液（如刚果红 Na^+R^-）和另一种具有一个相同离子的小分子电解质稀溶液（如 Na^+Cl^-）隔开，图 10－8 是一种简单的唐南平衡示意图。

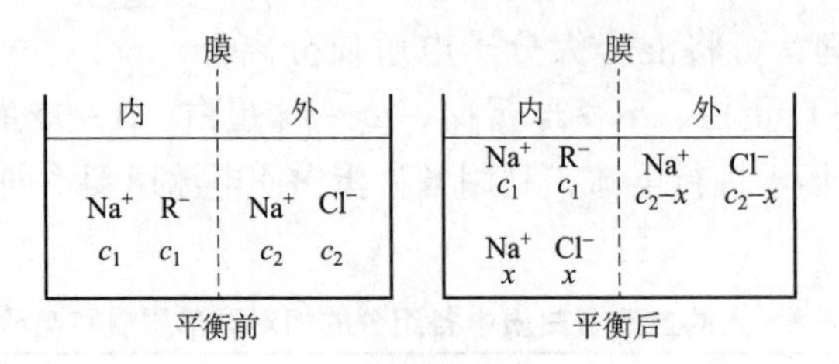

图 10－8 一种简单的唐南平衡示意

假定半透膜两边溶液均为单位体积，而且平衡过程中体积不变，膜的左边为膜内，膜的右边为膜外。设膜内装有大分子溶液，R^- 是 NaR 在溶液中离解出的非透过性大离子，起始浓度为 c_1；膜外装有 NaCl 溶液，其起始浓度为 c_2。在建立平衡的过程中，膜内、外的 Na^+ 和 Cl^- 会互相渗透，即膜内的向膜外渗透，同时膜外的向膜内渗透。当系统达到平衡时，NaCl 在膜两边的化学势相等，即

$$\mu_{NaCl,内} = \mu_{NaCl,外} \tag{10-17}$$

即

$$RT\ln a_{NaCl,内} = RT\ln a_{NaCl,外} \tag{10-18}$$

所以

$$a_{NaCl,内} = a_{NaCl,外} \tag{10-19}$$

$$a_{Na^+,内}a_{Cl^-,内} = a_{Na^+,外}a_{Cl^-,外} \tag{10-20}$$

在稀溶液中，有

$$c_{Na^+,内}c_{Cl^-,内} = c_{Na^+,外}c_{Cl^-,外} \tag{10-21}$$

由此得出唐南平衡的条件是：组成小分子电解质的离子在膜两边浓度的乘积相等。

设平衡后从膜外进入膜内的 Cl^- 是 $x$mol，为了保持电中性，必然有 $x$mol 的 Na^+ 从膜外进入膜内。将平衡后各离子的浓度代入式（10－21），有

$$(c_1+x)x = (c_2-x)^2$$

$$x = \frac{c_2^2}{c_1+2c_2} \tag{10-22}$$

平衡时膜两边 NaCl 浓度之比为

$$c_{NaCl,外}/c_{NaCl,内} = (c_2-x)/x = (c_2+c_1)/c_2 = 1+(c_1/c_2) \tag{10-23}$$

式（10－23）表明：

（1）平衡时，小分子电解质在膜两边的浓度是不等的。

（2）膜两边的小分子电解质的分布不均匀，会产生额外的渗透压，在测定大分子电解质溶液的渗透压时应予以注意。

（3）说明细胞膜对许多离子的透过性并不完全决定于膜孔的大小，而与细胞膜内的大分子离子浓

度有关。当大分子与膜外电解质有一个相同的离子时，如果开始时，$c_1 \gg c_2$，则 c_2 可略去不计，$x \approx 0$，说明达平衡时细胞膜对于外部的电解质显得不能通过。相反，如果开始时 $c_2 \gg c_1$，则 c_1 可略去不计，x 约等于（1/2）c_2，细胞膜对于外部的电解质就显得完全能透过。表 10－5 列出的数据表明了不同的大分子电解质溶液浓度和小分子电解质溶液浓度时，进入膜内的小分子电解质 NaCl 数量占其原始数量的质量分数（即 x/c_2）。

表 10－5　Na^+R^- 和 Na^+Cl^- 在各种原始浓度下的膜平衡数据

原始浓度（mol/L）			平衡时 NaCl 浓度（mol/L）			NaCl 从膜外到膜内进入量的质量分数
c_1	c_2	c_1/c_2	膜内	膜外	膜内/膜外	
0	1.00		0.500	0.500	1.00	0.500
0.01	1.00	0.01	0.497	0.503	1.01	0.497
0.10	1.00	0.10	0.476	0.524	1.10	0.476
1.00	2.00	0.50	0.80	1.20	1.50	0.400
1.00	1.00	1.00	0.333	0.667	2.00	0.333
1.00	0.10	10.00	0.0083	0.0917	11.00	0.083
1.00	0.01	100.00	0.0001	0.0099	99.00	0.010

总之，在平衡系统中，一种非透过性大离子的存在，可使可透过性小离子在膜内外的分布不均匀。细胞内的大分子电解质与细胞外的体液处于平衡状态，这就保证了一些有重要生理功能的金属离子在细胞内外保持一定的浓度。掌握唐南平衡有助于更好地理解生物平衡系统中的膜平衡现象。

（二）大分子电解质溶液的渗透压

由于离子分布的不平衡会造成额外的渗透压，影响大分子摩尔质量的测定，唐南效应要设法消除。唐南平衡比较简单的类型有以下几种。

1. 半透膜外是纯水时膜内的渗透压

$$\pi_{内} = 2RTc_1 \tag{10-24}$$

这时溶液的渗透压比大分子物质本身所产生的渗透压大，这样求得的摩尔质量偏低。

2. 膜外放置与大分子电解质有相同离子的小分子电解质达到唐南平衡时膜内外渗透压

$$\pi_{内} = 2RT(c_1 + x) \tag{10-25}$$

$$\pi_{外} = 2RT(c_2 - x) \tag{10-26}$$

膜两侧的渗透压作用方向相反，故系统总的渗透压 $\pi_{测}$ 为

$$\pi_{测} = \pi_{内} - \pi_{外} = 2RT(c_1 - c_2 + 2x) \tag{10-27}$$

因为

$$x = \frac{c_2^2}{c_1 + 2c_2}$$

所以

$$\pi_{测} = 2RT \times \frac{c_1^2 + c_1c_2}{c_1 + 2c_2} = 2RTc_1\frac{c_1 + c_2}{c_1 + 2c_2} \tag{10-28}$$

当 $c_1 \gg c_2$ 时，$\pi_{测} \approx 2c_1RT$，与膜外是纯水时相当。当 $c_2 \gg c_1$ 时，$c_{NaCl,外}/c_{NaCl,内} \approx 1$，$\pi_{测} \approx RTc_1$，这时测得的渗透压相当于大分子电解质完全未离解时的数据，由此计算出的摩尔质量才比较准确。因此，在测定大分子电解质溶液的渗透压时，为了消除唐南效应的影响，应注意以下几点。

（1）应把装有大分子电解质溶液的半透膜袋置于一定浓度的小分子电解质（如 NaCl）溶液而不是纯水中。

（2）调节溶液 pH 至被测蛋白质分子的等电点附近，可降低蛋白质分子的电离度。

（3）大分子电解质溶液的浓度不能太大，以稀溶液为宜。

六、大分子电解质溶液的稳定性

大分子电解质溶液中的大离子带电并能形成溶剂化膜，使得大分子电解质溶液具有较大的稳定性，一般不会自动絮凝。其中大离子形成溶剂化膜是其稳定性的主要来源。因此，要使大分子电解质溶液絮凝，不仅要加入少量电解质中和大离子的电性，更要加入脱水剂以去除溶剂化膜。例如，对大分子电解质琼胶的水溶液，应先加乙醇等脱水剂以去除水化膜，再加少量电解质，即可使琼胶絮凝。如果不加脱水剂而只加大量电解质也能使琼胶絮凝，这种现象叫“盐析”。盐析时所加入的电解质必须是大量的，它兼具去水化膜及中和电性两种作用。盐析所需电解质的最小量称为盐析浓度。盐析浓度越小，电解质的盐析能力越强。电解质离子的水化程度越大，则盐析浓度越小，电解质的盐析能力越强。

研究表明，对盐析起主要作用的是负离子。负离子在弱碱性（指 $pH > pI$）介质中对蛋白质的盐析能力从大到小排成的序列，即感胶离子序为

$$(1/3)C_6H_5O_7^{3-} > (1/2)C_4H_4O_6^{2-} > (1/2)SO_4^{2-} > Ac^- >$$
$$Cl^- > NO_3^- > ClO_3^- > Br^- > I^- > CNS^-$$

在碱性介质中，正离子对蛋白质的盐析能力的感胶离子序为

$$Li^+ > K^+ > Na^+ > NH_4^+ > (1/2)Mg^{2+}$$

实验发现，在几种蛋白质的混合溶液中，用同一种电解质使蛋白质盐析时，用较少量的电解质就能使相对分子质量较大的蛋白质首先析出，而增加电解质的用量后，才能使相对分子质量较小的蛋白质随后析出。这说明大分子溶液的抗盐析能力与溶质的相对分子质量有关，当溶质的化学组成相似时，相对分子质量较小的大分子抗盐析能力强。这种用同一种电解质使各种蛋白质从混合溶液中盐析的过程，叫作分段盐析。蛋白质分段盐析时最常用的电解质是硫酸铵，因为这种电解质中的正、负两种离子都有很强的盐析能力，而且它在水溶液中的 pH 符合大多数蛋白质的等电点。例如，分离血清中的清蛋白和球蛋白时，当硫酸铵的浓度加到 2.0mol/L 时，球蛋白首先析出；滤去球蛋白，再加入硫酸铵至 3 ~ 3.5mol/L，清蛋白即可析出。

适当的非溶剂（指大分子物质不能溶解于其中的液体）也可使大分子物质絮凝出来。例如，乙醇对蛋白质溶液就具有很强的絮凝作用。于大分子溶液中分步加入非溶剂，由于大分子溶液具有多分散性，而相对摩尔质量不同的组分的溶解度不同，使得各组分即按相对摩尔质量由大到小的顺序先后絮凝，达到把大分子物质分级的目的。

第四节 凝 胶

一、凝胶的基本特征

凝胶是指溶胀的三维网状结构大分子，而在大分子链段间隙中又填充了液体介质（在干凝胶中介质可以是气体），这样一种分散系统称为凝胶。

凝胶是介于固体和液体之间的一种特殊状态，它既显示出某些固体的特征，如无流动性，有一定的几何外形，有弹性、强度等。但另一方面它又保留某些液体的特点，例如离子的扩散速率在以水为介质的凝胶（水凝胶）中与水溶液中相差不多。

二、凝胶的制备

制备凝胶主要有两种方法：一种是大分子溶液胶凝法，即取一定量的大分子物质置于适当的溶剂中

溶解、静置、冷却，使其自动胶凝的方法；另一种方法是干燥大分子化合物溶胀法，它是利用大分子化合物在适当溶剂中溶解时，控制溶剂的用量，使其停留在溶胀阶段，生成凝胶的方法。

三、凝胶的分类

根据高分子交联键性质的不同，把凝胶分为两类：化学凝胶和物理凝胶。大分子通过共价键连接形成网状结构的凝胶叫作化学凝胶，一般在合成大分子时加入交联剂进行聚合，或者通过线型或支链型高分子链中官能团相互反应形成这种共价键。以化学键交联的凝胶不能熔融更不会溶解，结构非常稳定，称为刚性凝胶，大多数合成凝胶属这一类型。大分子间通过非共价键（通常为氢键或范德华力）相互连接形成的凝胶叫作物理凝胶，因这类凝胶具有弹性，又叫作弹性凝胶。大多数天然凝胶是依靠高分子链段相互间可形成氢键而交联的，如多糖类、蛋白质凝胶等，这种氢键会因加热、搅拌等而被破坏，使凝胶变成溶胶，冷却或停止搅拌后溶胶又可变回凝胶，所以说，物理凝胶是可逆的。

另外，根据凝胶中液体介质含量的多少又分为冻胶和干凝胶两类。冻胶指液体含量很多的凝胶，含液量常在 90% 以上，冻胶多数由柔性大分子构成，具有一定的柔顺性，充满网状体中的溶剂不能自由流动，呈弹性半固体状态，平常所说的凝胶实际指的就是冻胶。液体含量少的凝胶称为干凝胶，其主要成分是固体。干凝胶很容易转化为冻胶，干凝胶在吸收极性相似的液体溶胀后即可转变为冻胶，如明胶能吸收水而不能吸收苯；橡胶能吸收苯而不能吸收水。

四、凝胶的性质

1. 溶胀性　凝胶最显著的特征是溶胀。凝胶吸收液体或蒸气使体积或重量明显增加的现象称为凝胶的溶胀。溶胀后其自身重量、体积明显增加，比如，高吸水树脂吸水以后体积膨胀几百倍，乃至上千倍，木耳、冻豆腐等放在水里体积变大的现象就是日常生活中凝胶溶胀的例子。凝胶的溶胀分为有限溶胀和无限溶胀两种类型。凝胶吸收液体后，凝胶网状结构被撑开，体积膨胀，凝胶吸收越来越多的液体，网状结构最终碎裂并完全溶解于液体之中成为溶液，这种溶胀称为无限溶胀。若凝胶只吸收有限量的液体，凝胶的网状结构只被撑开而不解体，这种溶胀称为有限溶胀。

凝胶的溶胀对溶剂是有选择性的，它只有在亲和力很强的溶剂中才能表现出来。例如，琼脂和白明胶仅能在水和甘油的水溶液中溶胀，而不能在乙醇和其他有机液体中溶胀。溶胀作用进行的程度与凝胶内部结构的连接强度、环境的温度、介质的组成及 pH 等有关。增加温度有可能使有限溶胀转化为无限溶胀。介质的 pH 对蛋白质的溶胀作用影响很大，当介质的 pH 相当于蛋白质等电点时，其膨胀程度最小，pH 一旦离开等电点，其溶胀程度就会增大。电解质中的负离子对凝胶的溶胀作用也具有影响力。各种负离子对溶胀作用的影响由大到小的次序恰好与表示盐析作用强弱的感胶离子序相反，即

$$CNS^- > I^- > Br^- > NO_3^- > Cl^- > Ac^- > (1/2)SO_4^{2-}$$

Cl^- 以前的各种离子能促进膨胀，Cl^- 以后的各种离子却抑制膨胀。此外，凝胶的膨胀程度还取决于大分子化合物的链与链之间的交联度，交联度越大，膨胀程度越差，若大分子化合物（如含硫 0.30 质量分数的硬橡胶）的分子链是以大量共价键交联起来的，则在液体中根本不发生膨胀作用。

溶胀时除溶胀物的体积增大外，还伴随有热效应，这种热效应称为溶胀热，除个别情况外，溶胀都是放热的。当一物质溶胀时，它对外界施加一定的压力，称为溶胀压。这种压力在某些情况下可能达到很大。在古代就利用溶胀压力来分裂岩石，即在岩石裂缝中间，塞入木块，再注入大量的水，于是木质纤维发生溶胀产生巨大的溶胀压力使岩石裂开。

2. 脱水收缩性（离浆）　大分子溶液胶凝后，凝胶的结构并没有完全固定，凝胶内分子链段间的相互作用继续进行，链段不断蠕动，自发地相互靠近，挤出液体使网状结构更为紧密，这种液体从凝胶

网孔中“自动”流出的现象称为脱水收缩或离浆（图10-9）。析出的液体是稀溶胶或称为大分子稀溶液；另一层仍为凝胶，只是浓度相对增高。一般来说：弹性凝胶的脱水作用是个可逆过程，即是膨胀作用的逆过程；但是刚性凝胶的脱水收缩作用是不可逆的。

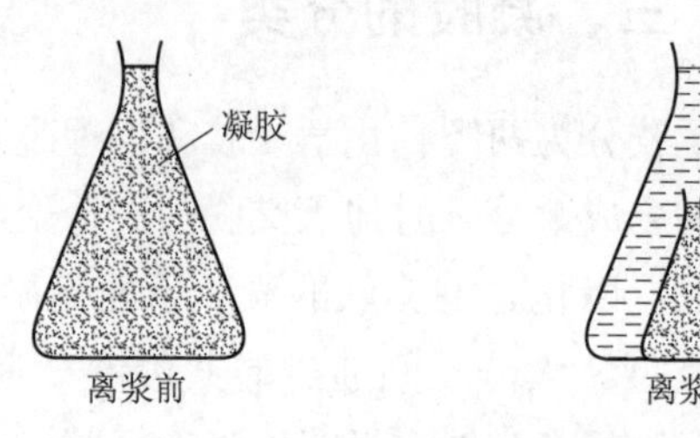

图10-9 离浆现象

3. 触变性 物理凝胶受外力作用变成流体（溶胶），外部作用力停止后，又逐渐恢复成半固体凝胶结构，这种凝胶与溶胶相互转化的过程，称为触变性。具有触变性的原因是在振摇、搅拌或其他机械力的作用下，凝胶的网状结构被破坏，线状粒子互相离散，系统出现流动性。静止时线状粒子又重新交联形成网状结构。触变现象在自然界和工业生产中常可遇到，如草原上的沼泽地、可塑性黏土、混凝土注浆等。凝胶的触变性还被广泛应用于药物制剂，具有触变性的凝胶药物，只要震摇几下，立即就由凝胶变成液体，使用方便。例如某些滴眼液，滴的时候呈溶胶状，易滴出，滴入眼睑后呈凝胶状，延长了药物在眼内的滞留时间，药效因此得到提高。抗生素油注射液也可采用这种剂型。

4. 透过性 凝胶具有与液体相似的性质，可以作为扩散介质。物质（看作粒子）在凝胶中的扩散行为受构成凝胶的网状大分子浓度及网状大分子交联度的影响。当网状大分子浓度较低时，主要由扩散粒子和溶剂的相互作用控制，与在溶液中的扩散行为相似。但是，当网状大分子浓度较高时，则粒子扩散还受网状大分子结构的限制，即凝胶浓度增大和交联度增大时，物质的扩散速度都将变小，因交联度增大使凝胶骨架空隙变小，物质透过凝胶骨架时要通过这些迂回曲折的孔道，孔隙越小，受阻程度越大，扩散系数降低越明显。凝胶中溶剂的性质和含量也会影响凝胶的透过性，溶胀度高的凝胶平均孔径比较大，有利于粒子透过，含水的孔道有利于水溶性物质透过。

目前在药物缓释、控释制剂中，利用凝胶的性质来控制药物的释放也已取得很大成果。特别是一些亲水凝胶，由于其特殊的透过性能和良好的生物相容性已在医药领域得到广泛应用。

（1）温度响应性水凝胶 温度响应性水凝胶是其体积响应温度变化，分为两类：一类是随温度升高，水凝胶分子链亲水性增加，因水合作用分子链伸展，水凝胶体积突然增加；另一类是随温度升高，水凝胶分子链亲水性减弱，发生卷曲，使水凝胶体积收缩。凝胶收缩时，凝胶表面形成致密层抑制药物释放，凝胶溶胀时，因致密的表面层溶胀，引起药物释放。

（2）pH敏感水凝胶 消炎药等抗炎症药物对胃的刺激性很大，因而，人们希望这些药物能在小肠内被选择性地释放，被生物体吸收。利用碱性敏感水凝胶（如分子链侧链上含有在碱性介质中能够解离的基团丙烯酸类聚合物）与药物形成复合物，当胃中pH约1.4时，凝胶状的丙烯酸单元上的羧基不解离，不离子化，凝胶处于收缩状态，抑制药物释放，但在肠中pH为6.8~7.4时，则发生离子化，大分子链上相同电荷基团间的排斥作用，使水凝胶溶胀，将所包含的药物释放出来。

五、胶凝作用及其影响因素

大分子溶液在适当条件下转变为凝胶的过程称为胶凝作用（gelation），如明胶水溶液、琼脂水溶液，在温热条件下为黏稠性流动液体，当温度降低时，大分子溶液即形成立体网状结构，分散介质（多数是水）被包含在网状结构中，形成了不流动的半固体状物。影响胶凝作用的因素主要有浓度、温度和电解质。每种大分子溶液都有一个形成凝胶的最低浓度，低于此浓度则不能形成凝胶，高于此浓度可加速胶凝。利用升、降温来实现胶凝过程是常用的一种方法，如上述明胶水溶液。与前两种因素相比，电解质对胶凝的影响比较复杂，有促凝作用，也有阻凝作用，其中负离子起主导作用，规律显示，当盐的浓度较大时，Cl^- 和 SO_4^{2-} 一般会加速胶凝，而 I^- 和 SCN^- 的作用相反，起阻滞胶凝作用。

答案解析

目标测试

1. 大分子溶液和溶胶有哪些异同点？对外加电解质的敏感程度有何不同？

2. 什么是大分子的柔顺性？大分子的柔顺性受哪些因素影响？

3. 简述大分子化合物对溶胶稳定性的影响。血液中碳酸钙、磷酸钙等无机盐不会沉淀析出的主要原因是什么？

4. 大分子化合物的溶解特征是什么？如何选择溶解大分子化合物的溶剂？

5. 设有一大分子化合物样品的物质的量共为 15mol，其中摩尔质量为 1.0×10^4g/mol 的分子的摩尔分数为 2/3，摩尔质量为 1.0×10^5g/mol 的分子的摩尔分数为 1/3，计算平均摩尔质量 $\overline{M}_n$、$\overline{M}_m$ 和 $\overline{M}_z$ 各为多少。

（4.0×10^4g/mol，8.5×10^4g/mol，9.8×10^4g/mol）

6. 何为电黏效应？用什么方法可消除此种现象？

7. 25℃时，某大分子离子 R^+Cl^- 浓度为 0.1mol/L 置于半透膜内，膜外放置 NaCl 水溶液，其浓度为 0.5mol/L，计算唐南平衡后，膜两边离子浓度及渗透压 $\pi_{测}$。

（0.23mol/L，2.68×10^5Pa）

8. 蛋白质的数均摩尔质量约为 40kg/mol，试求在 298K 时，含量为 0.01kg/L 的蛋白质水溶液的冰点降低、蒸气压降低和渗透压各为多少？已知 298K 时水的饱和蒸气压为 3167.7Pa，$K_f=1.86$（K·kg）/mol，$\rho_{H_2O}=1.0$kg/L。

（4.65×10^{-4}K，0.0144Pa，619.4Pa）

9. 半透膜内放置羧甲基青霉素钠盐溶液，其初始浓度为 1.28×10^{-3}mol/L，膜外放置苄基青霉素钠盐溶液。达到唐南平衡时，测得膜内苄基青霉素离子浓度为 32×10^{-3}mol/L，试计算膜内外苄基青霉素钠离子的浓度比。

（1.02）

10. 异丁烯聚合物的苯溶液 25℃时测得各浓度的渗透压如下。

$c\cdot10^{-1}$ (kg/m^3)	0.5	1.00	1.50	2.00
Π (Pa)	49.45	100.94	154.84	210.70

求聚异丁烯的平均摩尔质量。

（256kg/mol）

11. 某大分子样品中含有平均摩尔质量为 4.0×10^4g/mol 者 5mol，含有平均摩尔质量为 6.0×10^4g/mol 者 3mol，试计算此样品的 $\overline{M}_n$、$\overline{M}_m$ 和 $\overline{M}_z$ 的值并进行比较。

（4.8×10^4g/mol，4.9×10^4g/mol，5.1×10^4g/mol）

12. 将 5.00g 聚合物样品分级，用渗透压计测定各级分的摩尔质量。所得结果如下。

级分	重量（g）	M_i
1	0.25	2000
2	0.65	50000
3	2.20	100000
4	1.20	200000
5	0.55	500000
6	0.15	1000000

假定每个级分的摩尔质量是均匀的，试计算原聚合物的 $\overline{M}_m$ 、$\overline{M}_n$ 和 $\frac{\overline{M}_m}{\overline{M}_n}$

（1.836×10^5 g/mol，2.99×10^4 g/mol，6.14）

书网融合……

思政导航

本章小结

微课 1

微课 2

题库

附　录

附录一　国际单位制（SI）

SI 是国际单位制缩写，是世界范围内的“法定计量单位”。《中华人民共和国计量法》以法律的形式规定了国家采用国际单位制，非国家法定计量单位应当废除。《中华人民共和国计量法》自 1986 年 7 月 1 日起执行。从 1991 年 1 月起不允许再使用非法定计量单位（除个别特殊领域如古籍与文学书籍，血压的 mmHg 除外）。

量的名称	单位名称	单位符号
长度	米	m
质量	千克	kg
时间	秒	s
电流	安［培］	A
热力学温度	开［尔文］	K
物质的量	摩［尔］	mol
发光强度	坎［德拉］	cd

附录二　某些物质在 100kPa 下的摩尔恒压热容

$$C_{p,m} = a + bT + cT^2 \text{ J (K·mol)} \quad 或 \quad C_{p,m} = a + bT + c'T^{-2} \text{ J (K·mol)}$$

物质	a J/（K·mol）	$b\times10^3$ J/（K^2·mol）	$c\times10^6$ J/（K^3·mol）	$c'\times10^{-5}$ J·K/mol	适用温度范围（K）
Ag(s)	23.974	5.284		−0.251	293～1234
Al(s)	20.669	12.385			273～931.7
$Al_2(SO_4)_3$(s)	368.569	61.923		−113.47	298～1100
C(金刚石)	9.121	13.221		−6.192	298～1200
C(石墨)	17.154	4.268		−8.786	298～2300
CO(g)	27.614	5.021			290～2500
CO_2(g)	44.141	9.037		−8.535	298～2500
Ca(s)	21.924	14.644			273～673
$CaCl_2$(s)	71.881	12.719		−2.51	298～1055
Cl_2(g)	31.696	10.144	−4.038		300～1500
Cu(s)	24.56	4.184		−1.203	273～1357
CuO(s)	38.786	20.083			298～1250
FeO(s)	52.802	6.243		−3.188	273～1173
Fe_2O_3(s)	97.738	72.132		−12.887	298～1100

续表

物质	a J/(K·mol)	$b\times10^3$ J/(K^2·mol)	$c\times10^6$ J/(K^3·mol)	$c'\times10^{-5}$ J·K/mol	适用温度范围 (K)
H_2(g)	29.09	0.836	−0.3265		300~1500
HBr(g)	26.15	5.858		1.088	298~1600
HCl(g)	28.17	1.82	1.55		273~1500
H_2O(g)	30.00	10.7	−2.022		273~2000
H_2O(l)	75.48	0		0	273~373
H_2S(g)	29.288	15.69			273~1300
I_2(s)	40.125	49.79			298~387
N_2(g)	27.865	4.268			273~2500
NH_3(g)	29.79	25.481		1.665	273~1400
NO_2(g)	42.928	8.535		−6.736	273~1500
O_2(g)	31.464	3.339		−3.766	273~2000
SO_2(g)	47.698	7.171		−8.535	298~1800
SO_3(g)	57.321	26.861		−13.054	273~900
CH_4(g)甲烷	17.451	60.459	1.117	−7.205	298~1500
C_2H_4(g)乙烯	4.197	154.59	−81.09	16.815	298~1500
C_2H_6(g)乙烷	4.494	182.259	−74.856	10.799	298~1500

附录三 某些有机化合物的标准摩尔燃烧焓

($p^{\ominus}$ = 100kPa, 298.15K)

化学式	名称	相对分子质量 M_r	$\Delta cH_m^{\ominus}$(kJ/mol)		
			晶体	液体	气体
C	碳(石墨)	12.011	393.5		1110.2
CO	一氧化碳	28.010			283.0
CH_2O	甲醛	30.026			570.7
CH_2O_2	甲酸	46.026		254.6	300.7
CH_4	甲烷	16.043			890.8
CH_4N_2O	尿素	60.056	632.7		719.4
CH_3OH	甲醇	32.042		726.1	763.7
CH_3NH_2	甲胺	31.057		1060.8	1085.6
C_2H_2	乙炔	26.038			1301.1
$C_2H_2O_4$	乙二酸	90.036	251.1		349.1
C_2H_4	乙烯	28.054			1411.2
C_2H_4O	乙醛	44.053		1166.9	1192.5
CH_3COOH	乙酸	60.053		874.2	925.9
$CHOOCH_3$	甲酸甲酯	60.053		972.6	1003.2
$C_2H_5NO_2$	硝基乙烷	75.067		1357.7	1399.3
C_2H_6	乙烷	30.070			1560.7

续表

化学式	名称	相对分子质量 M_r	$\Delta cH_m^{\ominus}$(kJ/mol)		
			晶体	液体	气体
C_2H_5OH	乙醇	46.069		1366.8	1409.4
C_3H_6	丙烯	42.081		2039.7	2058.0
C_3H_6	环丙烷	42.081			2091.3
C_3H_6O	丙酮	58.080		1789.9	1820.7
$C_3H_6O_2$	丙酸	74.079		1592.2	1626.1
$C_3H_6O_2$	丙酸	74.079		1527.3	1584.5
C_4H_8O	四氢呋喃	72.107		1527.3	2533.2
$C_4H_8O_2$	乙酸乙酯	88.106		2238.1	2273.3
$C_4H_8O_2$	丁酸	88.106		2183.6	2241.6
C_4H_{10}	丁烷	58.123		2856.6	2877.6
$C_4H_{10}O$	乙醚	74.123		2723.9	2751.1
C_6H_6	苯	78.114		3267.6	3301.2
C_6H_6O	苯酚	94.113	3053.5		3122.2
H_2(g)*	氢气	1.008			285.8
$C_6H_{12}O_6$	α-D-葡萄糖	180.16	2802		
$C_6H_{12}O_6$	β-D-葡萄糖	180.16	2808		
$C_{12}H_{22}O_{11}$	蔗糖	342.30	5645		

*氢气虽非有机物，但因常用于计算，故列入此表。

附录四 某些物质的标准摩尔生成焓、标准摩尔生成吉布斯自由能、标准摩尔熵及热容

($p^{\ominus}$=100kPa，298.15K)

化学式	$\Delta_f H_m^{\ominus}$ kJ/mol	$\Delta_f G_m^{\ominus}$ kJ/mol	$S_m^{\ominus}$ J/(mol·K)	$c_{p,m}$ J/(mol·K)
Ag(s)	0		42.6	25.4
AgCl(s)	-127.0	-109.8	96.3	50.8
Ag_2O(s)	-31.1	-11.2	121.3	65.9
Al(s)	0		28.3	24.2
Al_2O_3(α,刚玉)	-1675.7	-1582.3	50.9	79.0
Br_2(l)	0		152.2	75.7
Br_2(g)	30.9	3.1	245.5	36.0
HBr(g)	-36.4	-53.4	198.7	29.1
Ca(s)	0	0	41.6	25.9
CaO(s)	-634.9	-603.3	38.1	42.0
$Ca(OH)_2$(s)	-986.09	-898.49	83.39	87.49
CO(g)	-110.5	-137.2	197.7	29.1
CO_2(g)	-393.5	-394.4	213.6	41.5

续表

化学式	$\Delta_f H_m^\ominus$ kJ/mol	$\Delta_f G_m^\ominus$ kJ/mol	$S_m^\ominus$ J/(mol·K)	$c_{p,m}$ J/(mol·K)
CCl_4(l)	−128.2			130.7
Cl_2(g)	0	0	223.1	33.9
HCl(g)	−92.3	−95.3	186.9	29.1
Cu(s)	0	0	33.2	24.4
CuO(s)	−157.3	−129.7	42.6	42.3
F_2(g)	0	0	202.8	31.3
HF(g)	−273.3	−275.4	173.8	
Fe(g)	416.3	370.7	180.5	25.7
$FeCl_2$(s)	−341.8	−302.3	118.0	76.7
$FeCl_3$(g)	−399.5	−334.0	142.3	96.7
FeO(s)	−272.0			
Fe_2O_3(赤铁矿)	−824.2	−742.2	87.4	103.9
Fe_3O_4(磁铁矿)	−1118.4	−1015.4	146.4	143.4
$FeSO_4$(s)	−928.4	−820.8	107.5	100.6
H_2(g)	0	0	130.7	28.8
I_2(s)	0	0	116.1	54.4
I_2(g)	62.4	19.3	260.7	36.9
HI(g)	26.5	1.7	206.6	29.2
Mg(s)	0	0	32.7	24.9
MgO(s)	−601.6	−569.3	27.0	37.2
$MgCl_2$(s)	−641.3	−591.8	89.6	71.4
$Mg(OH)_2$(s)	−924.5	−833.5	63.2	77.0
Na(s)	0	0	51.3	28.2
NaCl(s)	−411.2	−384.1	72.1	50.5
$NaNO_3$(s)	−467.9	−367.0	116.5	92.9
NaOH(s)	−425.6	−379.5	64.5	59.5
H_2O(l)	−285.8	−237.1	70.0	75.3
H_2O(g)	−241.8	−228.6	188.8	33.6
Na_2SO_4(s)	−1387.1	−1270.2	149.6	128.2
N_2(g)	0	0	191.6	29.1
NH_3(g)	−45.9	−16.4	192.8	35.1
NO_2(g)	33.2	51.3	240.1	37.2
N_2O(g)	81.6	103.7	220.0	38.6
N_2O_3(g)	86.6	142.4	314.7	72.7
N_2O_4(g)	11.6	99.8	304.4	79.2
N_2O_5(g)	11.3	115.1	355.7	95.3
HNO_3(g)	−133.9	−73.5	266.9	54.1
HNO_3(l)	−174.1	−80.7	155.6	109.97
O_2(g)	0	0	205.2	29.4

续表

化学式	$\Delta_f H_m^\ominus$ kJ/mol	$\Delta_f G_m^\ominus$ kJ/mol	$S_m^\ominus$ J/(mol·K)	$c_{p,m}$ J/(mol·K)
O_3(g)	142.7	163.2	238.9	39.2
PCl_3(g)	-287.0	-267.8	311.8	71.8
PCl_5(g)	-374.9	-305.0	364.6	112.8
H_3PO_4(s)	-1284.4	-1124.3	110.5	106.1
H_2S(g)	-20.6	-33.4	205.8	34.2
SO_2(g)	-296.8	-300.1	248.2	39.9
SO_3(g)	-395.7	-371.1	256.8	50.7
H_2SO_4(l)	-814.0	-690.0	156.9	138.9
Zn(s)	0	0	41.6	25.4
$ZnCO_3$(s)	-812.78	-731.52	82.4	79.71
CH_4(g)甲烷	-74.6	-50.5	186.3	35.5
C_2H_6(g)乙烷	-84.0	-34.0	229.2	52.5
C_3H_8(g)丙烷	-103.8	-23.4	270.3	73.6
C_4H_{10}(g)正丁烷	-125.6	-15.7	310.2	97.5
C_2H_4(g)乙烯	52.4	68.4	219.3	42.9
C_3H_6(g)丙烯	20.0	62.72	266.9	
C_6H_6(l)苯	49.1	124.5	173.4	136.0
C_6H_6(g)苯	82.9	129.7	269.2	82.4
CH_3OH(l)甲醇	-239.2	-166.6	126.8	81.1
CH_3OH(g)甲醇	-201.0	-162.3	239.9	44.1
C_2H_5OH(l)乙醇	-277.7	-174.8	160.7	112.3
C_2H_5OH(g)乙醇	-234.8	-167.9	281.6	65.6
HCHO(g)甲醛	-108.6	-102.5	218.8	35.4
CH_3CHO(l)乙醛	-192.2	-127.6	160.2	89.0
CH_3CHO(g)乙醛	-166.19	-128.86	250.3	57.3
CH_3COOH(l)乙酸	-484.3	-389.9	159.8	123.3
$CO(NH_2)_2$(s)尿素	-333.51	-197.33	104.60	93.14

附录五　希腊字母表

序号	名称	中文注音	正体		正体	
			大写	小写	大写	小写
1	alpha	阿尔法	Α	α	A	α
2	beta	贝塔	Β	β	B	β
3	gamma	伽马	Γ	γ	Γ	γ
4	delta	德尔塔	Δ	δ	Δ	δ
5	epsilon	伊普西龙	Ε	ε	E	ε
6	zeta	齐塔	Ζ	ζ	Z	ζ

续表

序号	名称	中文注音	正体		正体	
			大写	小写	大写	小写
7	eta	艾塔	Η	η	*Η*	*η*
8	thet	西塔	Θ	θ	*Θ*	*θ*
9	iot	约塔	Ι	ι	*Ι*	*ι*
10	kappa	卡帕	Κ	κ	*Κ*	*κ*
11	lambda	兰布达	Λ	λ	*Λ*	*λ*
12	mu	缪	Μ	μ	*Μ*	*μ*
13	nu	纽	Ν	ν	*Ν*	*ν*
14	xi	克西	Ξ	ξ	*Ξ*	*ξ*
15	omicron	奥密克戎	Ο	ο	*Ο*	*ο*
16	pi	派	Π	π	*Π*	*π*
17	rho	洛	Ρ	ρ	*Ρ*	*ρ*
18	sigma	西格马	Σ	σ	*Σ*	*σ*
19	tau	陶	Τ	τ	*Τ*	*τ*
20	upsilon	依普西隆	Υ	υ	*Υ*	*υ*
21	phi	斐	Φ	φ	*Φ*	*φ*
22	chi	喜	Χ	χ	*Χ*	*χ*
23	psi	普西	Ψ	ψ	*Ψ*	*ψ*
24	omega	奥米伽	Ω	ω	*Ω*	*ω*

参考文献

[1] 傅献彩，侯文华．物理化学 [M].6 版．北京：高等教育出版社，2022.
[2] 刘雄，王颖莉．物理化学 [M].5 版．北京：中国中医药出版社，2021.
[3] 张小华，张师愚．物理化学 [M].2 版．北京：人民卫生出版社，2018.
[4] 邵江娟．物理化学 [M]. 北京：中国医药科技出版社，2021.
[5] 张师愚，夏厚林．物理化学 [M]. 北京：中国医药科技出版社，2014.
[6] 魏泽英，姚惠琴．物理化学 [M]. 武汉：华中科技大学出版社，2021.